内容简介

本书是根据物理类“高等数学教学大纲”编写的教材，全书共分三册。第一册内容是一元函数微积分；第二册内容是空间解析几何、多元函数微积分；第三册内容是级数、含参变量的积分与常微分方程等。本套书于 1989 年 7 月出版，印数达三万多套，现为修订版。经过十多年的教学实践，此次修订保留了第一版的优点，同时作者按新世纪的教学要求对全套书的内容进行了认真、系统的整合：对部分内容进行了调整，有些重点内容进行了改写，使之难点分散，便于读者理解与掌握；增补了部分典型例题，删减了类型重复的个别例题。具体修订内容请参见“修订版序言”。

本书为第二册，内容包括空间解析几何、多元函数微分学、多重积分、曲线积分与曲面积分、场论初步等。本书总结了作者长期讲授物理类高等数学的教学经验，注重用典型而简单的物理、几何实例引进概念，由浅入深地讲授高等数学的核心内容——微积分。本书叙述简洁，难点分散，例题丰富，逻辑推导细致，对基本定理着重阐明它们的几何意义、物理背景以及实际应用价值，强调基本计算与物理应用，以培养学生解决物理问题的综合能力。根据教学需要，修订版各章配置了适量的习题，书末附有习题答案与提示，便于教师和学生使用。

本书可作为综合性大学、高等师范院校物理学、无线电电子学、信息科学等院系各专业的本科生和工科大学相近专业大学生的教材或教学参考书。

高等学校数学基础课教材

高 等 数 学

（物 理 类）

（修 订 版）

第 二 册

文 丽　吴良大　编著

北京大学出版社
PEKING UNIVERSITY PRESS

图书在版编目(CIP)数据

高等数学·第二册:物理类/文丽,吴良大编著.—修订版.
—北京:北京大学出版社,2004.8
ISBN 978-7-301-07543-2

Ⅰ.高… Ⅱ.①文… ②吴… Ⅲ.高等数学-高等学校-教材
Ⅳ.O13

中国版本图书馆 CIP 数据核字(2004)第 058375 号

书　　名:高等数学(物理类)(修订版)第二册
著作责任者:文　丽　吴良大　编著
责 任 编 辑:刘　勇
标 准 书 号:ISBN 978-7-301-07543-2/O·0600
出　版　者:北京大学出版社
地　　　址:北京市海淀区成府路 205 号　100871
网　　　址:http://www.pup.cn
电　　　话:邮购部 62752015　发行部 62750672　理科编辑部 62752021
出版部 62754962
电 子 邮 箱:zpup@pup.pku.edu.cn
印　刷　者:北京虎彩文化传播有限公司
发　行　者:北京大学出版社
经　销　者:新华书店
850×1168　32 开本　12.25 印张　320 千字
1989 年 7 月第 1 版　　2004 年 8 月修订版
2024 年 5 月第 6 次印刷(总第 14 次印刷)
定　　　价:52.00 元

目　录

第九章　空间解析几何

空间解析几何与平面解析几何类似，其基本思想也是首先建立坐标系，用有序实数组表示点的位置，然后用代数方程表示几何图形. 这样，便可用代数方法来研究几何问题. 这种讨论问题的方法就是我们常说的**坐标法**.

为了更方便地讨论空间中的平面与直线，除了要采用坐标法以外，还要用到向量的概念、向量的代数运算及其基本性质，这些知识称为**向量代数**. 向量代数是空间解析几何的一个组成部分. 此外，向量代数在力学、物理学和工程技术中也起着很重要的作用. 本章第二节专门介绍有关向量代数的基本知识.

§1　空间直角坐标系

我们知道，直线上一个点的位置可以用一个实数来刻画，办法是在此直线上建立数轴，这个点在数轴上的坐标——实数便可用来表示该点的位置. 平面上一个点的位置则可用平面坐标系上该点的坐标——一对有序实数来刻画. 同样，空间中一个点的位置也可以用空间坐标系中该点的坐标——三个有序实数来刻画.

1.1　空间直角坐标系

在空间中选取一定点 O，过点 O 引三条互相垂直且有相同单位的数轴 Ox, Oy, Oz，这样就构成了**空间直角坐标系**，记作 $Oxyz$（图 9-1）. 其中 O 称为**坐标原点**，Ox 轴、Oy 轴、Oz 轴分别称为**横轴**、**纵轴**和**立轴**，统称**坐标轴**，每两个坐标轴所决定的平面称为**坐标平面**，分别称为 xy 平面、yz 平面和 zx 平面. 这三个平面把整个空间分成了八个部分,每一部分称为一个**卦限**(图 9-1).

对于空间直角坐标系,我们作如下规定:将右手自 Ox 轴正向到 Oy 轴正向握住 Oz 轴(如图 9-2 所示),若拇指伸直正对 Oz 轴正向,则称此坐标系为**右手系**.通常,我们都采用右手系.

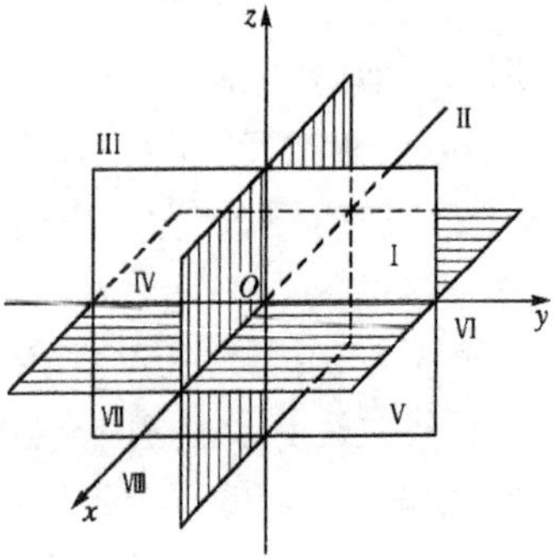

图 9-1

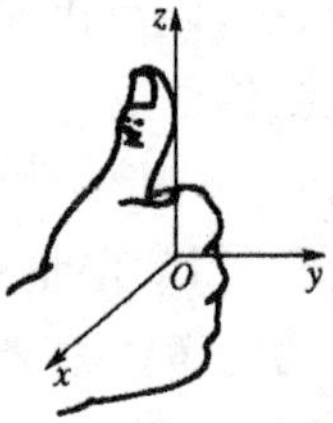

图 9-2

1.2 点的坐标

在空间建立了直角坐标系后,空间中的任一点就可用它的三个坐标来表示.设 P 为空间一点,过点 P 分别作垂直于 x 轴、y 轴和 z 轴的三个平面,分别交三坐标轴于 A,B,C 三点(图 9-3).若这三点在 x,y,z 轴上的坐标分别为 x_0,y_0,z_0,则称有序数组 (x_0,y_0,z_0) 为点 P 在直角坐标系 $Oxyz$ 中的**坐标**.反过来,任意给定一个由三个实数组成的数组 (x_0,y_0,z_0),都可以惟一确定空间中一点.事实上,在 x,y,z 轴上分别取坐标为 x_0,y_0,z_0 的三个点 A,B,C,过这三点分别作垂直于三坐标轴的三个平面,显然,它们只有一个交点,这个点恰好以 (x_0,y_0,z_0) 为其坐标.这样,空间中的点就与三个实数所组成的有序数组之间建立了一一对应关系.

易知,在八个卦限中的点,其坐标的符号分别为

Ⅰ$(+,+,+)$,　Ⅱ$(-,+,+)$,　Ⅲ$(-,-,+)$,

Ⅳ$(+,-,+)$,　Ⅴ$(+,+,-)$,　Ⅵ$(-,+,-)$,

Ⅶ$(-,-,-)$，Ⅷ$(+,-,-)$.

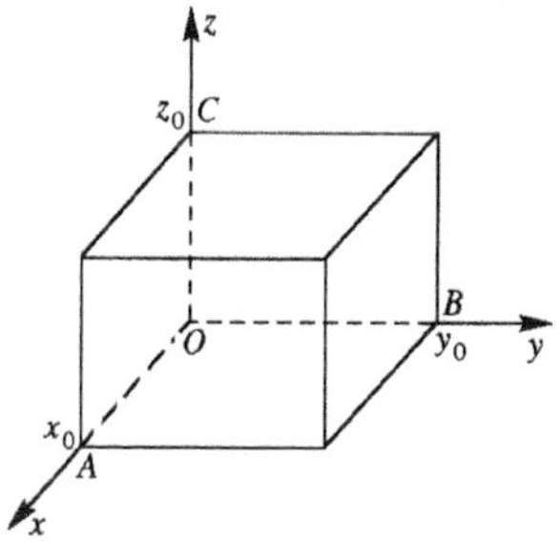

图 9-3

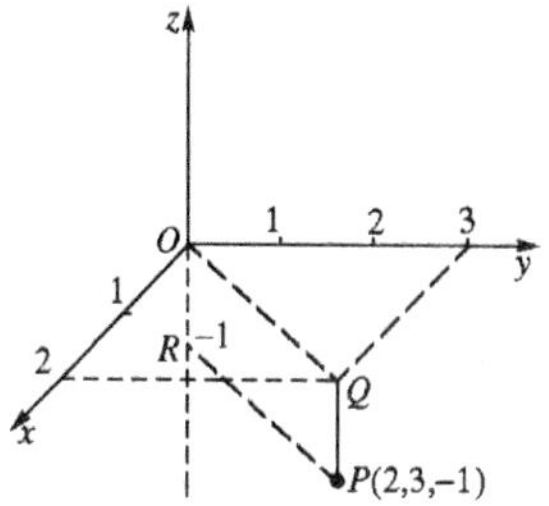

图 9-4

例 1 在空间直角坐标系 $Oxyz$ 中，画出其坐标为$(2,3,-1)$的点 P.

解 画图时，先在正 x 轴上截取两个单位，在正 y 轴上截取三个单位，于是可画出点 P 在 xy 平面上的垂足 Q，连结 OQ. 然后，在负 z 轴上再截取一个单位，得到点 R，过点 R 引 OQ 的平行线，且过点 Q 作 xy 平面的垂线，这两条直线的交点就是点 $P(2,3,-1)$(图 9-4).

1.3 两点间的距离

定理 若 $P_1(x_1,y_1,z_1)$，$P_2(x_2,y_2,z_2)$为空间中两点，则 P_1 与 P_2 之间的距离为

$$d=\sqrt{(x_1-x_2)^2+(y_1-y_2)^2+(z_1-z_2)^2}.$$

证 过点 P_1 和 P_2 作垂直于 xy 平面的直线，分别交 xy 平面于点 M_1 和 M_2(图 9-5). 易知 M_1，M_2 的坐标分别为$(x_1,y_1,0)$，$(x_2,y_2,0)$. 由平面解析几何知，M_1 与 M_2 的距离为

$$\overline{M_1M_2}=\sqrt{(x_1-x_2)^2+(y_1-y_2)^2}.$$

过点 P_1 作平行于 xy 平面的平面，交直线 P_2M_2 于点 P_3. 显然，P_3 的坐标为(x_2,y_2,z_1). 因为 $P_2P_3\perp P_1P_3$，所以 P_1P_3 与 M_1M_2

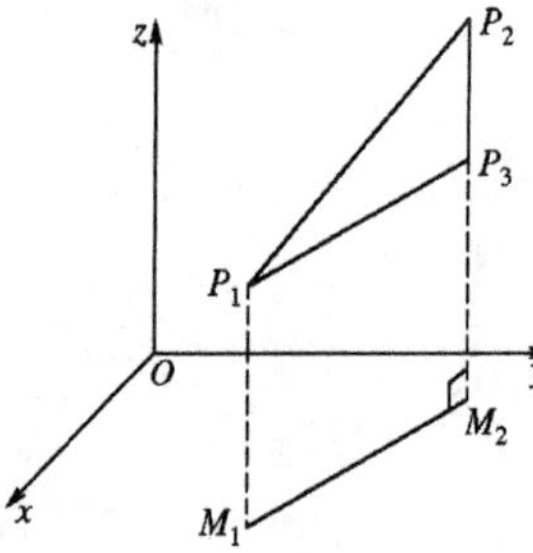

图 9-5

平行且相等,从而

$$\overline{P_1P_3}=\sqrt{(x_1-x_2)^2+(y_1-y_2)^2}.$$

在直角三角形$\triangle P_1P_2P_3$中,$\overline{P_2P_3}=|z_1-z_2|$,于是由勾股定理得

$$\begin{aligned}d&=\sqrt{\overline{P_1P_3}^2+\overline{P_2P_3}^2}\\&=\sqrt{(x_1-x_2)^2+(y_1-y_2)^2+(z_1-z_2)^2}.\end{aligned}$$ ▌

例 2 求证以 $M_1(3,3,2)$, $M_2(6,1,1)$, $M_3(5,2,3)$三点为顶点的三角形是一个等腰三角形.

证 因为

$$\overline{M_1M_2}^2=(6-3)^2+(1-3)^2+(1-2)^2=14,$$
$$\overline{M_2M_3}^2=(5-6)^2+(2-1)^2+(3-1)^2=6,$$
$$\overline{M_1M_3}^2=(5-3)^2+(2-3)^2+(3-2)^2=6,$$

所以 $\overline{M_2M_3}=\overline{M_1M_3}$,即$\triangle M_1M_2M_3$为等腰三角形. ▌

例 3 设 $A(a_1,a_2,a_3)$与 $B(b_1,b_2,b_3)$为空间中不相同的两点,求与 A,B 两点距离相等的动点的轨迹方程.

解 设轨迹上动点 P 的坐标为(x,y,z),由条件 $\overline{PA}=\overline{PB}$ 得

$$\sqrt{(x-a_1)^2+(y-a_2)^2+(z-a_3)^2}$$
$$=\sqrt{(x-b_1)^2+(y-b_2)^2+(z-b_3)^2},$$

两边平方再化简，得

$$2(a_1-b_1)x+2(a_2-b_2)y+2(a_3-b_3)z+b_1^2+b_2^2+b_3^2-a_1^2-a_2^2-a_3^2=0.$$

下面将会知道，这正是平面的方程.

习　题　9.1

1. 坐标原点的坐标是什么？设 A,B,C 分别在 x,y,z 轴上，其坐标有何特点？设 A',B',C' 分别在 xy,yz,zx 坐标平面上，其坐标有何特点？

2. 设空间任意一点 P 的坐标为 (x,y,z)，求由 P 点引至各坐标平面的垂足的坐标，和由 P 点引至各坐标轴的垂足的坐标. 并求点 P 到各坐标平面和坐标轴的距离.

3. 求点 $P(x,y,z)$ 相对于各坐标平面的对称点的坐标.

4. 求点 $P(x,y,z)$ 相对于各坐标轴的对称点的坐标.

5. 给定空间直角坐标系 $Oxyz$，试在图上标出下列各点的位置：

$$(3,-1,0),\quad (-1,2,1),\quad (0,-2,3).$$

6. 已知一个四面体的四个顶点坐标为：

$$(1,-2,1),\quad (2,3,-2),\quad (-1,3,1),\quad (1,2,3),$$

作这四面体的图形.

7. 求到 xz 平面和 yz 平面距离相等的点的轨迹.

8. 求点到 z 轴的距离与到 xy 平面的距离之比为 a 的轨迹方程.

§2　向量代数

2.1　向量的概念

在实际问题中，有些量只有大小，没有方向，例如时间、长度、质量等，它们在取定一个单位后，可以用一个数来表示. 这种量称为**数量**（或**标量**）. 还有一些量既有大小，又有方向，例如力、位移、速度、加速度、电场强度等. 这种既有大小又有方向的量称为**向量**（或**矢量**）. 我们通常用一个有向线段 $\overrightarrow{AB}$ 来表示向量，A 称为**起点**，B 称为**终点**. 向量 $\overrightarrow{AB}$ 也可记作 $\boldsymbol{a}$（图 9-6）. 向量的大小或长度

称为向量的**模**. $\overrightarrow{AB}$ 的模记作 $|\overrightarrow{AB}|$ 或 $|\boldsymbol{a}|$.

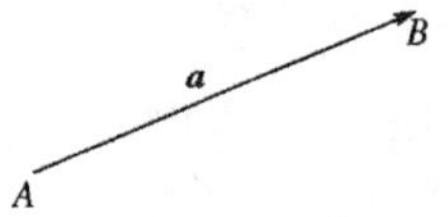

图 9-6

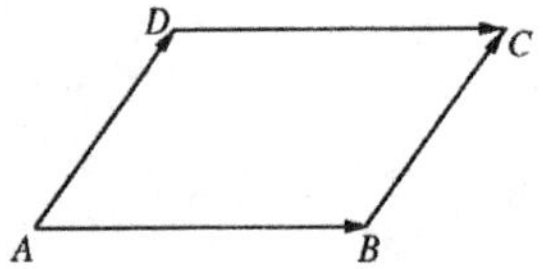

图 9-7

我们只考虑自由向量,也就是只考虑向量的大小和方向,而不考虑起点在哪里. 因此,凡是大小相等、方向相同的向量,我们都认为是**相等**的. 例如图 9-7,$ABCD$ 为一平行四边形,我们认为 $\overrightarrow{AB}=\overrightarrow{DC}$,$\overrightarrow{AD}=\overrightarrow{BC}$. 因此,一个向量在保持大小、方向都不变的条件下可以自由地平移. 以后,为了方便,我们常把向量平移到同一起点来考虑.

与向量 $\boldsymbol{a}$ 大小相等、方向相反的向量称为 $\boldsymbol{a}$ 的**反向量**,记作 $-\boldsymbol{a}$. 模等于 1 的向量称为**单位向量**. 模等于 0 的向量称为**零向量**,记作 $\boldsymbol{0}$. 零向量没有确定的方向. 为了今后讨论问题方便起见,我们规定零向量的方向是任意的.

2.2 向量的加减法

1. 加法

力是向量的物理原型. 我们知道,力的合成可按**平行四边形法则**或**三角形法则**进行. 因此,向量的加法也应遵循同样的法则.

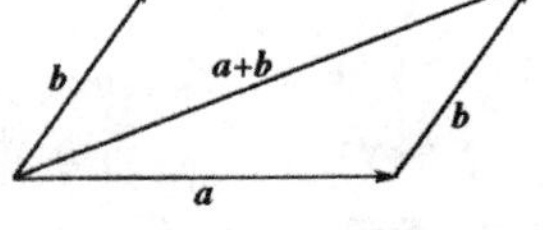

图 9-8

若将向量 $\boldsymbol{b}$ 平移,使其起点与 $\boldsymbol{a}$ 的终点重合(图 9-8),则以 $\boldsymbol{a}$ 的起点为起点、以 $\boldsymbol{b}$ 的终点为终点的向量 $\boldsymbol{c}$ 称为向量 $\boldsymbol{a}$ 与 $\boldsymbol{b}$ 的和,记作

$$\boldsymbol{c}=\boldsymbol{a}+\boldsymbol{b}.$$

两个向量的加法可以推广到任意有限个向量的情形. 这只需将第一个向量放置好,然后将其余向量依次首尾相接,最后,从第

一个向量的起点至最末一个向量的终点的向量就是这些向量的和(图 9-9). 这种求和法称为**多边形法则**或**折线法则**.

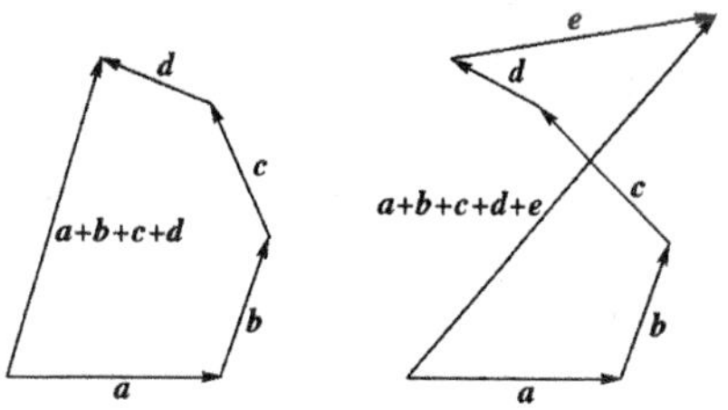

图 9-9

容易验证,向量的加法遵循下列运算规则:

(1) $\boldsymbol{a}+\boldsymbol{b}=\boldsymbol{b}+\boldsymbol{a}$ (交换律);

(2) $(\boldsymbol{a}+\boldsymbol{b})+\boldsymbol{c}=\boldsymbol{a}+(\boldsymbol{b}+\boldsymbol{c})$ (结合律);

(3) $\boldsymbol{a}+\boldsymbol{0}=\boldsymbol{a}$;

(4) $\boldsymbol{a}+(-\boldsymbol{a})=\boldsymbol{0}$.

我们看到,向量加法的运算规则与实数加法的运算规则是相同的.

2. *减法*

向量 $\boldsymbol{a}$ 与向量 $\boldsymbol{b}$ 的反向量之和称为 $\boldsymbol{a}$ 与 $\boldsymbol{b}$ 的差,记作 $\boldsymbol{a}-\boldsymbol{b}$,即

$$\boldsymbol{a}-\boldsymbol{b}=\boldsymbol{a}+(-\boldsymbol{b}).$$

由 $\boldsymbol{a}-\boldsymbol{b}=\boldsymbol{a}+(-\boldsymbol{b})=(-\boldsymbol{b})+\boldsymbol{a}$ 及加法的三角形法则,容易作出向量 $\boldsymbol{a}-\boldsymbol{b}$. 从图 9-10 看出,若将 $\boldsymbol{a},\boldsymbol{b}$ 的起点放在一起,则以 $\boldsymbol{b}$ 的终点为起点、以 $\boldsymbol{a}$ 的终点为终点的向量就是 $\boldsymbol{a}-\boldsymbol{b}$.

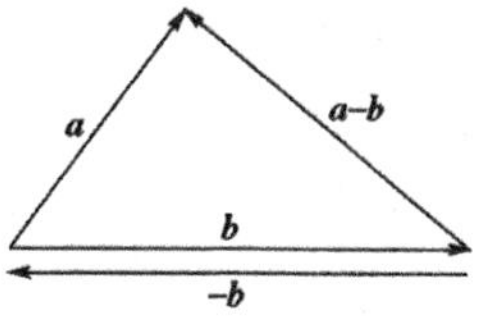

图 9-10

任意两个向量之间,满足**三角形不等式**,即有

定理 1 设 $\boldsymbol{a},\boldsymbol{b}$ 为任意两个向量,则

$$|\boldsymbol{a}+\boldsymbol{b}|\leqslant|\boldsymbol{a}|+|\boldsymbol{b}|. \tag{1}$$

证 若 $\boldsymbol{a}$ 与 $\boldsymbol{b}$ 同向或它们之中至少有一个为零向量时,则显然有

$$|\boldsymbol{a}+\boldsymbol{b}|=|\boldsymbol{a}|+|\boldsymbol{b}|;$$

若 $\boldsymbol{a}$ 与 $\boldsymbol{b}$ 反向,则有

$$|\boldsymbol{a}+\boldsymbol{b}|<|\boldsymbol{a}|+|\boldsymbol{b}|.$$

若 $\boldsymbol{a}$ 与 $\boldsymbol{b}$ 不平行,如图 9-10 所示,则由三角形两边之和大于第三边得

$$|\boldsymbol{a}+\boldsymbol{b}|<|\boldsymbol{a}|+|\boldsymbol{b}|.$$

将以上情形综合起来,得到三角形不等式

$$|\boldsymbol{a}+\boldsymbol{b}|\leqslant|\boldsymbol{a}|+|\boldsymbol{b}|. \quad \blacksquare$$

推论 1 设 $\boldsymbol{a},\boldsymbol{b}$ 为任意两向量,则

$$|\boldsymbol{a}-\boldsymbol{b}|\leqslant|\boldsymbol{a}|+|\boldsymbol{b}|. \tag{2}$$

证 由定理 1 得

$$|\boldsymbol{a}-\boldsymbol{b}|=|\boldsymbol{a}+(-\boldsymbol{b})|\leqslant|\boldsymbol{a}|+|-\boldsymbol{b}|=|\boldsymbol{a}|+|\boldsymbol{b}|. \quad \blacksquare$$

推论 2 设 $\boldsymbol{a},\boldsymbol{b}$ 为任意两向量,则

$$|\boldsymbol{a}|-|\boldsymbol{b}|\leqslant|\boldsymbol{a}+\boldsymbol{b}|, \tag{3}$$

$$|\boldsymbol{a}|-|\boldsymbol{b}|\leqslant|\boldsymbol{a}-\boldsymbol{b}|. \tag{4}$$

证 显然有

$$|\boldsymbol{a}|=|\boldsymbol{a}+\boldsymbol{b}-\boldsymbol{b}|\leqslant|\boldsymbol{a}+\boldsymbol{b}|+|\boldsymbol{b}|,$$

移项即得(3)式.(4)式的证明类似. $\blacksquare$

2.3 向量的数乘

假设一个物体受到两个相等的力 $\boldsymbol{F}$ 的作用,那么求这两个力的合力时,显然有 $\boldsymbol{F}+\boldsymbol{F}=2\boldsymbol{F}$. 由此引出实数与向量相乘(简称数乘)的概念.

定义 1 实数 λ 与向量 $\boldsymbol{a}$ 的乘积是一个向量,记作 $\lambda\boldsymbol{a}$. 当 $\lambda>0$ 时,它与 $\boldsymbol{a}$ 同向;当 $\lambda<0$ 时,它与 $\boldsymbol{a}$ 反向. 而 $\lambda\boldsymbol{a}$ 的模是 $|\boldsymbol{a}|$ 的 $|\lambda|$ 倍,即 $|\lambda\boldsymbol{a}|=|\lambda||\boldsymbol{a}|$.

向量的数乘遵循下列运算规律:

(1) $\lambda(\mu\boldsymbol{a})=(\lambda\mu)\boldsymbol{a}=\mu(\lambda\boldsymbol{a})$;

(2) $(\lambda+\mu)\boldsymbol{a}=\lambda\boldsymbol{a}+\mu\boldsymbol{a}$;

(3) $\lambda(\boldsymbol{a}+\boldsymbol{b})=\lambda\boldsymbol{a}+\lambda\boldsymbol{b}$.

这里 λ,μ 为任意实数,$\boldsymbol{a},\boldsymbol{b}$ 为任意向量.前两个规律容易从数乘的定义推得,第三个规律可以用相似形来证明(图 9-11).

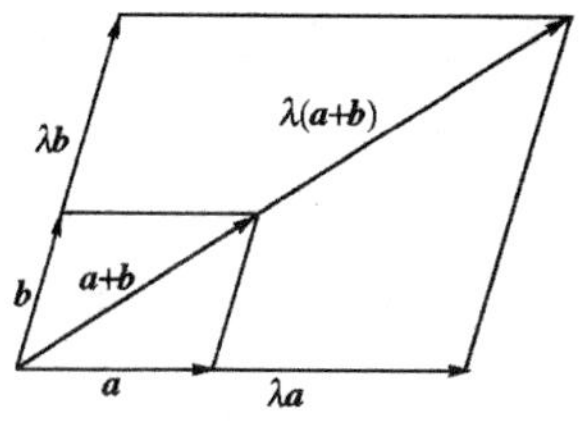

图 9-11

2.4 几个常用的概念

1. 某向量的单位向量

设 $\boldsymbol{a}\neq\boldsymbol{0}$,则模为 1 且方向与 $\boldsymbol{a}$ 相同的向量称为 $\boldsymbol{a}$ 的**单位向量**,常记作 $\boldsymbol{a}_0$. 显然有

$$\boldsymbol{a}=|\boldsymbol{a}|\boldsymbol{a}_0,$$

从而

$$\boldsymbol{a}_0=\frac{\boldsymbol{a}}{|\boldsymbol{a}|}.$$

这说明,任一非零向量 $\boldsymbol{a}$ 除以它的模,就是 $\boldsymbol{a}$ 的单位向量.

2. 向量的共线

若一组向量平行于同一条直线(我们认为零向量平行于任何直线),则称它们是**共线**的,这组向量也称为**共线向量**.

关于共线向量,我们有

定理 2 向量 $\boldsymbol{a}$ 与非零向量 $\boldsymbol{b}$ 共线的充要条件是存在一个实数 λ,使得 $\boldsymbol{a}=\lambda\boldsymbol{b}$.

证 必要性 因为 $\boldsymbol{b}\neq\boldsymbol{0}$,所以存在单位向量 $\boldsymbol{b}_0=\dfrac{\boldsymbol{b}}{|\boldsymbol{b}|}$.

若 $\boldsymbol{a}=\boldsymbol{0}$,则 $\boldsymbol{a}=0\boldsymbol{b}_0$,此时 $\lambda=0$;若 $\boldsymbol{a}\neq\boldsymbol{0}$ 且与 $\boldsymbol{b}$ 同向,则 $\boldsymbol{a}$ 的单位向量 $\boldsymbol{a}_0=\boldsymbol{b}_0$,从而

$$\boldsymbol{a}=|\boldsymbol{a}|\boldsymbol{a}_0=|\boldsymbol{a}|\boldsymbol{b}_0=|\boldsymbol{a}|\frac{\boldsymbol{b}}{|\boldsymbol{b}|}=\frac{|\boldsymbol{a}|}{|\boldsymbol{b}|}\boldsymbol{b},$$

此时 $$\lambda=\frac{|\boldsymbol{a}|}{|\boldsymbol{b}|};$$

若 $\boldsymbol{a}\neq\boldsymbol{0}$ 且与 $\boldsymbol{b}$ 反向，则 $\boldsymbol{a}_0=-\boldsymbol{b}_0$，因此

$$\boldsymbol{a}=-\frac{|\boldsymbol{a}|}{|\boldsymbol{b}|}\boldsymbol{b},$$

此时 $$\lambda=-\frac{|\boldsymbol{a}|}{|\boldsymbol{b}|}.$$

充分性　若 $\lambda=0$，则由 $\boldsymbol{a}=0\boldsymbol{b}$ 知 $\boldsymbol{a}=\boldsymbol{0}$，从而与 $\boldsymbol{b}$ 共线；若 $\lambda>0$，则 $\boldsymbol{a}$ 与 $\boldsymbol{b}$ 同向，这时，$\boldsymbol{a}$ 与 $\boldsymbol{b}$ 平行，从而 $\boldsymbol{a}$ 与 $\boldsymbol{b}$ 共线；若 $\lambda<0$，则 $\boldsymbol{a}$ 与 $\boldsymbol{b}$ 反向，这时，$\boldsymbol{a}$ 与 $\boldsymbol{b}$ 平行，因此 $\boldsymbol{a}$ 与 $\boldsymbol{b}$ 共线. ▌

2.5 向量的坐标表示

以上我们用几何方法引进了向量的概念及其线性运算. 几何方法虽然比较直观，但是对于向量的计算并不方便. 为了便于计算和应用，以及便于用向量讲述解析几何，我们引进向量的坐标表示，即用一个有序数组来表示向量，从而可以把向量的运算化为数的运算.

我们先来定义空间中一点在轴上或平面上的投影.

设 A 为空间中一点，过点 A 作一垂直于轴 u 的平面 α，则 α 与轴 u 的交点 A' 称为**点 A 在轴 u 上的投影**(图 9-12). 又，设 B 为空间中一点. 过点 B 作垂直于平面 π 的直线 l，则 l 与平面 π 的交点

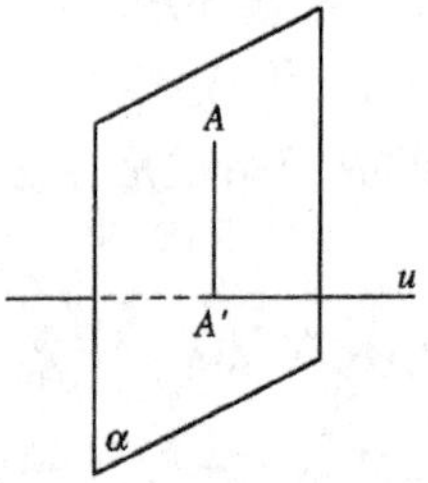

图　9-12

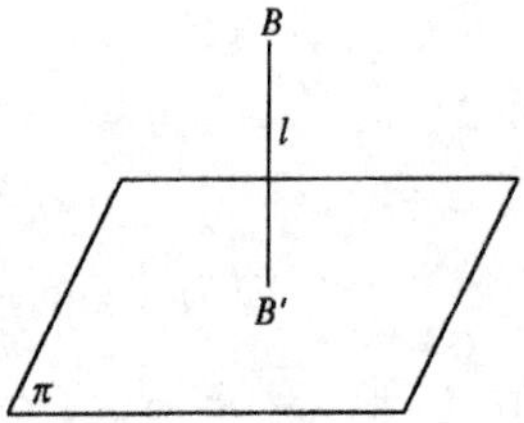

图　9-13

B'称为**点 B 在平面 π 上的投影**(图 9-13).

下面引进向量的坐标表示.

在空间取定直角坐标系 $Oxyz$,在 x,y,z 轴的正方向上分别取三个单位向量,记作 $\boldsymbol{i},\boldsymbol{j},\boldsymbol{k}$,称为**坐标向量**.设 $\boldsymbol{a}$ 为空间任一向量,将它平移,使其起点在坐标原点 O,终点在点 $P(x,y,z)$,并设点 P 在 x,y,z 轴上的投影分别为 A,B,C,在 xy 平面上的投影为点 M (图 9-14),则根据向量的加法,得

$$\begin{aligned}\boldsymbol{a}=\overrightarrow{OP}&=\overrightarrow{OA}+\overrightarrow{AM}+\overrightarrow{MP}\\&=\overrightarrow{OA}+\overrightarrow{OB}+\overrightarrow{OC}.\end{aligned}$$

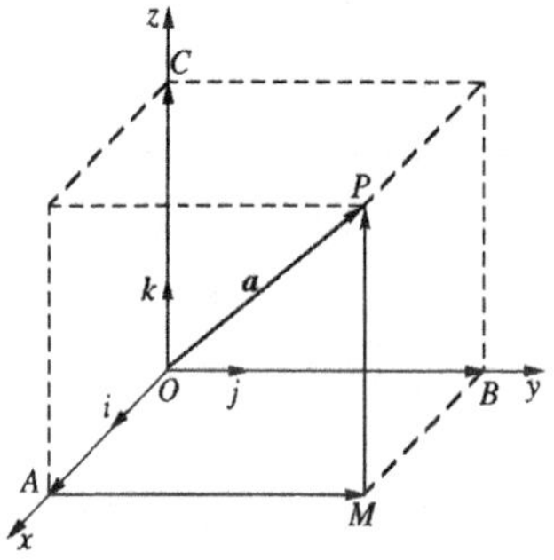

图 9-14

由两个向量共线的定理知

$$\overrightarrow{OA}=x\boldsymbol{i},\quad \overrightarrow{OB}=y\boldsymbol{j},\quad \overrightarrow{OC}=z\boldsymbol{k},$$

于是得到

$$\boldsymbol{a}=\overrightarrow{OP}=x\boldsymbol{i}+y\boldsymbol{j}+z\boldsymbol{k}. \tag{5}$$

定义 2 (5)式右端称为向量 $\boldsymbol{a}$ 的**坐标分解式**或**坐标表示式**,其中 x,y,z 称为 $\boldsymbol{a}$ 的**分量**.

(5)式也可写为

$$\boldsymbol{a}=\overrightarrow{OP}=\{x,y,z\},$$

因此,起点在原点的向量的坐标与其终点的坐标相同.

定义 3 向量 $\overrightarrow{OP}$ 称为点 P 的**向径**.

2.6 用向量的坐标进行向量的线性运算

设有两个向量 $\boldsymbol{a}=a_1\boldsymbol{i}+a_2\boldsymbol{j}+a_3\boldsymbol{k}$，$\boldsymbol{b}=b_1\boldsymbol{i}+b_2\boldsymbol{j}+b_3\boldsymbol{k}$，则

$$\begin{aligned}\boldsymbol{a}\pm\boldsymbol{b}&=(a_1\boldsymbol{i}+a_2\boldsymbol{j}+a_3\boldsymbol{k})\pm(b_1\boldsymbol{i}+b_2\boldsymbol{j}+b_3\boldsymbol{k})\\&=(a_1\pm b_1)\boldsymbol{i}+(a_2\pm b_2)\boldsymbol{j}+(a_3\pm b_3)\boldsymbol{k},\end{aligned}$$

$$\lambda\boldsymbol{a}=\lambda(a_1\boldsymbol{i}+a_2\boldsymbol{j}+a_3\boldsymbol{k})=\lambda a_1\boldsymbol{i}+\lambda a_2\boldsymbol{j}+\lambda a_3\boldsymbol{k},$$

即

$$\{a_1,a_2,a_3\}\pm\{b_1,b_2,b_3\}=\{a_1\pm b_1,a_2\pm b_2,a_3\pm b_3\},$$

$$\lambda\{a_1,a_2,a_3\}=\{\lambda a_1,\lambda a_2,\lambda a_3\},$$

其中 λ 为常数.

以上就是利用坐标进行向量的线性运算的公式. 它们说明：向量的加、减运算及数乘运算可以化为与它们相应坐标的运算.

例 1 设有两点 $A(x_1,y_1,z_1)$，$B(x_2,y_2,z_2)$，求向量 $\overrightarrow{AB}$ 的坐标.

解 由(5)式知

$$\overrightarrow{OA}=\{x_1,y_1,z_1\},$$

$$\overrightarrow{OB}=\{x_2,y_2,z_2\},$$

从而

$$\begin{aligned}\overrightarrow{AB}=\overrightarrow{OB}-\overrightarrow{OA}&=\{x_2,y_2,z_2\}-\{x_1,y_1,z_1\}\\&=\{x_2-x_1,y_2-y_1,z_2-z_1\}.\end{aligned}$$

即起点不在原点的向量的坐标等于终点坐标减去起点坐标(图 9-15).

例 2 设有两点 $M_1(x_1,y_1,z_1)$，$M_2(x_2,y_2,z_2)$，点 P 分线段 M_1M_2 成定比 $\lambda>0$，求证分点 P 的坐标为

$$x=\frac{x_1+\lambda x_2}{1+\lambda},\quad y=\frac{y_1+\lambda y_2}{1+\lambda},\quad z=\frac{z_1+\lambda z_2}{1+\lambda}.$$

证 由图 9-16 知 $\overrightarrow{M_1P}=\lambda\overrightarrow{PM_2}$，即

$$\{x-x_1,y-y_1,z-z_1\}=\lambda\{x_2-x,y_2-y,z_2-z\},$$

从而

$$x - x_1 = \lambda(x_2 - x),$$
$$y - y_1 = \lambda(y_2 - y),$$
$$z - z_1 = \lambda(z_2 - z),$$

从中解出 x,y,z 即可. ▌

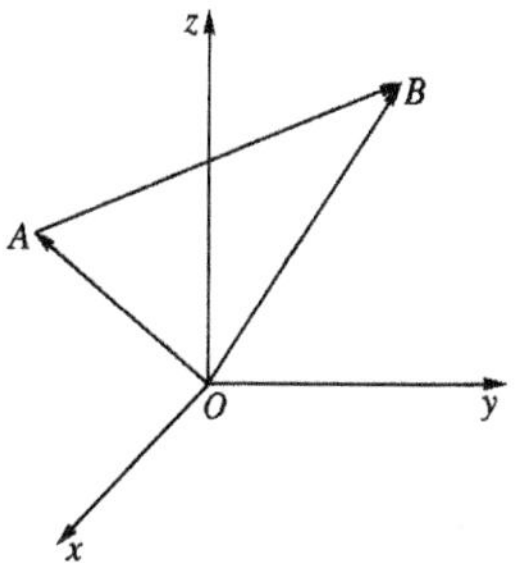

图 9-15

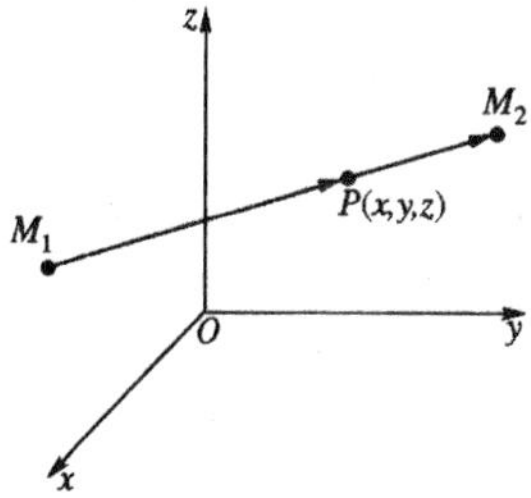

图 9-16

上面 2.4 小节中所给出的向量 $\boldsymbol{a}$ 与非零向量 $\boldsymbol{b}$ 共线的充要条件是 $\boldsymbol{a}=\lambda\boldsymbol{b}$,也可用坐标形式来表示. 设 $\boldsymbol{a}=\{a_1,a_2,a_3\}$,$\boldsymbol{b}=\{b_1,b_2,b_3\}\neq\{0,0,0\}$,则 $\boldsymbol{a}=\lambda\boldsymbol{b}$ 即

$$\{a_1,a_2,a_3\} = \lambda\{b_1,b_2,b_3\} = \{\lambda b_1,\lambda b_2,\lambda b_3\},$$

从而

$$a_1 = \lambda b_1,\quad a_2 = \lambda b_2,\quad a_3 = \lambda b_3,$$

或写为

$$\frac{a_1}{b_1} = \frac{a_2}{b_2} = \frac{a_3}{b_3}(= \lambda).$$

即两向量 $\boldsymbol{a}$ 与 $\boldsymbol{b}(\neq\boldsymbol{0})$共线的充要条件是它们的对应坐标成比例.

应当指出,上式中若某一分母为 0,则应认为相应分子也是 0. 但由于 $\boldsymbol{b}\neq\boldsymbol{0}$,因此 b_1,b_2,b_3 不会同时为 0.

例 3 向量 $\boldsymbol{a}=\{1,-2,2\}$与 $\boldsymbol{b}=\{-2,4,-4\}$共线,这是因为有

$$\frac{1}{-2} = \frac{-2}{4} = \frac{2}{-4}\left(=-\frac{1}{2}\right).$$

又，向量 $\boldsymbol{c}=\{2,1,0\}$ 与 $\boldsymbol{d}=\{-4,-2,0\}$ 共线，事实上

$$\frac{2}{-4}=\frac{1}{-2}=\frac{0}{0}.$$

我们再次指出，这里的"$\frac{0}{0}$"不表示两个数 0 相除，而是表示向量 $\boldsymbol{a}$ 与 $\boldsymbol{b}$ 的第三个坐标都是 0.

2.7 向量的模和方向余弦的坐标表达式

确定一个向量，需要知道它的大小(即模)和方向，怎样用坐标来表示这两个要素呢？

定理 3 设有向量 $\boldsymbol{a}=\{x,y,z\}$，则它的模为

$$|\boldsymbol{a}|=\sqrt{x^2+y^2+z^2}. \tag{6}$$

证 设 $\boldsymbol{a}$ 的起点为 $O(0,0,0)$，终点为 $P(x,y,z)$(如图 9-14)，则由两点间距离公式知

$$|\boldsymbol{a}|=\overline{OP}=\sqrt{x^2+y^2+z^2}.\quad\blacksquare$$

为了确定向量的方向，我们先给出两个定义.

定义 4 设有从同一点出发的两个非零向量 $\boldsymbol{a},\boldsymbol{b}$，则它们所成的两个角中不超过 π 的那一个，称为 $\boldsymbol{a}$ 与 $\boldsymbol{b}$ 的夹角，记作 $\langle\boldsymbol{a},\boldsymbol{b}\rangle$.

显然有

$$\langle\boldsymbol{a},\boldsymbol{b}\rangle=\langle\boldsymbol{b},\boldsymbol{a}\rangle.$$

因为 $0\leqslant\langle\boldsymbol{a},\boldsymbol{b}\rangle\leqslant\pi$，所以夹角 $\langle\boldsymbol{a},\boldsymbol{b}\rangle$ 由它的余弦惟一确定.

定义 5 非零向量 $\boldsymbol{a}$ 与坐标向量 $\boldsymbol{i},\boldsymbol{j},\boldsymbol{k}$ 的夹角称为向量 $\boldsymbol{a}$ 的**方向角**，分别记作 α,β,γ. $\cos\alpha,\cos\beta,\cos\gamma$ 称为 $\boldsymbol{a}$ 的**方向余弦**.

显然，方向角 α,β,γ 确定后，向量 $\boldsymbol{a}$ 的方向就确定了. 但是，用坐标来表示方向角比较麻烦. 考虑到方向余弦可惟一确定方向角，并且用坐标来表示方向余弦比较方便，因此我们用方向余弦来确定向量的方向.

定理 4 设有非零向量 $\boldsymbol{a}=\{x,y,z\}$，其方向角为 α,β,γ，则 $\boldsymbol{a}$ 的方向余弦的坐标表达式为

$$\begin{cases} \cos\alpha = \dfrac{x}{\sqrt{x^2+y^2+z^2}}, \\ \cos\beta = \dfrac{y}{\sqrt{x^2+y^2+z^2}}, \\ \cos\gamma = \dfrac{z}{\sqrt{x^2+y^2+z^2}}. \end{cases} \tag{7}$$

证 如图 9-17 所示，设 $\boldsymbol{a}=\overrightarrow{OP}$，且点 P 在 x,y,z 轴上的投影为点 A,B,C. α,β,γ 为 $\boldsymbol{a}$ 的方向角. 因为 $PA\perp OA$, $PB\perp OB$, $PC\perp OC$，所以

$$x=|\boldsymbol{a}|\cos\alpha,\quad y=|\boldsymbol{a}|\cos\beta,\quad z=|\boldsymbol{a}|\cos\gamma.$$

从而得到

$$\cos\alpha=\frac{x}{|\boldsymbol{a}|}=\frac{x}{\sqrt{x^2+y^2+z^2}},$$

$$\cos\beta=\frac{y}{|\boldsymbol{a}|}=\frac{y}{\sqrt{x^2+y^2+z^2}},$$

$$\cos\gamma=\frac{z}{|\boldsymbol{a}|}=\frac{z}{\sqrt{x^2+y^2+z^2}}.$$

从这里容易写出方向余弦所满足的关系式

$$\cos^2\alpha+\cos^2\beta+\cos^2\gamma=1.$$

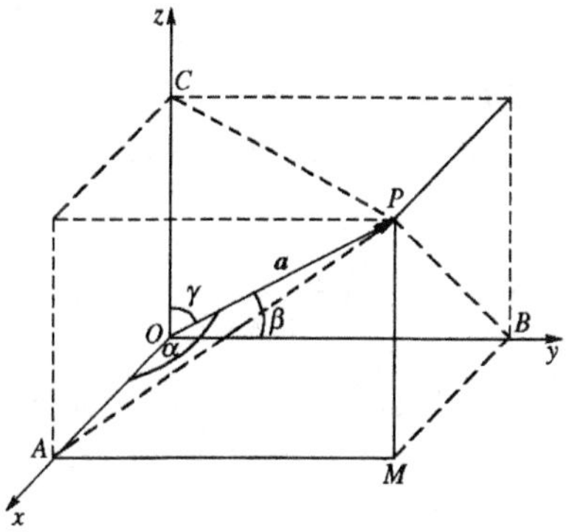

图 9-17

由公式(6)和(7)知,可用向量的模和方向余弦来表示向量:

$$\begin{aligned}\boldsymbol{a}&=\{x,y,z\}=\{|\boldsymbol{a}|\cos\alpha,|\boldsymbol{a}|\cos\beta,|\boldsymbol{a}|\cos\gamma\}\\&=|\boldsymbol{a}|\{\cos\alpha,\cos\beta,\cos\gamma\}.\end{aligned}$$

对照上面 2.4 小节所述的 $\boldsymbol{a}=|\boldsymbol{a}|\boldsymbol{a}_0$,得

$$\boldsymbol{a}_0=\{\cos\alpha,\cos\beta,\cos\gamma\}.$$

这表明,$\boldsymbol{a}$ 的方向余弦所组成的向量 $\{\cos\alpha,\cos\beta,\cos\gamma\}$ 就是 $\boldsymbol{a}$ 的单位向量. ▌

例 4 已知两点 $M_1(1,1,\sqrt{2})$ 与 $M_2(0,2,0)$,计算向量 $\overrightarrow{M_1M_2}$ 的模、方向余弦与方向角.

解 由已知得

$$\overrightarrow{M_1M_2}=(0-1,2-1,0-\sqrt{2})=(-1,1,-\sqrt{2}).$$

由公式(6)和(7)即得

$$|\overrightarrow{M_1M_2}|=\sqrt{(-1)^2+1^2+(-\sqrt{2})^2}=\sqrt{4}=2;$$

$$\cos\alpha=-\frac{1}{2},\quad \cos\beta=\frac{1}{2},\quad \cos\gamma=-\frac{\sqrt{2}}{2};$$

$$\alpha=\arccos\left(-\frac{1}{2}\right)=\frac{2}{3}\pi,\quad \beta=\arccos\frac{1}{2}=\frac{\pi}{3},$$

$$\gamma=\arccos\left(-\frac{\sqrt{2}}{2}\right)=\frac{3}{4}\pi.$$

例 5 设向量 $\boldsymbol{a}$ 的三个方向角 α,β,γ 相等,求 $\boldsymbol{a}$ 的方向余弦.

解 将 $\alpha=\beta=\gamma$ 代入关系式 $\cos^2\alpha+\cos^2\beta+\cos^2\gamma=1$,得

$$3\cos^2\alpha=1,$$

从而

$$\cos\alpha=\pm\frac{1}{\sqrt{3}}.$$

因此 $\boldsymbol{a}$ 的方向余弦为

$$\cos\alpha=\cos\beta=\cos\gamma=1/\sqrt{3},$$

或

$$\cos\alpha=\cos\beta=\cos\gamma=-1/\sqrt{3}.$$

2.8 向量的投影向量与投影

设有非零向量 $\boldsymbol{a}=\overrightarrow{AB}$,起点 A 和终点 B 在轴 u 上的投影为点 A' 和 B'(图 9-18),则向量 $\overrightarrow{A'B'}$ 称为向量 $\overrightarrow{AB}$ 在轴 u 上的**投影向量**.

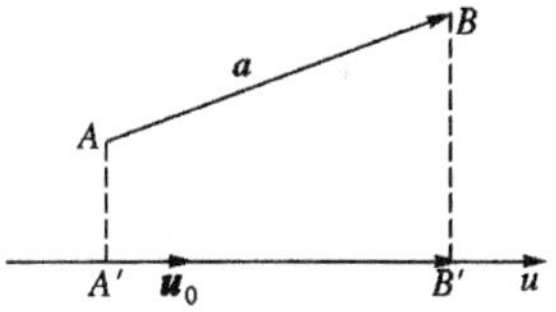

图 9-18

设 $\boldsymbol{u}_0$ 为轴 u 上的单位向量,则因为 $\overrightarrow{A'B'}$ 与 $\boldsymbol{u}_0$ 共线,所以存在一个实数 λ,使得

$$\overrightarrow{A'B'}=\lambda\boldsymbol{u}_0.$$

实数 λ 称为向量 $\overrightarrow{AB}$ **在轴 u 上的投影**(或**分量**),或者说,λ 称为向量 $\boldsymbol{a}$ **在向量 $\boldsymbol{u}_0$ 上的投影**,记作

$$\lambda=\Pi_{\boldsymbol{u}_0}\boldsymbol{a}.$$

显然

$$\Pi_{\boldsymbol{u}_0}\boldsymbol{a}=|\boldsymbol{a}|\cos\langle\boldsymbol{a},\boldsymbol{u}_0\rangle.$$

容易证明,向量的投影具有以下性质:

$$\Pi_{\boldsymbol{u}_0}(\boldsymbol{a}+\boldsymbol{b})=\Pi_{\boldsymbol{u}_0}\boldsymbol{a}+\Pi_{\boldsymbol{u}_0}\boldsymbol{b},$$

$$\Pi_{\boldsymbol{u}_0}(\lambda\boldsymbol{a})=\lambda\Pi_{\boldsymbol{u}_0}\boldsymbol{a}.$$

2.9 两向量的数量积

物理学告诉我们,若一质点在力 $\boldsymbol{F}$ 作用下经过位移 $\boldsymbol{b}$,则力 $\boldsymbol{F}$ 对质点所做的功 W 等于力 $\boldsymbol{F}$ 在 $\boldsymbol{b}$ 方向上的投影与移动距离的乘积,即

$$W=(|\boldsymbol{F}|\cos\langle\boldsymbol{F},\boldsymbol{b}\rangle)\cdot|\boldsymbol{b}|$$

$$= |\boldsymbol{F}| \cdot |\boldsymbol{b}|\cos\langle \boldsymbol{F},\boldsymbol{b}\rangle.$$

以此为实际背景，我们引进

定义 6 两向量 $\boldsymbol{a},\boldsymbol{b}$ 的**数量积**是一个实数，记作

$$\boldsymbol{a}\cdot\boldsymbol{b} = |\boldsymbol{a}||\boldsymbol{b}|\cos\langle \boldsymbol{a},\boldsymbol{b}\rangle.$$

若 $\boldsymbol{a},\boldsymbol{b}$ 中有一向量为 $\boldsymbol{0}$，则规定 $\boldsymbol{a}\cdot\boldsymbol{b}=0$.

$\boldsymbol{a}$ 与 $\boldsymbol{b}$ 的数量积 $\boldsymbol{a}\cdot\boldsymbol{b}$ 也称为 $\boldsymbol{a}$ 与 $\boldsymbol{b}$ 的**点乘**. 易知，

$$\text{功 } W=\boldsymbol{F}\cdot\boldsymbol{b}.$$

不难证明：

定理 5 两向量 $\boldsymbol{a}\perp\boldsymbol{b}$ 的充要条件为 $\boldsymbol{a}\cdot\boldsymbol{b}=0$.

由投影的表达式 $\Pi_{\boldsymbol{u}_0}\boldsymbol{a}=|\boldsymbol{a}|\cos\langle\boldsymbol{a},\boldsymbol{u}_0\rangle$ 知

$$\boldsymbol{a}\cdot\boldsymbol{b}=|\boldsymbol{a}|\Pi_{\boldsymbol{a}}\boldsymbol{b}\ (\boldsymbol{a}\neq\boldsymbol{0}) \quad \text{或} \quad \boldsymbol{a}\cdot\boldsymbol{b}=|\boldsymbol{b}|\Pi_{\boldsymbol{b}}\boldsymbol{a}\ (\boldsymbol{b}\neq\boldsymbol{0}). \tag{8}$$

即：两向量的点乘等于一向量的模乘以另一向量在这向量（设它是非零向量）上的投影.

由(8)式知，当 $|\boldsymbol{b}|=1$ 时，有 $\boldsymbol{a}\cdot\boldsymbol{b}=\Pi_{\boldsymbol{b}}\boldsymbol{a}$，从而

$$\boldsymbol{a}\cdot\boldsymbol{i}=x,\quad \boldsymbol{a}\cdot\boldsymbol{j}=y,\quad \boldsymbol{a}\cdot\boldsymbol{k}=z,$$

其中 $\boldsymbol{a}=\{x,y,z\}$.

向量点乘遵循以下的运算规律：

(1) 交换律：

$$\boldsymbol{a}\cdot\boldsymbol{b}=\boldsymbol{b}\cdot\boldsymbol{a}. \tag{9}$$

(2) 与数乘的结合律：

$$(\lambda\boldsymbol{a})\cdot\boldsymbol{b}=\lambda(\boldsymbol{a}\cdot\boldsymbol{b}), \tag{10}$$

$$\boldsymbol{a}\cdot(\lambda\boldsymbol{b})=\lambda(\boldsymbol{a}\cdot\boldsymbol{b}). \tag{11}$$

(3) 分配律：

$$(\boldsymbol{a}+\boldsymbol{b})\cdot\boldsymbol{c}=\boldsymbol{a}\cdot\boldsymbol{c}+\boldsymbol{b}\cdot\boldsymbol{c}, \tag{12}$$

$$\boldsymbol{c}\cdot(\boldsymbol{a}+\boldsymbol{b})=\boldsymbol{c}\cdot\boldsymbol{a}+\boldsymbol{c}\cdot\boldsymbol{b}. \tag{13}$$

证 只证(12)式. 当 $\boldsymbol{c}=\boldsymbol{0}$ 时，此式显然成立；当 $\boldsymbol{c}\neq\boldsymbol{0}$ 时，由(8)式知

$$\begin{aligned}(\boldsymbol{a}+\boldsymbol{b})\cdot\boldsymbol{c}&=|\boldsymbol{c}|\Pi_{\boldsymbol{c}}(\boldsymbol{a}+\boldsymbol{b})=|\boldsymbol{c}|(\Pi_{\boldsymbol{c}}\boldsymbol{a}+\Pi_{\boldsymbol{c}}\boldsymbol{b})\\&=|\boldsymbol{c}|\Pi_{\boldsymbol{c}}\boldsymbol{a}+|\boldsymbol{c}|\Pi_{\boldsymbol{c}}|\boldsymbol{b}|=\boldsymbol{a}\cdot\boldsymbol{c}+\boldsymbol{b}\cdot\boldsymbol{c}.\quad\blacksquare\end{aligned}$$

下面给出数量积的坐标表示式.

设 $\boldsymbol{a}=\{a_1,a_2,a_3\}$,$\boldsymbol{b}=\{b_1,b_2,b_3\}$,则由上述运算规律及以下各式

$$\boldsymbol{i}\cdot\boldsymbol{i}=\boldsymbol{j}\cdot\boldsymbol{j}=\boldsymbol{k}\cdot\boldsymbol{k}=1,$$
$$\boldsymbol{i}\cdot\boldsymbol{j}=\boldsymbol{j}\cdot\boldsymbol{k}=\boldsymbol{k}\cdot\boldsymbol{i}=0,$$

得到

$$\begin{aligned}\boldsymbol{a}\cdot\boldsymbol{b}&=(a_1\boldsymbol{i}+a_2\boldsymbol{j}+a_3\boldsymbol{k})\cdot(b_1\boldsymbol{i}+b_2\boldsymbol{j}+b_3\boldsymbol{k})\\&=a_1b_1\boldsymbol{i}\cdot\boldsymbol{i}+a_1b_2\boldsymbol{i}\cdot\boldsymbol{j}+a_1b_3\boldsymbol{i}\cdot\boldsymbol{k}\\&\quad+a_2b_1\boldsymbol{j}\cdot\boldsymbol{i}+a_2b_2\boldsymbol{j}\cdot\boldsymbol{j}+a_2b_3\boldsymbol{j}\cdot\boldsymbol{k}\\&\quad+a_3b_1\boldsymbol{k}\cdot\boldsymbol{i}+a_3b_2\boldsymbol{k}\cdot\boldsymbol{j}+a_3b_3\boldsymbol{k}\cdot\boldsymbol{k}\\&=a_1b_1+a_2b_2+a_3b_3.\end{aligned}\tag{14}$$

即:两个向量的点乘等于它们对应坐标乘积之和.

由(14)式知,$\boldsymbol{a}\perp\boldsymbol{b}$ 的充要条件是

$$a_1b_1+a_2b_2+a_3b_3=0.$$

由数量积的定义可得到两个向量夹角余弦的坐标表示式.因为 $\boldsymbol{a}\cdot\boldsymbol{b}=|\boldsymbol{a}||\boldsymbol{b}|\cos\langle\boldsymbol{a},\boldsymbol{b}\rangle$,所以

$$\cos\langle\boldsymbol{a},\boldsymbol{b}\rangle=\frac{\boldsymbol{a}\cdot\boldsymbol{b}}{|\boldsymbol{a}||\boldsymbol{b}|}=\frac{a_1b_1+a_2b_2+a_3b_3}{\sqrt{a_1^2+a_2^2+a_3^2}\sqrt{b_1^2+b_2^2+b_3^2}}.\tag{15}$$

例 6 已知三点 $A(1,1,1)$,$B(2,2,1)$,$C(2,1,2)$,求 $\overrightarrow{AB}$ 与 $\overrightarrow{AC}$ 的夹角 θ.

解 从已知得 $\overrightarrow{AB}=\{1,1,0\}$,$\overrightarrow{AC}=\{1,0,1\}$.于是由(15)式知

$$\cos\theta=\frac{\overrightarrow{AB}\cdot\overrightarrow{AC}}{|\overrightarrow{AB}||\overrightarrow{AC}|}=\frac{1}{2},$$

从而 $\theta=\frac{\pi}{3}$.

例 7 设 $A(1,2,2)$, $B(2,3,-1)$, $C(3,3,3)$为三点,证明 $\triangle ABC$ 为直角三角形.

证 由条件知 $\overrightarrow{AB}=\{1,1,-3\}$, $\overrightarrow{AC}=\{2,1,1\}$,从而有

$$\overrightarrow{AB}\cdot\overrightarrow{AC}=1\cdot 2+1\cdot 1+(-3)\cdot 1=0.$$

由定理 5 知 $\overrightarrow{AB}\perp\overrightarrow{AC}$,因此$\triangle ABC$ 为直角三角形. ▌

例 8 设 $\boldsymbol{a},\boldsymbol{b}$ 为两向量,已知$|\boldsymbol{a}|=5$, $|\boldsymbol{b}|=2$, $|2\boldsymbol{a}-3\boldsymbol{b}|=\sqrt{76}$,求向量 $\boldsymbol{a}$ 与 $\boldsymbol{b}$ 的夹角$\langle\boldsymbol{a},\boldsymbol{b}\rangle$.

解 由条件知$|2\boldsymbol{a}-3\boldsymbol{b}|^2=76$,而

$$\begin{aligned}|2\boldsymbol{a}-3\boldsymbol{b}|^2&=(2\boldsymbol{a}-3\boldsymbol{b})\cdot(2\boldsymbol{a}-3\boldsymbol{b})\\&=4\boldsymbol{a}\cdot\boldsymbol{a}-6\boldsymbol{a}\cdot\boldsymbol{b}-6\boldsymbol{b}\cdot\boldsymbol{a}+9\boldsymbol{b}\cdot\boldsymbol{b}\\&=4|\boldsymbol{a}|^2-12\boldsymbol{a}\cdot\boldsymbol{b}+9|\boldsymbol{b}|^2\\&=4\cdot 25-12|\boldsymbol{a}||\boldsymbol{b}|\cos\langle\boldsymbol{a},\boldsymbol{b}\rangle+9\cdot 4\\&=136-120\cos\langle\boldsymbol{a},\boldsymbol{b}\rangle,\end{aligned}$$

即
$$120\cos\langle\boldsymbol{a},\boldsymbol{b}\rangle=136-76=60,$$

从而$\cos\langle\boldsymbol{a},\boldsymbol{b}\rangle=\dfrac{60}{120}=\dfrac{1}{2}$,所以$\langle\boldsymbol{a},\boldsymbol{b}\rangle=\arccos\dfrac{1}{2}=\dfrac{\pi}{3}$.

例 9 设有$\triangle ABC$,三边长分别为 a,b,c(图 9-19),求证余弦定理

$$c^2=a^2+b^2-2ab\cos\theta.$$

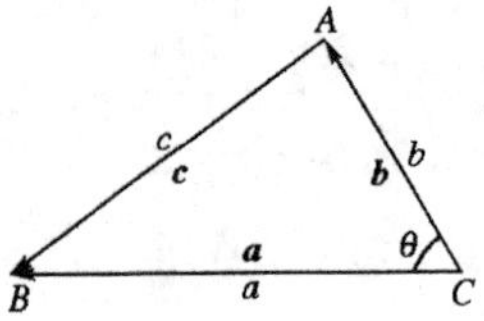

图 9-19

证 设$\overrightarrow{CB}=\boldsymbol{a},\overrightarrow{CA}=\boldsymbol{b},\overrightarrow{AB}=\boldsymbol{c}$,则$\boldsymbol{c}=\boldsymbol{a}-\boldsymbol{b}$,从而

$$\begin{aligned}c^2=\boldsymbol{c}\cdot\boldsymbol{c}&=(\boldsymbol{a}-\boldsymbol{b})\cdot(\boldsymbol{a}-\boldsymbol{b})\\&=\boldsymbol{a}\cdot\boldsymbol{a}+\boldsymbol{b}\cdot\boldsymbol{b}-2\boldsymbol{a}\cdot\boldsymbol{b}\\&=a^2+b^2-2ab\cos\theta,\end{aligned}$$

其中 $\theta=\langle\boldsymbol{a},\boldsymbol{b}\rangle$. 于是余弦定理得证. ▌

我们看到,这里利用向量工具证明余弦定理,比中学代数里的方法来得简单.

2.10 两向量的向量积

在力学中,我们学过力矩的概念. 设有一根短棍,其一端 O 固定,另一端 A 受到力 $\boldsymbol{F}$ 作用,OA 便绕点 O 转动(图 9-20). 这时,力 $\boldsymbol{F}$ 对点 O 的力矩是一个向量,记作 $\boldsymbol{M}$. 它的模等于以 $\overrightarrow{OA}$ 及 $\boldsymbol{F}$

为两边的平行四边形的面积,即

$$|\boldsymbol{M}| = |\overrightarrow{OA}||\boldsymbol{F}|\sin\langle\overrightarrow{OA},\boldsymbol{F}\rangle,$$

其方向垂直于 $\overrightarrow{OA}$ 及 $\boldsymbol{F}$,且当右手自 $\overrightarrow{OA}$ 至 $\boldsymbol{F}$ 的方向握住拳时,大拇指伸开的方向就是 $\boldsymbol{M}$ 的方向,即 $\overrightarrow{OA},\boldsymbol{F},\boldsymbol{M}$ 成右手系.

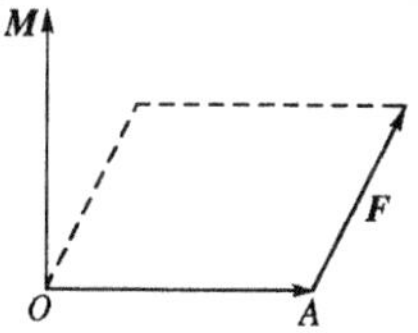

图 9-20

像力矩这样由两个向量确定另一个向量的情况,在其他物理现象中也常遇到,于是我们把它抽象出来,得到了两个向量叉乘的概念.

定义 7 两个向量 $\boldsymbol{a}$ 与 $\boldsymbol{b}$ 的**向量积**(也称为**叉乘**)是一个向量,记作 $\boldsymbol{a}\times\boldsymbol{b}$,它的模为

$$|\boldsymbol{a}\times\boldsymbol{b}| = |\boldsymbol{a}||\boldsymbol{b}|\sin\langle\boldsymbol{a},\boldsymbol{b}\rangle,$$

即数值上等于以 $\boldsymbol{a},\boldsymbol{b}$ 为两边的平行四边形的面积;它的方向垂直于 $\boldsymbol{a}$ 与 $\boldsymbol{b}$,且 $\boldsymbol{a},\boldsymbol{b}$ 与 $\boldsymbol{a}\times\boldsymbol{b}$ 成右手系.

若 $\boldsymbol{a}=\boldsymbol{0}$,或 $\boldsymbol{b}=\boldsymbol{0}$,则规定 $\boldsymbol{a}\times\boldsymbol{b}=\boldsymbol{0}$.

由叉乘的定义知,上述力矩

$$\boldsymbol{M} = \overrightarrow{OA}\times\boldsymbol{F}.$$

已经知道,利用两个向量的点乘可判断向量是否垂直.我们还将看到,利用两个向量的叉乘可判断两向量是否平行(即共线).事实上,从叉乘的定义知,若向量 $\boldsymbol{a}$ 或 $\boldsymbol{b}$ 为零向量,或 $\boldsymbol{a}$ 与 $\boldsymbol{b}$ 平行,则 $\boldsymbol{a}\times\boldsymbol{b}=\boldsymbol{0}$;反之,若 $\boldsymbol{a}\times\boldsymbol{b}=\boldsymbol{0}$,则

$$|\boldsymbol{a}\times\boldsymbol{b}| = |\boldsymbol{a}||\boldsymbol{b}|\sin\langle\boldsymbol{a},\boldsymbol{b}\rangle = 0,$$

从而有

$\boldsymbol{a}=\boldsymbol{0}$,或 $\boldsymbol{b}=\boldsymbol{0}$,或 $\sin\langle\boldsymbol{a},\boldsymbol{b}\rangle=0$,即 $\boldsymbol{a}/\!/\boldsymbol{b}$.由于零向量的方向是任意的,可认为它与任意向量平行,因此得到下面的定理.

定理 6 两个向量 $\boldsymbol{a}/\!/\boldsymbol{b}$ 的充要条件是 $\boldsymbol{a}\times\boldsymbol{b}=\boldsymbol{0}$.

向量叉乘遵循以下的运算规律:

(1) 反交换律:

$$\boldsymbol{a}\times\boldsymbol{b} = -(\boldsymbol{b}\times\boldsymbol{a}). \tag{16}$$

证 若 $\boldsymbol{a}/\!/\boldsymbol{b}$,则 $\boldsymbol{a}\times\boldsymbol{b}=\boldsymbol{0}$,$-(\boldsymbol{b}\times\boldsymbol{a})=\boldsymbol{0}$,因此上式成立.若 $\boldsymbol{a}$,

$\boldsymbol{b}$ 不平行，则由叉乘定义知，$\boldsymbol{a}\times\boldsymbol{b}$ 与 $\boldsymbol{b}\times\boldsymbol{a}$ 有相同的模，但方向相反，因此

$$\boldsymbol{a}\times\boldsymbol{b}=-(\boldsymbol{b}\times\boldsymbol{a}). \quad \blacksquare$$

(2) 与数乘的结合律：

$$(\lambda\boldsymbol{a})\times\boldsymbol{b}=\lambda(\boldsymbol{a}\times\boldsymbol{b}), \tag{17}$$

$$\boldsymbol{a}\times(\lambda\boldsymbol{b})=\lambda(\boldsymbol{a}\times\boldsymbol{b}). \tag{18}$$

证 证明(17)式. 当 $\lambda=0$ 或 $\boldsymbol{a}/\!/\boldsymbol{b}$ 时，此式显然成立. 今设 $\lambda\neq 0$，且 $\boldsymbol{a},\boldsymbol{b}$ 不平行. 为了确定起见，不妨设 $\lambda>0$（$\lambda<0$ 的情况留给读者考虑）. 这时有

$$\begin{aligned}|(\lambda\boldsymbol{a})\times\boldsymbol{b}|&=|\lambda\boldsymbol{a}||\boldsymbol{b}|\sin\langle\lambda\boldsymbol{a},\boldsymbol{b}\rangle=\lambda|\boldsymbol{a}||\boldsymbol{b}|\sin\langle\boldsymbol{a},\boldsymbol{b}\rangle\\&=\lambda|\boldsymbol{a}\times\boldsymbol{b}|=|\lambda(\boldsymbol{a}\times\boldsymbol{b})|.\end{aligned}$$

又因为 $\lambda>0$，所以 $(\lambda\boldsymbol{a})\times\boldsymbol{b}$ 与 $\lambda(\boldsymbol{a}\times\boldsymbol{b})$ 有相同方向，于是得到

$$(\lambda\boldsymbol{a})\times\boldsymbol{b}=\lambda(\boldsymbol{a}\times\boldsymbol{b}).$$

(18)式的证明可由(16)式及(17)式得到. $\blacksquare$

(3) 分配律：

$$(\boldsymbol{a}+\boldsymbol{b})\times\boldsymbol{c}=\boldsymbol{a}\times\boldsymbol{c}+\boldsymbol{b}\times\boldsymbol{c}, \tag{19}$$

$$\boldsymbol{c}\times(\boldsymbol{a}+\boldsymbol{b})=\boldsymbol{c}\times\boldsymbol{a}+\boldsymbol{c}\times\boldsymbol{b}. \tag{20}$$

证明从略.

设 $\boldsymbol{i},\boldsymbol{j},\boldsymbol{k}$ 为坐标向量，则显然有

$$\boldsymbol{i}\times\boldsymbol{i}=\boldsymbol{j}\times\boldsymbol{j}=\boldsymbol{k}\times\boldsymbol{k}=\boldsymbol{0},$$

$$\boldsymbol{i}\times\boldsymbol{j}=\boldsymbol{k},\quad \boldsymbol{j}\times\boldsymbol{k}=\boldsymbol{i},\quad \boldsymbol{k}\times\boldsymbol{i}=\boldsymbol{j}.$$

根据这些式子和叉乘的运算规律，可以得到向量积的坐标表示式.

设 $\boldsymbol{a}=\{a_1,a_2,a_3\}$，$\boldsymbol{b}=\{b_1,b_2,b_3\}$，则

$$\begin{aligned}\boldsymbol{a}\times\boldsymbol{b}&=(a_1\boldsymbol{i}+a_2\boldsymbol{j}+a_3\boldsymbol{k})\times(b_1\boldsymbol{i}+b_2\boldsymbol{j}+b_3\boldsymbol{k})\\&=a_1b_1\boldsymbol{i}\times\boldsymbol{i}+a_1b_2\boldsymbol{i}\times\boldsymbol{j}+a_1b_3\boldsymbol{i}\times\boldsymbol{k}\\&\quad+a_2b_1\boldsymbol{j}\times\boldsymbol{i}+a_2b_2\boldsymbol{j}\times\boldsymbol{j}+a_2b_3\boldsymbol{j}\times\boldsymbol{k}\\&\quad+a_3b_1\boldsymbol{k}\times\boldsymbol{i}+a_3b_2\boldsymbol{k}\times\boldsymbol{j}+a_3b_3\boldsymbol{k}\times\boldsymbol{k}\\&=(a_2b_3-a_3b_2)\boldsymbol{i}+(a_3b_1-a_1b_3)\boldsymbol{j}+(a_1b_2-a_2b_1)\boldsymbol{k}\end{aligned}$$

$$= \boldsymbol{i}\begin{vmatrix} a_2 & a_3 \\ b_2 & b_3 \end{vmatrix} - \boldsymbol{j}\begin{vmatrix} a_1 & a_3 \\ b_1 & b_3 \end{vmatrix} + \boldsymbol{k}\begin{vmatrix} a_1 & a_2 \\ b_1 & b_2 \end{vmatrix}. \tag{21}$$

一个三阶行列式按第一行展开式应为

$$\begin{vmatrix} c_1 & c_2 & c_3 \\ a_1 & a_2 & a_3 \\ b_1 & b_2 & b_3 \end{vmatrix} = c_1\begin{vmatrix} a_2 & a_3 \\ b_2 & b_3 \end{vmatrix} - c_2\begin{vmatrix} a_1 & a_3 \\ b_1 & b_3 \end{vmatrix} + c_3\begin{vmatrix} a_1 & a_2 \\ b_1 & b_2 \end{vmatrix}, \tag{22}$$

上式右端是三项之和，每项的符号是正、负、正.第一项是 c_1 乘以把 c_1 所在的行与列划去，余下的元素组成的行列式.第二、第三项也有类似的特性.

由(22)式知，(21)式右端也是一个三阶行列式.因此

$$\boldsymbol{a} \times \boldsymbol{b} = \begin{vmatrix} \boldsymbol{i} & \boldsymbol{j} & \boldsymbol{k} \\ a_1 & a_2 & a_3 \\ b_1 & b_2 & b_3 \end{vmatrix}. \tag{23}$$

由(23)式知，两个非零向量 $\boldsymbol{a}$,$\boldsymbol{b}$ 互相平行的充要条件 $\boldsymbol{a}\times\boldsymbol{b}=\boldsymbol{0}$ 可表示为

$$a_2b_3 - a_3b_2 = 0, \quad a_1b_3 - a_3b_1 = 0, \quad a_1b_2 - a_2b_1 = 0$$

或

$$\frac{a_1}{b_1} = \frac{a_2}{b_2} = \frac{a_3}{b_3}.$$

在这里，若某个分母为 0，则规定相应分子为 0.

例 10 求同时垂直于向量 $\boldsymbol{a}=\{2,-3,1\}$ 及 $\boldsymbol{b}=\{1,-2,0\}$ 的单位向量.

解 设 $\boldsymbol{c}=\boldsymbol{a}\times\boldsymbol{b}$，则 $\boldsymbol{c}$ 同时垂直于 $\boldsymbol{a}$ 和 $\boldsymbol{b}$.由(23)式知

$$\boldsymbol{c} = \begin{vmatrix} \boldsymbol{i} & \boldsymbol{j} & \boldsymbol{k} \\ 2 & -3 & 1 \\ 1 & -2 & 0 \end{vmatrix}$$

$$= \left\{ \begin{vmatrix} -3 & 1 \\ -2 & 0 \end{vmatrix}, -\begin{vmatrix} 2 & 1 \\ 1 & 0 \end{vmatrix}, \begin{vmatrix} 2 & -3 \\ 1 & -2 \end{vmatrix} \right\}$$

$$= \{2, 1, -1\},$$

因此

$$\boldsymbol{c}_0=\frac{\boldsymbol{c}}{|\boldsymbol{c}|}=\frac{1}{\sqrt{4+1+1}}\{2,1,-1\}$$

$$=\left\{\frac{2}{\sqrt{6}},\frac{1}{\sqrt{6}},\frac{-1}{\sqrt{6}}\right\}.$$

向量$\pm\boldsymbol{c}_0$就是同时垂直于$\boldsymbol{a},\boldsymbol{b}$的单位向量.

2.11 三向量的混合积

定义 8 实数$\boldsymbol{a}\cdot(\boldsymbol{b}\times\boldsymbol{c})$称为向量$\boldsymbol{a},\boldsymbol{b},\boldsymbol{c}$的**混合积**.

从几何上看,若$\boldsymbol{a},\boldsymbol{b},\boldsymbol{c}$都是非零向量,且不平行于同一平面,则混合积的绝对值$|\boldsymbol{a}\cdot(\boldsymbol{b}\times\boldsymbol{c})|$是以$\boldsymbol{a},\boldsymbol{b},\boldsymbol{c}$为三条棱的平行六面体的体积. 事实上,如图 9-21 所示,这平行六面体的底面积为$|\boldsymbol{b}\times\boldsymbol{c}|$,高为

$$h=\big||\boldsymbol{a}|\cos\theta\big|,$$

其中θ为$\boldsymbol{a}$与$\boldsymbol{b}\times\boldsymbol{c}$的夹角. 这里要取绝对值,因为$\theta$可能是钝角. 由平行六面体的体积公式知,该体积为

$$V=\text{底面积}\times\text{高}$$

$$=|\boldsymbol{b}\times\boldsymbol{c}|\big||\boldsymbol{a}|\cos\theta\big|=|\boldsymbol{a}\cdot(\boldsymbol{b}\times\boldsymbol{c})|.$$

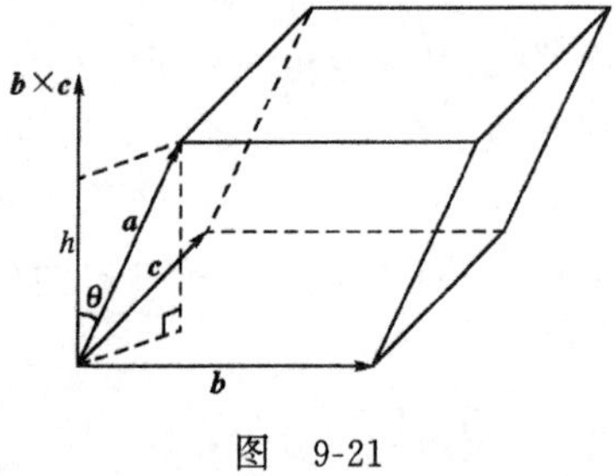

图 9-21

若$\boldsymbol{a},\boldsymbol{b},\boldsymbol{c}$成右手系,则$\boldsymbol{a}\cdot(\boldsymbol{b}\times\boldsymbol{c})>0$,从而

$$V=\boldsymbol{a}\cdot(\boldsymbol{b}\times\boldsymbol{c}).$$

若$\boldsymbol{a},\boldsymbol{b},\boldsymbol{c}$成左手系,则$\boldsymbol{a}\cdot(\boldsymbol{b}\times\boldsymbol{c})<0$,从而

$$V = -\boldsymbol{a}\cdot(\boldsymbol{b}\times\boldsymbol{c}).$$

混合积 $\boldsymbol{a}\cdot(\boldsymbol{b}\times\boldsymbol{c})$有时记作$(\boldsymbol{a},\boldsymbol{b},\boldsymbol{c})$.

混合积具有如下性质：

$$\boldsymbol{a}\cdot(\boldsymbol{b}\times\boldsymbol{c}) = \boldsymbol{b}\cdot(\boldsymbol{c}\times\boldsymbol{a}) = \boldsymbol{c}\cdot(\boldsymbol{a}\times\boldsymbol{b}) \tag{24}$$

或
$$(\boldsymbol{a}\times\boldsymbol{b})\cdot\boldsymbol{c}=(\boldsymbol{b}\times\boldsymbol{c})\cdot\boldsymbol{a}=(\boldsymbol{c}\times\boldsymbol{a})\cdot\boldsymbol{b}.$$

事实上,混合积 $\boldsymbol{a}\cdot(\boldsymbol{b}\times\boldsymbol{c})$,$\boldsymbol{b}\cdot(\boldsymbol{c}\times\boldsymbol{a})$,$\boldsymbol{c}\cdot(\boldsymbol{a}\times\boldsymbol{b})$的绝对值都代表图 9-21 中平行六面体的体积,并且 $\boldsymbol{a},\boldsymbol{b},\boldsymbol{c}$ 与 $\boldsymbol{b},\boldsymbol{c},\boldsymbol{a}$,或 $\boldsymbol{c},\boldsymbol{a},\boldsymbol{b}$ 同时成右手系或左手系,因此(24)式成立.

显然,当三个向量 $\boldsymbol{a},\boldsymbol{b},\boldsymbol{c}$ 平行于同一平面(简称**共面**)时,以它们为三条棱的平行六面体的体积为零,从而它们的混合积为零,反过来也对. 于是我们有结论：

三个向量 $\boldsymbol{a},\boldsymbol{b},\boldsymbol{c}$ 共面的充要条件是混合积 $\boldsymbol{a}\cdot(\boldsymbol{b}\times\boldsymbol{c})=0$.

由混合积的定义及向量积、数量积的坐标表示式,可推出混合积的坐标表示式为

$$\boldsymbol{a}\cdot(\boldsymbol{b}\times\boldsymbol{c}) = \begin{vmatrix} a_1 & a_2 & a_3 \\ b_1 & b_2 & b_3 \\ c_1 & c_2 & c_3 \end{vmatrix}.$$

显然

$$\boldsymbol{a}\cdot(\boldsymbol{b}\times\boldsymbol{c}) = (\boldsymbol{a}\times\boldsymbol{b})\cdot\boldsymbol{c} = \begin{vmatrix} a_1 & a_2 & a_3 \\ b_1 & b_2 & b_3 \\ c_1 & c_2 & c_3 \end{vmatrix}.$$

这里$(\boldsymbol{a}\times\boldsymbol{b})\cdot\boldsymbol{c}$ 也称为混合积.

不难验证：若三个向量 $\boldsymbol{a},\boldsymbol{b},\boldsymbol{c}$ 互相垂直,则混合积的绝对值正好等于它们的模的乘积,即

$$|\boldsymbol{a}\cdot(\boldsymbol{b}\times\boldsymbol{c})| = |\boldsymbol{a}|\,|\boldsymbol{b}|\,|\boldsymbol{c}|.$$

*2.12 三向量的向量积

定义 9 向量$(\boldsymbol{a}\times\boldsymbol{b})\times\boldsymbol{c}$ 称为 $\boldsymbol{a},\boldsymbol{b},\boldsymbol{c}$ 的**三重乘积**或**向量积**.

向量 $\boldsymbol{a}\times(\boldsymbol{b}\times\boldsymbol{c})$也称为 $\boldsymbol{a},\boldsymbol{b},\boldsymbol{c}$ 的三重乘积. 但是一般说来,

$$(\boldsymbol{a}\times\boldsymbol{b})\times\boldsymbol{c}\neq\boldsymbol{a}\times(\boldsymbol{b}\times\boldsymbol{c}).$$

三重乘积可利用下面的**公式**来计算.

$$(\boldsymbol{a}\times\boldsymbol{b})\times\boldsymbol{c}=(\boldsymbol{a}\cdot\boldsymbol{c})\boldsymbol{b}-(\boldsymbol{b}\cdot\boldsymbol{c})\boldsymbol{a},\tag{25}$$

$$\boldsymbol{a}\times(\boldsymbol{b}\times\boldsymbol{c})=(\boldsymbol{a}\cdot\boldsymbol{c})\boldsymbol{b}-(\boldsymbol{a}\cdot\boldsymbol{b})\boldsymbol{c}.\tag{26}$$

证 取空间直角坐标系 $Oxyz$,使得向量 $\boldsymbol{a}$ 与 x 轴平行,向量 $\boldsymbol{b}$ 与 xy 平面平行,于是我们有

$$\boldsymbol{a}=a_1\boldsymbol{i},\quad \boldsymbol{b}=b_1\boldsymbol{i}+b_2\boldsymbol{j},\quad \boldsymbol{c}=c_1\boldsymbol{i}+c_2\boldsymbol{j}+c_3\boldsymbol{k},$$

从而

$$\boldsymbol{a}\times\boldsymbol{b}=\begin{vmatrix}\boldsymbol{i}&\boldsymbol{j}&\boldsymbol{k}\\a_1&0&0\\b_1&b_2&0\end{vmatrix}=a_1b_2\boldsymbol{k},$$

$$\begin{aligned}(\boldsymbol{a}\times\boldsymbol{b})\times\boldsymbol{c}&=\begin{vmatrix}\boldsymbol{i}&\boldsymbol{j}&\boldsymbol{k}\\0&0&a_1b_2\\c_1&c_2&c_3\end{vmatrix}\\&=-a_1b_2c_2\boldsymbol{i}+a_1b_2c_1\boldsymbol{j}\\&=a_1c_1(b_1\boldsymbol{i}+b_2\boldsymbol{j})-(b_1c_1+b_2c_2)a_1\boldsymbol{i}\\&=(\boldsymbol{a}\cdot\boldsymbol{c})\boldsymbol{b}-(\boldsymbol{b}\cdot\boldsymbol{c})\boldsymbol{a},\end{aligned}$$

即(25)式成立.又,由(25)式得

$$\begin{aligned}\boldsymbol{a}\times(\boldsymbol{b}\times\boldsymbol{c})&=-[(\boldsymbol{b}\times\boldsymbol{c})\times\boldsymbol{a}]\\&=-(\boldsymbol{b}\cdot\boldsymbol{a})\boldsymbol{c}+(\boldsymbol{c}\cdot\boldsymbol{a})\boldsymbol{b}\\&=(\boldsymbol{a}\cdot\boldsymbol{c})\boldsymbol{b}-(\boldsymbol{a}\cdot\boldsymbol{b})\boldsymbol{c},\end{aligned}$$

此即(26)式. ▌

(25)式与(26)式指出,三重乘积等于中间位置的向量乘以其余两向量的数量积再减去括号中另一向量乘以其余两向量的数量积.

例 11 证明拉格朗日(Lagrange)公式

$$(\boldsymbol{a}\times\boldsymbol{b})\cdot(\boldsymbol{c}\times\boldsymbol{d})=\begin{vmatrix}\boldsymbol{a}\cdot\boldsymbol{c}&\boldsymbol{a}\cdot\boldsymbol{d}\\\boldsymbol{b}\cdot\boldsymbol{c}&\boldsymbol{b}\cdot\boldsymbol{d}\end{vmatrix},$$

这公式也称为拉普拉斯(Laplace)公式.

证 由公式(24)知

$$(\boldsymbol{a}\times\boldsymbol{b})\cdot\boldsymbol{l}=\boldsymbol{a}\cdot(\boldsymbol{b}\times\boldsymbol{l}).$$

令 $\boldsymbol{l}=\boldsymbol{c}\times\boldsymbol{d}$,则由(26)式得

$$\begin{aligned}(\boldsymbol{a}\times\boldsymbol{b})\cdot(\boldsymbol{c}\times\boldsymbol{d})&=\boldsymbol{a}\cdot[\boldsymbol{b}\times(\boldsymbol{c}\times\boldsymbol{d})]\\&=\boldsymbol{a}\cdot[(\boldsymbol{b}\cdot\boldsymbol{d})\boldsymbol{c}-(\boldsymbol{b}\cdot\boldsymbol{c})\boldsymbol{d}]\\&=(\boldsymbol{b}\cdot\boldsymbol{d})(\boldsymbol{a}\cdot\boldsymbol{c})-(\boldsymbol{b}\cdot\boldsymbol{c})(\boldsymbol{a}\cdot\boldsymbol{d})\\&=\begin{vmatrix}\boldsymbol{a}\cdot\boldsymbol{c} & \boldsymbol{a}\cdot\boldsymbol{d}\\ \boldsymbol{b}\cdot\boldsymbol{c} & \boldsymbol{b}\cdot\boldsymbol{d}\end{vmatrix}.\end{aligned}$$ ▌

习 题 9.2

1. 空间中三个点 A,B,C 的坐标如下

$$A(2,-1,1),\quad B(3,2,1),\quad C(-2,2,1),$$

求 $\overrightarrow{AB},\overrightarrow{BA},\overrightarrow{BC},\overrightarrow{AC}$ 的坐标与 AB,BC,AC 的长度.

2. 设 $ABCD$ 为平行四边形,$\overrightarrow{AB}=\boldsymbol{a}$,$\overrightarrow{AD}=\boldsymbol{b}$.试用 $\boldsymbol{a}$ 和 $\boldsymbol{b}$ 表示向量 $\overrightarrow{AC}$,$\overrightarrow{BD}$,$\overrightarrow{MA}$(M 为平行四边形对角线的交点).

3. 设 $\boldsymbol{a}=\{2,-2,1\}$,$\boldsymbol{b}=\{4,-2,2\}$,$\boldsymbol{c}=\{6,-3,-3\}$,求向量 $\boldsymbol{a}+\boldsymbol{b}+\boldsymbol{c}$,$\boldsymbol{a}-\boldsymbol{b}+\boldsymbol{c}$,$\dfrac{1}{3}\boldsymbol{a}-\dfrac{1}{2}\boldsymbol{b}$ 的坐标.

4. 设一向量与 x 轴、y 轴的夹角相等,而与 z 轴的夹角是前者的两倍,求这向量的方向余弦.

5. 设向量的方向余弦满足条件:$\cos\alpha=\cos\beta=0$,指出此向量与坐标轴及坐标平面的关系.

6. 设 $\boldsymbol{a}=\{3,5,-4\}$,$\boldsymbol{b}=\{2,1,8\}$,求出 $\boldsymbol{a},\boldsymbol{b}$ 的单位向量,并选择 λ 和 μ,使 $\lambda\boldsymbol{a}+\mu\boldsymbol{b}$ 与 z 轴垂直.

7. 在空间直角坐标系 $Oxyz$ 中,A,B 两点的坐标分别为(a_1,a_2,a_3),(b_1,b_2,b_3),求线段 AB 中点的坐标.

8. 已知两力 $\boldsymbol{F}_1=\boldsymbol{i}+\boldsymbol{j}+3\boldsymbol{k}$,$\boldsymbol{F}_2=2\boldsymbol{i}-3\boldsymbol{j}-\boldsymbol{k}$ 作用于同一点,问要用怎样的力才能与它们平衡?

9. 已知向量 $\boldsymbol{a},\boldsymbol{b}$ 的和与差分别为 $\boldsymbol{c},\boldsymbol{d}$(如图),求作向量 $\boldsymbol{a}$ 与 $\boldsymbol{b}$.

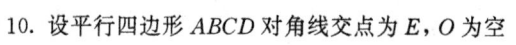

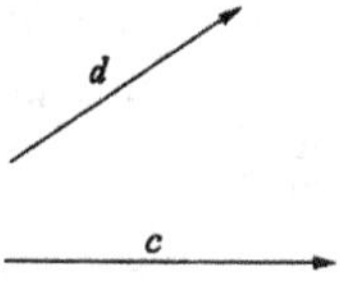

第 9 题图

10. 设平行四边形 $ABCD$ 对角线交点为 E,O 为空

间中任一点，证明

$$\overrightarrow{OA}+\overrightarrow{OB}+\overrightarrow{OC}+\overrightarrow{OD}=4\,\overrightarrow{OE}.$$

11. 设 E 为 $\triangle ABC$ 的重心，O 为空间中任一点，证明 $\overrightarrow{OA}+\overrightarrow{OB}+\overrightarrow{OC}=3\,\overrightarrow{OE}$.

12. 在 $\triangle ABC$ 中，A_1,B_1,C_1 分别为 BC,AC,AB 的中点，求证 $\overrightarrow{AA_1}+\overrightarrow{BB_1}+\overrightarrow{CC_1}=0$.

13. 在四面体 $ABCD$ 中，L,M 分别为 AC,BD 的中点，试用向量 $\overrightarrow{AB}$, $\overrightarrow{AC}$, $\overrightarrow{AD}$ 表示向量 $\overrightarrow{LM}$，并求证：$\overrightarrow{AB}+\overrightarrow{CB}+\overrightarrow{CD}+\overrightarrow{AD}=4\,\overrightarrow{LM}$.

14. 设 $\overrightarrow{CB}=\boldsymbol{a}$，$\overrightarrow{CA}=\boldsymbol{b}$，$CD$ 为 $\angle ECB$ 的平分线交 AB 延长线于 D，求 $\overrightarrow{CD}$.

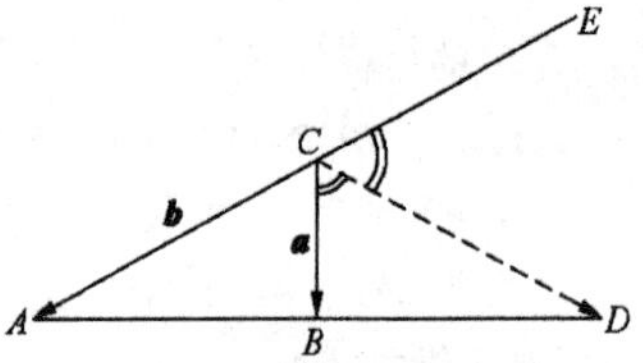

第 14 题图

15. 设 $\boldsymbol{a}=\{-1,2,5\}$，$\boldsymbol{b}=\{7,2,-1\}$，求

(1) $\boldsymbol{a}\cdot\boldsymbol{b}$;　　(2) $5\boldsymbol{a}\cdot 2\boldsymbol{b}$;　　(3) $\boldsymbol{a}\cdot\boldsymbol{i}$;

(4) $\cos\langle\boldsymbol{a}\cdot\boldsymbol{b}\rangle$;　　(5) $\Pi_{\boldsymbol{a}}\boldsymbol{b}$;　　(6) $\Pi_{\boldsymbol{b}}\boldsymbol{a}$.

16. 设 $|\boldsymbol{a}|=5$，$|\boldsymbol{b}|=2$，$|\boldsymbol{c}|=1$，且 $\boldsymbol{a},\boldsymbol{b},\boldsymbol{c}$ 两两垂直，求 $\boldsymbol{A}=\boldsymbol{a}+\boldsymbol{b}+\boldsymbol{c}$ 的模和 $\cos\langle\boldsymbol{A},\boldsymbol{a}\rangle$.

（提示：$|\boldsymbol{A}|=\sqrt{\boldsymbol{A}\cdot\boldsymbol{A}}$.）

17. 设 $|\boldsymbol{a}|=3$，$|\boldsymbol{b}|=4$，$\boldsymbol{a}$ 与 $\boldsymbol{b}$ 的夹角为 $\frac{\pi}{6}$，求

$$\boldsymbol{u}=3\boldsymbol{a}+5\boldsymbol{b}$$

的模.

18. 设三非零向量为

$$\boldsymbol{a}=\{a_1,a_2,a_3\},\quad \boldsymbol{b}=\{b_1,b_2,b_3\},\quad \boldsymbol{c}=\{c_1,c_2,c_3\},$$

求 $\Pi_{\boldsymbol{c}}(\boldsymbol{a}+\boldsymbol{b})$.

19. 设 $\boldsymbol{a},\boldsymbol{b},\boldsymbol{c}$ 为三非零向量，$\boldsymbol{a}\perp\boldsymbol{b}$，$\langle\boldsymbol{a},\boldsymbol{c}\rangle=\frac{\pi}{3}$，$\langle\boldsymbol{b},\boldsymbol{c}\rangle=\frac{\pi}{6}$，且 $|\boldsymbol{a}|=1$，$|\boldsymbol{b}|=2$，$|\boldsymbol{c}|=3$，求 $\boldsymbol{a}+\boldsymbol{b}+\boldsymbol{c}$ 的模.

20. 设向量 $\boldsymbol{a},\boldsymbol{b}$ 的模分别为 3,5,试确定 λ,使得 $\boldsymbol{a}+\lambda\boldsymbol{b}\perp\boldsymbol{a}-\lambda\boldsymbol{b}$.

21. 设 $\boldsymbol{a},\boldsymbol{b}$ 为任意的非零向量.证明

$$\left(\frac{\boldsymbol{a}}{\boldsymbol{a}^2}-\frac{\boldsymbol{b}}{\boldsymbol{b}^2}\right)^2=\frac{(\boldsymbol{a}-\boldsymbol{b})^2}{\boldsymbol{a}^2\boldsymbol{b}^2}$$

(注 $\boldsymbol{a}^2=\boldsymbol{a}\cdot\boldsymbol{a}=|\boldsymbol{a}|^2$).

22. 设 $\boldsymbol{a},\boldsymbol{b}$ 为任意两向量,证明

$$(\boldsymbol{a}+\boldsymbol{b})^2+(\boldsymbol{a}-\boldsymbol{b})^2=2(\boldsymbol{a}^2+\boldsymbol{b}^2);$$

当 $\boldsymbol{a}\neq0$, $\boldsymbol{b}\neq0$ 时,说明上式的几何意义.

23. 设 $\boldsymbol{a}=\{2,1,-1\}$, $\boldsymbol{b}=\{-1,1,3\}$,求

(1) $\boldsymbol{a}\times\boldsymbol{b}$;　　　　(2) $\boldsymbol{b}\times\boldsymbol{j}$.

24. 设 $\boldsymbol{a}=\{2,-3,1\}$, $\boldsymbol{b}=\{1,-1,3\}$, $\boldsymbol{c}=\{1,-2,0\}$,求

(1) $\boldsymbol{a}\cdot(\boldsymbol{b}\times\boldsymbol{c})$;　　　　(2) $(\boldsymbol{a}+\boldsymbol{b})\times(\boldsymbol{b}+\boldsymbol{c})$;

(3) $(\boldsymbol{a}\times\boldsymbol{b})\times\boldsymbol{c}$.

25. 设 $\boldsymbol{a}\cdot\boldsymbol{b}\neq0$,求证

$$\tan\langle\boldsymbol{a},\boldsymbol{b}\rangle=\frac{|\boldsymbol{a}\times\boldsymbol{b}|}{\boldsymbol{a}\cdot\boldsymbol{b}}.$$

26. 证明

$$(\boldsymbol{a}\times\boldsymbol{b})^2\leqslant\boldsymbol{a}^2\boldsymbol{b}^2$$

且等号成立的充要条件是什么?

27. 用向量证明

(1) 菱形的对角线互相垂直,且平分顶角;

(2) 勾股定理.

28. 在直角坐标系 $Oxyz$ 下,一质点绕 Oz 轴沿逆时针方向作匀速圆周运动,角速度 ω 的大小为 $\frac{\pi}{3}\,\mathrm{s}^{-1}$. 现设 $t=0\,\mathrm{s}$ 时质点位置在点 $P(0,b,c)$ 处,这里 $b>0,c>0$. 试求 $t=1\,\mathrm{s}$ 时质点的线速度 v.(注:"s"是"秒"的符号.)

(提示:设某一时刻质点的向径为 $\boldsymbol{r}$,则线速度为 $\boldsymbol{v}=\boldsymbol{\omega}\times\boldsymbol{r}$,其中 $\boldsymbol{\omega}$ 为角速度.)

29. 证明:

$$(\boldsymbol{a}\times\boldsymbol{b})\times\boldsymbol{c}+(\boldsymbol{b}\times\boldsymbol{c})\times\boldsymbol{a}+(\boldsymbol{c}\times\boldsymbol{a})\times\boldsymbol{b}=0.$$

§3　空间的平面与直线

讨论曲面、曲线的方程以及方程的图形是空间解析几何的重

要内容. 一般说来,空间曲面 α 上任一点的坐标(x,y,z)满足一个三元方程

$$F(x,y,z)=0. \tag{1}$$

如果还能证明满足方程(1)的所有点都在曲面 α 上,那么,方程(1)就称为曲面 α 的方程,而曲面 α 称为方程(1)的图形.

若点的坐标(x,y,z)满足两个方程的联立方程组

$$\begin{cases}F(x,y,z)=0,\\ G(x,y,z)=0,\end{cases} \tag{2}$$

则表明点(x,y,z)既在曲面 $F(x,y,z)=0$ 上,又在曲面 $G(x,y,z)=0$ 上,因而在这两个曲面的公共部分上. 一般说来,此公共部分的图形是空间的一条曲线,方程组(2)称为此曲线的方程.

在空间的曲面和曲线中,最简单的是平面与直线. 下面,我们以坐标法和向量代数为工具,讨论空间的平面与直线的方程,以及平面、直线、点之间的一些关系.

3.1 平面的方程

决定一平面的办法很多,当给的条件不同时,就得到平面的不同方程. 下面给出四种常见的平面方程.

1. *点法式方程*

通过一个定点 P_0 且垂直于一个非零向量 $\boldsymbol{n}$,必有且只有一张平面. 设 P_0 的坐标为(x_0,y_0,z_0),$\boldsymbol{n}=\{A,B,C\}\neq\boldsymbol{0}$,并设 $P(x,y,z)$为平面 α 上任一点(图 9-22).

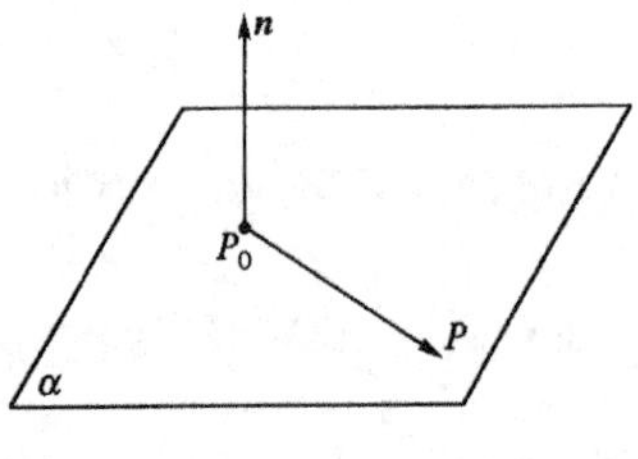

图 9-22

因为向量 $\boldsymbol{n}$ 垂直于平面 α，所以 $\boldsymbol{n}\perp\overrightarrow{P_0P}$，从而数量积 $\boldsymbol{n}\cdot\overrightarrow{P_0P}=0$，即 $\{A,B,C\}\cdot\{x-x_0,y-y_0,z-z_0\}=0$，亦即

$$A(x-x_0)+B(y-y_0)+C(z-z_0)=0. \tag{3}$$

方程(3)是空间一点 (x,y,z) 在平面 α 上的充要条件，因此方程(3)就是平面 α 的方程.

垂直于平面 α 的非零向量 $\boldsymbol{n}$ 称为平面 α 的**法向量**.(3)式是根据平面上一已知点和平面的法向量所写出的方程，称为平面的**点法式方程**.

例 1 试求通过点 $P_0(1,0,1)$ 且平行于 yz 坐标面的平面方程.

解 易知该平面的法向量可以取为 $\boldsymbol{n}=\boldsymbol{i}=\{1,0,0\}$，于是由(3)式得到平面方程

$$1\cdot(x-1)+0\cdot(y-0)+0\cdot(z-1)=0,$$

即平面方程为

$$x=1.$$

2. 一般式方程

平面的点法式方程(3)有时也化为

$$Ax+By+Cz+D=0, \tag{4}$$

其中 $D=-(Ax_0+By_0+Cz_0)$. 方程(4)称为平面的**一般式方程**. 因为 $\boldsymbol{n}\neq\boldsymbol{0}$，即 A,B,C 不全为零，所以(4)式是 x,y,z 的一次方程. 这表明，任一平面的方程都是 x,y,z 的一次方程. 反过来，任何一个关于 x,y,z 的一次方程

$$Ax+By+Cz+D=0 \quad (A,B,C\text{ 不全为 }0) \tag{5}$$

是否都表示一张平面呢？

回答是肯定的. 事实上，假定 x_1,y_1,z_1 是方程(5)的任何一组解，即有

$$Ax_1+By_1+Cz_1+D=0$$

或

$$D=-(Ax_1+By_1+Cz_1),$$

将 D 代入(5)式，得

$$A(x-x_1)+B(y-y_1)+C(z-z_1)=0. \tag{6}$$

因为已知 A,B,C 不全为零，所以它们可决定一个非零向量 $\boldsymbol{n}=\{A,B,C\}$. (6)式表明，向量 $\boldsymbol{n}$ 与向量

$$\overrightarrow{P_1P}=\{x-x_1,y-y_1,z-z_1\}$$

垂直，其中 $P_1(x_1,y_1,z_1)$ 为曲面(5)上一固定点，$P(x,y,z)$ 为曲面(5)上一任意点. 由于曲面(5)上所有点 P 与点 P_1 的连线都与一固定的非零向量 $\boldsymbol{n}$ 垂直，因此方程(5)代表一张平面.

于是有结论：在直角坐标系 $Oxyz$ 中，任一平面的方程都是 x,y,z 的一次方程；反之，任一关于 x,y,z 的一次方程都代表平面，且一次项系数是该平面的法向量的三个坐标.

3. 三点式方程

若点 P,Q,R 等都在一条直线上，则称它们是**共线的**，否则称为**不共线的**.

我们知道，不共线的三点 $P_i(x_i,y_i,z_i)(i=1,2,3)$ 惟一决定一张平面. 为了写出它的方程，设 $P(x,y,z)$ 为平面上任一点，则三向量

$$\overrightarrow{P_1P}=\{x-x_1,y-y_1,z-z_1\},$$
$$\overrightarrow{P_1P_2}=\{x_2-x_1,y_2-y_1,z_2-z_1\},$$
$$\overrightarrow{P_1P_3}=\{x_3-x_1,y_3-y_1,z_3-z_1\}$$

共面，由§2 中 2.11 小节关于三向量共面的充要条件知，这三个向量的混合积为零，即

$$\begin{vmatrix} x-x_1 & y-y_1 & z-z_1 \\ x_2-x_1 & y_2-y_1 & z_2-z_1 \\ x_3-x_1 & y_3-y_1 & z_3-z_1 \end{vmatrix}=0. \tag{7}$$

(7)式称为平面的**三点式方程**.

4. 截距式方程

若平面在三个坐标轴上的截距分别为 a,b,c(它们均不为

零),即平面通过三点 $P_1(a,0,0)$,$P_2(0,b,0)$,$P_3(0,0,c)$,则由(7)式知平面方程为

$$\begin{vmatrix} x-a & y & z \\ -a & b & 0 \\ -a & 0 & c \end{vmatrix}=0,$$

即

$$\frac{x}{a}+\frac{y}{b}+\frac{z}{c}=1. \tag{8}$$

(8)式称为平面的**截距式方程**.

例 2 求通过 x 轴且垂直于平面 $5x-4y-2z+3=0$ 的平面方程.

解 求平面的方程时,一般说来,关键在于找出平面上一点和平面的法向量.已知平面过 x 轴,即过 x 轴上任一点,为了方便起见,我们取原点(0,0,0)作为该平面上一点.又注意到法向量 $\boldsymbol{n}$ 垂直于 x 轴和已知平面的法向量$\{5,-4,-2\}$,因此可以取 $\boldsymbol{i}=\{1,0,0\}$与向量$\{5,-4,-2\}$的叉乘作为 $\boldsymbol{n}$,即

$$\boldsymbol{n}=\begin{vmatrix} \boldsymbol{i} & \boldsymbol{j} & \boldsymbol{k} \\ 1 & 0 & 0 \\ 5 & -4 & -2 \end{vmatrix}=\{0,2,-4\}.$$

于是由平面的点法式方程得到

$$0(x-0)+2(y-0)-4(z-0)=0,$$

即

$$y-2z=0.$$

这就是所求平面的方程.

3.2 两平面的相互关系

设有两平面

$$\alpha_1:\ A_1x+B_1y+C_1z+D_1=0, \tag{9}$$

$$\alpha_2:\ A_2x+B_2y+C_2z+D_2=0. \tag{10}$$

它们的法向量为 $\boldsymbol{n}_1=\{A_1,B_1,C_1\}\neq\boldsymbol{0}$,$\boldsymbol{n}_2=\{A_2,B_2,C_2\}\neq\boldsymbol{0}$.两平

面之间的相互关系有三种，下面就方程(9)，(10)的系数来讨论这些情况.

(1) 两平面平行的充要条件是 $\boldsymbol{n}_1 /\!/ \boldsymbol{n}_2$，于是有

$$\frac{A_1}{A_2}=\frac{B_1}{B_2}=\frac{C_1}{C_2}. \tag{11}$$

即方程(9)与(10)的一次项系数成比例. 反过来也成立.

(2) 两平面重合的充要条件是

$$\frac{A_1}{A_2}=\frac{B_1}{B_2}=\frac{C_1}{C_2}=\frac{D_1}{D_2}.$$

(3) 两平面相交时，我们定义它们之间的夹角 θ 为它们法向量的夹角 $\langle \boldsymbol{n}_1,\boldsymbol{n}_2\rangle$，但限制 $0\leqslant\langle \boldsymbol{n}_1,\boldsymbol{n}_2\rangle\leqslant\frac{\pi}{2}$(这是可以做到的，因为法向量可取为 $\boldsymbol{n}_i=\pm\{A_i,B_i,C_i\}$，$i=1,2.$)，于是

$$\begin{aligned}\cos\theta&=\frac{|\boldsymbol{n}_1\cdot\boldsymbol{n}_2|}{|\boldsymbol{n}_1||\boldsymbol{n}_2|}\\&=\frac{|A_1A_2+B_1B_2+C_1C_2|}{\sqrt{A_1^2+B_1^2+C_1^2}\sqrt{A_2^2+B_2^2+C_2^2}}.\end{aligned} \tag{12}$$

特别地，当两平面互相垂直时，有 $\boldsymbol{n}_1\perp\boldsymbol{n}_2$，从而

$$A_1A_2+B_1B_2+C_1C_2=0. \tag{13}$$

反过来也成立.

3.3 点到平面的距离

定理 1 设有平面

$$\alpha:\ Ax+By+Cz+D=0\quad (A,B,C\text{ 不全为 }0),$$

$P_0(x_0,y_0,z_0)$为平面外一已知点，则点 P_0 到平面 α 的距离为

$$d=\frac{|Ax_0+By_0+Cz_0+D|}{\sqrt{A^2+B^2+C^2}}.$$

证 从已知点 P_0 向平面 α 作垂线，设垂足为 $Q(x_1,y_1,z_1)$，则 $\overrightarrow{QP_0}/\!/\boldsymbol{n}$，其中 $\boldsymbol{n}=\{A,B,C\}$为平面 α 的法向量(图 9-23). 于是存在常数 λ，使得

$$\overrightarrow{QP_0}=\lambda\boldsymbol{n}.$$

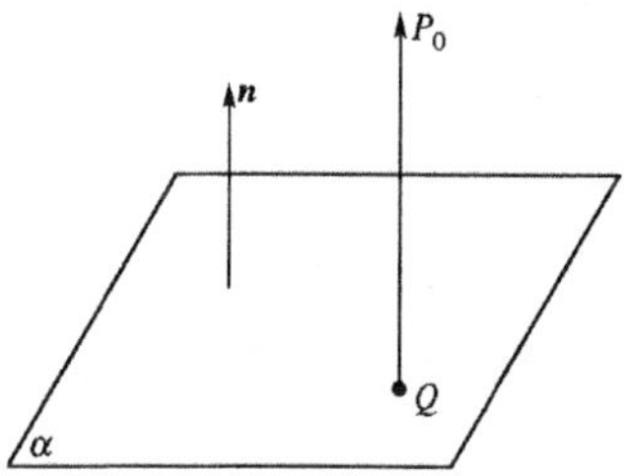

图 9-23

易知点 P_0 到平面 α 的距离等于向量 $\overrightarrow{QP_0}$ 的长度,即

$$d = |\overrightarrow{QP_0}| = |\lambda||\boldsymbol{n}| = |\lambda|\sqrt{A^2+B^2+C^2}, \qquad (14)$$

因此只需求出常数 λ. 作数量积

$$\boldsymbol{n}\cdot\overrightarrow{QP} = \boldsymbol{n}\cdot(\lambda\boldsymbol{n}) = \lambda|\boldsymbol{n}|^2,$$

于是

$$\lambda = \frac{\boldsymbol{n}\cdot\overrightarrow{QP_0}}{|\boldsymbol{n}|^2} = \frac{\boldsymbol{n}\cdot\overrightarrow{QP_0}}{A^2+B^2+C^2}. \qquad (15)$$

注意到点 Q 在平面 α 上,即有 $Ax_1+By_1+Cz_1+D=0$,从而(15)式的分子可化为

$$\begin{aligned}\boldsymbol{n}\cdot\overrightarrow{QP_0} &= \{A,B,C\}\cdot\{x_0-x_1,y_0-y_1,z_0-z_1\}\\ &= A(x_0-x_1)+B(y_0-y_1)+C(z_0-z_1)\\ &= Ax_0+By_0+Cz_0+D-(Ax_1+By_1+Cz_1+D)\\ &= Ax_0+By_0+Cz_0+D,\end{aligned}$$

代入(15)式,得到

$$\lambda = \frac{Ax_0+By_0+Cz_0+D}{A^2+B^2+C^2},$$

将 λ 代入(14)式,即得

$$d = \frac{|Ax_0+By_0+Cz_0+D|}{\sqrt{A^2+B^2+C^2}}. \quad \blacksquare \qquad (16)$$

3.4 画平面的图形

平面的方程虽然简单,但是画平面的图形有时却不容易. 下面

分几种情形加以讨论.

设平面 α 的方程为

$$Ax+By+Cz+D=0.$$

1. A,B,C 中有两个为零的情形

当 $A=B=0$ 时,则平面方程化为 $Cz+D=0$,即

$$z=-\frac{D}{C}.$$

此平面的法向量为 $\boldsymbol{n}=\{0,0,1\}$,与 z 轴平行,因此平面垂直于 z 轴,且截距为 $-D/C$(图 9-24).

类似地,当 $A=C=0$ 时,平面垂直于 y 轴(图 9-25),当 $B=C=0$ 时,平面垂直于 x 轴(图 9-26).

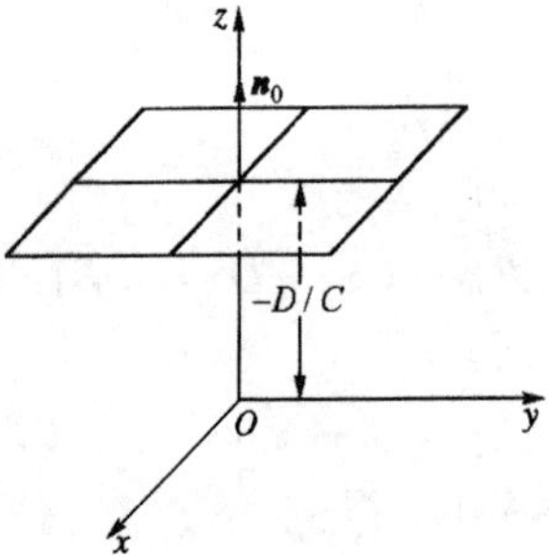

图 9-24

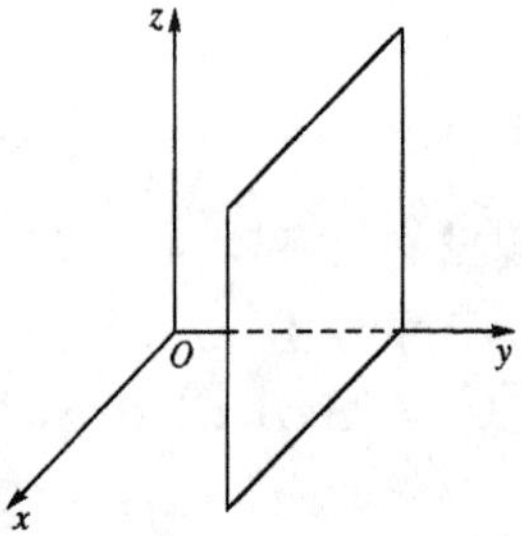

图 9-25

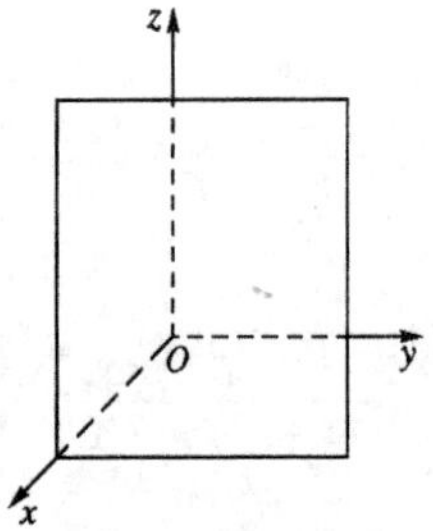

图 9-26

2. A,B,C 中有一个为零的情形

当 $A=0$ 时，平面 α 的方程化为

$$By+Cz+D=0.$$

显然，平面的法向量 $\{0,B,C\}$ 与坐标向量 $\boldsymbol{i}=\{1,0,0\}$ 垂直，从而平面 α 平行于 x 轴. 画图时，可先画出平面 α 与 yz 平面的交线 L：

$$\begin{cases}By+Cz+D=0,\\x=0,\end{cases}$$

然后画一个以 L 为一边的平行四边形来代表平面 α(图 9-27).

当 $B=0$ 时，平面 α 与 y 轴平行(图 9-28)；当 $C=0$ 时，平面 α 与 z 轴平行(图 9-29).

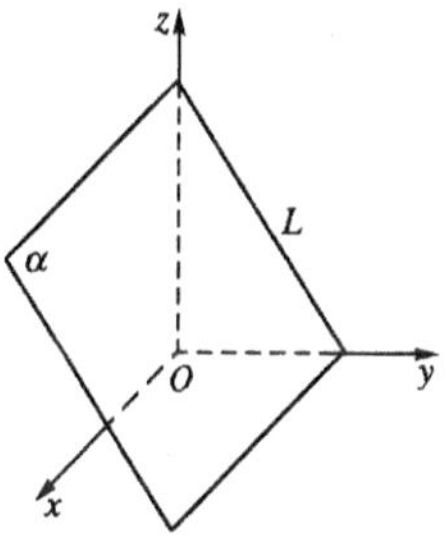

图 9-27

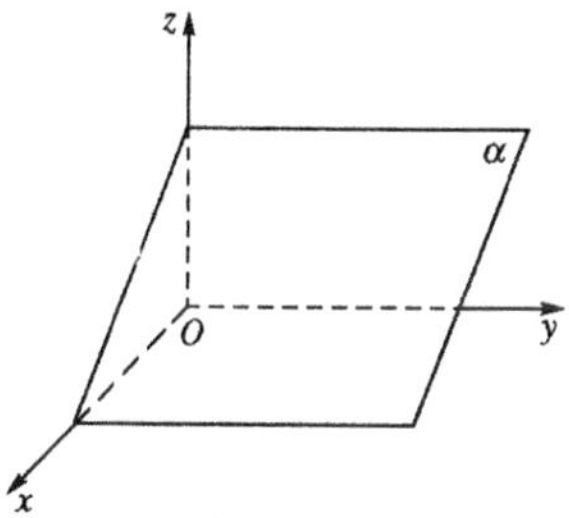

图 9-28

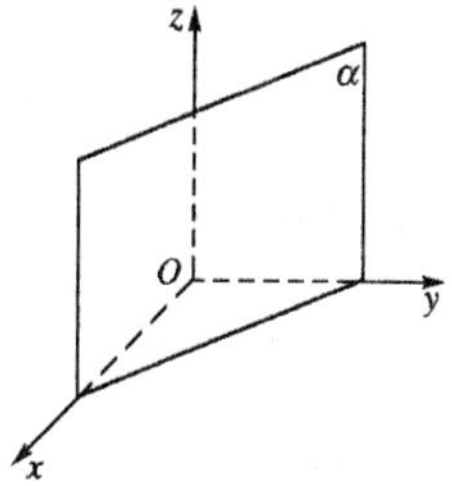

图 9-29

3. $A\neq 0,B\neq 0,C\neq 0,D\neq 0$ 的情形

这时，平面 α 不通过原点，且在三个坐标轴上的截距分别为

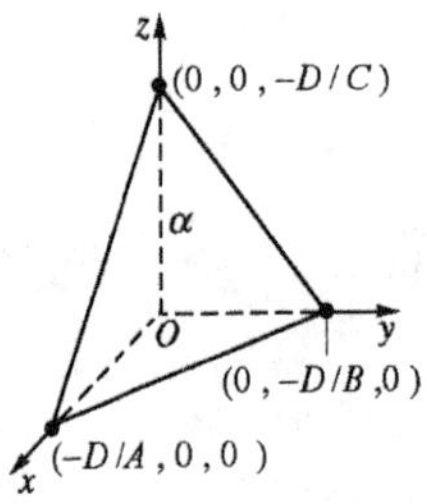

图 9-30

$-D/A,-D/B,-D/C$，且均不为零. 在直角坐标系 $Oxyz$ 中，先在坐标轴上标出点 $(-D/A,0,0)$，$(0,-D/B,0)$，$(0,0,-D/C)$，然后连结这三点，所得三角形所在平面即为平面 α（图 9-30）.

4. $A\neq 0,B\neq 0,C\neq 0,D=0$ 的情形

这时，平面 α 过原点，画图时，可先画出 α 与两个坐标平面的交线，例如与 xy,yz 平面的交线 L_1,L_2：

$$L_1:\begin{cases}Ax+By=0,\\ z=0,\end{cases}\qquad L_2:\begin{cases}By+Cz=0,\\ x=0,\end{cases}$$

然后画出四边分别与 L_1,L_2 平行的平行四边形，这就是平面 α 的图形（图 9-31）.

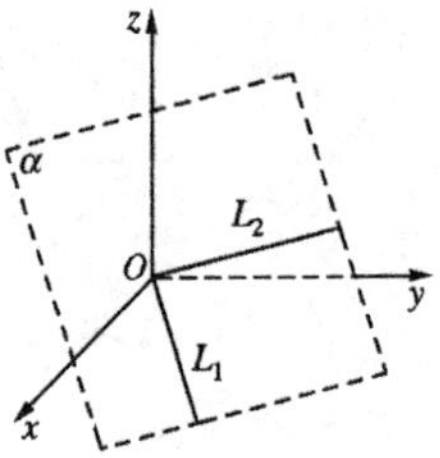

图 9-31

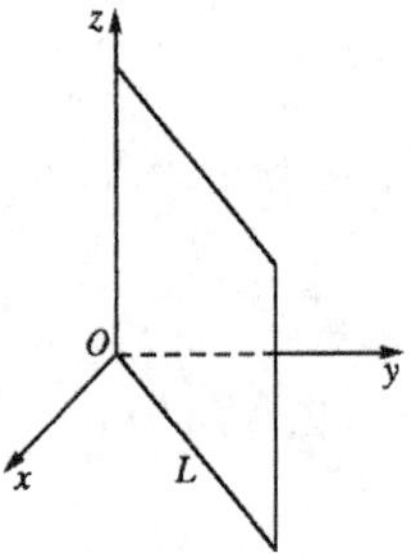

图 9-32

例 3 作方程 $x-y=0$ 的图形.

解 这方程是关于 x,y,z 的一次式，因此它的图形是一张平面.

此方程缺 z 项，因而平面与 z 轴平行；且方程缺常数项，因而平面过原点，从而通过 z 轴. 画平面的图形时，可先画出它与 xy 平面的交线 L，

$$\begin{cases}y=x,\\ z=0,\end{cases}$$

然后画出四边分别平行于 L 及 z 轴的平行四边形，此即为方程 $x-y=0$ 的图形（图 9-32）.

以上我们讨论了平面方程的几种形式、两平面的相互关系、点到平面的距离以及平面的作图问题. 下面讨论关于空间中直线的几个问题.

3.5 空间直线的方程

1. *参数式方程*

由平行公理知，经过一个定点且与某非零向量平行的直线只有一条. 因此，确定一条直线只需要一个点和一个方向.

设直线 L 经过点 $P_0(x_0, y_0, z_0)$ 且与非零向量 $\boldsymbol{v}=\{l, m, n\}$ 平行，我们不难写出 L 的方程.

设 $P(x, y, z)$ 为直线 L 上任一点（图 9-33）. 因为 $\overrightarrow{P_0P} /\!/ \boldsymbol{v}$，且 $\boldsymbol{v} \neq \mathbf{0}$，所以存在一个实数 t，使得

$$\overrightarrow{P_0P}=t\boldsymbol{v},$$

即

$$\{x-x_0, y-y_0, z-z_0\}=t\{l, m, n\}=\{tl, tm, tn\},$$

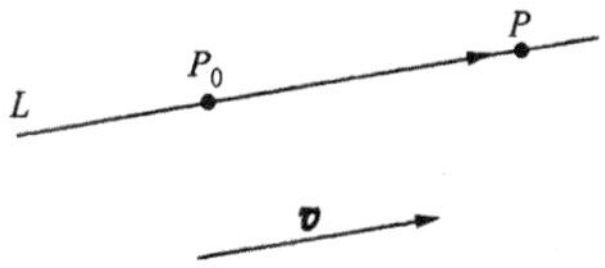

图 9-33

于是得到

$$\begin{cases} x=x_0+lt, \\ y=y_0+mt, \quad (-\infty<t<+\infty). \\ z=z_1+nt \end{cases} \tag{17}$$

(17)式称为直线的**参数式方程**，或**参数方程**. t 称为**参数**，其变化范围为区间 $(-\infty, +\infty)$，在此区间内的 t 值与直线 L 上的点 P 一一对应. 向量 $\boldsymbol{v}$ 称为直线 L 的**方向向量**.

2. 标准方程

参数式方程(17)又可写为

$$\frac{x-x_0}{l}=\frac{y-y_0}{m}=\frac{z-z_0}{n}, \tag{18}$$

此式称为直线的**标准方程**. 当 $l=0$ 时,则表示 $x-x_0=0$,即 $x=x_0$(这从(17)式可以看出). 类似地,$m=0$ 表示 $y=y_0$;$n=0$ 表示 $z=z_0$. 当然,因为 $\boldsymbol{v}\neq\mathbf{0}$,所以 l,m,n 不同时为零.

例 4 设直线 L 的方向向量为 $\boldsymbol{v}=\{0,1,2\}$,且 L 通过点 $(0,-2,3)$,求 L 的标准方程.

解 由(18)式知, L 的标准方程为

$$\frac{x}{0}=\frac{y+2}{1}=\frac{z-3}{2}.$$

3. 两点式方程

我们知道,两点决定一直线. 设直线 L 通过两点 $P_1(x_1,y_1,z_1)$ 和 $P_2(x_2,y_2,z_2)$,于是可以取

$$\overrightarrow{P_1P_2}=\{x_2-x_1,y_2-y_1,z_2-z_1\}$$

作为 L 的方向向量,取 P_1 作为 L 上一点,由(18)式知,此时 L 的标准方程为

$$\frac{x-x_1}{x_2-x_1}=\frac{y-y_1}{y_2-y_1}=\frac{z-z_1}{z_2-z_1}. \tag{19}$$

此式称为直线的**两点式方程**.

4. 一般式方程

任何一条直线都可看成是通过该直线的任何两张平面的交线. 反过来,任何两相交平面决定一条直线,因此,直线的方程一般可写为

$$\begin{cases}A_1x+B_1y+C_1z+D_1=0,\\ A_2x+B_2y+C_2z+D_2=0,\end{cases} \tag{20}$$

其中 A_1,B_1,C_1 与 A_2,B_2,C_2 不成比例(否则两平面平行). 式(20)称为直线的**一般式方程**或**一般方程**.

例 5 试求 x 轴的一般式方程.

解 x 轴可看成 xy 与 zx 平面的交线,因此其一般式方程为

$$\begin{cases} z = 0, \\ y = 0. \end{cases}$$

例 6 试将直线的标准方程

$$\frac{x-1}{0} = \frac{y+1}{2} = \frac{z-2}{3}$$

化为一般方程.

解 上式可化为

$$\begin{cases} x - 1 = 0, \\ \dfrac{y+1}{2} = \dfrac{z-2}{3}, \end{cases}$$

即得一般方程

$$\begin{cases} x - 1 = 0, \\ 3y - 2z + 7 = 0. \end{cases}$$

例 7 试将直线的一般方程

$$\begin{cases} 3x + 2y + 4z - 5 = 0, \\ 2x + y - 3z - 3 = 0 \end{cases} \tag{21}$$

化为标准方程.

解 需要知道直线上一点 P_0 及直线的方向向量 $\boldsymbol{v}$. 先求点 P_0. 令 $z=0$,方程(21)化为

$$\begin{cases} 3x + 2y - 5 = 0, \\ 2x + y - 3 = 0, \end{cases}$$

解得 $x=1, y=1$. 因此 $P_0(1,1,0)$为直线上一点.

再求直线的方向向量 $\boldsymbol{v}$. 因为直线是两平面的交线,所以此直线同时垂直于这两平面的法向量

$$\boldsymbol{n}_1 = \{3,2,4\},$$

$$\boldsymbol{n}_2 = \{2,1,-3\},$$

因而可用 $\boldsymbol{n}_1 \times \boldsymbol{n}_2$ 来表示 $\boldsymbol{v}$,即

$$\boldsymbol{v}=\boldsymbol{n}_1\times\boldsymbol{n}_2=\begin{vmatrix}\boldsymbol{i} & \boldsymbol{j} & \boldsymbol{k}\\ 3 & 2 & 4\\ 2 & 1 & -3\end{vmatrix}=\{-10,17,-1\}.$$

于是得到直线的标准方程

$$\frac{x-1}{-10}=\frac{y-1}{17}=\frac{z}{-1}.$$

例 8 试求通过直线

$$L_1:\begin{cases}x-2z-4=0,\\ 3y-z+8=0\end{cases}$$

且与直线

$$L_2:\begin{cases}x-y-4=0,\\ y-z+6=0\end{cases}$$

平行的平面 α 的方程.

解 先求出平面 α 上一个点 P_0. 令 $y=0$,则 L_1 的方程化为

$$\begin{cases}x-2z-4=0,\\ -z+8=0,\end{cases}$$

解出 $z=8,x=20$. 即平面 α 上一点为 $P_0(20,0,8)$.

再求平面 α 的法向量 $\boldsymbol{n}$. 由条件知,$\boldsymbol{n}$ 同时垂直于直线 L_1 及 L_2 的方向向量 $\boldsymbol{v}_1,\boldsymbol{v}_2$,而

$$\boldsymbol{v}_1=\begin{vmatrix}\boldsymbol{i} & \boldsymbol{j} & \boldsymbol{k}\\ 1 & 0 & -2\\ 0 & 3 & -1\end{vmatrix}=\{6,1,3\},$$

$$\boldsymbol{v}_2=\begin{vmatrix}\boldsymbol{i} & \boldsymbol{j} & \boldsymbol{k}\\ 1 & -1 & 0\\ 0 & -1 & 1\end{vmatrix}=\{-1,-1,-1\},$$

因此

$$\boldsymbol{n}=\boldsymbol{v}_1\times\boldsymbol{v}_2=\begin{vmatrix}\boldsymbol{i} & \boldsymbol{j} & \boldsymbol{k}\\ 6 & 1 & 3\\ -1 & -1 & -1\end{vmatrix}=\{2,3,-5\}.$$

于是由平面的点法式方程知，平面 α 的方程为

$$2(x-20)+3(y-0)-5(z-8)=0,$$

即

$$2x+3y-5z=0.$$

3.6 两直线、直线与平面的夹角

1. 两直线的夹角

两相交直线形成两对对顶角，其中一对为锐角或直角，另一对为钝角或直角(图 9-34). 我们规定：**成锐角或直角的对顶角为两直线的夹角**(如图 9-34 中 θ).

设 $\boldsymbol{v}_1,\boldsymbol{v}_2$ 分别为两直线的方向向量，显然，它们的夹角 $\langle\boldsymbol{v}_1,\boldsymbol{v}_2\rangle$ 或者等于 θ，或者与 θ 互补，即

$$\theta=\langle\boldsymbol{v}_1,\boldsymbol{v}_2\rangle$$

或

$$\theta=\pi-\langle\boldsymbol{v}_1,\boldsymbol{v}_2\rangle.$$

因此

$$\cos\theta=|\cos\langle\boldsymbol{v}_1,\boldsymbol{v}_2\rangle|=\frac{|\boldsymbol{v}_1\cdot\boldsymbol{v}_2|}{|\boldsymbol{v}_1||\boldsymbol{v}_2|}. \tag{22}$$

对于异面直线，可把它们平移至相交状态，这时它们的夹角称为异面直线的夹角. 另外，若 $\boldsymbol{v}_1/\!/\boldsymbol{v}_2$，则认为两直线的夹角为零. 因此，(22)式对任意两向量都成立，这就是两直线夹角的余弦公式.

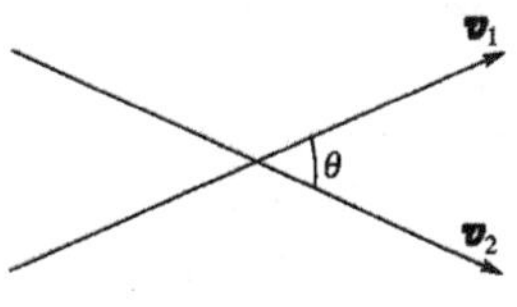

图 9-34

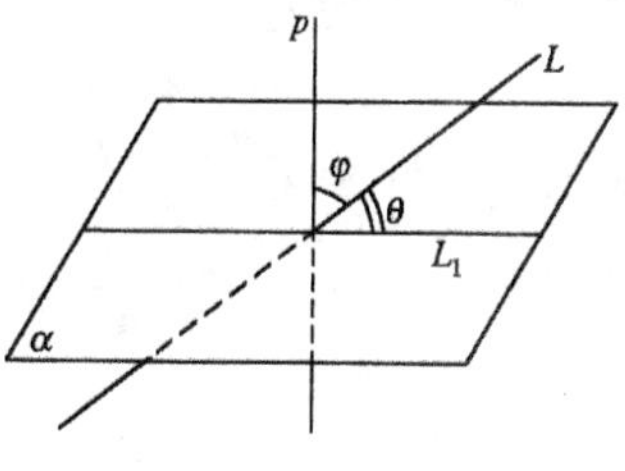

图 9-35

2. 直线与平面的夹角

设直线 L 在平面 α 上的投影为直线 L_1，则规定 L 与 L_1 的夹角(图 9-35 中 θ)为直线 L 与平面 α 的夹角.

设直线 L 与平面 α 的法线 p 之间的夹角为 φ(图 9-35). 显然，θ 与 φ 互为余角，即 $\theta=\frac{\pi}{2}-\varphi$，从而

$$\sin\theta = \cos\varphi.$$

当直线 L 的方向向量为 $\boldsymbol{v}$，平面 α 的法向量为 $\boldsymbol{n}$ 时，有

$$\cos\varphi = \frac{|\boldsymbol{v}\cdot\boldsymbol{n}|}{|\boldsymbol{v}||\boldsymbol{n}|},$$

即

$$\sin\theta = \frac{|\boldsymbol{v}\cdot\boldsymbol{n}|}{|\boldsymbol{v}||\boldsymbol{n}|}. \tag{23}$$

这就是直线与平面夹角的正弦公式.

作为推论，从公式(22)及(23)易知：

两直线垂直的充要条件是它们的方向向量的点乘为零；直线与平面垂直的充要条件是直线的方向向量与平面的法向量平行，从而它们的叉乘为零.

例 9 求直线

$$L:\begin{cases}x+2y+z-1=0,\\ x-2y+z+1=0\end{cases}$$

与平面 α：$x+\sqrt{2}y-z-1=0$ 的夹角 θ.

解 直线 L 的方向向量为

$$\boldsymbol{v}=\{1,2,1\}\times\{1,-2,1\}=\{4,0,-4\},$$

平面 α 的法向量为 $\boldsymbol{n}=\{1,\sqrt{2},-1\}$，因此由(23)式知

$$\sin\theta=\frac{|\boldsymbol{v}\cdot\boldsymbol{n}|}{|\boldsymbol{v}||\boldsymbol{n}|}=\frac{8}{4\sqrt{2}\cdot 2}=\frac{1}{\sqrt{2}},$$

从而

$$\theta=\frac{\pi}{4}.$$

*3.7 平面束

通过一条直线的全部平面组成的平面族称为**平面束**. 下面讨论它的方程.

设有直线 L,其一般方程为

$$L:\begin{cases}A_1x+B_1y+C_1z+D_1=0,\\ A_2x+B_2y+C_2z+D_2=0.\end{cases} \tag{24}$$

这是两个相交平面 α_1: $A_1x+B_1y+C_1z+D_1=0$ 和 α_2: $A_2x+B_2y+C_2z+D_2=0$ 的交线. 为了求得通过直线 L 的平面束方程,我们考虑方程

$$\lambda_1(A_1x+B_1y+C_1z+D_1)+\lambda_2(A_2x+B_2y+C_2z+D_2)=0, \tag{25}$$

其中 λ_1,λ_2 不同时为零. (25)式可化为

$$(\lambda_1A_1+\lambda_2A_2)x+(\lambda_1B_1+\lambda_2B_2)y+(\lambda_1C_1+\lambda_2C_2)z+(\lambda_1D_1+\lambda_2D_2)=0, \tag{26}$$

这是关于 x,y,z 的一次方程. 容易证明 x,y,z 的系数不全为零. 事实上,若不然,则由

$$\lambda_1A_1+\lambda_2A_2=0,\quad \lambda_1B_1+\lambda_2B_2=0,\quad \lambda_1C_1+\lambda_2C_2=0$$

知

$$\frac{A_1}{A_2}=\frac{B_1}{B_2}=\frac{C_1}{C_2}\left(=-\frac{\lambda_2}{\lambda_1}\right),$$

即两平面 α_1 与 α_2 平行,显然这是不可能的. 因此(26)式或(25)式是过直线 L 的平面方程.

当 λ_1,λ_2 任意取值而不同时为零时,(25)式能否代表通过直线 L 的全部平面呢? 回答是肯定的. 事实上,当 $\lambda_1=0,\lambda_2=1$ 时,得到平面 α_2 的方程,当 $\lambda_1=1,\lambda_2=0$ 时,得到平面 α_1 的方程. 设 α 是过 L 且与 α_1,α_2 都不重合的任一平面,则可在 α 上取一点 $P_0(x_0,y_0,z_0)$,使得点 P_0 既不在 α_1 上,也不在 α_2 上,即

$$A_1x_0+B_1y_0+C_1z_0+D_1\neq 0,$$

$$A_2x_0+B_2y_0+C_2z_0+D_2\neq 0.$$

取 $\lambda_2=A_1x_0+B_1y_0+C_1z_0+D_1$，$\lambda_1=-(A_2x_0+B_2y_0+C_2z_0+D_2)$，则(25)式化为

$$-(A_2x_0+B_2y_0+C_2z_0+D_2)(A_1x+B_1y+C_1z+D_1)$$
$$+(A_1x_0+B_1y_0+C_1z_0+D_1)(A_2x+B_2y+C_2z+D_2)=0,$$

显然它是过直线 L 且过点 P_0 的平面方程. 又由于过一直线和线外一点只能决定一张平面，因此这方程就是 α 的方程.

于是我们证明了：当 λ_1,λ_2 取不全为零的实数时，方程(25)代表过直线 L 的平面方程，并且当 λ_1,λ_2 任意取值且不同时为零时，可得到过直线 L 的全部平面的方程. 因此，方程(25)称为过直线 L 的**平面束方程**.

若 $\lambda_1\neq 0$，令 $\lambda=\dfrac{\lambda_2}{\lambda_1}$，则方程(25)化为

$$A_1x+B_1y+C_1z+D_1+\lambda(A_2x+B_2y+C_2z+D_2)=0, \tag{27}$$

显然这是过直线 L 的除平面 α_2 外的平面束方程. 同理，过直线 L 的除平面 α_1 外的平面束方程为

$$\lambda(A_1x+B_1y+C_1z+D_1)+A_2x+B_2y+C_2z+D_2=0,$$

其中 λ 为不等于零的任意实数.

例 10 试用平面束方程求解例 8.

解 设过直线 L_1 的平面 α 的方程为

$$\lambda_1(x-2z-4)+\lambda_2(3y-z+8)=0,$$

即

$$\lambda_1x+3\lambda_2y-(2\lambda_1+\lambda_2)z-4\lambda_1+8\lambda_2=0, \tag{28}$$

其中 λ_1,λ_2 为待定常数.

因为平面 α 与直线 L_2 平行，所以 α 的法向量 $\boldsymbol{n}$ 与 L_2 的方向向量 $\boldsymbol{v}$ 垂直，而

$$\boldsymbol{n}=\{\lambda_1,3\lambda_2,-2\lambda_1-\lambda_2\},$$

$$\boldsymbol{v}=\begin{vmatrix}\boldsymbol{i} & \boldsymbol{j} & \boldsymbol{k}\\ 1 & -1 & 0\\ 0 & -1 & 1\end{vmatrix}=\{-1,-1,-1\},$$

于是有

$$\{\lambda_1, 3\lambda_2, -2\lambda_1-\lambda_2\}\cdot\{-1,-1,-1\}=0,$$

即
$$\lambda_1-2\lambda_2=0.$$

取 $\lambda_1=2$，则 $\lambda_2=1$，代入(28)式，得到平面 α 的方程

$$2x+3y-5z=0.$$

例 11 求平面 α_1: $x+2y+z-1=0$ 与平面 α_2: $x-2y+z+1=0$ 的分角面方程.

解 两平面相交构成两对相等的二面角，一对是锐角或直角，另一对是钝角或直角，因此，两相交平面所成的二面角有两个分角面. 设分角面 π 的方程为

$$x+2y+z-1+\lambda(x-2y+z+1)=0$$

即
$$(1+\lambda)x+(2-2\lambda)y+(1+\lambda)z-1+\lambda=0,$$

并且设平面 π 与平面 α_1,α_2 的夹角分别为 θ_1,θ_2，则由(12)式知

$$\cos\theta_1=\frac{|\boldsymbol{n}_1\cdot\boldsymbol{n}|}{|\boldsymbol{n}_1||\boldsymbol{n}|}=\frac{|6-2\lambda|}{\sqrt{6}\,|\boldsymbol{n}|},$$

$$\cos\theta_2=\frac{|\boldsymbol{n}_2\cdot\boldsymbol{n}|}{|\boldsymbol{n}_2||\boldsymbol{n}|}=\frac{|-2+6\lambda|}{\sqrt{6}\,|\boldsymbol{n}|},$$

其中 $\boldsymbol{n}_1,\boldsymbol{n}_2,\boldsymbol{n}$ 分别为平面 α_1,α_2,π 的法向量. 由题设，$\theta_1=\theta_2$，因此 $\cos\theta_1=\cos\theta_2$，或 $|6-2\lambda|=|-2+6\lambda|$，即

$$|3-\lambda|=|-1+3\lambda|,$$

解得 $\lambda_1=1,\lambda_2=-1$. 于是得到两个分角面

$$\pi_1:\ x+z=0,\quad \pi_2:\ 2y-1=0.$$

为了进一步区分这两个分角面，我们设分角面 π_1,π_2 与平面 α_1 的夹角分别为 θ_3,θ_4. 因为

$$\cos\theta_3=\frac{1}{\sqrt{3}},\quad \cos\theta_4=\frac{\sqrt{2}}{\sqrt{3}},$$

所以 $\cos\theta_3 < \cos\theta_4$，即 $\theta_3 > \theta_4$. 由此可知，π_1 是角度为钝角的二面角的分角面，π_2 是角度为锐角的二面角的分角面.

3.8 点到直线的距离

设直线 L 通过点 P_1，且其方向向量为 $\boldsymbol{v}$，P_0 为直线外一点，则点 P_0 到直线 L 的距离为

$$d = \frac{|\overrightarrow{P_1P_0} \times \boldsymbol{v}|}{|\boldsymbol{v}|}.$$

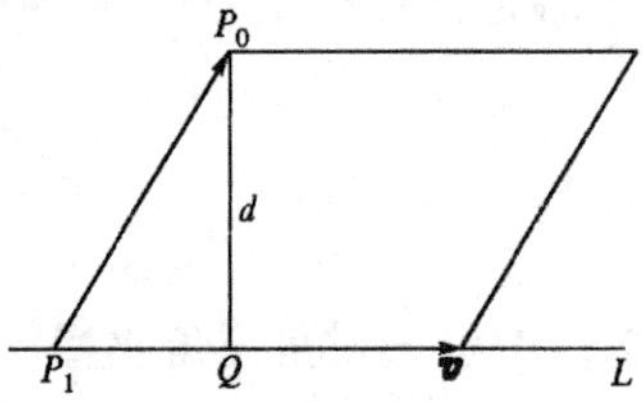

图 9-36

事实上，设点 P_0 到直线 L 的垂足为 Q(图 9-36)，到 L 的距离为 d. 由于 $|\overrightarrow{P_1P_0} \times \boldsymbol{v}|$ 是以向量 $\overrightarrow{P_1P_0}$ 与 $\boldsymbol{v}$ 组成的平行四边形的面积，因此

$$|\overrightarrow{P_1P_0} \times \boldsymbol{v}| = |\boldsymbol{v}| \cdot d,$$

从而

$$d = \frac{|\overrightarrow{P_1P_0} \times \boldsymbol{v}|}{|\boldsymbol{v}|}.$$

这就是点到直线的距离公式.

例12 设有直线

$$L: \frac{x-1}{0} = \frac{y-1}{3} = \frac{z-2}{4},$$

试求原点到直线 L 的距离 d.

解 直线 L 过点 $P_1(1,1,2)$，方向向量为 $\boldsymbol{v} = \{0,3,4\}$，因此

$$|\boldsymbol{v}| = \sqrt{3^2 + 4^2} = 5,$$

$$\overrightarrow{P_1P_0} \times \boldsymbol{v} = \begin{vmatrix} \boldsymbol{i} & \boldsymbol{j} & \boldsymbol{k} \\ -1 & -1 & -2 \\ 0 & 3 & 4 \end{vmatrix} = \{2, 4, -3\},$$

$$|\overrightarrow{P_1P_0} \times \boldsymbol{v}| = \sqrt{4 + 16 + 9} = \sqrt{29},$$

从而

$$d = \frac{1}{5}\sqrt{29}.$$

3.9 两直线共面的条件,异面直线的距离

设直线 L_1与 L_2 分别过点 P_1,P_2,其方向向量分别为 $\boldsymbol{v}_1,\boldsymbol{v}_2$(图 9-37). 显然,若三向量 $\overrightarrow{P_1P_2},\boldsymbol{v}_1,\boldsymbol{v}_2$ 共面,则直线 L_1 与 L_2 共面(即在同一平面上),反过来也对. 而三向量共面的充要条件是它们的混合积为零,因此我们有

定理 2 直线 L_1 与 L_2 共面的充要条件是混合积

$$\overrightarrow{P_1P_2}\cdot(\boldsymbol{v}_1\times\boldsymbol{v}_2)=0,$$

其中 P_1,P_2 分别是 L_1,L_2 上的点,$\boldsymbol{v}_1,\boldsymbol{v}_2$ 分别是 L_1,L_2 的方向向量.

这个定理换一种说法就是: 直线 L_1,与 L_2 为异面直线(即它们不共面)的充要条件是

$$\overrightarrow{P_1P_2}\cdot(\boldsymbol{v}_1\times\boldsymbol{v}_2)\neq 0.$$

思考题 设直线 L_1,L_2 分别过点 P_1,P_2,其方向向量分别为 $\boldsymbol{v}_1,\boldsymbol{v}_2$,试用向量的叉乘或混合积分别表示直线 L_1 与 L_2 重合、平行、相交的充要条件.

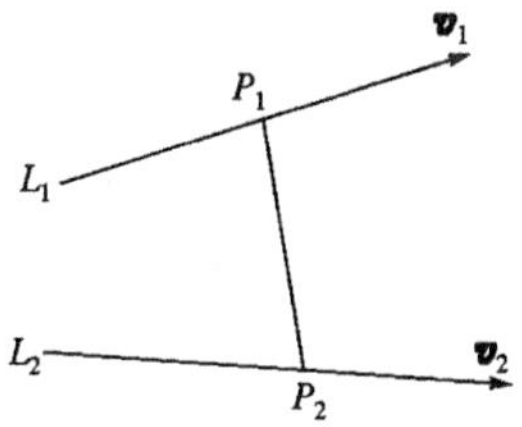

图 9-37

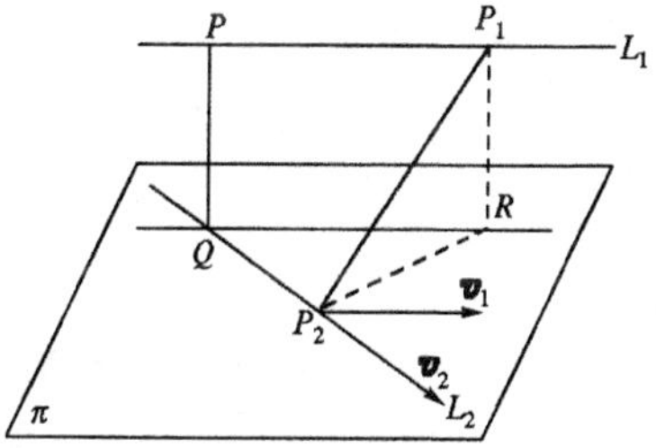

图 9-38

下面讨论两异面直线的距离.

设异面直线 L_1,L_2 分别过点 P_1,P_2,其方向向量分别为 $\boldsymbol{v}_1$,$\boldsymbol{v}_2$. 过直线 L_2作平面 π 与直线 L_1 平行(图 9-38). 设 L_1 在 π 上的投

影为直线 QR，它交 L_2 于 Q，并设 Q 为 L_1 上点 P 在 π 上的投影. 显然，PQ 与 L_1，L_2 都垂直. 我们称 PQ 为 L_1 与 L_2 的**公垂线**.

设 P_1，P_2 分别为直线 L_1，L_2 上的动点，容易证明点 P 与 Q 的距离 $\overline{PQ}\leqslant\overline{P_1P_2}$. 事实上，设 P_1 在 π 上的投影为 R，作连线 P_2R. 因为 $P_1R\perp P_2R$，所以

$$\overline{PQ}=\overline{P_1R}\leqslant\overline{P_1P_2}.$$

因此我们规定 $\overline{PQ}$ 为异面直线 L_1 与 L_2 的距离 d.

由于混合积的绝对值 $|\overrightarrow{P_2P_1}\cdot(\boldsymbol{v}_1\times\boldsymbol{v}_2)|$ 是以 $\overrightarrow{P_2P_1}$，$\boldsymbol{v}_1$，$\boldsymbol{v}_2$ 为棱的平行六面体的体积 V，而 $|\boldsymbol{v}_1\times\boldsymbol{v}_2|$ 是以 $\boldsymbol{v}_1$，$\boldsymbol{v}_2$ 为边的平行四边形的面积 S，又 $V=S\cdot\overline{P_1R}=S\cdot\overline{PQ}=S\cdot d$，因此 $d=V/S$，即

$$d=\frac{|\overrightarrow{P_2P_1}\cdot(\boldsymbol{v}_1\times\boldsymbol{v}_2)|}{|\boldsymbol{v}_1\times\boldsymbol{v}_2|}.$$

这就是**异面直线的距离公式**.

例 13 证明直线 L_1：$\frac{x-1}{1}=\frac{y-1}{3}=\frac{z-2}{4}$ 与直线 L_2：$\frac{x-3}{1}=\frac{y+1}{2}=\frac{z+2}{2}$ 不共面，并求两直线的距离 d（如图 9-39 所示）.

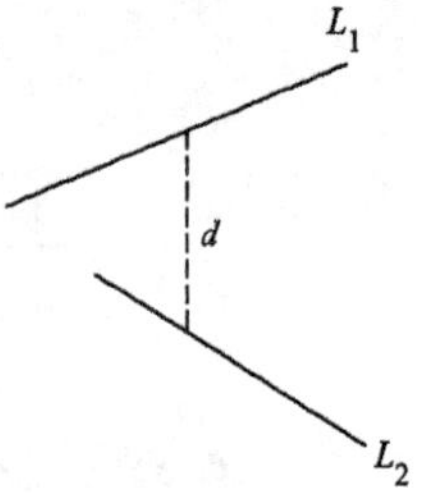

图 9-39

解 设 $P_1(1,1,2)$，$P_2(3,-1,-2)$，$\boldsymbol{v}_1=\{1,3,4\}$，$\boldsymbol{v}_2=\{1,2,2\}$，于是

$$\overrightarrow{P_1P_2}=\{2,-2,-4\}.$$

由于

$$\overrightarrow{P_1P_2}\cdot(\boldsymbol{v}_1\times\boldsymbol{v}_2)=\begin{vmatrix}2&-2&-4\\1&3&4\\1&2&2\end{vmatrix}=2\begin{vmatrix}1&-1&-2\\1&3&4\\1&2&2\end{vmatrix}$$

$$=2\begin{vmatrix}1&-1&-2\\0&4&6\\0&3&4\end{vmatrix}=2\begin{vmatrix}4&6\\3&4\end{vmatrix}=-4\neq 0,$$

由定理 2 知,直线 L_1 与 L_2 不共面.

已知

$$\boldsymbol{v}_1\times\boldsymbol{v}_2=\begin{vmatrix}\boldsymbol{i}&\boldsymbol{j}&\boldsymbol{k}\\1&3&4\\1&2&2\end{vmatrix}=\left\{\begin{vmatrix}3&4\\2&2\end{vmatrix},-\begin{vmatrix}1&4\\1&2\end{vmatrix},\begin{vmatrix}1&3\\1&2\end{vmatrix}\right\}$$

$$=\{-2,2,-1\},$$

$$|\boldsymbol{v}_1\times\boldsymbol{v}_2|=\sqrt{4+4+1}=3,$$

由异面直线的距离公式得

$$d=\frac{|\overrightarrow{P_1P_2}\cdot(\boldsymbol{v}_1\times\boldsymbol{v}_2)|}{|\boldsymbol{v}_1\times\boldsymbol{v}_2|}=\frac{|-4|}{3}=\frac{4}{3}.$$

习 题 9.3

1. 求过点(2,−1,3)且以{−2,1,1}为法向量的平面方程.

2. 求过点(2,0,−3)且与两平面 $x-2y+4z-7=0$, $2x+y-2z+5=0$ 垂直的平面方程.

3. 求通过三点

$$(3,-1,-3),\quad(-1,3,-2),\quad(0,3,4)$$

的平面方程.

4. 设平面 α 过点(1,1,1),且在三个坐标轴的正方向上截得相等的线段,求平面 α 的方程.

5. 一平面经过坐标原点和另一点 $P(6,3,2)$,且与平面

$$5x+4y-3z-8=0$$

垂直,求平面方程.更加一般地,求过两点 $P_i(x_i,y_i,z_i)$, $i=1,2$,且与平面

$$Ax+By+Cz+D=0$$

垂直的平面方程(设 $\{x_2-x_1,y_2-y_1,z_2-z_1\}\times\{A,B,C\}\neq\mathbf{0}$.).

6. 满足下列条件之一的平面方程有什么特征?

(1) 平行于 x 轴; (2) 过 x 轴;

(3) 平行于 xy 平面; (4) 平行于 zx 平面.

7. 下列方程表示什么图形?

(1) $x^2-y^2=0$; (2) $z^2-3z+2=0$;

(3) $x^2+yz+zx+xy=0$.

8. 动点到 xy 平面和 zx 平面的距离的平方和等于此点到 y 轴距离的平方,求证此动点的轨迹是两个平面.

9. 动点到原点的距离等于此点到平面 $x+y+z=0$ 的距离,证明此点的轨迹是一条直线,并求直线的方程.

10. 画下列平面的图形:

(1) $x+y-2=0$; (2) $y-z=1$;

(3) $2x+6y+3z-6=0$.

11. 证明下列三点在同一条直线上:

$$A(3,0,1),\quad B(0,2,4),\quad C\left(1,\frac{4}{3},3\right).$$

12. 求过点(2,-1,3)且垂直于 xy 平面的直线方程.

13. 求过点(2,4,-4)且与三坐标轴成等角的直线方程.

14. 求通过点(1,3,-1)和直线

$$\frac{x-3}{0}=\frac{y+1}{-1}=\frac{z}{2}$$

的平面方程.

15. 求平面 $5x-7y+2z-3=0$ 与三个坐标平面相交的三条交线方程.

16. 求过点(0,2,4)且与两平面 $x+2z-1=0$, $y-3z-2=0$ 平行的直线方程.

17. 将直线的一般方程

$$\begin{cases}x+2y-z-6=0,\\2x-y+z+1=0\end{cases}$$

化为标准方程.

18. 将直线的标准方程:

$$\frac{x-x_0}{a}=\frac{y-y_0}{b}=\frac{z-z_0}{c}$$

化为一般方程.

19. 求由平行直线

$$\frac{x-3}{3}=\frac{y+2}{-2}=\frac{z}{1},\quad \frac{x+3}{3}=\frac{y+4}{-2}=\frac{z+1}{1}$$

所决定的平面方程.

20. 求两平行线

$$\frac{x-1}{1}=\frac{y+1}{-2}=\frac{z}{3}\quad 与\quad \frac{x}{1}=\frac{y+1}{-2}=\frac{z-1}{3}$$

的距离.

21. 设坐标原点到平面$\frac{x}{a}+\frac{y}{b}+\frac{z}{c}=1$的距离为 p,证明

$$\frac{1}{a^2}+\frac{1}{b^2}+\frac{1}{c^2}=\frac{1}{p^2}.$$

22. 求过点(3,0,−1)且平行于直线

$$\begin{cases}x+2z-4=0,\\ y+3z-5=0\end{cases}$$

的直线方程.

23. 求点(3,−7,5)对于平面 $2x-6y+3z-42=0$ 的对称点.

24. 求点(5,4,2)对于直线$\frac{x+1}{2}=\frac{y-3}{3}=\frac{z-1}{-1}$的对称点.

25. 求两平面的夹角:

(1) $4x+2y+4z-7=0$ 与 $3x-4y=0$;

(2) $x-y+z+1=0$ 与 $2x-y-3z+5=0$.

26. 判断下列直线是否相交,并求其交角:

(1) $\frac{x-1}{2}=\frac{y+2}{1}=\frac{z-2}{-1}$ 与 $\frac{x-9}{6}=\frac{y-2}{3}=\frac{z+1}{1}$;

(2) $\begin{cases}x=-3+5t,\\ y=2t,\\ z=1+t\end{cases}$ 与 $\begin{cases}5x-2y-2z=8,\\ z+1=0.\end{cases}$

27. 求直线 $\frac{x-x_0}{a}=\frac{y-y_0}{b}=\frac{z-z_0}{c}$ 与三坐标面及三坐标轴的夹角.

28. 求两平面 $x-2y+2z+21=0$ 与 $7x+24z-50=0$ 的分角面方程.

29. 求过三平面 $x=3$, $x+y=5$ 及 $x+y+z=4$ 的交点,且与平面 $7x-y+z-14=0$ 平行的平面方程.

30. 证明三平面 $x+2y-z+3=0$, $3x-y+2z+1=0$, $2x-3y+3z-2$

$=0$ 共线(即存在一条直线,同时在三张平面上).

31. 求过点 $P(2,1,3)$ 且与直线

$$\frac{x+1}{3}=\frac{y-1}{2}=\frac{z}{-1}$$

相交且垂直的直线方程.

32. 求直线

$$\frac{x-13}{8}=\frac{y-1}{2}=\frac{z-4}{3}$$

与平面 $x+2y-4z+1=0$ 的交点与夹角.

33. 证明直线

$$\begin{cases}x+2y-1=0,\\2y-z-1=0\end{cases}\quad 与 \quad\begin{cases}x-y-1=0,\\x-2z-3=0\end{cases}$$

互相垂直.

34. 求通过两平行直线

$$\frac{x+3}{3}=\frac{y+2}{-2}=\frac{z}{1},\quad \frac{x+3}{3}=\frac{y+4}{-2}=\frac{z+1}{1}$$

的平面方程.

35. 求两平行平面

$$3x+6y-2z-7=0 \quad 与 \quad 3x+6y-2z+14=0$$

之间的距离.

36. 求点 $(1,2,3)$ 到直线

$$\begin{cases}x+y-z=1,\\2x+z=3\end{cases}$$

的距离.

37. 证明两直线

$$\frac{x}{1}=\frac{y-11}{2}=\frac{z-4}{1} \quad 和 \quad \frac{x-6}{1}=\frac{y+7}{-6}=\frac{z}{1}$$

是异面直线,并求它们之间的距离.

§4 几种常见的二次曲面

在上一节,我们学习了空间的平面,知道平面方程是关于 x, y, z 的一次方程,即

$$Ax + By + Cz + D = 0 \quad (A,B,C\text{不全为零}).$$

反过来,任何一个关于 x,y,z 的一次方程也都代表平面. 一般说来,空间中的任何曲面都可用一个三元方程

$$F(x,y,z) = 0 \tag{1}$$

来表示. 方程(1)称为该曲面的**一般方程**. 一个三元二次方程

$$a_1x^2 + a_2y^2 + a_3z^2 + a_4xy + a_5yz + a_6zx + a_7x + a_8y + a_9z + a_{10} = 0$$

$\left(\text{其中}\sum_{i=1}^{6}a_i^2 \neq 0\right)$ 所表示的图形称为**二次曲面**.

本节将介绍几种常见二次曲面的方程及其图形.

4.1 柱面

由平行于某固定方向的动直线沿空间一条固定曲线移动所产生的曲面称为**柱面**. 动直线称为柱面的**母线**,固定方向称为**母方向**,固定曲线称为柱面的**准线**(见图 9-40).

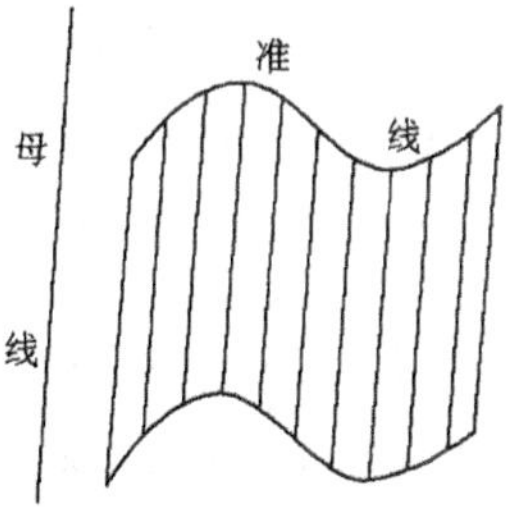

图 9-40

特别地,准线为圆周的柱面称为**圆柱面**. 若圆周所在平面垂直于母方向,则此圆柱面称为**正圆柱面**或**直圆柱面**,作为准线的圆周称为正圆柱面的**底圆**.

显然,过底圆圆心且垂直于底圆所在平面的直线是正圆柱面的对称轴. 正圆柱面上的点到对称轴的距离等于底圆的半径.

下面主要讨论母线平行于坐标轴的柱面方程.

设某空间曲面方程不含 z,即为

$$F(x,y) = 0, \tag{2}$$

我们来分析这个方程的图形有什么特点.

设空间中有一点 $P_0(x_0,y_0,z_0)$ 在方程(2)的图形上,即

$$F(x_0,y_0) = 0.$$

过点 P_0 作平行于 z 轴的直线

$$L:\begin{cases}x=x_0,\\ y=y_0,\\ z=z.\end{cases}$$

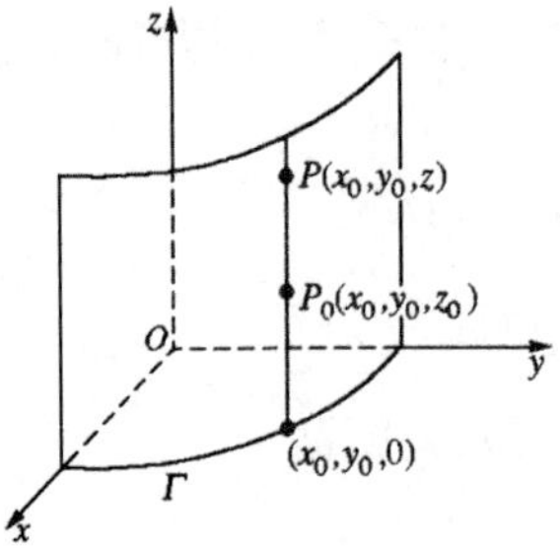

图 9-41

显然,L 上所有点的坐标 (x_0,y_0,z) 都满足方程(2),即 L 在方程(2)的图形上.这就是说,方程(2)的图形是由平行于 z 轴的直线组成的,因此它是一个柱面.柱面与 xy 平面的交线

$$\Gamma:\begin{cases}F(x,y)=0,\\ z=0\end{cases}$$

就是此柱面的准线(图 9-41).

同理,方程 $F(y,z)=0$ 和 $F(x,z)=0$ 在空间都表示柱面,它们的母线分别平行于 x 轴和 y 轴.

柱面为二次曲面时,称为**二次柱面**.例如

圆柱面(图 9-42):$x^2+y^2=a^2$;

椭圆柱面(图 9-43):$\dfrac{x^2}{a^2}+\dfrac{y^2}{b^2}=1$;

双曲柱面(图 9-44):$\dfrac{y^2}{b^2}-\dfrac{x^2}{a^2}=1$;

抛物柱面(图 9-45):$x^2=2py$.

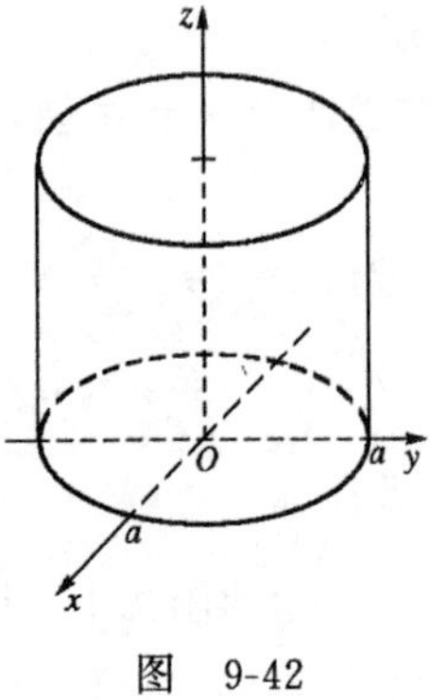

图 9-42

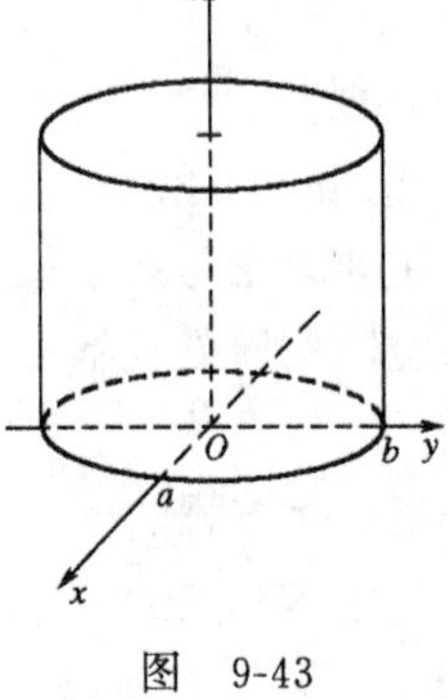

图 9-43

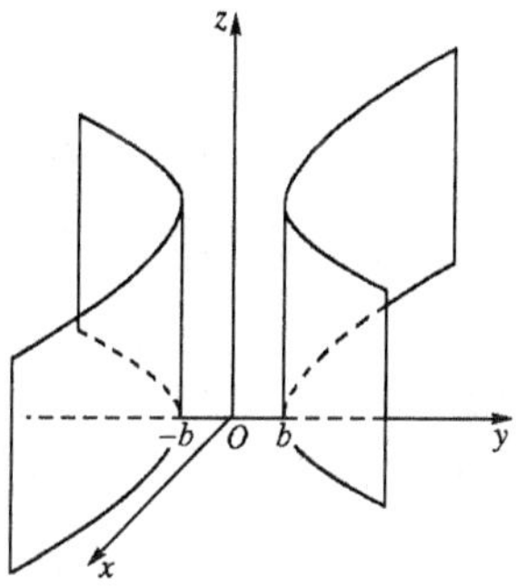

图 9-44

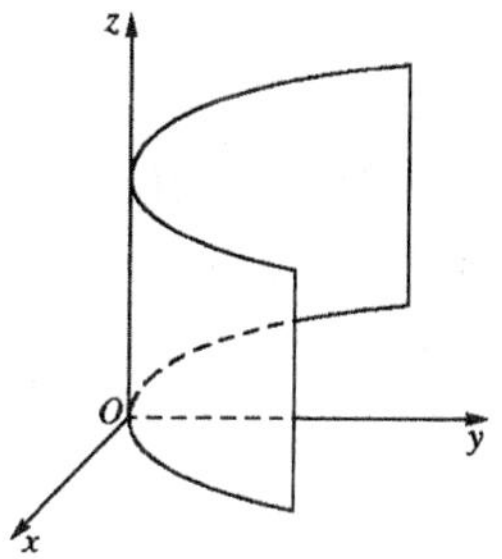

图 9-45

例 1 求以曲线

$$\Gamma:\begin{cases}x^2+y^2=R^2 \quad (R>0),\\ z=0\end{cases}$$

为准线,以 $\boldsymbol{a}=\{1,1,1\}$ 为母方向的柱面方程.

解 只需写出过曲线 Γ 上任一点、且以 $\boldsymbol{a}$ 为方向向量的直线族方程. 我们采用参数方程的形式. 首先,写出曲线 Γ 的参数方程:

$$\Gamma:\begin{cases}x=R\cos\theta,\\ y=R\sin\theta, \quad \theta\in[0,2\pi).\\ z=0\end{cases}$$

然后,过 Γ 上任一点 $(R\cos\theta,R\sin\theta,0)$ 且以 $\boldsymbol{a}$ 为方向向量,写出直线族方程

$$\begin{cases}x=R\cos\theta+t,\\ y=R\sin\theta+t,\\ z=t,\end{cases}\quad \begin{array}{l}\theta\in[0,2\pi],\\ t\in(-\infty,+\infty).\end{array}$$

这就是所求柱面的参数方程,它有两个参数 θ,t. 消去参数,可得柱面的一般方程:

$$(x-t)^2+(y-t)^2=R^2,$$

即

$$(x-z)^2+(y-z)^2=R^2.$$

4.2 锥面

一条动直线通过一定点且沿空间一条固定曲线移动所产生的曲面称为**锥面**. 动直线称为锥面的**母线**,定点称为**顶点**,固定曲线称为**准线**(图 9-46).

准线为圆周的锥面称为**圆锥面**. 若准线的圆心与圆锥顶点的连线垂直于准线所在平面,则此圆锥面称为**正圆锥面**.

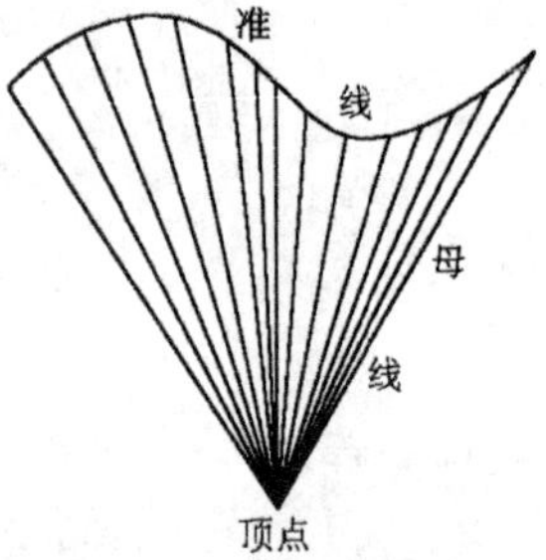

图 9-46

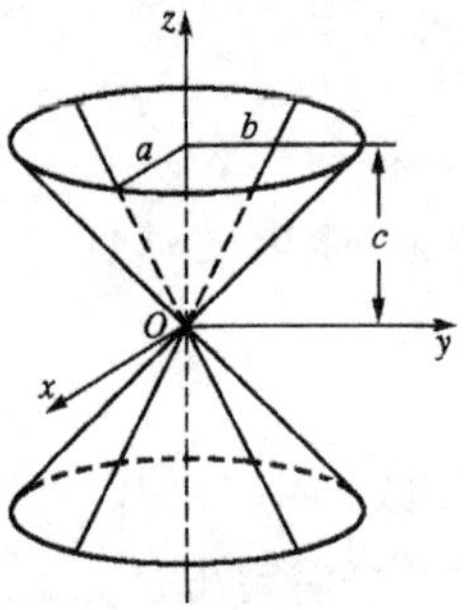

图 9-47

例 2 求以原点 O 为顶点,以椭圆

$$\Gamma:\begin{cases}\dfrac{x^2}{a^2}+\dfrac{y^2}{b^2}=1,\\ z=c\end{cases}$$

为准线的锥面方程.

解 椭圆 Γ 的参数方程为

$$\Gamma:\begin{cases}x=a\cos\theta,\\ y=b\sin\theta,\quad \theta\in[0,2\pi).\\ z=c,\end{cases}$$

过原点 O 与 Γ 上任一点 $P(a\cos\theta,b\sin\theta,c)$的直线的方向向量为 $\{a\cos\theta,b\sin\theta,c\}$,这些直线组成的直线族方程为

$$\begin{cases}x=(a\cos\theta)t,\\ y=(b\sin\theta)t,\\ z=ct,\end{cases}\quad \begin{array}{l}\theta\in[0,2\pi),\\ t\in(-\infty,+\infty).\end{array}$$

这就是所求锥面的参数方程. 消去参数 θ,t 后,即可得锥面的一般方程:

$$\frac{x^2}{a^2}+\frac{y^2}{b^2}=\frac{z^2}{c^2}. \tag{3}$$

它的图形是椭圆锥面,如图 9-47 所示.

椭圆锥面(3)与平面 $z=\alpha(\alpha\neq 0)$的交线为椭圆:

$$\begin{cases} z=\alpha, \\ \dfrac{x^2}{a^2}+\dfrac{y^2}{b^2}=\dfrac{\alpha^2}{c^2}. \end{cases}$$

锥面(3)与平面 $x=\beta(\beta\neq 0)$的交线为双曲线:

$$\begin{cases} x=\beta, \\ \dfrac{z^2}{c^2}-\dfrac{y^2}{b^2}=\dfrac{\beta^2}{a^2}. \end{cases}$$

类似地,锥面(3)与平面 $y=\beta(\beta\neq 0)$的交线也是双曲线:

$$\begin{cases} y=\beta, \\ \dfrac{z^2}{c^2}-\dfrac{x^2}{a^2}=\dfrac{\beta^2}{b^2}. \end{cases}$$

当 $\beta=0$ 时,锥面(3)与平面 $x=0$ 或 $y=0$ 的交线退化为两条相交的直线:

$$\begin{cases} x=0, \\ z=\pm\dfrac{c}{b}y \end{cases} \quad 或 \quad \begin{cases} y=0, \\ z=\pm\dfrac{c}{a}x. \end{cases}$$

从方程(3)解出 z,得两个方程

$$z=c\sqrt{\frac{x^2}{a^2}+\frac{y^2}{b^2}} \tag{4}$$

与

$$z=-c\sqrt{\frac{x^2}{a^2}+\frac{y^2}{b^2}}. \tag{5}$$

读者可考虑,方程(4),(5)的几何图形是什么?

当 $a=b$ 时,曲面(3)为正圆锥面:

$$\frac{x^2+y^2}{a^2}=\frac{z^2}{c^2}.$$

特别地，方程 $x^2+y^2=z^2$ 表示半顶角为$\frac{\pi}{4}$的正圆锥面，其对称轴为 z 轴.

4.3 旋转曲面

一条平面曲线 Γ 绕与其在同一平面上某固定直线 l 旋转所产生的曲面称为**旋转曲面**. 曲线 Γ 称为**母线**，直线 l 称为**旋转轴**.

下面主要讨论绕坐标轴旋转的旋转曲面.

定理 以 yz 平面上的曲线

$$\Gamma: \begin{cases} f(y,z)=0, \\ x=0 \end{cases}$$

为母线，以 z 轴为旋转轴的旋转曲面 α 的方程为

$$f(\pm\sqrt{x^2+y^2},z)=0. \tag{6}$$

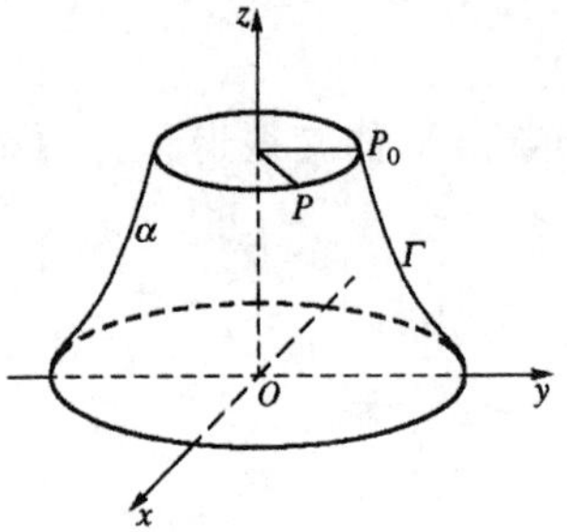

图 9-48

证 设 $P(x,y,z)$为曲面 α 上任一点，并假定它是由曲线 Γ 上的点 $P_0(0,y_0,z)$绕 z 轴旋转而得到的（见图 9-48），于是有

$$f(y_0,z)=0. \tag{7}$$

因为点 P 与点 P_0 到 z 轴的距离相等，即

$$\sqrt{x^2+y^2}=|y_0|,$$

所以 $\qquad y_0=\pm\sqrt{x^2+y^2}$，

其符号由 y_0 的正、负决定. 将此式代入(7)式，得到

$$f(\pm\sqrt{x^2+y^2},z)=0.$$

这就是上面的(6)式. 也就是说，曲面 α 上任一点 $P(x,y,z)$的坐标满足方程(6). 于是证明了(6)式是旋转曲面 α 的方程.

同理，以曲线

$$\begin{cases} f(x,z)=0, \\ y=0 \end{cases}$$

为母线，以 z 轴为旋转轴的旋转曲面方程为

$$f(\pm\sqrt{x^2+y^2},z)=0;$$

以 x 轴为旋转轴的旋转曲面方程为

$$f(x,\pm\sqrt{y^2+z^2})=0.$$

又，以曲线

$$\begin{cases} f(y,z)=0, \\ x=0 \end{cases}$$

为母线，以 y 轴为旋转轴的旋转曲面方程为

$$f(y,\pm\sqrt{x^2+z^2})=0. \quad \blacksquare$$

现在给出几种常见的旋转曲面：

(1) 平面曲线为椭圆

$$\begin{cases} \dfrac{y^2}{b^2}+\dfrac{z^2}{c^2}=1, \\ x=0, \end{cases}$$

它绕 z 轴旋转所得旋转面的方程为

$$\frac{x^2+y^2}{b^2}+\frac{z^2}{c^2}=1.$$

这曲面称为**旋转椭球面**.

(2) 平面曲线为双曲线

$$\begin{cases} \dfrac{x^2}{b^2}-\dfrac{z^2}{c^2}=1, \\ y=0, \end{cases}$$

它绕 z 轴旋转所得旋转面的方程为

$$\frac{x^2+y^2}{b^2}-\frac{z^2}{c^2}=1.$$

这曲面称为**旋转单叶双曲面**(图 9-49).

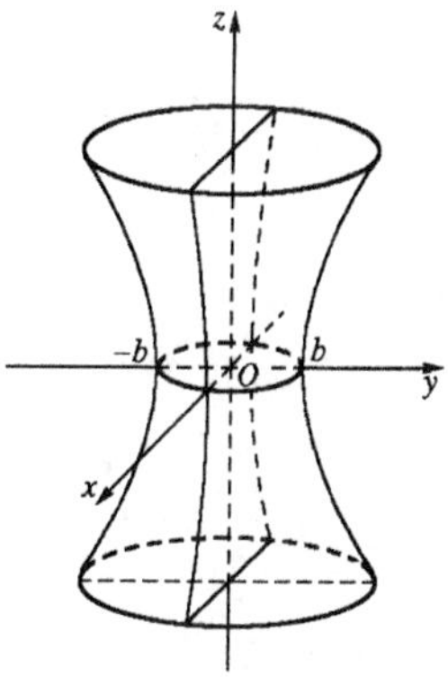

图 9-49

旋转单叶双曲面还可以由直线绕 z

轴旋转而产生. 事实上,设直线 l 通过点 $(b,0,0)$,以 $\{0,b,c\}$ 为方向向量,则此直线的参数方程为

$$\begin{cases} x = b, \\ y = bt, \quad t \in (-\infty, +\infty). \\ z = ct, \end{cases}$$

直线上点 $P(b,bt,ct)$ 绕 z 轴旋转的圆周方程为

$$\begin{cases} x^2 + y^2 = b^2 + b^2t^2, \\ z = ct. \end{cases}$$

当 t 变动时,它就是组成旋转曲面的一族圆. 消去参数 t,便得到旋转面的方程

$$x^2 + y^2 = b^2 + b^2 \frac{z^2}{c^2},$$

即

$$\frac{x^2+y^2}{b^2} - \frac{z^2}{c^2} = 1.$$

(3) 以双曲线

$$\begin{cases} \dfrac{y^2}{b^2} - \dfrac{z^2}{c^2} = 1, \\ x = 0 \end{cases}$$

为母线,以 y 轴为旋转轴的旋转曲面方程为

$$\frac{y^2}{b^2} - \frac{x^2 + z^2}{c^2} = 1.$$

这曲面称为**旋转双叶双曲面**(图 9-50).

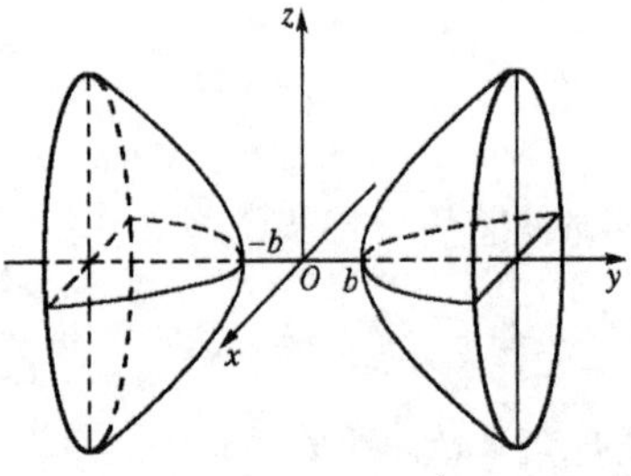

图 9-50

4.4 球面

设球心为 $P_0(x_0,y_0,z_0)$，半径为 R，求此球面的方程.

设球面上动点的坐标为 (x,y,z). 因为动点到球心的距离为 R，所以有

$$\sqrt{(x-x_0)^2+(y-y_0)^2+(z-z_0)^2}=R,$$

即

$$(x-x_0)^2+(y-y_0)^2+(z-z_0)^2=R^2. \tag{8}$$

这就是所求的**球面方程**.

特别地，球心在原点、半径为 R 的球面方程为

$$x^2+y^2+z^2=R^2.$$

过球面上一点且垂直于过此点的半径的平面称为**球面的切平面**，该点称为**切点**.

例 3 求过点(1,2,5)且与三个坐标面相切的球面方程.

解 显然，除三个切点外，整个球面在同一卦限内. 又由于球面上一点(1,2,5)在第一卦限内，因此所求球面位于第一卦限. 设球心位于点 (u,v,w) 处，它到 yz,zx,xy 坐标面的距离分别为 u，v，w. 由条件知

$$u=v=w,$$

设其值为 t，则位于第一卦限且与三个坐标面相切的球心轨迹为

$$x=t,\quad y=t,\quad z=t,\quad t\in(0,+\infty).$$

因为球半径亦为 t，所以球面方程为

$$(x-t)^2+(y-t)^2+(z-t)^2=t^2.$$

已知球面过点(1,2,5)，于是有

$$(1-t)^2+(2-t)^2+(3-t)^2=t^2,$$

解得 $t_1=3$，$t_2=5$，从而所求球面方程为

$$(x-3)^2+(y-3)^2+(z-3)^2=3^2,$$

及
$$(x-5)^2+(y-5)^2+(z-5)^2=5^2.$$

4.5 椭球面

由方程

$$\frac{x^2}{a^2}+\frac{y^2}{b^2}+\frac{z^2}{c^2}=1 \quad (a>0,b>0,c>0) \tag{9}$$

所确定的曲面称为**椭球面**. 方程(9)称为椭球面的**标准方程**. 下面讨论椭球面的性质和形状.

1) 有界性

因为方程(9)左端每一项都是非负的,所以每一项都不超过1,即

$$\frac{x^2}{a^2}\leqslant 1, \quad \frac{y^2}{b^2}\leqslant 1, \quad \frac{z^2}{c^2}\leqslant 1,$$

亦即

$$-a\leqslant x\leqslant a, \quad -b\leqslant y\leqslant b, \quad -c\leqslant z\leqslant c.$$

这表明椭球面位于以原点为中心的一个长方体内,因此椭球面是有界曲面.

2) 对称性

以 $-x$ 代替方程(9)中的 x,方程(9)不变, 这就意味着, 关于 yz 平面的对称点 (x,y,z) 与 $(-x,y,z)$ 都在椭球面上,也就是说,该椭球面对称于 yz 平面. 同理, 该椭球面也对称于 zx 平面和 xy 平面.

以 $-x,-y$ 代替方程(9)中的 x,y,方程(9)不变,因此椭球面对称于 z 轴. 同理,椭球面对称于 x 轴和 y 轴.

以 $-x,-y,-z$ 代替方程(9)中的 x,y,z,方程(9)不变,因此椭球面对称于原点.

3) 用平行截口法考察曲面的截痕

为了能看出曲面的大体形状,我们用一组或几组与坐标面平行的平面去截曲面,所得到的交线称为**截痕**或**平行截痕**. 如果各平行截痕的形状清楚了,那么便可看出曲面的大致形状. 这种通过分

析平行截痕去了解曲面形状的方法称为**平行截口法**.

用一组平行于 xy 平面的平面

$$z = h$$

去截椭球面,得到截痕的方程

$$\begin{cases}\dfrac{x^2}{a^2}+\dfrac{y^2}{b^2}+\dfrac{z^2}{c^2}=1,\\ z=h.\end{cases}$$

当 $|h|<c$ 时,这组截痕是椭圆

$$\begin{cases}\dfrac{x^2}{a^2\left(1-\dfrac{h^2}{c^2}\right)}+\dfrac{y^2}{b^2\left(1-\dfrac{h^2}{c^2}\right)}=1,\\ z=h.\end{cases}$$

并且 $|h|$ 越大,椭圆越小;$|h|$ 越小,椭圆越大. 当 $|h|=c$ 时,截痕缩成一点 $(0,0,c)$ 或 $(0,0,-c)$. 当 $|h|>c$ 时,截痕为虚椭圆.

类似地,用平行于 yz 平面或 zx 平面的平面去截椭球面,所得截痕也都是椭圆或点或虚椭圆. 因此椭球面是由一系列椭圆组成的,其图形如图 9-51 所示.

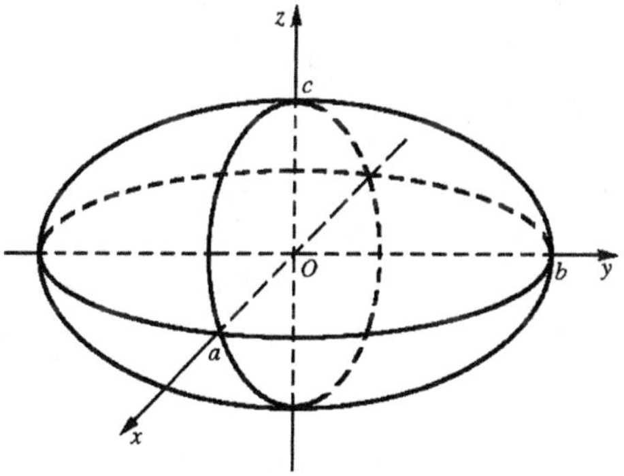

图 9-51

椭球面与坐标轴的六个交点

$$(\pm a,0,0),\quad (0,\pm b,0),\quad (0,0,\pm c)$$

称为椭球面的**顶点**.

在椭球面的标准方程(9)中，当 $a=b$ 时，方程变为

$$\frac{x^2+y^2}{a^2}+\frac{z^2}{c^2}=1,$$

由本节的 4.3 小节(1)可知，它为旋转椭球面，是由椭圆

$$\begin{cases}\dfrac{y^2}{a^2}+\dfrac{z^2}{c^2}=1,\\ x=0\end{cases}$$

绕 z 轴旋转而成的.

4.6 单叶双曲面

由方程

$$\frac{x^2}{a^2}+\frac{y^2}{b^2}-\frac{z^2}{c^2}=1\quad(a>0,b>0,c>0)\tag{10}$$

所确定的曲面称为**单叶双曲面**. 方程(10)是单叶双曲面的标准方程.

由一族直线组成的曲面称为**直纹面**，直线称为直纹面的母线. 我们知道，柱面、锥面、旋转单叶双曲面都是直纹面. 下面证明一般的单叶双曲面也是直纹面. 我们来讨论方程(10).

由(10)式得

$$\frac{y^2}{b^2}-\frac{z^2}{c^2}=1-\frac{x^2}{a^2},$$

从而

$$\left(\frac{y}{b}-\frac{z}{c}\right)\left(\frac{y}{b}+\frac{z}{c}\right)=\left(1-\frac{x}{a}\right)\left(1+\frac{x}{a}\right).$$

令

$$\begin{cases}\dfrac{y}{b}-\dfrac{z}{c}=\lambda\left(1-\dfrac{x}{a}\right),\\ \dfrac{y}{b}+\dfrac{z}{c}=\dfrac{1}{\lambda}\left(1+\dfrac{x}{a}\right)\end{cases}\tag{11}$$

或

$$
\begin{cases}
\dfrac{y}{b}-\dfrac{z}{c}=\mu\left(1+\dfrac{x}{a}\right), \\
\dfrac{y}{b}+\dfrac{z}{c}=\dfrac{1}{\mu}\left(1-\dfrac{x}{a}\right),
\end{cases}
\tag{12}
$$

其中 λ,μ 为参数. 当参数 λ,μ 分别变动时,(11)式与(12)式为两族直线,它们分别产生单叶双曲面(10).

下面讨论单叶双曲面的其他特性.

从方程(10)容易看出,此单叶双曲面对称于坐标平面、坐标轴以及坐标原点. 它在平面 $z=h$ 上的截痕为椭圆

$$
\begin{cases}
\dfrac{x^2}{a^2}+\dfrac{y^2}{b^2}=1+\dfrac{h^2}{c^2}, \\
z=h.
\end{cases}
$$

并且 $|h|$ 越大,椭圆也越大.

用 yz 平面截曲面(10),得到一条实轴为 y 轴的双曲线

$$
\begin{cases}
\dfrac{y^2}{b^2}-\dfrac{z^2}{c^2}=1, \\
x=0.
\end{cases}
$$

用 zx 平面截曲面(10),得到一条实轴为 x 轴的双曲线

$$
\begin{cases}
\dfrac{x^2}{a^2}-\dfrac{z^2}{c^2}=1, \\
y=0.
\end{cases}
$$

因此,单叶双曲面(10)的图形与图 9-49 类似.

方程

$$
\frac{x^2}{a^2}-\frac{y^2}{b^2}+\frac{z^2}{c^2}=1,
$$

$$
-\frac{x^2}{a^2}+\frac{y^2}{b^2}+\frac{z^2}{c^2}=1
$$

也是单叶双曲面,它的特性可类似讨论,此处从略.

4.7 双叶双曲面

由方程

$$\frac{x^2}{a^2}+\frac{y^2}{b^2}-\frac{z^2}{c^2}=-1 \tag{13}$$

所确定的曲面称为**双叶双曲面**. 方程(13)是双叶双曲面的标准方程.

下面讨论方程(13)的图形.

显然,图形对称于坐标平面、坐标轴和坐标原点.

用平面 $z=h$ 去截曲面,得截痕

$$\begin{cases}\dfrac{x^2}{a^2}+\dfrac{y^2}{b^2}=\dfrac{h^2}{c^2}-1,\\ z=h.\end{cases}$$

当 $|h|<c$ 时,无截痕;当 $|h|=c$ 时,截痕为两点 $(0,0,\pm c)$;当 $|h|>c$ 时,截痕为椭圆,并且 $|h|$ 越大,椭圆越大.

用平面 $y=0$ 去截曲面,得到一条实轴为 z 轴的双曲线

$$\begin{cases}-\dfrac{x^2}{a^2}+\dfrac{z^2}{c^2}=1,\\ y=0.\end{cases}$$

用平面 $x=0$ 去截曲面,也得到实轴为 z 轴的双曲线

$$\begin{cases}-\dfrac{y^2}{b^2}+\dfrac{z^2}{c^2}=1,\\ x=0.\end{cases}$$

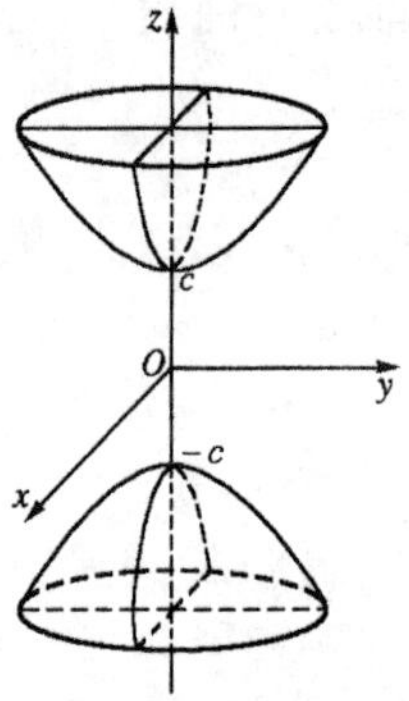

图 9-52

因此,方程(13)的图形如图 9-52 所示.

方程

$$\frac{x^2}{a^2}-\frac{y^2}{b^2}+\frac{z^2}{c^2}=-1$$

与

$$-\frac{x^2}{a^2}+\frac{y^2}{b^2}+\frac{z^2}{c^2}=-1$$

也是双叶双曲面,它们的特性可类似讨论,此处从略.

4.8 椭圆抛物面

由方程

$$z = \frac{x^2}{a^2} + \frac{y^2}{b^2} \tag{14}$$

所确定的曲面称为**椭圆抛物面**. 方程(14)是其标准方程.

读者可自己讨论它的图形特点,以及它在各组平行于坐标面的平面上的截痕. 图 9-53 是它的大致图形.

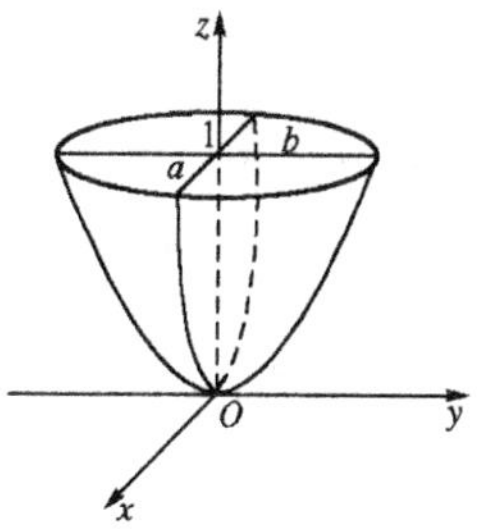

图 9-53

当 $a=b$ 时,方程 $z=\frac{x^2+y^2}{a^2}$ 的图形称为**旋转抛物面**.

4.9 双曲抛物面

由方程

$$z = \frac{x^2}{a^2} - \frac{y^2}{b^2} \tag{15}$$

所确定的曲面称为**双曲抛物面**. 方程(15)是其标准方程.

显然,双曲抛物面对称于 yz 平面、zx 平面以及 z 轴.

用 $z=h$ 去截曲面,得截痕

$$\begin{cases} \dfrac{x^2}{a^2} - \dfrac{y^2}{b^2} = h, \\ z = h. \end{cases}$$

当 $h>0$ 时,为双曲线,实轴为 x 轴;当 $h<0$ 时,亦为双曲线,但实轴为 y 轴;当 $h=0$ 时,得到 xy 平面上两条相交于原点的直线

$$\begin{cases} \dfrac{x}{a} + \dfrac{y}{b} = 0, \\ z = 0 \end{cases}$$

及

$$\begin{cases}\dfrac{x}{a}-\dfrac{y}{b}=0,\\ z=0.\end{cases}$$

用 $y=h$ 去截曲面,得截痕

$$\begin{cases}\dfrac{x^2}{a^2}=z+\dfrac{h^2}{b^2},\\ y=h,\end{cases}$$

这是一组开口向上的抛物线.

用 $x=h$ 去截曲面,得截痕

$$\begin{cases}\dfrac{y^2}{b^2}=\dfrac{h^2}{a^2}-z,\\ x=h,\end{cases}$$

这是一组开口向下的抛物线.于是得到双曲抛物面(15)的图形(如图 9-54 所示).

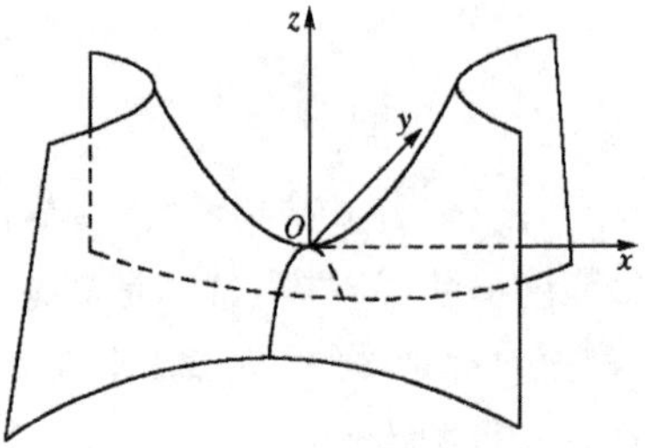

图 9-54

双曲抛物面的形状很像马鞍,因此也称为**马鞍面**.

应当指出,双曲抛物面也是直纹面,这里不再论证.

4.10 补充举例

例 4 画出点集

$$\Omega=\{(x,y,z)\,|\,x^2+y^2\leqslant 2z,z\leqslant 2\}$$

的图形,并求曲面 $2z=x^2+y^2$ 与平面 $z=2$ 的交线在 xy 平面上的投影曲线方程.

解 点集 Ω 的图形如图 9-55 所示，它是由旋转抛物面 $2z=x^2+y^2$ 与平面 $z=2$ 所围的立体. 曲面 $2z=x^2+y^2$ 与平面 $z=2$ 的交线方程为

$$\begin{cases}2z=x^2+y^2,\\z=2,\end{cases}\quad \text{即}\quad \begin{cases}x^2+y^2=4,\\z=2.\end{cases}$$

此交线在 xy 平面上的投影曲线方程为

$$x^2+y^2=4.$$

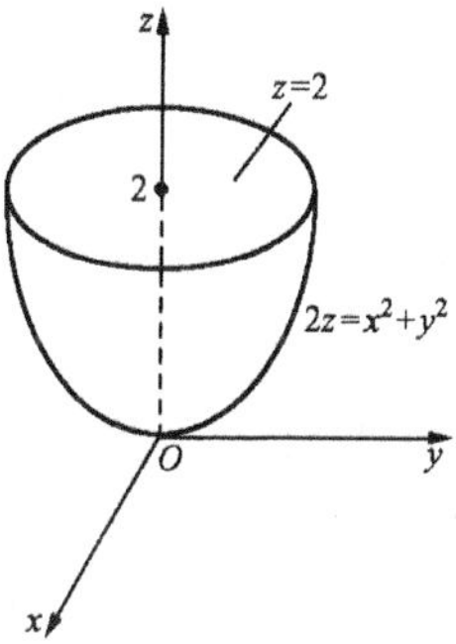

图 9-55

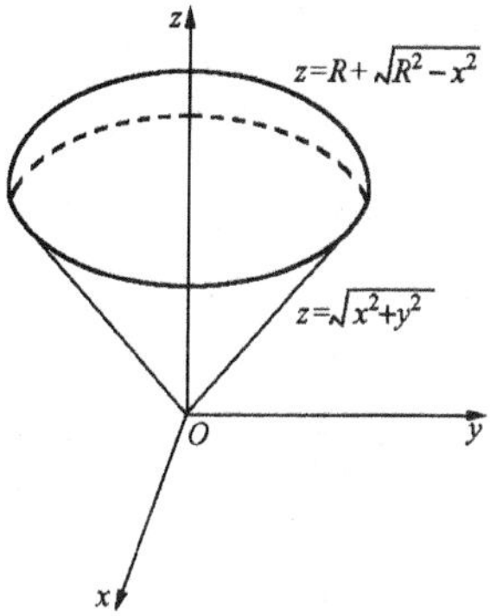

图 9-56

例 5 画出点集

$$\Omega=\{(x,y,z)\,|\,x^2+y^2+z^2\leqslant 2Rz,\sqrt{x^2+y^2}\leqslant z\}$$

的图形，并求曲面 $x^2+y^2+z^2=2Rz$ 与锥面 $z=\sqrt{x^2+y^2}$ 的交线在 xy 平面上的投影曲线的方程.

解 点集 Ω 的图形如图 9-56 所示，它是由半球面 $z=R+\sqrt{R^2-x^2-y^2}$ 与锥面 $z=\sqrt{x^2+y^2}$ 所围的立体. 两曲面的交线方程为

$$\begin{cases}z=R+\sqrt{R^2-x^2-y^2},\\z=\sqrt{x^2+y^2}.\end{cases}$$

消去 z 得它在 Oxy 平面上的投影方程

$$R+\sqrt{R^2-x^2-y^2}=\sqrt{x^2+y^2},\quad \text{即}\quad x^2+y^2=R^2.$$

习 题 9.4

1. 求以直线 $\frac{x-1}{2}=\frac{y-1}{3}=\frac{z-3}{4}$ 为中心轴,底半径为 2 的正圆柱方程.

2. 求以曲线 $\begin{cases} y^2=2px, \\ z=0 \end{cases}$ 为准线,以 $\{l,m,n\}$ 为母方向的柱面方程.

3. 求以 $y^2=2px$, $z=0$ 为准曲线,以 (x_0,y_0,z_0) 为顶点的锥面方程.

4. 求以点 $(4,0,-3)$ 为顶点,以 $\frac{y^2}{25}+\frac{z^2}{9}=1$, $x=0$ 为准线的锥面方程.

5. 求以原点为顶点,以 $f(x,y)=0$, $z=k$ $(k\neq 0)$ 为准线的锥面方程.

6. 证明包含三个坐标轴的二次曲面方程为

$$axy+byz+czx=0$$

(其中 a,b,c 为常数且 $a^2+b^2+c^2\neq 0$).

7. 求以 y 轴为旋转轴,下列曲线为母曲线所产生的旋转曲面:

(1) $y^2=-x$, $z=0$;　　(2) $\frac{x^2}{a^2}-\frac{y^2}{b^2}=0$, $z=0$.

8. 求证曲面 $y^2+z^2=(ax^2+bx+c)^2$ 表示旋转曲面,并求其母曲线及旋转轴.

9. 求以悬链线 $y=a\operatorname{ch}\frac{x}{a}$, $z=0$ 为母曲线,以 x 轴为旋转轴所产生的旋转曲面(悬链面).

10. 求以 z 轴为旋转轴,以 $x=t, y=t^2, z=t^3$ $(-\infty<t<+\infty)$ 为母曲线的旋转曲面.

11. 求下列球面的中心与半径:

(1) $x^2+y^2+z^2-12x+4y-6z=0$;

(2) $x^2+y^2+z^2-2x+4y-6z-22=0$.

12. 求证点 $(-3,1,-4)$ 在球面 $x^2+y^2+z^2+6x-24y+8z=0$ 上,并求这点处的切平面方程.

13. 椭球面 $\frac{x^2}{a^2}+\frac{y^2}{b^2}+\frac{z^2}{c^2}=1$ 将空间分成球面内与球面外两部分,求 $P_0(x_0,y_0,z_0)$ 在球面内的充要条件.

14. 证明 $2x^2+3y^2+4z^2-4x-6y+16z+16=0$ 表示椭球面,并求其中心与三个半轴长.

15. 求过两球面:

$$x^2+y^2+z^2=5,\quad (x-2)^2+(y-1)^2+z^2=1$$

交线的正圆柱面方程.

16. 设球面 β 过点(2,−4,3),并含圆: $x^2+y^2=5$, $z=0$,求 β 的方程.

17. 求下列曲面在 zx 平面与 yz 平面上的截痕:

(1) $\dfrac{x^2}{a^2}+\dfrac{y^2}{b^2}-\dfrac{z^2}{c^2}=1$; (2) $\dfrac{x^2}{a^2}+\dfrac{y^2}{b^2}-\dfrac{z^2}{c^2}=-1$.

18. 说明下列曲面的形状:

(1) $9x^2+16y^2+25z^2=1$; (2) $4x^2-9y^2-16z^2=-25$;

(3) $4x^2+9y^2-16z^2=-25$; (4) $4x^2-9y^2-16z^2=25$;

(5) $4x^2+9y^2-16z^2=25$; (6) $x^2-y^2=2x$;

(7) $y^2+z^2=2x$; (8) $z^2-4y^2=-2y$.

19. 求下列抛物面与直线的交点:

(1) $\dfrac{x^2}{5}+\dfrac{y^2}{3}=z$ 与 $\dfrac{x+1}{2}=\dfrac{y-2}{-1}=\dfrac{z+3}{-2}$;

(2) $\dfrac{x^2}{9}-\dfrac{y^2}{4}=z$ 与 $\dfrac{x}{3}=\dfrac{y-2}{-2}=\dfrac{z+1}{2}$.

20. 设曲面 $ax^2+by^2=2z$ 过曲线 $2x^2+y^2=4$, $z=1$,定出 a,b 的值.

21. 求证下列曲面是直纹面:

(1) $z=x(x+y)$; (2) $z=xy$.

22. 下列曲面是什么形状:

(1) $z^2-4z+3=0$;

(2) $\sqrt{a^2-x^2}\cdot\sqrt{b^2-y^2}\cdot\sqrt{c^2-z^2}=0$;

(3) $(x-1)^2+2(y-2)^2-(z-3)^2=0$;

(4) $z=xy$.

(提示:作 xy 平面的旋转变换.)

23. 求由下列单参数直线族所产生的直纹面方程:

(1) $\dfrac{x-\lambda^2}{1}=\dfrac{y}{-1}=\dfrac{z-\lambda}{0}$, $\lambda\in(-\infty,+\infty)$;

(2) $x=-y+tz$, $x=y+\dfrac{z}{t}$, $t\in(-\infty,+\infty)$,且 $t\neq0$;

(3) $x+2ty+4z=4t$, $tx-2y-4tz=4$, $t\in(-\infty,+\infty)$.

§5 曲面方程与曲线方程简介

在三维空间中,两类基本的几何图形是曲面和空间曲线.与平面解析几何类似，研究空间中曲面、曲线的性质时，也是首先在空间坐标系中建立它们的方程，再从方程研究其性质. 本节主要讨论空间中曲面、曲线方程的两种形式，以及两种形式的互化问题.

5.1 曲面的一般方程与参数方程

前面讲过，空间的曲面都可用一个三元方程

$$F(x,y,z)=0 \tag{1}$$

来表示. 方程(1)称为曲面的一般方程.

若曲面 α 上动点 $P(x,y,z)$ 的坐标表示为两个变量 u,v 的函数，即

$$\begin{cases} x=x(u,v), \\ y=y(u,v), \quad (u,v)\in D, \\ z=z(u,v), \end{cases} \tag{2}$$

则方程组(2)称为曲面 α 的**参数方程**，u,v 称为**参数**，D 为参数的变化范围.

对于某些特殊曲面，我们常用柱坐标或球坐标作为曲面参数方程中的参数.

设点 $M(x,y,z)$ 为直角坐标系 $Oxyz$ 中的任一点，如果点 M 在 xy 平面上的投影点 $P(x,y,0)$ 的极坐标为 (r,θ)，那么 (r,θ,z) 称为点 M 的**柱坐标**(或空间极坐标)(图 9-57).

点 P 的柱坐标 (r,θ,z) 与直角坐标 (x,y,z) 之间显然有下列关系式

$$\begin{cases} x=r\cos\theta, & r\in[0,+\infty), \\ y=r\sin\theta, & \theta\in[0,2\pi), \\ z=z, & z\in(-\infty,+\infty); \end{cases} \tag{3}$$

$$\begin{cases} r=\sqrt{x^2+y^2}, \\ \tan\theta=y/x, \\ z=z. \end{cases} \tag{4}$$

(3)式和(4)式称为直角坐标与柱坐标间的坐标变换公式.

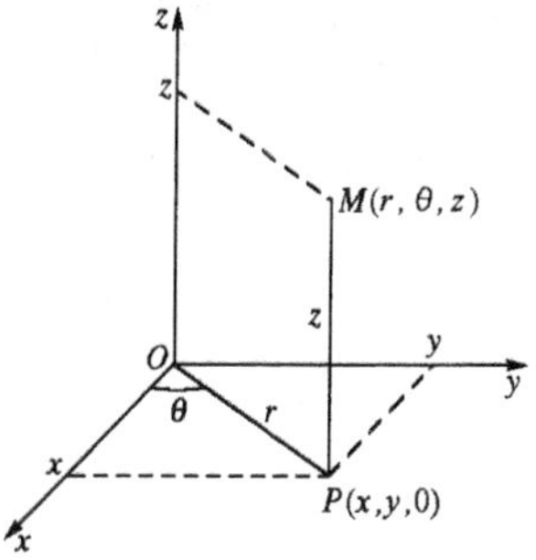

图 9-57

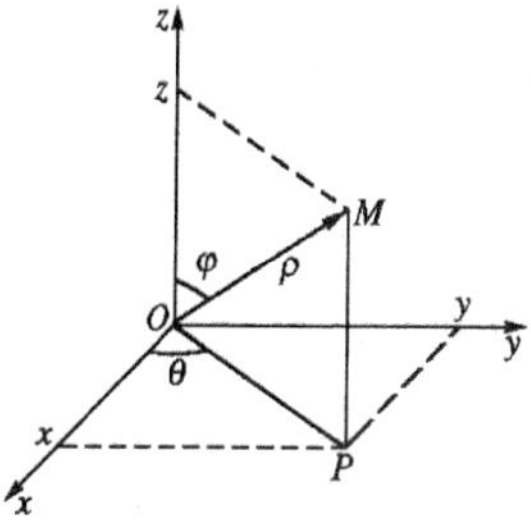

图 9-58

例 1 求圆柱面 $x^2+y^2=R^2$ 的参数方程.

解 将公式(3)代入圆柱面方程,得

$$r = R. \tag{5}$$

(5)式是圆柱面的柱坐标方程. 因此,圆柱面 $x^2+y^2=R^2$ 的参数方程为

$$\begin{cases} x = R\cos\theta, \\ y = R\sin\theta, \\ z = z, \end{cases} \quad \begin{array}{l} \theta \in [0,2\pi), \\ z \in (-\infty, +\infty). \end{array}$$

设点 $M(x,y,z)$ 为 $Oxyz$ 直角坐标系中任一点,如果点 M 的向径 $\overrightarrow{OM}$ 与正 z 轴的夹角为 φ,点 M 在 xy 平面上的投影设为 P,P 点在 xy 平面上的极角为 θ,点 M 到原点的距离设为 ρ,那么,(ρ,φ,θ)称为点 M 的**球坐标**. 由图 9-58 容易看出,点 M 的直角坐标与球坐标之间有下列关系:

$$\begin{cases} x = \rho\sin\varphi\cos\theta, & \rho \in [0, +\infty), \\ y = \rho\sin\varphi\sin\theta, & \varphi \in [0,\pi], \\ z = \rho\cos\varphi, & \theta \in [0,2\pi); \end{cases} \tag{6}$$

$$\begin{cases} \rho = \sqrt{x^2+y^2+z^2}, \\ \tan\theta = y/x, \\ \varphi = \arccos\dfrac{z}{\sqrt{x^2+y^2+z^2}}. \end{cases} \tag{7}$$

(6)式和(7)式称为直角坐标与球坐标间的坐标变换公式.

例 2 求球面 α：$x^2+y^2+z^2=R^2$ 的参数方程.

解 把例 1 的(6)式代入所给的球面 α 的方程,即可得其球坐标方程为

$$\rho = R.$$

因此,球面 α 的参数方程为

$$\begin{cases} x = R\sin\varphi\cos\theta, \\ y = R\sin\varphi\sin\theta, \\ z = R\cos\varphi. \end{cases} \quad \begin{matrix} \varphi \in [0,\pi], \\ \theta \in [0,2\pi), \end{matrix}$$

例 3 求锥面 $z=a\sqrt{x^2+y^2}$ 的参数方程.

解 我们用点 M 的柱坐标 θ, r 作为锥面参数方程的参数,于是得到锥面的参数方程为

$$\begin{cases} x = r\cos\theta, \\ y = r\sin\theta, \\ z = ar. \end{cases} \quad \begin{matrix} \theta \in [0,2\pi), \\ r \in [0,+\infty), \end{matrix}$$

从曲面的参数方程中消去参数可化为一般方程.

例 4 求曲面 α

$$\begin{cases} x = a\sin\varphi\cos\theta, \\ y = b\sin\varphi\sin\theta, \\ z = c\cos\varphi \end{cases} \quad \begin{matrix} 0 \leqslant \varphi \leqslant \pi, \\ 0 \leqslant \theta < 2\pi, \end{matrix}$$

的一般方程.

解 因为

$$\frac{x}{a} = \sin\varphi\cos\theta, \quad \frac{y}{b} = \sin\varphi\sin\theta, \quad \frac{z}{c} = \cos\varphi,$$

所以

$$\frac{x^2}{a^2} + \frac{y^2}{b^2} + \frac{z^2}{c^2} = \sin^2\varphi\cos^2\theta + \sin^2\varphi\sin^2\theta + \cos^2\varphi = 1.$$

因此,曲面 α 为椭球面.

5.2 曲线的一般方程与参数方程

若曲线 Γ 是两曲面 α_1 与 α_2 的交线，α_1 与 α_2 的一般方程为

$$F_1(x,y,z)=0 \quad 与 \quad F_2(x,y,z)=0,$$

则方程组

$$\begin{cases} F_1(x,y,z)=0, \\ F_2(x,y,z)=0 \end{cases} \tag{8}$$

称为曲线 Γ 的**一般方程**.

例如球面 $x^2+y^2+z^2=R^2$ 上的大圆可以看作球面与平面的交线，其方程为

$$\begin{cases} x^2+y^2+z^2=R^2, \\ ax+by+cz=0. \end{cases}$$

若曲线 Γ 上动点的坐标 x,y,z 表示为一个参数的函数，如

$$\Gamma: \begin{cases} x=x(t), \\ y=y(t), \quad t\in[a,b], \\ z=z(t), \end{cases} \tag{9}$$

则方程组(9)称为曲线 Γ 的**参数方程**，t 为参数. 参数 t 在它的变化范围内每取一个值，就对应到曲线上一个点. 反过来，曲线上任一点都与参数的一个值对应.

例 5 设一动点一方面绕 z 轴以等角速度 ω 旋转，旋转半径为 a，同时在 z 轴正向以速度 v 移动. 求动点的轨迹方程.

解 设 $t=0$ 时，动点在 $P_0(a,0,0)$ 处(图 9-59). 经过 t 秒后，动点到达点 $M(x,y,z)$ 处，按动点运动规律可得

$$\begin{cases} x=a\cos\omega t, \\ y=a\sin\omega t, \quad t\in[0,+\infty), \\ z=vt. \end{cases}$$

这就是动点运动轨迹的参数方程，时间 t 是参

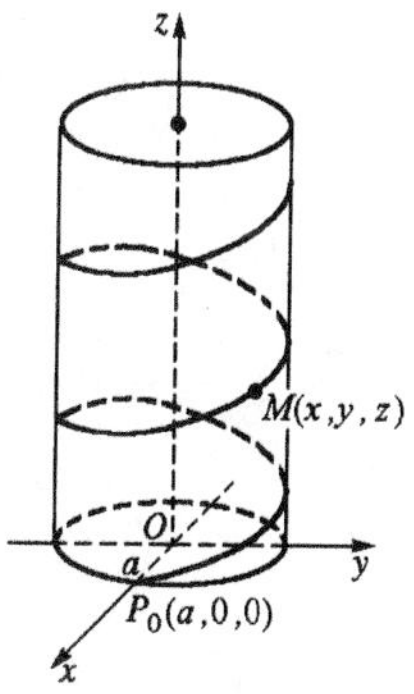

图 9-59

数. 此方程所表示的曲线称为**螺旋线**.

5.3 曲线在坐标面上的投影

设曲线 Γ 的一般方程为

$$\begin{cases} F_1(x,y,z)=0, \\ F_2(x,y,z)=0. \end{cases} \tag{10}$$

求 Γ 在 xy 平面上的投影方程.

设从方程组(10)消去变量 z 所得的方程为

$$F(x,y)=0, \tag{11}$$

由于方程(11)是由方程组(10)消去变量 z 后所得的结果,因此当 $P(x,y,z)$ 满足方程组(10)时,也一定满足方程(11). 即曲线 Γ 上的点一定在方程(11)所表示的柱面上,这柱面称为曲线 Γ 的**投影柱面**(图 9-60). 投影柱面与 xy 平面的交线称为曲线 Γ 在 xy 平面上的**投影曲线**,简称**投影**,它的方程是

$$\begin{cases} F(x,y)=0, \\ z=0. \end{cases} \tag{12}$$

同理,消去方程组(10)中的变量 x 或 y,再分别与 $x=0$ 或 $y=0$ 联立,就得到曲线 Γ 在 yz 平面或 zx 平面上的投影方程:

$$\begin{cases} G(y,z)=0, \\ x=0 \end{cases} \quad 或 \quad \begin{cases} H(x,z)=0, \\ y=0. \end{cases}$$

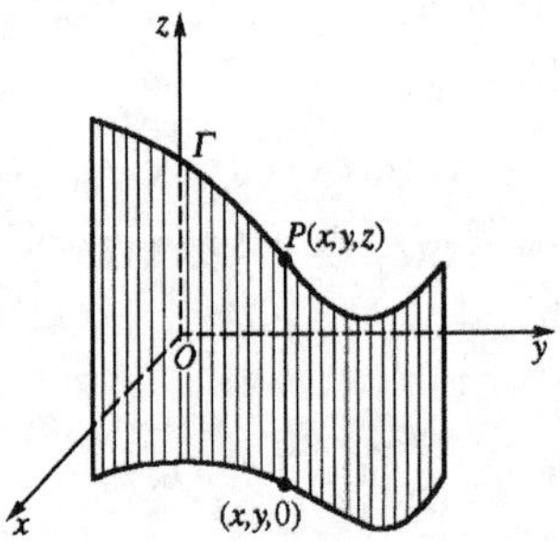

图 9-60

例 6 求曲线

$$\Gamma: \begin{cases} x^2 + y^2 + z^2 = R^2, \\ x^2 + y^2 = z^2 \end{cases}$$

在 xy 平面上的投影.

解 这是一个球面和一个圆锥面的交线. 把上述方程组的第二个方程中的 z^2 代入第一个方程,得到

$$x^2 + y^2 = R^2/2.$$

于是投影曲线的方程为

$$\begin{cases} x^2 + y^2 = R^2/2, \\ z = 0. \end{cases}$$

在 xy 平面上,它是以(0,0)为中心,以 $R/\sqrt{2}$ 为半径的圆.

例 7 求曲线

$$\Gamma: \begin{cases} x^2 + y^2 + z^2 = 1, \\ z^2 = 2x \end{cases}$$

在 xy 平面上的投影.

解 由方程 $z^2=2x$ 知 $x\geqslant 0$. 将 $z^2=2x$ 代入方程组第一式,得

$$x^2 + y^2 + 2x = 1, \quad x \geqslant 0,$$

即

$$(x + 1)^2 + y^2 = 2, \quad x \geqslant 0.$$

因此投影曲线的方程为

$$\begin{cases} (x + 1)^2 + y^2 = 2, \\ z = 0. \end{cases} \quad x \geqslant 0,$$

它是一段圆弧(图 9-61).

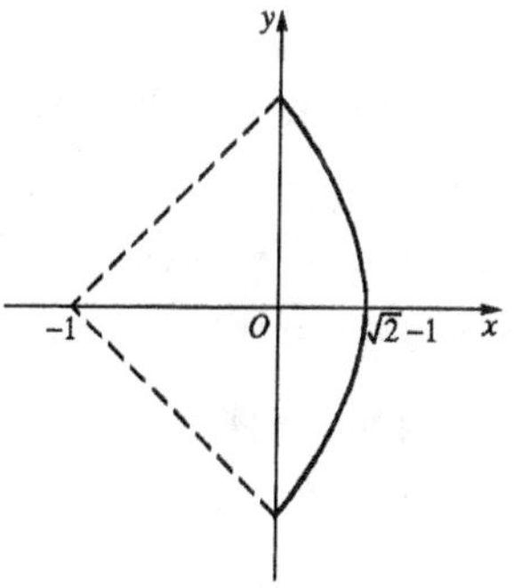

图 9-61

应注意,这里不能笼统地说,曲线 Γ 在 xy 平面上的投影曲线就是下列方程所示的整个圆:

$$\begin{cases} (x + 1)^2 + y^2 = 2, \\ z = 0. \end{cases}$$

5.4 曲线一般方程与参数方程的互化

曲线的一般方程(8)与参数方程(9)有时需要互化.

例 8 化曲线 Γ 的参数方程

$$\begin{cases} x = (t+1)^2, \\ y = 2(t+1), \\ z = -(2t+1) \end{cases}$$

为一般方程.

解 从三个方程中任取两对方程,并在每一对中消去参数 t,得到两个方程,将此两个方程联立就是曲线 Γ 的一般方程.

例如,从方程组

$$\begin{cases} x = (t+1)^2, \\ y = 2(t+1) \end{cases}$$

消去 t,得 $x=\frac{1}{4}y^2$. 从方程组

$$\begin{cases} y = 2(t+1), \\ z = -(2t+1) \end{cases}$$

消去 t,得 $y+z=1$. 因此 Γ 的一般方程为

$$\begin{cases} y^2 = 4x, \\ y+z = 1. \end{cases}$$

在有些问题(例如求曲线在某点的切线,求曲线在某点的曲率,以及计算曲线积分等)中,写出曲线的参数方程是必要而方便的. 由于选择参数的方法并不惟一,因此所写出的参数方程也不是惟一的. 在可能的情形下,我们应尽量结合物理意义或几何意义来选择参数;另外,参数方程的形式也不可过于复杂.

例 9 求曲线

$$\Gamma:\begin{cases} x^2+y^2+z^2 = R^2, \\ x+y+z = 0 \end{cases} \tag{13}$$

的参数方程.

解 在这里,可以先求出曲线 Γ 在某一坐标面上的投影,写出它的参数方程,然后利用(13)式求出第三个坐标的参数方程.

曲线 Γ 在 xy 平面上的投影方程为

$$\begin{cases} x^2 + xy + y^2 = \dfrac{1}{2}R^2, \\ z = 0. \end{cases} \tag{14}$$

将极坐标变换式

$$\begin{cases} x = r\cos\theta, \\ y = r\sin\theta \end{cases}$$

代入方程(14)的第一个方程,得

$$r = \frac{R}{\sqrt{2(1 + \sin\theta\cos\theta)}}.$$

因此曲线 Γ 的参数方程为

$$\begin{cases} x = \dfrac{R\cos\theta}{\sqrt{2(1 + \sin\theta\cos\theta)}}, \\ y = \dfrac{R\sin\theta}{\sqrt{2(1 + \sin\theta\cos\theta)}}, \quad \theta \in [0, 2\pi). \\ z = \dfrac{-R(\cos\theta + \sin\theta)}{\sqrt{2(1 + \sin\theta\cos\theta)}}, \end{cases}$$

例 10 求曲线

$$\Gamma: \begin{cases} x^2 + y^2 = 4, \\ x^2 - y^2 = 1 \end{cases} \tag{15}$$

的参数方程.

解 显然曲线 Γ 为平行于 z 轴的圆柱面与双曲柱面的交线,从几何直观上看,它是四条直线.

曲线 Γ 在 zx 平面上的投影曲线为 $2x^2=5$,即 $x=\pm\sqrt{\dfrac{5}{2}}$.其参数方程为

$$\begin{cases} x = \pm\sqrt{5/2}, \\ z = t. \end{cases} \quad t \in (-\infty, +\infty),$$

代入方程(15),得 $y=\pm\sqrt{3/2}$,因此曲线 Γ 的参数方程为

$$\begin{cases} x=\pm\sqrt{5/2}, \\ y=\pm\sqrt{3/2}, \\ z=t, \end{cases} \quad t\in(-\infty,+\infty),$$

与

$$\begin{cases} x=\pm\sqrt{5/2}, \\ y=\mp\sqrt{3/2}, \\ z=t, \end{cases} \quad t\in(-\infty,+\infty).$$

它确是平行于 z 轴的四条直线.

习　题　9.5

1. 求下列曲面的参数方程:

(1) $(x-a)^2+(y-b)^2+(z-c)^2=R^2$;

(2) $x^2+\dfrac{y^2}{4}+\dfrac{z^2}{9}=1$;

(3) $\dfrac{x^2}{a^2}+\dfrac{y^2}{b^2}-\dfrac{z^2}{c^2}=1\ (a,b,c>0)$;

(4) $\dfrac{x^2}{a^2}+\dfrac{y^2}{b^2}-\dfrac{z^2}{c^2}=-1\ (a,b,c>0)$;

(5) $z=\dfrac{x^2}{a^2}-\dfrac{y^2}{b^2}$;

(6) $z=\dfrac{x^2}{a^2}+\dfrac{y^2}{b^2}$.

2. 设曲面 α 的参数方程为

$$\begin{cases} x=a(\mu+\lambda), \\ y=b(\mu-\lambda), \\ z=2\mu\lambda, \end{cases} \quad \begin{matrix} \lambda,\mu\in(-\infty,+\infty), \\ (a,b>0), \end{matrix}$$

求 α 的一般方程.

3. 下列方程或方程组表示什么图形:

(1) $\begin{cases} (x-a)(y-b)=0, \\ z=0; \end{cases}$　　(2) $x^2+y^2=0$;

(3) $x^2+y^2+\dfrac{\pi}{2}=\arcsin z$;　　(4) $x^2+\dfrac{\pi}{2}=\arcsin z$.

4. 求曲线 $x=\cos t$，$y=\sin t$，$z=\tan t$，$t\in[0,2\pi)$的一般方程.

5. 求证下列曲线是平面曲线,并求所在平面的方程.

(1) $x=t$，$y=\dfrac{1}{t}(1-t)$，$z=\dfrac{1}{t}(1-t^2)$ $(t\neq 0)$；

(2) $x=\cos^2 t$，$y=\sin^2 t$，$z=\sin 2t$，$t\in(0,2\pi]$.

6. 曲面 $\dfrac{x^2}{9}-\dfrac{y^2}{25}+\dfrac{z^2}{4}=1$ 与下列诸平面的交线是什么曲线？并写出交线的方程.

(1) $x=2$；　(2) $y=0$；　(3) $z=1$.

7. 求下列曲线的参数方程：

(1) $\begin{cases} x^2+y^2+z^2=a^2, \\ x^2+y^2=b^2, \end{cases}$ $(a>b>0)$；

(2) $y^2+z^2-4x+8=0$，$y=4$；

(3) $x^2+y^2=1$，$x+y+z=1$.

8. 求下列曲线在 xy 平面上的投影方程：

(1) $\begin{cases} x^2+y^2+4z^2=1, \\ x^2=y^2+z^2; \end{cases}$　(2) $\begin{cases} x^2+y^2=4, \\ x^2-y^2+z^2=-1; \end{cases}$

(3) $\begin{cases} \dfrac{x^2}{16}+\dfrac{y^2}{4}-\dfrac{z^2}{5}=1, \\ x-2z+3=0; \end{cases}$　(4) $\begin{cases} \dfrac{x^2}{a^2}+\dfrac{y^2}{b^2}+\dfrac{z^2}{c^2}=1, \\ \dfrac{x^2}{a^2}-\dfrac{y^2}{b^2}+\dfrac{z^2}{c^2}=-1. \end{cases}$

第十章　多元函数微分学

在此以前，我们所讨论的函数都是只依赖于一个自变量的函数，即一元函数. 但是，在许多问题中，经常会遇到多个自变量的情形，因此需要研究多元函数.

多元函数微分学是一元函数微分学的推广和发展，这两者既有许多类似之处，又有不少本质差别. 在这里，我们着重讨论二元函数，因为从一元函数发展到二元函数，许多方法和结论有着本质的不同，但是从二元函数到三元函数或更多元函数，却没有什么重大差别.

本章重点是介绍偏导数和全微分的概念，及其计算和应用.

§1　多 元 函 数

1.1　多元函数的概念

例 1　一定质量的理想气体，其压强 p 和容积 V 以及绝对温度 T 之间满足关系式(称为**气态方程**)

$$p=\frac{RT}{V}\quad(T>T_0,V>0,R\text{ 是常数}).$$

当 T,V 的值分别给定时，按照这个关系式，p 就有一个确定的值与它们对应. 于是我们说，变量 p 是两个变量 T,V 的函数.

例 2　三角形的面积 S 与三角形的两边 b 和 c 以及这两边的夹角 A 之间有关系式

$$S=\frac{1}{2}bc\sin A\quad(b>0,c>0,0<A<\pi).$$

当 b,c,A 的值分别给定后，根据这个关系式，S 的值就被惟一地确定了. 在这里,变量 S 是三个变量 b,c,A 的函数(图 10-1).

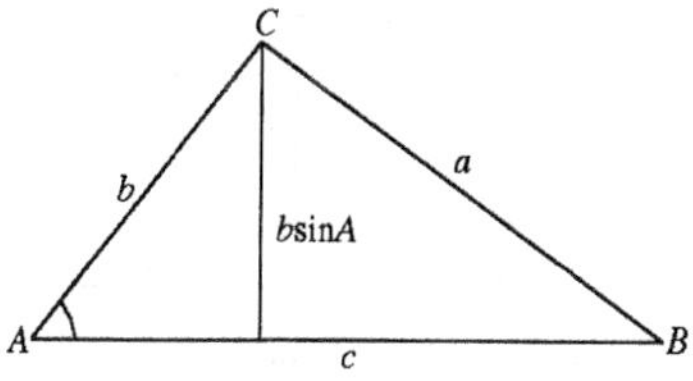

图 10-1

以上是多元函数的实例. 为了引进二元函数的定义,我们先给出两个变量的变化域的概念.

设 x,y 是有顺序的两个变量. 变量 x,y 每取一组数,例如 $x=x_0,y=y_0$,便得到一个有序数组 (x_0,y_0),它可以用 xy 平面上的点 $P_0(x_0,y_0)$ 来表示. 变量 x,y 所能取的一切数组 (x,y) 组成的平面点集,称为变量 x,y 的**变化域**,通常用 D 来表示.

定义 1 设有三个变量 x,y,z,变量 x,y 的变化域为 D. 若对 D 中每一点 $P(x,y)$,依照某一对应规律 f,变量 z 都有惟一确定的值与之对应,则称 z 是 x,y 的**二元函数**,记作

$$z=f(x,y),\quad (x,y)\in D,$$

或

$$z=f(P),\quad P\in D.$$

x,y 称为**自变量**,z 称为**因变量**,D 称为函数 f 的**定义域**. 函数 f 的值域记作 $f(D)$,即

$$f(D)=\{f(P)\,|\,P\in D\}.$$

在空间直角坐标系 $Oxyz$ 中,对于 D 中的每一点 $P(x,y)$,依照函数关系 $z=f(x,y)$,就有空间中一点 M 与之对应,M 的坐标为 $(x,y,f(x,y))$. 在空间中,点 M 的全体称为**函数 $z=f(x,y)$ 的图形**. 一般说来,它是一张曲面(图 10-2),任何一条平行于 z 轴且通过区域 D 的直线与它都有且只有一个交点.

例 3 求函数 $z=\sqrt{1-x^2-y^2}$ 的定义域,并作函数的图形.

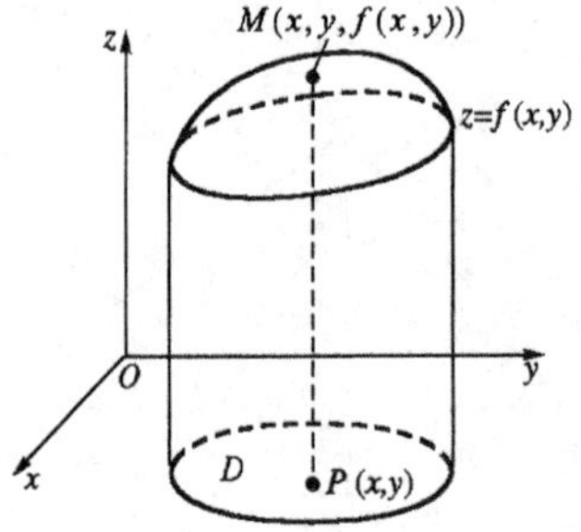

图 10-2

解 由平方根式的要求知，定义域可用不等式

$$x^2+y^2\leqslant 1$$

表示，它是 xy 平面上的圆周 $x^2+y^2=1$ 以及圆内的整个区域(图 10-3)，函数的图形是上半球面(图 10-4).

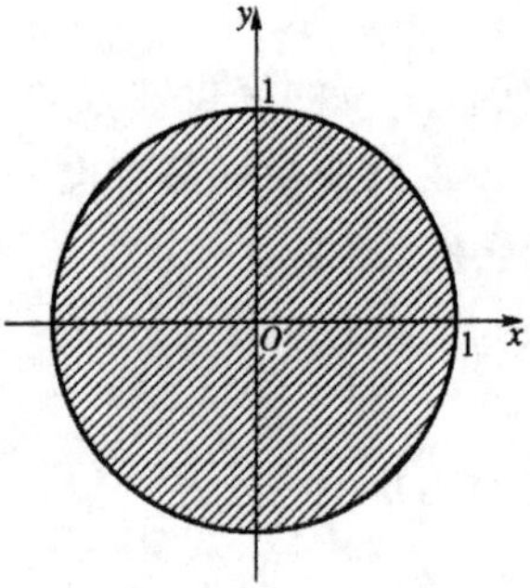

图 10-3

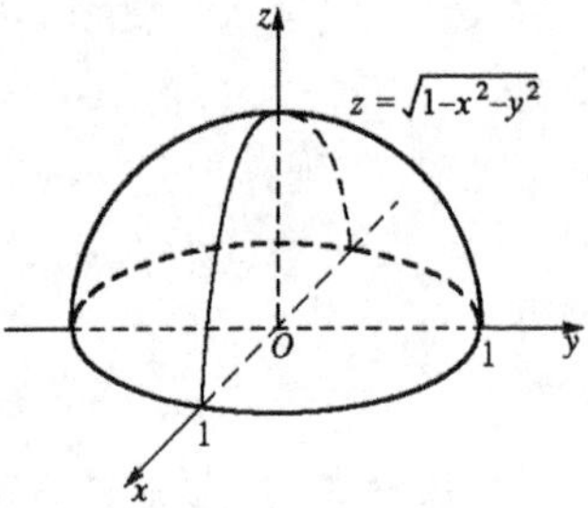

图 10-4

例 4 求函数 $z=x^2+y^2$ 的定义域，并作函数的图形.

解 定义域是整个 xy 平面，函数的图形是旋转抛物面，请读者画出它的图形.

例 5 求下列函数的定义域，并作定义域的图形：

(1) $z=\sqrt{y-x^2}+\sqrt{1-y}$；

(2) $z=\ln(x^2+y^2-2x)+\ln(4-x^2-y^2)$.

解 (1) 定义域为

$$\begin{cases} y \geqslant x^2, \\ 1 \geqslant y, \end{cases}$$

即 $x^2 \leqslant y \leqslant 1$(图 10-5 中带斜线部分).

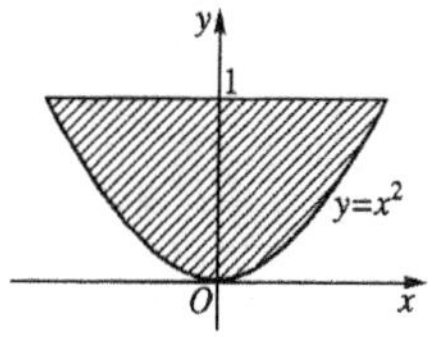

图 10-5

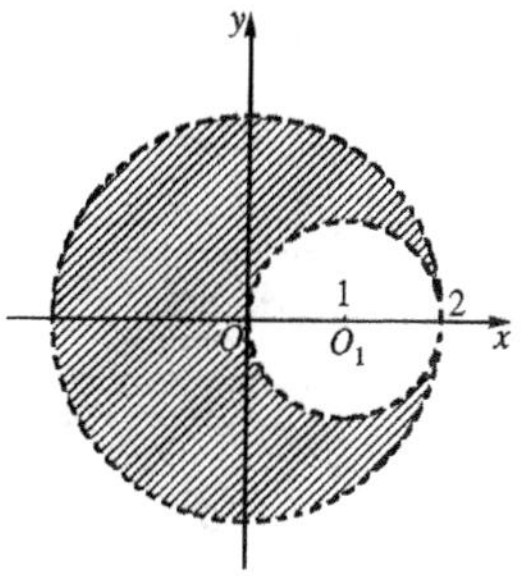

图 10-6

(2) 定义域为

$$2x < x^2 + y^2 < 4.$$

满足不等式 $x^2+y^2<4$ 的点在圆 O 内,满足不等式 $2x<x^2+y^2$ 的点在圆 O_1 外,因此,定义域的图形如图 10-6 中带斜线的部分所示.

例 5 中的两个二元函数,虽然表达式并不复杂,但是要画出它们的图形却并不容易. 图 10-5 和图 10-6 都只画出了函数定义域的图形. 对于一般的二元函数 $z=f(x,y)$,其图形往往难以画出. 在实际工作中,有时利用"等值线"来了解函数的图形. 比如一座高山,其表面可以想像为某个二元函数 $z=f(x,y)$的图形. 但地形相当复杂,绘图十分不易,于是可用函数值 $z=$ 常数(即一组与水平面平行的平面)去截曲面 $z=f(x,y)$,所得到的截痕是一组平面曲线,把它们投影到 xy 平面上,就是**等值线**(指函数值相等),或称**等高线**. 通常取高度 z 的间隔相等. 不难理解: 等高线密集处,表示地形陡峭;等高线稀疏处,表示地形平坦(图 10-7,图 10-8).

在气象学上,也常用到等值线,例如等温线、等压(气压)线,等等.

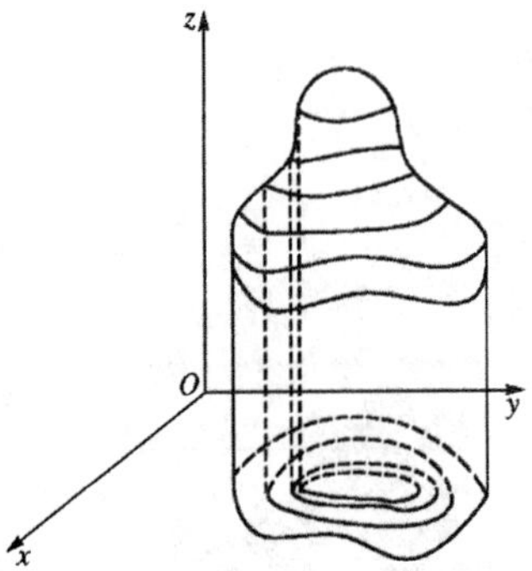

图 10-7

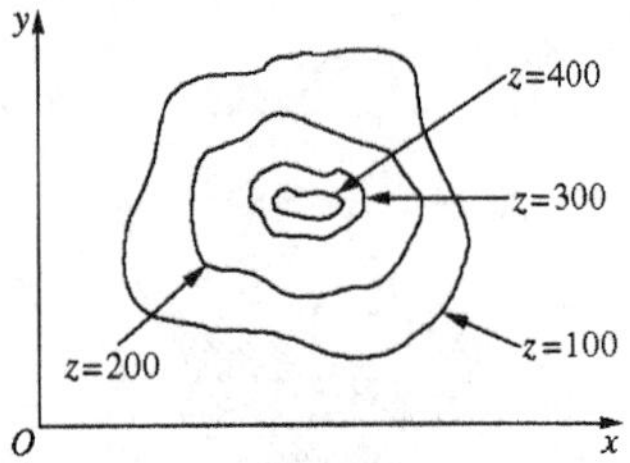

图 10-8

现在,人们已经可以利用计算机技术,在屏幕上显示二元函数的图像,而等高线法正是这种技术的数学原理.

可以类似地给出三元函数和 $n(n\geqslant 4)$ 元函数的概念. 二元和二元以上的函数,统称为**多元函数**.

例 6 求三元函数

$$u=\sqrt{1-x^2-y^2-z^2}$$

的定义域,并作定义域的图形.

解 定义域为单位球体

$$x^2+y^2+z^2\leqslant 1,$$

其图形如图 10-9 所示.

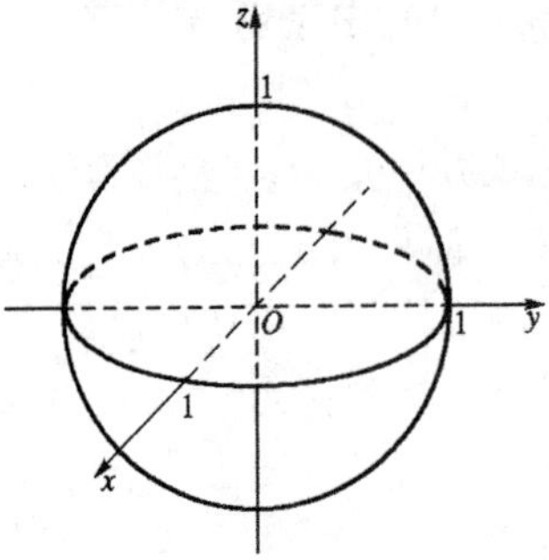

图 10-9

三元函数的定义域一般说来是一个空间区域,它的图形分布在三维空间中. 若不太复杂,则有时可以画出(见例 6). 但是,由于三元函数 $u=f(x,y,z)$ 有四个变量 u,x,y,z,因此,在三维空间中画不出函数的图形. $n(n\geqslant 4)$ 元函数 $u=f(x_1,x_2,\cdots,x_n)$ 的定义域在三维空间中也没有图形.

一元函数的理论告诉我们,定义在开区间与闭区间上的函数,它们的性质往往有很大差别. 为了讨论多元函数,首先需要把直线上开区间与闭区间的概念推广到平面上去. 由于平面点集较直线点集复杂得多,因此需要引进新的概念.

1.2 区域

设 $M_1(x_1,y_1)$与 $M_2(x_2,y_2)$为 xy 平面上两点,M_1 与 M_2 的距离记作 $\rho(M_1,M_2)$,则有

$$\rho(M_1,M_2)=\sqrt{(x_1-x_2)^2+(y_1-y_2)^2}.$$

在平面 xy 上固定一点 $M_0(x_0,y_0)$,所有与 M_0 的距离小于 $\delta(\delta>0)$的点的集合,称为点 M_0 的 δ **邻域**(简称 M_0 的**邻域**),记作 $S(M_0,\delta)$. 如图 10-10 所示,邻域 $S(M_0,\delta)$是以 M_0 为圆心,δ 为半径的开圆(不包括圆周). 开圆中的点 M 的坐标(x,y)满足不等式

$$\rho(M,M_0)=\sqrt{(x-x_0)^2+(y-y_0)^2}<\delta.$$

我们把点集$\{M\mid 0<\rho(M,M_0)<\delta\}$称为点 M_0 的**空心邻域**,记作 $S_0(M_0,\delta)$.

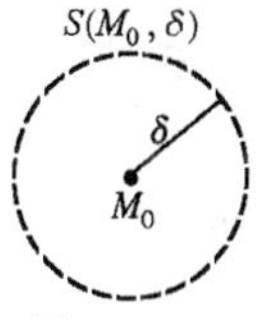

图 10-10

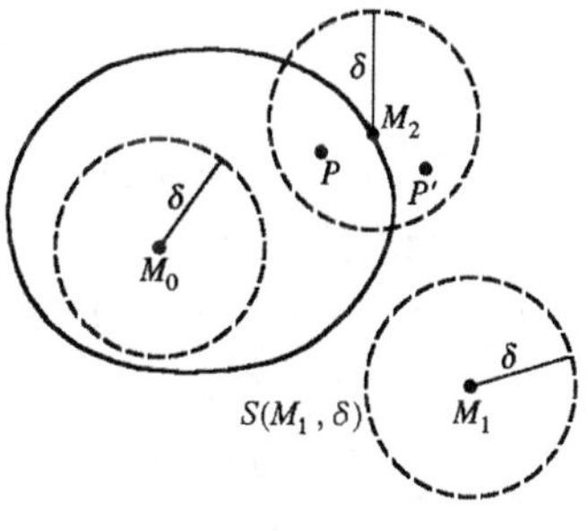

图 10-11

设 E 为平面点集. 对于 E 来说,平面上的点可以分为三类:

(1) 若存在 M_0 的某一邻域 $S(M_0,\delta)$,使得

$$S(M_0,\delta)\subset E,$$

则称 M_0 为点集 E 的**内点**(图 10-11).

(2) 若存在 M_1 的某一邻域 $S(M_1,\delta)$，使得 $S(M_1,\delta)$ 中没有 E 的点，则称 M_1 为点集 E 的**外点**(图 10-11).

(3) 若 M_2 的任何邻域中既有属于 E 的点 P，也有不属于 E 的点 P'，则称 M_2 为点集 E 的**边界点**(图 10-11).

定义 2 若点集 E 中的所有点都是其内点，则称 E 为**开集**. 若点集 E 包含它的所有边界点，则称 E 为**闭集**.

定义 3 若点集 E 中的任意两点都可以用一条完全在 E 中的折线连接起来，则称 E 为**连通集**.

以后我们考虑的定义域都是连通集.

定义 4 若点集 D 是**连通的开集**，则称 D 为**区域**. 区域 D 的边界点的全体称为 D 的**边界**. 区域 D 加上它的边界称为**闭区域**，记作 $\overline{D}$.

例如，开矩形：$\{(x,y)\mid -a<x<a,\ -b<y<b\}$是区域，闭矩形：$\{(x,y)\mid -a\leqslant x\leqslant a,\ -b\leqslant y\leqslant b\}$是闭区域. 又如，第一象限的点集：$\{(x,y)\mid 0<x<+\infty,0<y<+\infty\}$是区域，而带边界的区域：$\{(x,y)\mid 0\leqslant x<+\infty,0\leqslant y<+\infty\}$是闭区域.

习 题 10.1

1. 根据下列对应关系，写出函数式：

(1) 平面上每一点(x,y)对应到该点的坐标之和；

(2) 平面上每一点(x,y)对应到该点到 y 轴的距离；

(3) 空间中每一点(x,y,z)对应到原点的距离.

2. 下面集合 D 是开区域还是闭区域？画出 D 的图形，并求其边界：

(1) D：$x>0$，$y>0$，$x^2+y^2<R^2$；

(2) D：$y\geqslant 0$，$x^2+y^2\leqslant R^2$；　　(3) D：$a^2<x^2+y^2<b^2$；

(4) D：$x^2<y<\sqrt{x}$；　　(5) D：$x^2\leqslant y\leqslant 1$；

(6) D：$x^2+x<y<x+1$；　　(7) D：$x^2+4y^2<1$；

(8) D：$x^2-y^2>1$.

3. 下列表达式是否是 a,b 的二元函数？

(1) $u=\int_0^1(a+bx)^2\mathrm{d}x$； (2) $u=\int_a^b(a+bx)^2\mathrm{d}x$；

(3) $u=\begin{cases}1, & a>b,\\ 0, & a=b,\\ -1, & a<b.\end{cases}$

4. 求下列函数的定义域，并画出定义域的图形：

(1) $z=\sqrt{x}+\sqrt{y}$； (2) $z=\sqrt{x}-\sqrt{y}$；

(3) $z=\ln(-x-y)$；

(4) $z=\arcsin\dfrac{x^2+y^2}{4}+\arccos\dfrac{1}{x^2+y^2}$；

(5) $z=\arcsin\dfrac{y}{x}$； (6) $u=\ln(z^2-x^2-y^2)$.

5. 作下列函数的图形.

(1) $z=x^2+y^2$； (2) $z=x^2+4y^2$；

(3) $z=-\sqrt{x^2+y^2}$； (4) $z=1-\sqrt{x^2+y^2}$.

§2 多元函数的极限与连续性

这里主要讨论二元函数的极限与连续性，它们的概念与性质对于三元以上的函数也是成立的.

2.1 多元函数的极限

先回忆一元函数极限的概念. 如果把变数 x 和固定数 x_0 分别看作 x 轴上的变点和定点，那么绝对值 $|x-x_0|$ 就表示点 x 与点 x_0 的距离，习惯上把距离记作 $\rho(x,x_0)$. 于是一元函数的极限定义可叙述如下：

设函数 $f(x)$ 在点 x_0 的附近有定义（点 x_0 可能除外）. 若 $\forall\ \varepsilon>0$，$\exists\ \delta>0$，使得当 $0<\rho(x,x_0)<\delta$ 时，恒有

$$|f(x)-A|<\varepsilon,$$

则称函数 $f(x)$ 在点 x_0 的极限为 A.

我们不难把这个概念推广到二元函数上去.

定义 1 设二元函数 $f(M)$ 在点 M_0 的附近有定义（点 M_0 以

及通过点 M_0 的若干条曲线可能除外). 若 $\forall\ \varepsilon>0$,$\exists\ \delta>0$,使得当 $0<\rho(M,M_0)<\delta$ 且点 M 在定义域内时,恒有 $|f(M)-A|<\varepsilon$,则称**函数** $f(M)$ **在点** M_0 **处的极限**为 A,记作

$$\lim_{M\to M_0} f(M) = A$$

或 $$f(M)\to A\quad(\text{当 } M\to M_0).$$

如果 M,M_0 为 n 维空间的点,那么定义 1 对于 n 元函数 $f(M)$也是成立的.

当点 M,M_0 的坐标分别为(x,y)和(x_0,y_0)时,定义 1 可写为:

若 $\forall\ \varepsilon>0$,$\exists\ \delta>0$,使得当 $0<\sqrt{(x-x_0)^2+(y-y_0)^2}<\delta$ 且点(x,y)在定义域内时,恒有

$$|f(x,y)-A|<\varepsilon,$$

则称函数 $f(x,y)$在点 $M_0(x_0,y_0)$处的极限为 A,记作

$$\lim_{M\to M_0} f(x,y) = A$$

或 $$\lim_{\substack{x\to x_0\\ y\to y_0}} f(x,y) = A.$$

上述极限概念的实质是:当点 $M(x,y)$与点 $M_0(x_0,y_0)$充分接近(但 $M\neq M_0$)时,$f(x,y)$与常数 A 之差的绝对值可以任意小. 这里,M 与 M_0 充分接近是用它们之间的距离 $\rho(M,M_0)$充分小来表示的. 在实际问题中,有时也用它们相应的坐标都充分接近来表示. 这就是

定义 2 设函数 $f(x,y)$在点 $M_0(x_0,y_0)$的附近有定义(点 M_0 以及通过点 M_0 的若干条曲线可能除外). 若 $\forall\ \varepsilon>0$,$\exists\ \delta>0$,使得当 $|x-x_0|<\delta$,$|y-y_0|<\delta$ 且点(x,y)在定义域内,又$(x,y)\neq(x_0,y_0)$时,恒有

$$|f(x,y)-A|<\varepsilon,$$

则称**函数** $f(x,y)$ **在点** $M_0(x_0,y_0)$**处的极限**为 A.

这里的条件:$|x-x_0|<\delta$,$|y-y_0|<\delta$ 且$(x,y)\neq(x_0,y_0)$在直观上是指:点 $M(x,y)$在以 $M_0(x_0,y_0)$为中心、以 2δ 为边长的

开方块内，但 $M \neq M_0$（图 10-12）.

由于以 M_0 为圆心的开圆中总有一个以 M_0 为中心的开方块，反过来，以 M_0 为中心的开方块中也总有一个以 M_0 为圆心的开圆（图 10-13），因此，定义 1 与定义 2 是等价的.

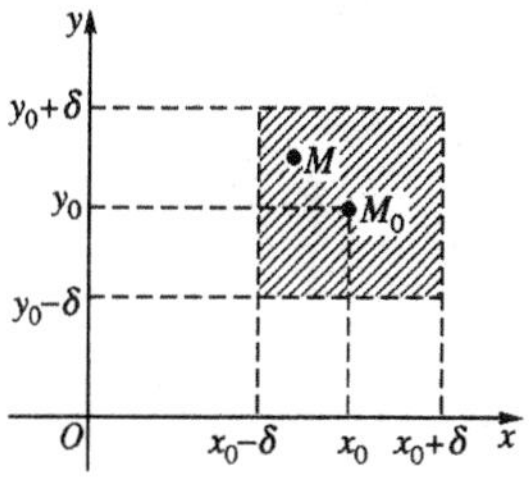

图 10-12

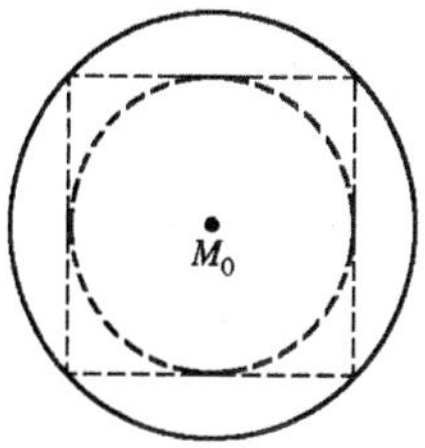

图 10-13

例 1 证明 $\lim\limits_{\substack{x\to 0\\y\to 0}}\dfrac{x^2y}{x^2+y^2}=0$.

证 因为 $\left|\dfrac{x^2y}{x^2+y^2}\right|\leqslant|y|$，所以 $\forall\ \varepsilon>0$，取 $\delta=\varepsilon$，于是当 $|x|<\delta$，$|y|<\delta$ 且 $(x,y)\neq(0,0)$ 时，恒有

$$\left|\frac{x^2y}{x^2+y^2}-0\right|\leqslant|y|<\varepsilon,$$

因此

$$\lim_{\substack{x\to 0\\y\to 0}}\frac{x^2y}{x^2+y^2}=0.\quad ▌$$

例 2 求极限 $\lim\limits_{\substack{x\to 0\\y\to a}}\dfrac{\sin(xy)}{xy}$.

解 当 $xy\neq 0$ 时，函数 $\dfrac{\sin(xy)}{xy}$ 有定义. 正如极限定义中所指出的，此题是在函数的定义域内求极限.

令 $xy=t$，当 $(x,y)\to(0,a)$ 时，$t\to 0$，因此

$$\lim_{\substack{x\to 0\\y\to a}}\frac{\sin(xy)}{xy}=\lim_{t\to 0}\frac{\sin t}{t}=1.$$

如果要证明二元函数在某点 M_0 的极限不存在，那么通常的办法是找出两条不同的路径，使得 M 沿这两条路径趋向于 M_0

时，$f(x,y)$的极限不相等；或者找出一条特殊路径，使得 M 沿此路径趋向于 M_0 时，$f(x,y)$的极限不存在.

例 3 证明函数 $f(x,y)=\dfrac{xy}{x^2+y^2}$在点(0,0)处的极限不存在.

证 点(x,y)沿直线 $y=kx$(k 为常数)趋向于点(0,0)时，有

$$\lim_{\substack{y=kx\\(x,y)\to(0,0)}}\frac{xy}{x^2+y^2}=\lim_{x\to0}\frac{kx^2}{x^2+k^2x^2}=\frac{k}{1+k^2},$$

当 k 不同时，此极限值显然不同，因此该函数在点(0,0)处没有极限. ▌

例 4 证明函数 $f(x,y)=\sin\dfrac{y}{x^2}$在点(0,0)的极限不存在.

证 点(x,y)沿直线 $y=x$ 趋向于点(0,0)时，有

$$\sin\frac{y}{x^2}=\sin\frac{1}{x},$$

而极限 $\lim\limits_{x\to0}\sin\dfrac{1}{x}$ 不存在，因此极限 $\lim\limits_{\substack{x\to0\\y\to0}}\sin\dfrac{y}{x^2}$ 不存在. ▌

例 5 证明函数 $f(x,y)=\dfrac{x^2y}{x^4+y^2}$当点$(x,y)$沿任意直线趋于点(0,0)时，极限都为 0，但 $f(x,y)$在点(0,0)处没有极限.

证 对任意实数 k，显然有

$$\lim_{\substack{y=kx\\x\to0}}f(x,y)=\lim_{x\to0}\frac{kx}{x^2+k^2}=0.$$

它表明，点(x,y)沿除 y 轴以外的过原点的任意直线：$y=kx$ 而趋于点(0,0)时，$f(x,y)$的极限都为 0. 另外，我们有

$$\lim_{\substack{x=0\\y\to0}}f(x,y)=\lim_{y\to0}0=0,$$

即点(x,y)沿 y 轴趋于点(0,0)时，$f(x,y)$的极限也是 0. 这就是说，当点(x,y)沿任意直线趋于点(0,0)时，$f(x,y)$的极限都是 0. 但是，注意到

$$\lim_{\substack{y=x^2\\x\to0}}f(x,y)=\lim_{x\to0}\frac{x^4}{x^4+x^4}=\frac{1}{2}.$$

即点(x,y)沿抛物线 $y=x^2$ 趋向于点$(0,0)$时,$f(x,y)$的极限是$\frac{1}{2}$,而不是0.因此,$f(x,y)$在$(0,0)$点没有极限. ▌

我们知道,对于一元函数,只要在一点的两个单侧极限存在且相等,则函数在此点的极限就存在.然而从此例看出,多元函数的极限比一元的情形要复杂得多.复杂的根本原因在于多维区域的复杂性.一般说来,只有当点(x,y)沿任意路径(包括任意的直线、曲线)趋于点(x_0,y_0)时,函数都有同一极限,我们才能说函数在点(x_0,y_0)处有极限.因此,多元函数的极限也称为**全面极限**.

与一元函数的极限类似,从二元函数极限的定义出发,容易证明下面的四则运算定理.

定理1 若

$$\lim_{\substack{x\to x_0\\y\to y_0}} f(x,y)=A,\quad \lim_{\substack{x\to x_0\\y\to y_0}} g(x,y)=B,$$

则

(1) $$\lim_{\substack{x\to x_0\\y\to y_0}}[f(x,y)\pm g(x,y)]=\lim_{\substack{x\to x_0\\y\to y_0}} f(x,y)\pm\lim_{\substack{x\to x_0\\y\to y_0}} g(x,y)=A\pm B;$$

(2) $$\lim_{\substack{x\to x_0\\y\to y_0}} kf(x,y)=k\lim_{\substack{x\to x_0\\y\to y_0}} f(x,y)=kA\ (k\text{ 为常数});$$

(3) $$\lim_{\substack{x\to x_0\\y\to y_0}}[f(x,y)\cdot g(x,y)]=\lim_{\substack{x\to x_0\\y\to y_0}} f(x,y)\cdot\lim_{\substack{x\to x_0\\y\to y_0}} g(x,y)=AB;$$

(4) 当 $B\neq 0$ 时,有

$$\lim_{\substack{x\to x_0\\y\to y_0}}\frac{f(x,y)}{g(x,y)}=\frac{\lim\limits_{\substack{x\to x_0\\y\to y_0}} f(x,y)}{\lim\limits_{\substack{x\to x_0\\y\to y_0}} g(x,y)}=\frac{A}{B}.$$

若 x_0 与 y_0 有一个或两个是∞或$\pm\infty$,则有类似的极限定义及其运算定理.

例 6 求极限 $I=\lim\limits_{\substack{x\to+\infty\\y\to+\infty}}(x^2+y^2)\mathrm{e}^{-(x+y)}$.

解 易知,若一元函数 $f(x)$ 的极限存在: $\lim\limits_{x\to x_0}f(x)=A$,则把 $f(x)$ 看成 x,y 的二元函数时,其极限显然也存在,且

$$\lim_{\substack{x\to x_0\\y\to y_0}}f(x)=A.$$

由极限的四则运算法则得

$$\begin{aligned}I&=\lim_{\substack{x\to+\infty\\y\to+\infty}}[x^2\mathrm{e}^{-x}\mathrm{e}^{-y}+y^2\mathrm{e}^{-x}\mathrm{e}^{-y}]\\&=\lim_{\substack{x\to+\infty\\y\to+\infty}}x^2\mathrm{e}^{-x}\cdot\lim_{\substack{x\to+\infty\\y\to+\infty}}\mathrm{e}^{-y}+\lim_{\substack{x\to+\infty\\y\to+\infty}}y^2\mathrm{e}^{-y}\cdot\lim_{\substack{x\to+\infty\\y\to+\infty}}\mathrm{e}^{-x}\\&=0\cdot0+0\cdot0=0.\end{aligned}$$

除了四则运算法则以外,以前讲过的关于一元函数极限的几条基本性质以及关于有界变量的论述,也都可以推广到多元函数的极限上来(这里不再叙述).

例 7 求极限 $\lim\limits_{\substack{x\to+\infty\\y\to+\infty}}\left(\dfrac{xy}{x^2+y^2}\right)^{x^2}$.

解 方法一 由 $x\to+\infty,y\to+\infty$ 知,不妨设 $x>0,y>0$. 又 $(x-y)^2=x^2+y^2-2xy\geqslant0$,即 $x^2+y^2\geqslant2xy$,因此

$$0\leqslant\frac{xy}{x^2+y^2}\leqslant\frac{1}{2}.$$

从而有

$$0\leqslant\left(\frac{xy}{x^2+y^2}\right)^{x^2}\leqslant\left(\frac{1}{2}\right)^{x^2}.$$

而
$$\lim_{\substack{x\to+\infty\\y\to+\infty}}\left(\frac{1}{2}\right)^{x^2}=\lim_{x\to+\infty}\left(\frac{1}{2}\right)^{x^2}=0,$$

于是由夹逼定理得到

$$\lim_{\substack{x\to+\infty\\y\to+\infty}}\left(\frac{xy}{x^2+y^2}\right)^{x^2}=0.$$

方法二　取对数. 令 $z=\left(\frac{xy}{x^2+y^2}\right)^{x^2}$，则

$$\ln z = x^2\ln\frac{xy}{x^2+y^2}.$$

利用不等式 $\frac{xy}{x^2+y^2}\leqslant\frac{1}{2}$，得到

$$\ln\frac{xy}{x^2+y^2}\leqslant\ln\frac{1}{2}=-\ln 2,$$

$$\ln z = x^2\ln\frac{xy}{x^2+y^2}\leqslant -x^2\ln 2.$$

又

$$\lim_{\substack{x\to+\infty\\ y\to+\infty}}(-x^2\ln 2)=\lim_{x\to+\infty}(-x^2\ln 2)=-\infty,$$

因此 $\lim\limits_{\substack{x\to+\infty\\ y\to+\infty}}\ln z=-\infty$，从而所求极限

$$\lim_{\substack{x\to+\infty\\ y\to+\infty}} z=\mathrm{e}^{\lim\limits_{\substack{x\to+\infty\\ y\to+\infty}}\ln z}=0.$$

2.2　多元函数的连续性

多元函数连续性的概念与一元函数的连续性是相同的.

定义 3　设二元函数 $f(M)$ 在点 M_0 及其附近有定义. 若

$$\lim_{M\to M_0} f(M)=f(M_0),$$

则称**函数 $f(M)$ 在点 M_0 处连续**.

此定义可用 ε-δ 语言叙述如下：

若 $\forall\ \varepsilon>0$，$\exists\ \delta>0$，使得当 $\rho(M,M_0)<\delta$ 时，恒有

$$|f(M)-f(M_0)|<\varepsilon,$$

则称 $f(M)$ 在点 M_0 处连续.

函数 $z=f(x,y)$ 在点 (x_0,y_0) 处连续的定义也可写成

$$\lim_{\substack{x\to x_0\\ y\to y_0}} f(x,y)=f(x_0,y_0),$$

或

$$\lim_{\substack{(x-x_0)\to 0\\(y-y_0)\to 0}}[f(x,y)-f(x_0,y_0)]=0.$$

这个定义有时也用改变量的语言来叙述：令 $x-x_0=\Delta x, y-y_0=\Delta y$，则 $x=x_0+\Delta x, y=y_0+\Delta y$，而

$$f(x,y)-f(x_0,y_0)=f(x_0+\Delta x,y_0+\Delta y)-f(x_0,y_0)$$

称为函数 $z=f(x,y)$ 的**改变量**或**全增量**，记作 Δz. 于是连续性定义可改写为

$$\lim_{\substack{\Delta x\to 0\\ \Delta y\to 0}}\Delta z=0.$$

即：当自变量 x,y 的改变量都趋于零时，函数 z 的改变量也趋于零.

若函数 $f(M)$ 在区域 D 内或闭区域 $\overline{D}$ 上每一点都连续，则称 $f(M)$ 在 D 内或 $\overline{D}$ 上连续，记作 $f\in C(D)$ 或 $f\in C(\overline{D})$.

例 8 设

$$f(x,y)=\begin{cases}\dfrac{\sin xy}{x(y^2+1)}, & x\neq 0,\\ 0, & x=0,\end{cases}$$

证明 $f(x,y)$ 在点 $(0,0)$ 处连续.

证 $$\lim_{\substack{(x,y)\to(0,0)\\(xy=0)}}f(x,y)=0=f(0,0),$$

又

$$\begin{aligned}\lim_{\substack{(x,y)\to(0,0)\\(xy\neq 0)}}f(x,y)&=\lim_{\substack{(x,y)\to(0,0)\\(xy\neq 0)}}\frac{\sin xy}{xy}\cdot\frac{y}{y^2+1}\\&=\lim_{\substack{(x,y)\to(0,0)\\(xy\neq 0)}}\frac{\sin xy}{xy}\cdot\lim_{\substack{(x,y)\to(0,0)\\(xy\neq 0)}}\frac{y}{y^2+1}\\&=0=f(0,0),\end{aligned}$$

因此有

$$\lim_{(x,y)\to(0,0)}f(x,y)=f(0,0),$$

即 $f(x,y)$ 在点 $(0,0)$ 处连续. ▌

例 9 设

$$f(x,y)=\begin{cases}xy\ln(x^2+y^2), & x^2+y^2\neq 0,\\ 0, & x^2+y^2=0,\end{cases}$$

证明 $f(x,y)$ 在点 $(0,0)$ 处连续.

证 令 $x=r\cos\theta, y=r\sin\theta$. 当 $(x,y)\to(0,0)$ 时, 显然有 $r=\sqrt{x^2+y^2}\to 0$, 于是

$$\lim_{\substack{x\to 0\\ y\to 0}} f(x,y)=\lim_{\substack{x\to 0\\ y\to 0}} xy\ln(x^2+y^2)=\lim_{r\to 0} r^2\cos\theta\cdot\sin\theta\cdot\ln r^2,$$

因为 $\lim\limits_{r\to 0} r^2\ln r^2=0$, 而 $\cos\theta, \sin\theta$ 是有界变量, 所以

$$\lim_{\substack{x\to 0\\ y\to 0}} f(x,y)=0=f(0,0),$$

即 $f(x,y)$ 在点 $(0,0)$ 处连续. ▌

例 10 证明: 若二元函数 $f(x,y)$ 在点 $M_0(x_0,y_0)$ 处连续, 则一元函数 $f(x,y_0)$ 在点 x_0 处连续. 同理, 一元函数 $f(x_0,y)$ 在点 y_0 处连续.

证 因为全面极限存在: $\lim\limits_{\substack{x\to x_0\\ y\to y_0}} f(x,y)=f(x_0,y_0)$, 所以选取特殊路径时, 也有 $\lim\limits_{\substack{(x,y)\to(x_0,y_0)\\ (y=y_0)}} f(x,y)=f(x_0,y_0)$, 即

$$\lim_{x\to x_0} f(x,y_0)=f(x_0,y_0).$$

这就是说, 函数 $f(x,y_0)$ 在点 x_0 处连续. 同理可证函数 $f(x_0,y)$ 在点 y_0 处连续. ▌

此例说明, 若二元函数连续, 则固定一个自变量后所得到的一元函数对另一个自变量也是连续的. 但是反过来不成立. 例如, 函数

$$f(x,y)=\begin{cases}\dfrac{xy}{x^2+y^2}, & x^2+y^2\neq 0,\\ 0, & x^2+y^2=0\end{cases}$$

在点 $(0,0)$ 处无极限 (参考例 3), 因此不连续, 然而, 一元函数 $f(x,0)$ 在点 $x=0$ 处连续, 事实上, 有

$$\lim_{x\to 0} f(x,0) = \lim_{x\to 0} \frac{xy}{x^2+y^2}\bigg|_{y=0} = 0 = f(0,0).$$

同理,一元函数 $f(0,y)$在点 $y=0$ 处也是连续的.

由多元函数的极限四则运算定理(即定理 1),容易得到关于多元函数连续性的四则运算定理.

定理 2 若二元函数 $f(M)$与 $g(M)$在点 M_0 处连续,则其和、差、积、商(当分母 $g(M_0)\neq 0$)在点 M_0 处也连续.

多元连续函数的复合函数也是连续的.这里我们针对下面这种情形给出定理和证明.

定理 3 若函数 $f(u,v)$在其定义域 E 内的点(u_0,v_0)处连续,函数 $u(x,y)$及 $v(x,y)$在其公共定义域 D 内的点(x_0,y_0)处连续,且 $u_0=u(x_0,y_0)$,$v_0=v(x_0,y_0)$;又,值域 $u(D)$及 $v(D)$都被 E 所包含,则复合函数 $f[u(x,y),v(x,y)]$在点(x_0,y_0)处连续.

证 设 $u=u(x,y)$,$v=v(x,y)$.由所给条件知,当$(x,y)\to(x_0,y_0)$时,$u(x,y)\to u_0$,$v(x,y)\to v_0$,因此

$$\begin{aligned}\lim_{\substack{x\to x_0\\y\to y_0}} f[u(x,y),v(x,y)] &= \lim_{\substack{u\to u_0\\v\to v_0}} f(u,v)\\ &= f(u_0,v_0) = f[u(x_0,y_0),v(x_0,y_0)].\end{aligned}$$ ▌

2.3 多元初等函数的连续性

定义 4 分别以 x 或 y 为自变量的基本初等函数与常数经过有限次四则运算及有限次复合所得到的函数,称为以 x,y 为自变量的**二元初等函数**.

定理 4 以 x,y 为自变量的二元初等函数在其定义域内是连续的.

证 以 x 或 y 为自变量的基本初等函数与常数,作为二元函数在其定义域内是连续的,再由定理 2、定理 3 知,它们经过有限次四则运算及有限次复合所得到的函数(即二元初等函数)在其定义域内仍然保持连续性. ▌

例 11 讨论函数 $z=\ln(x-y)$的连续性.

解 函数 $z=\ln(x-y)$是下面两个函数的复合：

$$z=\ln u,\quad u=x-y,$$

因此它是二元初等函数. 由定理 4 知，它在其定义域 $x-y>0$(即直线 $y=x$ 的下方区域)内是连续的.

例 12 利用连续性求极限

$$I=\lim_{\substack{x\to 2\\ y\to 1}}\frac{\ln x+y^2\sin xy}{e^y\sin(x^2+y^2)}.$$

解 这里的函数显然是初等函数，且在点(2,1)处有定义，因此由定理 4 知，它在点(2,1)处连续，从而极限值应该等于函数值，于是得到

$$I=\frac{\ln 2+1^2\sin(2\cdot 1)}{e^1\sin(2^2+1^2)}=\frac{\ln 2+\sin 2}{e\sin 5}.$$

2.4 闭区域上连续函数的性质

若闭区域 $\overline{D}$ 能够被包含在以原点为圆心的某个开圆中，则称此闭区域 $\overline{D}$ 为**有界闭区域**. 我们知道，在闭区间上连续的一元函数有一些重要性质，类似地，在有界闭区域上连续的多元函数也有这些性质.

定理 5(有界性定理) 若函数 $f(M)$在有界闭区域 $\overline{D}$ 上连续，则 $f(M)$在 $\overline{D}$ 上有界，即存在正数 h，使得

$$|f(M)|\leqslant h,\quad \forall\, M\in\overline{D}.$$

定理 6(最大值、最小值定理) 若函数 $f(M)$在有界闭区域 $\overline{D}$ 上连续，则 $f(M)$在 $\overline{D}$ 上达到最大值与最小值，即存在点 $M_1,M_2\in\overline{D}$，使得

$$f(M_1)=\max_{M\in\overline{D}}f(M),\quad f(M_2)=\min_{M\in\overline{D}}f(M).$$

定理 7(中间值定理) 若函数 $f(M)$在区域 D(可以不是有界闭区域)内连续，M_1,M_2 为 D 内两点，且 $f(M_1)<f(M_2)$，则对任意的实数 μ：$f(M_1)<\mu<f(M_2)$，在 D 内至少存在一点 M_0，使得

$$f(M_0)=\mu.$$

定理 8 若函数 $f(M)$ 在有界闭区域 $\overline{D}$ 上连续，则 $f(M)$ 在 $\overline{D}$ 上一致连续，即

$\forall\ \varepsilon>0, \exists\ \delta>0$，使得对任意 $M_1, M_2\in\overline{D}$，当 $\rho(M_1,M_2)<\delta$ 时，恒有

$$|f(M_1)-f(M_2)|<\varepsilon.$$

习 题 10.2

1. 求下列极限：

(1) $\lim\limits_{\substack{x\to0\\y\to0}}\dfrac{xy}{\sqrt{xy+1}-1}$； (2) $\lim\limits_{\substack{x\to0\\y\to a}}\dfrac{\sin xy}{x}$；

(3) $\lim\limits_{\substack{x\to0\\y\to0}}(x+y)\sin\dfrac{1}{x}\cos\dfrac{1}{y}$； (4) $\lim\limits_{\substack{x\to\infty\\y\to\infty}}\dfrac{1+x^2+y^2}{x^2+y^2}$；

(5) $\lim\limits_{\substack{x\to0\\y\to0}}\dfrac{x^3+y^3}{x^2+y^2}$； (6) $\lim\limits_{\substack{x\to0\\y\to0}}\dfrac{\sin(x^3+y^3)}{x^2+y^2}$；

(7) $\lim\limits_{\substack{x\to0\\y\to0}}(x^2+y^2)^{x^2y^2}$.

2. 证明下列极限不存在：

(1) $\lim\limits_{\substack{x\to+\infty\\y\to+\infty}}\left(1+\dfrac{1}{x}\right)^{\frac{x^2}{x+y}}$；

(2) $f(x,y)=\dfrac{x^2+y^2}{x^2+y^2+(x-y)^2}$ 在(0,0)点；

(3) $f(x,y)=\begin{cases}\dfrac{x-y}{x+y}, & y\neq-x,\\ 0, & y=-x\end{cases}$ 在(0,0)点.

3. 用多元初等函数连续性求下列极限：

(1) $\lim\limits_{\substack{x\to1\\y\to0}}\dfrac{\ln(x+e^y)}{\sqrt{x^2+y^2}}$； (2) $\lim\limits_{\substack{x\to0\\y\to1\\z\to2}}e^{xy}\sin\left(\dfrac{\pi}{4}yz\right)$；

(3) $\lim\limits_{\substack{x\to1\\y\to2}}\dfrac{3xy+x^2y^2}{x+y}$.

4. 下列函数在定义域上是否连续：

(1) $f(x,y)=\sqrt{|xy|}$； (2) $f(x,y)=\sin(x^2+y^2)$；

(3) $f(x,y)=x^y$；

(4) $f(x,y)=(x+y)\ln(x+y)$.

5. $f(x,y)$在区域 D 上连续,则$|f(x,y)|$在区域 D 上也连续.

6. 设 $\overline{D}$ 是平面上的有界闭区域, $P_0(x_0,y_0)$为 $\overline{D}$ 外一点. 证明在 $\overline{D}$ 内一定存在一点与 P_0 最近,也存在一点与 P_0 最远.

7. 如果在区域 D 内,函数 $f(x,y)$对变数 x 是连续,而对变数 y 满足李普希兹条件. 即存在常数 k,对 $\forall$ $(x,y_1),(x,y_2)\in D$,有

$$|f(x,y_1)-f(x,y_2)|<k|y_1-y_2|,$$

则函数 $f(x,y)$在区域 D 内是二元连续的.

8. 设 $f(x,y)$在区域 D 上连续,

$$(x_i,y_i)\in D\quad (i=1,2,\cdots,n),$$

证明在 D 上存在一点(ξ,η),使得

$$f(\xi,\eta)=\frac{f(x_1,y_1)+f(x_2,y_2)+\cdots+f(x_n,y_n)}{n}.$$

§3 偏 导 数

我们在前两节讨论了多元函数的极限与连续性. 在许多问题中,还需要研究多元函数对某一个自变量的变化率. 因此,我们要把一元函数微分学推广到多元函数的情形. 这种推广对于数学分析的理论和应用起着重要的作用.

3.1 偏导数的概念与计算

定义 设函数 $z=f(x,y)$在点 $P_0(x_0,y_0)$的某一邻域内有定义. 将 y 固定为 y_0,给 x_0 以改变量 Δx,于是函数有改变量

$$\Delta_x z=f(x_0+\Delta x,y_0)-f(x_0,y_0),$$

$\Delta_x z$ 称为函数 $z=f(x,y)$对 x 的**偏改变量**(或**偏增量**). 若极限

$$\lim_{\Delta x\to 0}\frac{\Delta_x z}{\Delta x}=\lim_{\Delta x\to 0}\frac{f(x_0+\Delta x,y_0)-f(x_0,y_0)}{\Delta x}$$

存在,则称此极限值为函数 $z=f(x,y)$在点 $P_0(x_0,y_0)$处对 x 的**偏导数**(或**偏微商**),记作

$$f_x\big|_{(x_0,y_0)}, \text{ 或 } f_x(x_0,y_0), \frac{\partial f(x_0,y_0)}{\partial x}, \text{ 或 } z_x\big|_{(x_0,y_0)}, \left.\frac{\partial z}{\partial x}\right|_{(x_0,y_0)}.$$

类似地，可以给出函数 $z=f(x,y)$ 在点 (x_0,y_0) 处对 y 的偏导数的定义，并把它记作

$$f_y\big|_{(x_0,y_0)}, \text{ 或 } f_y(x_0,y_0), \frac{\partial f(x_0,y_0)}{\partial y}, \text{ 或 } z_y\big|_{(x_0,y_0)}, \left.\frac{\partial z}{\partial y}\right|_{(x_0,y_0)}.$$

容易了解，二元函数 $z=f(x,y)$ 在点 (x_0,y_0) 处对 x 的偏导数就是一元函数 $z=f(x,y_0)$ 在点 $x=x_0$ 处的导数. 因此，求函数 $z=f(x,y)$ 对 x 的偏导数时，只需把 y 看作常数 y_0，让一元函数 $z=f(x,y_0)$ 对 x 求导数即可. 同样，求 $z=f(x,y)$ 对 y 的偏导数时，只需把 x 看作常数.

若函数 $z=f(x,y)$ 在区域 D 的每一点 (x,y) 处对 x 和 y 的偏导数都存在，则得到定义在 D 内的偏导函数

$$f_x(x,y), \text{ 或 } \frac{\partial f(x,y)}{\partial x}, \text{ 或 } z_x, \frac{\partial z}{\partial x};$$

$$f_y(x,y), \text{ 或 } \frac{\partial f(x,y)}{\partial y}, \text{ 或 } z_y, \frac{\partial z}{\partial y},$$

偏导函数也简称为偏导数.

请读者给出 $n(n\geqslant 3)$ 元函数的偏导数定义.

例 1 设 $z=x^2y+y^2$，求 $z_x(2,3)$，$z_y(2,3)$.

解 因为 $\frac{\partial z}{\partial x}=2xy$，$\frac{\partial z}{\partial y}=x^2+2y$，所以

$$z_x(2,3) = 2xy\big|_{(2,3)} = 12,$$

$$z_y(2,3) = (x^2+2y)\big|_{(2,3)} = 10.$$

例 2 求函数 $z=x^y+\ln x\cdot\sin(xy)\ (x>0)$ 的偏导数.

解 直接对所给函数分别求对 x 和 y 的偏导数，有

$$z_x = yx^{y-1} + \frac{\sin(xy)}{x} + y\ln x\cdot\cos(xy),$$

$$z_y = x^y\ln x + x\ln x\cdot\cos(xy).$$

例 3 一定质量的理想气体，其压强 p 和容积 V 以及绝对温

度 T 之间满足气态方程 $pV=RT$(R 为常数),求$\frac{\partial p}{\partial V},\frac{\partial V}{\partial T},\frac{\partial T}{\partial p}$,并验证热力学公式

$$\frac{\partial p}{\partial V}\cdot\frac{\partial V}{\partial T}\cdot\frac{\partial T}{\partial p}=-1.$$

解 由 $p=\frac{RT}{V}$,得$\frac{\partial p}{\partial V}=-\frac{RT}{V^2}$;由 $V=\frac{RT}{p}$,得$\frac{\partial V}{\partial T}=\frac{R}{p}$;由 $T=\frac{pV}{R}$,得$\frac{\partial T}{\partial p}=\frac{V}{R}$. 于是得到

$$\frac{\partial p}{\partial V}\cdot\frac{\partial V}{\partial T}\cdot\frac{\partial T}{\partial p}=-\frac{RT}{V^2}\cdot\frac{R}{p}\cdot\frac{V}{R}=-\frac{RT}{pV}=-1.$$

从上式我们可看到,若将上式中左端相同的偏导数符号的分子与分母相消,则会得到"$1=-1$"的荒谬结果. 这说明,符号"∂"不同于一元微分学中的符号"d". 在那里,$\frac{\mathrm{d}y}{\mathrm{d}x}$是 $\mathrm{d}y$ 与 $\mathrm{d}x$ 之商,但是这里的$\frac{\partial p}{\partial V}$却不是"$\partial p$"与"$\partial V$"之商,而是一个整体符号,即单独的"$\partial p$"等等是没有意义的.

例 4 证明: 函数

$$f(x,y)=\begin{cases}\dfrac{xy}{x^2+y^2}, & (x,y)\neq(0,0),\\ 0, & (x,y)=(0,0)\end{cases}$$

在点(0,0)处的两个偏导数都存在,但函数在该点不连续.

证 由

$$\lim_{\Delta x\to 0}\frac{f(\Delta x,0)-f(0,0)}{\Delta x}=\lim_{\Delta x\to 0}\frac{0-0}{\Delta x}=0$$

知, $f_x(0,0)=0$. 同样有 $f_y(0,0)=0$. 但是

$$\lim_{\substack{(x,y)\to(0,0)\\ y=x}}f(x,y)=\lim_{\substack{(x,y)\to(0,0)\\ y=x}}\frac{x^2}{x^2+x^2}=\frac{1}{2}\neq f(0,0).$$

因此,$f(x,y)$在点(0,0)处不连续. ▌

这表明,函数的偏导数存在并不能保证函数连续. 请读者再从几何图像上想一想这个问题.

思考题 证明: 函数

$$f(x,y)=\begin{cases}\dfrac{x^2}{\sqrt{x^2+y^2}}, & x^2+y^2\neq 0,\\ 0, & x^2+y^2=0\end{cases}$$

在点(0,0)处连续，但 $f_x(0,0)$不存在.

例 5 求三元函数 $u=\dfrac{1}{\sqrt{x^2+y^2+z^2}}$的偏导数$\dfrac{\partial u}{\partial x},\dfrac{\partial u}{\partial y},\dfrac{\partial u}{\partial z}$.

解 求$\dfrac{\partial u}{\partial x}$时，只要在函数表达式中把 y,z 都看作常数，对 x 求导即可. 因此有

$$\begin{aligned}\frac{\partial u}{\partial x}&=[(x^2+y^2+z^2)^{-1/2}]'_x\\&=-\frac{1}{2}(x^2+y^2+z^2)^{-3/2}\cdot(x^2+y^2+z^2)'_x\\&=-\frac{x}{(x^2+y^2+z^2)^{3/2}}.\end{aligned}$$

同理可得

$$\frac{\partial u}{\partial y}=-\frac{y}{(x^2+y^2+z^2)^{3/2}},$$

$$\frac{\partial u}{\partial z}=-\frac{z}{(x^2+y^2+z^2)^{3/2}}.$$

3.2 二元函数偏导数的几何意义

由二元函数 $z=f(x,y)$的几何意义及偏导数 $f_x(x_0,y_0)$的概念知，$f_x(x_0,y_0)$表示空间曲线

$$l_1:\begin{cases}z=f(x,y),\\ y=y_0\end{cases}$$

在点 $M_0(x_0,y_0,f(x_0,y_0))$处的切线 T_x 对 x 轴的斜率(图 10-14).

同理，$f_y(x_0,y_0)$表示空间曲线

$$l_2:\begin{cases}z=f(x,y),\\ x=x_0\end{cases}$$

在点 M_0 处的切线 T_y 对 y 轴的斜率.

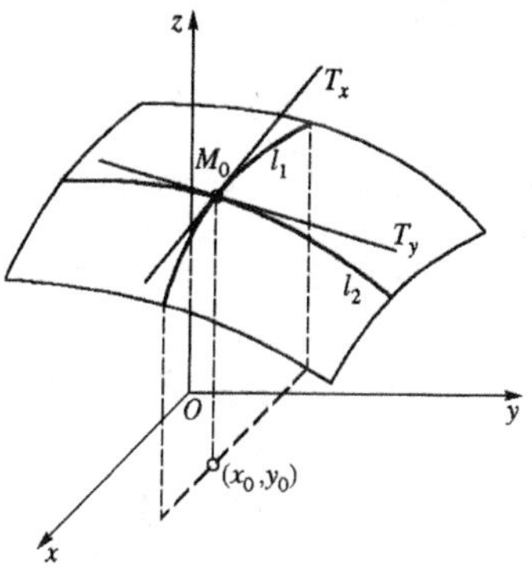

图 10-14

3.3 高阶偏导数

设函数 $z=f(x,y)$在区域 D 内有偏导数(即函数在 D 内每一点(x,y)处都有偏导数)$f_x(x,y)$, $f_y(x,y)$,若它们在 D 内仍有偏导数,则把这些偏导数称为函数 $z=f(x,y)$在点(x,y)处的**二阶偏导数**.函数 $z=f(x,y)$的二阶偏导数总共有四个,分别记作

$$f_{xx}(x,y) \quad 或 \quad f_{x^2}(x,y), \ \frac{\partial^2 f(x,y)}{\partial x^2}, \ z_{x^2}, \ \frac{\partial^2 z}{\partial x^2},$$

$$f_{xy}(x,y) \quad 或 \quad \frac{\partial^2 f(x,y)}{\partial x \partial y}, \ z_{xy}, \ \frac{\partial^2 z}{\partial x \partial y},$$

$$f_{yx}(x,y) \quad 或 \quad \frac{\partial^2 f(x,y)}{\partial y \partial x}, \ z_{yx}, \ \frac{\partial^2 z}{\partial y \partial x},$$

$$f_{yy}(x,y) \quad 或 \quad f_{y^2}(x,y), \ \frac{\partial^2 f(x,y)}{\partial y^2}, \ z_{y^2}, \ \frac{\partial^2 z}{\partial y^2}.$$

应当注意,$\frac{\partial^2 f}{\partial x \partial y}=\frac{\partial}{\partial y}\left(\frac{\partial f}{\partial x}\right)$,表示 $f(x,y)$先对 x 求偏导数,再对 y 求偏导数.

二阶偏导数 $f_{xx}, f_{xy}, f_{yx}, f_{yy}$有时也写成 $f_{11}, f_{12}, f_{21}, f_{22}$.

类似地,可定义函数 $z=f(x,y)$的 $n(n\geqslant 3)$阶偏导数.

函数对不同自变量的高阶偏导数,我们称为**混合偏导数**. 例如 $\frac{\partial^2 z}{\partial x\partial y},\frac{\partial^2 z}{\partial y\partial x},\frac{\partial^3 z}{\partial x\partial y^2}$等等,都是混合偏导数.

例 6 求 $z=xy+\cos(x-2y)$的二阶偏导数.

解 由$\frac{\partial z}{\partial x}=y-\sin(x-2y)$, $\frac{\partial z}{\partial y}=x+2\sin(x-2y)$,得到

$$\frac{\partial^2 z}{\partial x^2}=-\cos(x-2y),\quad \frac{\partial^2 z}{\partial y^2}=-4\cos(x-2y),$$

$$\frac{\partial^2 z}{\partial x\partial y}=[y-\sin(x-2y)]'_y=1+2\cos(x-2y),$$

$$\frac{\partial^2 z}{\partial y\partial x}=[x+2\sin(x-2y)]'_x=1+2\cos(x-2y).$$

例 7 求 $z=e^{xy}$ 的二阶偏导数.

解 由$\frac{\partial z}{\partial x}=ye^{xy}$得

$$\frac{\partial^2 z}{\partial x^2}=y^2e^{xy},\quad \frac{\partial^2 z}{\partial x\partial y}=(1+xy)e^{xy},$$

再由表达式 $z=e^{xy}$ 中关于 x,y 的对称性知

$$\frac{\partial z}{\partial y}=xe^{xy},\quad \frac{\partial^2 z}{\partial y^2}=x^2e^{xy},$$

$$\frac{\partial^2 z}{\partial y\partial x}=(1+xy)e^{xy}.$$

我们看到,在例 6 和例 7 中,两个混合偏导数相等,即

$$\frac{\partial^2 z}{\partial x\partial y}=\frac{\partial^2 z}{\partial y\partial x}.$$

这并不是偶然的,事实上,我们有如下定理.

定理 若函数 $z=f(x,y)$的两个混合偏导数 $f_{xy}(x,y)$和 $f_{yx}(x,y)$在点 $P_0(x_0,y_0)$处连续,则它们必相等,即

$$f_{xy}(x_0,y_0)=f_{yx}(x_0,y_0).$$

***证** 由偏导数的定义知

$$f_{xy}(x_0,y_0)=\lim_{\Delta y\to 0}\frac{f_x(x_0,y_0+\Delta y)-f_x(x_0,y_0)}{\Delta y},\tag{1}$$

$$f_x(x_0,y_0+\Delta y)=\lim_{\Delta x\to 0}\frac{f(x_0+\Delta x,y_0+\Delta y)-f(x_0,y_0+\Delta y)}{\Delta x},\tag{2}$$

$$f_x(x_0,y_0)=\lim_{\Delta x\to 0}\frac{f(x_0+\Delta x,y_0)-f(x_0,y_0)}{\Delta x}.\tag{3}$$

将(2),(3)两式代入(1)式,得

$$\begin{aligned}&f_{xy}(x_0,y_0)\\&=\lim_{\Delta y\to 0}\frac{1}{\Delta y}\lim_{\Delta x\to 0}\frac{1}{\Delta x}\{[f(x_0+\Delta x,y_0+\Delta y)-f(x_0,y_0+\Delta y)]\\&\quad-[f(x_0+\Delta x,y_0)-f(x_0,y_0)]\}.\end{aligned}$$

考虑下式

$$\begin{aligned}A=&[f(x_0+\Delta x,y_0+\Delta y)-f(x_0,y_0+\Delta y)]\\&-[f(x_0+\Delta x,y_0)-f(x_0,y_0)].\end{aligned}\tag{4}$$

为了便于理解,我们引进辅助函数

$$\varphi(y)=f(x_0+\Delta x,y)-f(x_0,y),$$

于是

$$\varphi(y_0)=f(x_0+\Delta x,y_0)-f(x_0,y_0),$$

$$\varphi(y_0+\Delta y)=f(x_0+\Delta x,y_0+\Delta y)-f(x_0,y_0+\Delta y),$$

从而

$$A=\varphi(y_0+\Delta y)-\varphi(y_0).$$

在上式中对 y 应用拉格朗日中值定理,得

$$\begin{aligned}A&=\varphi_y(y_0+\theta_1\Delta y)\Delta y\\&=[f_y(x_0+\Delta x,y_0+\theta_1\Delta y)-f_y(x_0,y_0+\theta_1\Delta y)]\Delta y\\&\qquad(0<\theta_1<1),\end{aligned}$$

再对 x 应用拉格朗日中值定理,得

$$A=f_{yx}(x_0+\theta_2\Delta x,y_0+\theta_1\Delta y)\Delta x\Delta y\quad(0<\theta_1,\theta_2<1).$$

同理,由二阶偏导数定义知

$$
\begin{aligned}
&f_{yx}(x_0,y_0)\\
&=\lim_{\Delta x\to 0}\frac{1}{\Delta x}\lim_{\Delta y\to 0}\frac{1}{\Delta y}\{[f(x_0+\Delta x,y_0+\Delta y)-f(x_0+\Delta x,y_0)]\\
&\quad-[f(x_0,y_0+\Delta y)-f(x_0,y_0)]\}.
\end{aligned}
$$

我们看到,此处花括弧中的 4 项,正是将(4)式中右端第二,三两项交换后得到的,因此有

$$
\begin{aligned}
A=&[f(x_0+\Delta x,y_0+\Delta y)-f(x_0+\Delta x,y_0)]\\
&-[f(x_0,y_0+\Delta y)-f(x_0,y_0)].
\end{aligned}
$$

与上面推导类似,将此处 A 式先对 x,再对 y 应用拉格朗日中值定理,便有

$$A=f_{xy}(x_0+\theta_3\Delta x,y_0+\theta_4\Delta y)\Delta x\Delta y\quad(0<\theta_3,\theta_4<1).$$

于是得到

$$f_{yx}(x_0+\theta_2\Delta x,y_0+\theta_1\Delta y)=f_{xy}(x_0+\theta_3\Delta x,y_0+\theta_4\Delta y)$$
$$(0<\theta_1,\theta_2,\theta_3,\theta_4<1).$$

在上式两端令 $\Delta x\to 0,\Delta y\to 0$,由 f_{yx}及 f_{xy}的连续性便知

$$f_{yx}(x_0,y_0)=f_{xy}(x_0,y_0).\quad ▌$$

关于二元函数的更高阶的混合偏导数或三元以上函数的混合偏导数,如果它们只是对自变量求导的次序不同,那么也有类似的定理.

例 8 验证函数 $u=\dfrac{1}{\sqrt{x^2+y^2+z^2}}$满足偏微分方程

$$\frac{\partial^2u}{\partial x^2}+\frac{\partial^2u}{\partial y^2}+\frac{\partial^2u}{\partial z^2}=0. \tag{5}$$

证 由例 5 知,$\dfrac{\partial u}{\partial x}=-x(x^2+y^2+z^2)^{-3/2}$,因此

$$\frac{\partial^2u}{\partial x^2}=-(x^2+y^2+z^2)^{-3/2}+3x^2(x^2+y^2+z^2)^{-5/2}.$$

由函数关于自变量的对称性知

$$\frac{\partial^2u}{\partial y^2}=-(x^2+y^2+z^2)^{-3/2}+3y^2(x^2+y^2+z^2)^{-5/2},$$

$$\frac{\partial^2 u}{\partial z^2}=-(x^2+y^2+z^2)^{-3/2}+3z^2(x^2+y^2+z^2)^{-5/2},$$

从而

$$\begin{aligned}\frac{\partial^2 u}{\partial x^2}+\frac{\partial^2 u}{\partial y^2}+\frac{\partial^2 u}{\partial z^2}&\\ &=-3(x^2+y^2+z^2)^{-3/2}\\ &\quad+3(x^2+y^2+z^2)^{-5/2}(x^2+y^2+z^2)=0.\end{aligned}$$ ▌

方程(5)称为**三维拉普拉斯(Laplace)方程**. 等式左端可写成 $\left(\frac{\partial^2}{\partial x^2}+\frac{\partial^2}{\partial y^2}+\frac{\partial^2}{\partial z^2}\right)u$. "$\frac{\partial^2}{\partial x^2}+\frac{\partial^2}{\partial y^2}+\frac{\partial^2}{\partial z^2}$"是对函数 u 的一种运算符号,常用"Δ"表示,称为**拉普拉斯算子**. 这样,方程(5)便可简记作 $\Delta u=0$.

思考题 验证函数 $u=\ln\sqrt{x^2+y^2}$ 满足二维拉普拉斯方程

$$\Delta u=0,$$

即

$$\frac{\partial^2 u}{\partial x^2}+\frac{\partial^2 u}{\partial y^2}=0.$$

例 9 设

$$f(x,y)=\begin{cases}e^{-\frac{1}{x^2+y^2}}, & x^2+y^2\neq 0,\\ 0, & x^2+y^2=0,\end{cases}$$

求 $f_{x^2}(0,0)$.

解 当 $x^2+y^2\neq 0$ 时,有

$$f_x(x,y)=e^{-\frac{1}{x^2+y^2}}\frac{2x}{(x^2+y^2)^2},$$

而

$$\begin{aligned}f_x(0,0)&=\lim_{x\to 0}\frac{f(x,0)-f(0,0)}{x}\\ &=\lim_{x\to 0}\frac{1}{x}e^{-1/x^2}\xlongequal{\text{令}\frac{1}{x}=t}\lim_{t\to\infty}\frac{t}{e^{t^2}}=0,\end{aligned}$$

因此由二阶导数定义得

$$f_{x^2}(0,0)=\lim_{x\to 0}\frac{f_x(x,0)-f_x(0,0)}{x}$$

$$=\lim_{x\to 0}\frac{\dfrac{2}{x^3}\mathrm{e}^{-1/x^2}}{x}=\lim_{x\to 0}\frac{2}{x^4}\mathrm{e}^{-1/x^2}=0.$$

思考题 设

$$f(x,y)=\begin{cases}xy\dfrac{x^2-y^2}{x^2+y^2}, & x^2+y^2\neq 0,\\ 0, & x^2+y^2=0,\end{cases}$$

求 $f_{xy}(0,0)$ 及 $f_{yx}(0,0)$. （答：$-1,1$）

习 题 10.3

1. 求下列函数的一阶偏导数：

(1) $z=x^4+y^4-4x^2y^2$；　(2) $z=xy+(x/y)$；

(3) $z=x\sin(x+y)$；　(4) $z=\arctan(x/y)$；

(5) $u=(x/y)^z$；　(6) $u=z^{xy}$；

(7) $u=\tan\dfrac{x^2}{y}$.

2. 求下列指定点的偏导数：

(1) $z=x+(y-1)\arcsin\sqrt{x/y}$，求 $z_x(x,1)$，$z_y(1,y)$；

(2) $z=\dfrac{x}{\sqrt{x^2+y^2}}$，求 $z_x(1,0)$，$z_y(0,1)$；

(3) $z=\arctan\dfrac{x+y}{1+xy}$，求 $z_x(0,0)$，$z_y(1,1)$；

(4) $z=\dfrac{x\cos y-y\cos x}{1+\sin x+\sin y}$，求 $z_x(0,0)$，$z_y(0,0)$.

3. 证明函数

$$f(x,y)=\begin{cases}\sqrt{x^2+y^2}, & x^2+y^2\neq 0,\\ 0, & x^2+y^2=0\end{cases}$$

在 $(0,0)$ 处连续，但 $f_x(0,0)$ 不存在.

4. 设 $u=\ln(x^3+y^3+z^3-3xyz)$. 证明：

$$\frac{\partial u}{\partial x}+\frac{\partial u}{\partial y}+\frac{\partial u}{\partial z}=\frac{3}{x+y+z}.$$

5. 设 $x=\rho\cos\varphi, y=\rho\sin\varphi$,求行列式 $\begin{vmatrix} \frac{\partial x}{\partial \rho} & \frac{\partial x}{\partial \varphi} \\ \frac{\partial y}{\partial \rho} & \frac{\partial y}{\partial \varphi} \end{vmatrix}$ 的值.

6. 设 $x=\rho\sin\varphi\cos\theta, y=\rho\sin\varphi\sin\theta, z=\rho\cos\varphi$,证明雅可比(Jacobi)行列式

$$\frac{\partial(x,y,z)}{\partial(\rho,\varphi,\theta)} = \begin{vmatrix} \frac{\partial x}{\partial \rho} & \frac{\partial y}{\partial \rho} & \frac{\partial z}{\partial \rho} \\ \frac{\partial x}{\partial \varphi} & \frac{\partial y}{\partial \varphi} & \frac{\partial z}{\partial \varphi} \\ \frac{\partial x}{\partial \theta} & \frac{\partial y}{\partial \theta} & \frac{\partial z}{\partial \theta} \end{vmatrix} = \rho^2\sin\varphi.$$

7. 求函数

$$f(x,y) = \begin{cases} xy/\sqrt{x^2+y^2}, & x^2+y^2 \neq 0, \\ 0, & x^2+y^2=0 \end{cases}$$

的偏导数,并证明它在全平面上有界.

8. 设 $u=\arctan(2x-t)$,证明 $\frac{\partial^2 u}{\partial x^2}+2\frac{\partial^2 u}{\partial x \partial t}=0$.

9. 证明函数 $u=\frac{1}{2a\sqrt{\pi t}}e^{-\frac{(x-b)^2}{4a^2 t}}$ 满足热传导方程:

$$\frac{\partial u}{\partial t} = a^2 \frac{\partial^2 u}{\partial x^2}.$$

10. 设 $u=u(x,y), v=v(x,y)$ 在区域 D 上有二阶连续的偏导数,且一阶偏导数满足方程

$$\frac{\partial u}{\partial x} = \frac{\partial v}{\partial y}, \quad \frac{\partial u}{\partial y} = -\frac{\partial v}{\partial x}.$$

证明: $u=u(x,y), v=v(x,y)$ 在 D 上满足拉普拉斯方程,即

$$\Delta u = \frac{\partial^2 u}{\partial x^2} + \frac{\partial^2 u}{\partial y^2} = 0, \quad \Delta v = 0.$$

11. $f(x,y)$ 如第 7 题所设,求 $f_{xx}(0,0), f_{yy}(0,0)$,并证明 $f_{xy}(0,0)$ 不存在.

12. 设 $u=\arctan\frac{x+y}{1-xy}$,求全部二阶偏导数.

13. 设 $u=x\ln(xy)$,求 $\frac{\partial^3 u}{\partial x^2 \partial y}$.

14. 设 $u=\sin(x^2+y^2)$,求 u_{x^3}, u_{y^3}.

15. 设 $u=(x-x_0)^m(y-y_0)^n$, m,n 为自然数,求 $u_{x^m y^n}$.

§4 全 微 分

4.1 全微分的概念

我们知道,一元函数 $y=f(x)$ 在点 x_0 处的微分是 $dy=A\Delta x$,它具有两个特性:(1) dy 是 Δx 的线性函数;(2) 当 $\Delta x\to 0$ 时,它与函数改变量 Δy 之差是比 Δx 更高阶的无穷小,即有

$$\Delta y = A\Delta x + o(\Delta x) = dy + o(\Delta x) \quad (\Delta x \to 0).$$

在几何上,微分 dy 表示曲线 $y=f(x)$ 在点 $(x_0,f(x_0))$ 处的切线的纵坐标的改变量.

当我们研究二元函数 $z=f(x,y)$ 时,可以发现,在一定条件下,它也有一个具有类似性质的量,这就是全微分.

定义 设函数 $z=f(x,y)$ 在点 (x_0,y_0) 的某个邻域内有定义.给 x_0,y_0 以改变量 $\Delta x,\Delta y$,得到函数 z 的全改变量

$$\Delta z = f(x_0+\Delta x, y_0+\Delta y) - f(x_0,y_0).$$

若 Δz 可以表示为

$$\Delta z = A\Delta x + B\Delta y + o(\rho) \quad (\rho \to 0), \tag{1}$$

其中 A,B 仅与点 (x_0,y_0) 有关,而与 $\Delta x,\Delta y$ 无关,又

$$\rho = \sqrt{(\Delta x)^2 + (\Delta y)^2},$$

则称函数 $z=f(x,y)$ 在点 (x_0,y_0) 处**可微**,并称 $A\Delta x+B\Delta y$ 为函数 $z=f(x,y)$ 在点 (x_0,y_0) 处的**全微分**,记作

$$dz = A\Delta x + B\Delta y. \tag{2}$$

若函数在区域 D 内各点处都可微,则称函数在 D **内可微**.

显然,全微分也具有两个特性:

(1) 它是 $\Delta x,\Delta y$ 的线性函数;

(2) 当 $\rho\to 0$ 时,dz 与 Δz 之差是比 ρ 更高阶的无穷小.

由函数可微的定义以及函数连续的定义,立即得到下面的

定理 1 若函数 $z=f(x,y)$ 在点 (x_0,y_0) 处可微,则必在点

(x_0,y_0)处连续.

证 由函数可微即有(1)式:

$$\Delta z = A\Delta x + B\Delta y + o(\rho) \quad (\rho \to 0).$$

令 $\Delta x \to 0, \Delta y \to 0$,则 $\rho \to 0$,从而 $\Delta z \to 0$,即

$$\lim_{\substack{\Delta x \to 0 \\ \Delta y \to 0}} f(x_0 + \Delta x, y_0 + \Delta y) = f(x_0, y_0),$$

亦即 $z=f(x,y)$在点(x_0,y_0)处连续. ▌

一元函数微分学告诉我们:对于一元函数来说,可导与可微是等价的.但是必须指出,二元函数的两个偏导数存在与函数可微却是不同的.这一点,从定理 1 和 § 3 例 4(函数的偏导数存在,并不能保证函数连续)已可看出.下面将进一步展开讨论.

4.2 函数可微的必要条件及充分条件

定理 2(可微的必要条件) 若函数 $z=f(x,y)$在点(x_0,y_0)处可微,则 $z=f(x,y)$在点(x_0,y_0)的两个偏导数存在,且

$$f_x(x_0,y_0) = A, \quad f_y(x_0,y_0) = B,$$

其中 A,B 是(1)式中两个常数.

证 设 $\Delta y=0$,这时 $\rho=|\Delta x|$,于是(1)式变为

$$f(x_0 + \Delta x, y_0) - f(x_0, y_0) = A\Delta x + o(|\Delta x|) \quad (\Delta x \to 0).$$

两端同除以 Δx,并令 $\Delta x \to 0$,得

$$\lim_{\Delta x \to 0} \frac{f(x_0 + \Delta x, y_0) - f(x_0, y_0)}{\Delta x} = \lim_{\Delta x \to 0}\left[A + \frac{o(|\Delta x|)}{\Delta x}\right] = A,$$

即

$$f_x(x_0,y_0) = A.$$

同理可得 $f_y(x_0,y_0)=B$. ▌

因此,函数 $z=f(x,y)$在点(x_0,y_0)处的全微分可以写成

$$\mathrm{d}z = f_x(x_0,y_0)\Delta x + f_y(x_0,y_0)\Delta y. \tag{3}$$

以上讨论说明,函数的偏导数存在是函数可微的必要条件.但是,并不是充分条件.例如,不难计算出函数

$$f(x,y)=\begin{cases}\dfrac{xy}{\sqrt{x^2+y^2}}, & (x,y)\neq(0,0),\\ 0, & (x,y)=(0,0)\end{cases}$$

在点(0,0)处的两个偏导数都是零,但函数在该点却不可微. 事实上,有

$$\begin{aligned}\frac{\Delta z-[f_x(0,0)\Delta x+f_y(0,0)\Delta y]}{\rho}&=\frac{\Delta z}{\rho}\\&=\frac{f(\Delta x,\Delta y)-f(0,0)}{\rho}=\frac{\Delta x\Delta y}{(\Delta x)^2+(\Delta y)^2},\end{aligned}$$

由§2例3知,当$\Delta x\to 0,\Delta y\to 0$时,此式的极限不存在,因此函数在点(0,0)处不可微. 此例说明,函数的偏导数存在时,函数未必可微. 由此可见,偏导数存在与函数可微是两回事. 但是,如果函数的偏导数不但存在,而且连续,那么函数必定可微. 这就是下面的定理.

定理3(可微的充分条件) 若函数$z=f(x,y)$在点(x_0,y_0)的某个邻域内存在偏导数$f_x(x,y)$,$f_y(x,y)$,且这两个偏导数在点(x_0,y_0)处连续,则函数$z=f(x,y)$在点(x_0,y_0)处可微.

证 函数$z=f(x,y)$在点(x_0,y_0)处的全增量可写为

$$\begin{aligned}\Delta z&=f(x_0+\Delta x,y_0+\Delta y)-f(x_0,y_0)\\&=[f(x_0+\Delta x,y_0+\Delta y)-f(x_0,y_0+\Delta y)]\\&\quad+[f(x_0,y_0+\Delta y)-f(x_0,y_0)].\end{aligned}$$

上式中第一个方括弧中的两项可看作一元函数$f(x,y_0+\Delta y)$在区间$[x_0,x_0+\Delta x]$(或$[x_0+\Delta x,x_0]$)上的改变量,应用拉格朗日中值定理,得到

$$\begin{aligned}&f(x_0+\Delta x,y_0+\Delta y)-f(x_0,y_0+\Delta y)\\&\quad=f_x(x_0+\theta_1\Delta x,y_0+\Delta y)\Delta x\quad(0<\theta_1<1).\end{aligned}$$

同理可得

$$\begin{aligned}&f(x_0,y_0+\Delta y)-f(x_0,y_0)\\&\quad=f_y(x_0,y_0+\theta_2\Delta y)\Delta y\quad(0<\theta_2<1).\end{aligned}$$

从而

$$\Delta z = f_x(x_0 + \theta_1\Delta x, y_0 + \Delta y)\Delta x + f_y(x_0, y_0 + \theta_2\Delta y)\Delta y$$

$$(0 < \theta_1, \theta_2 < 1).$$

此式可改写为

$$\begin{aligned}\Delta z = & f_x(x_0, y_0)\Delta x + [f_x(x_0 + \theta_1\Delta x, y_0 + \Delta y) \\ & - f_x(x_0, y_0)]\Delta x + f_y(x_0, y_0)\Delta y + [f_y(x_0, y_0 + \theta_2\Delta y) \\ & - f_y(x_0, y_0)]\Delta y \quad (0 < \theta_1, \theta_2 < 1).\end{aligned}$$

令

$$\alpha = f_x(x_0 + \theta_1\Delta x, y_0 + \Delta y) - f_x(x_0, y_0),$$

$$\beta = f_y(x_0, y_0 + \theta_2\Delta y) - f_y(x_0, y_0),$$

则

$$\Delta z = f_x(x_0, y_0)\Delta x + f_y(x_0, y_0)\Delta y + \alpha\Delta x + \beta\Delta y. \qquad (3')$$

因为 $f_x(x,y)$, $f_y(x,y)$ 在点 (x_0,y_0) 处连续，所以当 $\Delta x \to 0$, $\Delta y \to 0$ 时，有 $\alpha \to 0$, $\beta \to 0$. 而

$$\begin{aligned}\left|\frac{\alpha\Delta x + \beta\Delta y}{\rho}\right| & \leqslant |\alpha| \frac{|\Delta x|}{\rho} + |\beta| \frac{|\Delta y|}{\rho} \\ & \leqslant |\alpha| + |\beta|,\end{aligned}$$

因此 $$\alpha\Delta x + \beta\Delta y = o(\rho) \quad (\rho \to 0).$$

代入(3′)式，得

$$\Delta z = f_x(x_0, y_0)\Delta x + f_y(x_0, y_0)\Delta y + o(\rho) \quad (\rho \to 0).$$

即 $z=f(x,y)$ 在点 (x_0,y_0) 处可微. ▌

我们知道，一元初等函数的导数若存在，则仍是初等函数. 因此，二元初等函数的偏导数只要存在，也是初等函数；而初等函数在其定义域内连续(§2 定理 4)，于是由定理 3 知，初等函数只要存在偏导数，函数就是可微的. 这就给我们提供了判断初等函数可微性的一个比较简便的方法.

应当指出，定理 3 的逆定理并不成立. 也就是说，函数可微时，偏导数却未必连续. 请看下面例 1.

例 1 设

$$f(x,y)=\begin{cases} xy\sin\dfrac{1}{x^2+y^2}, & x^2+y^2\neq 0, \\ 0, & x^2+y^2=0, \end{cases}$$

试证明：(1) $f(x,y)$在点(0,0)处可微；(2) $f_x(x,y)$在点(0,0)处不连续.

证 (1) 由偏导数定义可求出 $f_x(0,0)=0, f_y(0,0)=0$. 又

$$\Delta z-(0\cdot\Delta x+0\cdot\Delta y)=\Delta z=f(\Delta x,\Delta y)-f(0,0)$$
$$=(\Delta x)(\Delta y)\sin\frac{1}{(\Delta x)^2+(\Delta y)^2}=o(\rho)\quad(\rho\to 0),$$

此即 $A=B=0$ 时的(1)式，因此 $f(x,y)$在点(0,0)处可微.

(2) 当 $x^2+y^2\neq 0$ 时，有

$$f_x(x,y)=y\sin\frac{1}{x^2+y^2}-\frac{2x^2y}{(x^2+y^2)^2}\cos\frac{1}{x^2+y^2}.$$

让点(x,y)沿直线 $y=x$ 趋向于点(0,0)，则

$$\lim_{\substack{(x,y)\to(0,0)\\ y=x}} f_x(x,y)=\lim_{x\to 0}\left[x\sin\frac{1}{2x^2}-\frac{1}{2x}\cos\frac{1}{2x^2}\right].$$

而 $\lim\limits_{x\to 0}x\sin\dfrac{1}{2x^2}=0$，$\lim\limits_{x\to 0}\dfrac{1}{2x}\cos\dfrac{1}{2x^2}$不存在，因此 $\lim\limits_{\substack{(x,y)\to(0,0)\\ y=x}} f_x(x,y)$不存在，从而极限 $\lim\limits_{(x,y)\to(0,0)} f_x(x,y)$不存在，于是证得 $f_x(x,y)$在点(0,0)处不连续. ▌

从以上讨论看出，二元函数的连续性、可微性，以及偏导数存在，它们之间的联系比较复杂. 不过，以下结论是清楚的：

若函数可微，则函数必连续(定理 1)，偏导数亦必存在(定理 2)；

偏导数存在，函数未必可微(见定理 2 后面的例子). 但是，若偏导数存在且连续，则函数必可微(定理 3)；

偏导数存在，函数未必连续(见 §3 例 4)；

函数连续，偏导数未必存在(见 §3 例 4 后面的思考题).

若规定自变量的全微分就是自变量的改变量，即 $dx=\Delta x$，

$dy=\Delta y$,则函数 $z=f(x,y)$ 的全微分可写为

$$dz = f_x(x,y)dx + f_y(x,y)dy.$$

例 2 求函数 $z=\sin(x^2+y^2)$ 的全微分.

解 因为 $\frac{\partial z}{\partial x}=2x\cos(x^2+y^2)$ 和 $\frac{\partial z}{\partial y}=2y\cos(x^2+y^2)$ 都是连续函数,所以由定理 3 知,$z=\sin(x^2+y^2)$ 的全微分存在,且

$$dz = 2x\cos(x^2+y^2)dx + 2y\cos(x^2+y^2)dy.$$

例 3 求函数 $z=x^y$ 在点(1,1)处的全微分.

解 由于 $\frac{\partial z}{\partial x}=yx^{y-1}$, $\frac{\partial z}{\partial y}=x^y\ln x$,所以

$$dz\Big|_{\substack{x=1\\y=1}}=yx^{y-1}\Big|_{\substack{x=1\\y=1}}dx+x^y\ln x\Big|_{\substack{x=1\\y=1}}dy=dx.$$

类似地,可以给出三元函数 $u=f(x,y,z)$ 可微性的概念,以及可微的必要条件与充分条件.

例 4 求函数 $u=x^2y^2z^2$ 的全微分.

解 由 $\frac{\partial u}{\partial x}=2xy^2z^2$, $\frac{\partial u}{\partial y}=2yx^2z^2$, $\frac{\partial u}{\partial z}=2zx^2y^2$ 得

$$du = 2xyz(yzdx + xzdy + xydz).$$

4.3 全微分在近似计算中的应用

我们知道,函数 $z=f(x,y)$ 在点 (x_0,y_0) 处可微即等式

$$\begin{aligned}\Delta z &= f(x_0+\Delta x, y_0+\Delta y) - f(x_0,y_0)\\ &= f_x(x_0,y_0)\Delta x + f_y(x_0,y_0)\Delta y + o(\rho) \quad (\rho\to 0)\end{aligned}$$

成立,因此,当 $|\Delta x|$, $|\Delta y|$ 都充分小时,有近似公式

$$\Delta z \approx dz = f_x(x_0,y_0)\Delta x + f_y(x_0,y_0)\Delta y, \tag{4}$$

或

$$f(x_0+\Delta x, y_0+\Delta y) \approx f(x_0,y_0) + f_x(x_0,y_0)\Delta x + f_y(x_0,y_0)\Delta y. \tag{5}$$

1. 利用近似公式作近似计算

例 5 近似计算 $(1.04)^{2.02}$ 的值.

解 令 $z=f(x,y)=x^y$，$(x_0,y_0)=(1,2)$，$\Delta x=0.04$，$\Delta y=0.02$，则

$$f_x(1,2)=yx^{y-1}|_{(1,2)}=2,\quad f_y(1,2)=x^y\ln x|_{(1,2)}=0,$$

又 $f(1,2)=1$. 于是由近似公式(5)得

$$(1.04)^{2.02}\approx f(1,2)+f_x(1,2)\Delta x+f_y(1,2)\Delta y=1.08.$$

例 6 有一圆柱体，受压后发生形变. 它的半径由 20 cm 增大到 20.05 cm，高度由 100 cm 减少到 99 cm，求此圆柱体体积变化的近似值.

解 设圆柱体的半径和高以及体积分别为 r,h,V，则

$$V=\pi r^2h.$$

记 r,h,V 的改变量分别为 $\Delta r,\Delta h,\Delta V$，则由近似公式(4)得

$$\begin{aligned}\Delta V\approx \mathrm{d}V&=\frac{\partial V}{\partial r}\Delta r+\frac{\partial V}{\partial h}\Delta h\\&=2\pi rh\Delta r+\pi r^2\Delta h.\end{aligned}$$

将 $r=20\,\mathrm{cm}$，$h=100\,\mathrm{cm}$，$\Delta r=0.05\,\mathrm{cm}$，$\Delta h=-1\,\mathrm{cm}$ 代入，得

$$\begin{aligned}\Delta V&\approx 2\pi\times 20\times 100\times 0.05\,\mathrm{cm}^3+\pi\times 20^2\times(-1)\,\mathrm{cm}^3\\&=-200\pi\,\mathrm{cm}^3.\end{aligned}$$

即：此圆柱体受压后体积大约减少了 $200\pi\,\mathrm{cm}^3$.

2. 利用近似公式作误差估计

设有二元函数 $z=f(x,y)$，x,y 可以直接测得，而 z 由公式 $z=f(x,y)$来计算. 由于测量 x,y 时有误差 $\Delta x,\Delta y$，因此计算出的 z 也有误差 Δz. 设 x,y 的最大绝对误差为 $\delta x,\delta y$，即 $|\Delta x|\leqslant\delta x$，$|\Delta y|\leqslant\delta y$，则由近似公式(4)知

$$\begin{aligned}|\Delta z|\approx|\mathrm{d}z|&=|f_x(x_0,y_0)\Delta x+f_y(x_0,y_0)\Delta y|\\&\leqslant|f_x(x_0,y_0)|\delta x+|f_y(x_0,y_0)|\delta y=\delta z,\end{aligned}\tag{6}$$

$$\left|\frac{\Delta z}{z}\right|\leqslant\frac{|f_x(x_0,y_0)|\delta x+|f_y(x_0,y_0)|\delta y}{|f(x_0,y_0)|}$$

$$=\frac{\delta z}{|f(x_0,y_0)|},\tag{7}$$

其中 $\delta z, \frac{\delta z}{|z|}$ 是近似值 $f(x_0, y_0)$ 的最大绝对误差与最大相对误差.

例 7 利用单摆测重力加速度 g 的公式是

$$g = \frac{4\pi^2 l}{T^2}.$$

现测得摆长 l 与振动周期 T 分别为

$$l = (100 \pm 0.1)\ \text{cm}, \quad T = (2 \pm 0.004)\ \text{s},$$

问由此引起的 g 的最大绝对误差和最大相对误差各是多少？

解 $\frac{\partial g}{\partial l} = \frac{4\pi^2}{T^2}, \frac{\partial g}{\partial T} = -\frac{8\pi^2 l}{T^3}$，由公式(6)，(7)知，$g$ 的最大绝对误差和最大相对误差分别为

$$\delta g = \left|\frac{\partial g}{\partial l}\right| \delta l + \left|\frac{\partial g}{\partial T}\right| \delta T = 4\pi^2\left(\frac{1}{T^2}\delta l + \frac{2l}{T^3}\delta T\right),$$

$$\frac{\delta g}{|g|} = \frac{\delta l}{l} + \frac{2\delta T}{T}.$$

将 $l=100\,\text{cm}$，$T=2\,\text{s}$，$\delta l=0.1\,\text{cm}$，$\delta T=0.004\,\text{s}$ 代入上式，得

$$\delta g = 0.5\pi^2\ \text{cm/s}^2 = 4.93\ \text{cm/s}^2,$$

$$\frac{\delta g}{|g|} = \frac{0.5\pi^2}{\frac{4\pi^2 \times 100}{2^2}} = 0.5\%.$$

习 题 10.4

1. 求下列函数的全微分：

(1) $z = x^m y^n$； (2) $z = \frac{x}{y}$；

(3) $r = \sqrt{x^2 + y^2}$； (4) $u = \frac{z}{x^2 + y^2}$；

(5) $u = \frac{1}{\sqrt{x^2 + y^2}}$； (6) $u = \sqrt{R^2 - x^2 - y^2 - z^2}$.

2. 求下列函数在给定点的全微分：

(1) $z = x^4 + y^4 - 4x^2 y^2$，(0,0)，(1,1)；

(2) $z = x\sin(x + y)$，(0,0)，$\left(\frac{\pi}{4}, \frac{\pi}{4}\right)$；

(3) $u = \ln(x + y^2 + z^3)$，(0,1,2).

3. 求函数 $u=\dfrac{x}{\sqrt{x^2+y^2}}$ 在下列给定点与给定 $\Delta x,\Delta y$ 的全微分：

(1) 点(0,1)，$\Delta x=0.1$，$\Delta y=0.2$；

(2) 点(1,0)，$\Delta x=0.2$，$\Delta y=0.1$.

4. 证明 $f(x,y)=\sqrt{|xy|}$ 在(0,0)点连续，$f_x(0,0)$，$f_y(0,0)$存在，但在(0,0)点不可微.

5. 设 $f_x(x,y)$ 在 (x_0,y_0) 点存在，$f_y(x,y)$ 在 (x_0,y_0) 点连续，求证 $f(x,y)$ 在 (x_0,y_0) 点可微.

6. 用全微分求下列各数的近似值：

(1) $1.002\times2.003^2\times3.004^3$；　　(2) $\sqrt{1.02^3+1.97^3}$；

(3) $(0.97)^{1.05}$；　　(4) $\ln(\sqrt[3]{1.03}+\sqrt[4]{0.98}-1)$.

7. 设测定圆柱的底半径 $R=2.5\,\mathrm{m}\pm0.1\,\mathrm{m}$，$H=4.0\,\mathrm{m}\pm0.2\,\mathrm{m}$，问所算出的圆柱体体积有怎样的绝对误差和相对误差？

8. 有一半径 $R=5\,\mathrm{cm}$，高 $h=20\,\mathrm{cm}$ 的金属圆柱体 100 个，现要在圆柱体表面镀一层厚度为 0.05 cm 的镍，估计需要多少镍(镍比重为 8.8)？

9. 设点 A 距树的水平距离为 x m，由点 A 处测得树的仰角为 θ 度，记 $\delta x,\delta\theta$ 分别为 x,θ 的最大绝对误差.

(1) 求树高 h 的最大绝对误差 δh 依赖于 $\delta x,\delta\theta$ 的近似公式；

(2) 设 $x=28\,\mathrm{m}$，$\delta x=0.005\,\mathrm{m}$，$\theta=30°$，$\delta\theta=1°$，试求树高 h 及其最大绝对误差 δh；

(3) 设 $\delta x,\delta\theta$ 保持不变，且 $\delta x/h\delta\theta\ll1$，问如何选择点 A(即仰角 θ 近似为多大时)，可使 h 的最大绝对误差 δh 最小.

§5　复合函数微分法

5.1　复合函数微分法

多元复合函数求偏导数，只要函数关系给得具体，就可以运用一元复合函数的求导法则去做，一般说来，在技术上是没有什么困难的，不必再引进新的运算法则. 这里所要讨论的是，当函数关系中有一部分没有具体给出或者全部没有具体给出时，怎样求复合函数的偏导数.

多元函数的复合关系是多种多样的,我们针对一种典型情况给出下面的定理.

定理 1 设 $z=f(u,v)$ 与 $u=u(x,y)$, $v=v(x,y)$ 构成 x,y 的复合函数 $z=f[u(x,y),v(x,y)]$. 若 $z=f(u,v)$ 可微,且 $u(x,y)$, $v(x,y)$ 对 x,y 的偏导数存在,则复合函数 $z=f[u(x,y),v(x,y)]$ 对 x,y 的偏导数存在,且有公式

$$\frac{\partial z}{\partial x}=\frac{\partial f}{\partial u}\cdot\frac{\partial u}{\partial x}+\frac{\partial f}{\partial v}\cdot\frac{\partial v}{\partial x}, \tag{1}$$

$$\frac{\partial z}{\partial y}=\frac{\partial f}{\partial u}\cdot\frac{\partial u}{\partial y}+\frac{\partial f}{\partial v}\cdot\frac{\partial v}{\partial y}, \tag{2}$$

公式(1),(2)称为**锁链法则**.

证 将 y 固定,给 x 以改变量 Δx,相应地,u 和 v 有偏改变量

$$\Delta_x u = u(x+\Delta x,y)-u(x,y),$$
$$\Delta_x v = v(x+\Delta x,y)-v(x,y),$$

从而函数 $z=f(u,v)$ 也有相应的改变量

$$\Delta z = f(u+\Delta_x u, v+\Delta_x v)-f(u,v).$$

由 $f(u,v)$ 可微知

$$\Delta z=\frac{\partial f}{\partial u}\Delta_x u+\frac{\partial f}{\partial v}\Delta_x v+o(\rho)\quad(\rho\to 0),$$

其中 $\rho=\sqrt{(\Delta_x u)^2+(\Delta_x v)^2}$. 用 Δx 除上式各项,得

$$\frac{\Delta z}{\Delta x}=\frac{\partial f}{\partial u}\cdot\frac{\Delta_x u}{\Delta x}+\frac{\partial f}{\partial v}\cdot\frac{\Delta_x v}{\Delta x}+\frac{o(\rho)}{\Delta x}. \tag{3}$$

显然

$$\begin{aligned}\left|\frac{o(\rho)}{\Delta x}\right| &= \left|\frac{o(\rho)}{\rho}\right|\cdot\left|\frac{\rho}{\Delta x}\right| \\ &= \left|\frac{o(\rho)}{\rho}\right|\cdot\sqrt{\left(\frac{\Delta_x u}{\Delta x}\right)^2+\left(\frac{\Delta_x v}{\Delta x}\right)^2}.\end{aligned}$$

由于已知 $u(x,y)$, $v(x,y)$ 对 x 的偏导数存在,因此当 $\Delta x\to 0$ 时,有 $\Delta_x u\to 0$, $\Delta_x v\to 0$,从而 $\rho\to 0$,且

$$\lim_{\Delta x\to 0}\left|\frac{o(\rho)}{\Delta x}\right| = \lim_{\rho\to 0}\left|\frac{o(\rho)}{\rho}\right| \cdot \lim_{\Delta x\to 0}\sqrt{\left(\frac{\Delta_x u}{\Delta x}\right)^2 + \left(\frac{\Delta_x v}{\Delta x}\right)^2} = 0.$$

于是由(3)式得到

$$\lim_{\Delta x\to 0}\frac{\Delta z}{\Delta x} = \frac{\partial f}{\partial u}\lim_{\Delta x\to 0}\frac{\Delta_x u}{\Delta x} + \frac{\partial f}{\partial v}\lim_{\Delta x\to 0}\frac{\Delta_x v}{\Delta x},$$

则

$$\frac{\partial z}{\partial x} = \frac{\partial f}{\partial u}\cdot\frac{\partial u}{\partial x} + \frac{\partial f}{\partial v}\cdot\frac{\partial v}{\partial x}.$$

这就是公式(1).同理可证公式(2). ▌

定理 1 中的 z 与 u,v 以及 x,y 的关系可用图 10-15 来表示.在求偏导数$\frac{\partial z}{\partial x}$时,$y$ 固定,而 x 改变.当 x 改变时,既会引起 u 改变,也会引起 v 改变,从而引起 z 改变.因此,由于 x 改变而引起的 z 的变化由两部分组成.这样,在求$\frac{\partial z}{\partial x}$的公式中就出现了(1)式右端的两项,对于公式(2)也有类似的分析.于是我们形象地把公式(1)和(2)称为锁链法则.

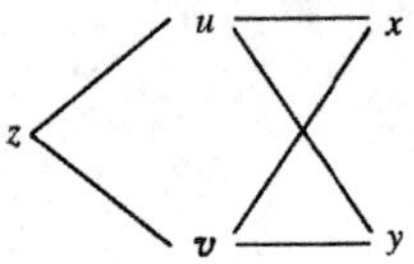

图 10-15

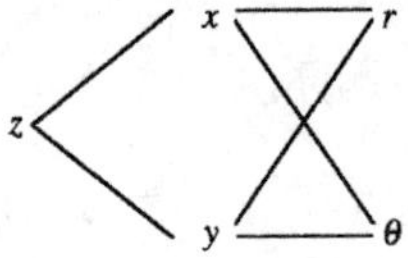

图 10-16

例 1 设 $z=f(u,v)$可微,且 $u=x^2+y^2, v=xy$,求$\frac{\partial z}{\partial x},\frac{\partial z}{\partial y}$.

解 由公式(1)知

$$\begin{aligned}\frac{\partial z}{\partial x} &= \frac{\partial f}{\partial u}\cdot\frac{\partial u}{\partial x} + \frac{\partial f}{\partial v}\cdot\frac{\partial v}{\partial x} \\ &= 2x\frac{\partial f}{\partial u} + y\frac{\partial f}{\partial v}.\end{aligned}$$

由于函数关系 $f(u,v)$没有具体给出,因此,$\frac{\partial f}{\partial u}$和$\frac{\partial f}{\partial v}$也不能具体地写出来.

在求$\dfrac{\partial z}{\partial y}$时，可根据 x,y 在函数 u,v 中地位的对称性直接写出．也就是说，只需在$\dfrac{\partial z}{\partial x}$的表达式中把 x 换成 y 即可：

$$\frac{\partial z}{\partial y}=2y\frac{\partial f}{\partial u}+x\frac{\partial f}{\partial v}.$$

例 2 设函数 $z=f(x,y)$可微，证明在极坐标变换

$$x=r\cos\theta,\quad y=r\sin\theta$$

下有关系式

$$\left(\frac{\partial z}{\partial r}\right)^2+\frac{1}{r^2}\left(\frac{\partial z}{\partial \theta}\right)^2=\left(\frac{\partial z}{\partial x}\right)^2+\left(\frac{\partial z}{\partial y}\right)^2.$$

证 先画出变量间的关系图(图 10-16)，再根据公式(1)，(2)写出

$$\begin{aligned}\frac{\partial z}{\partial r}&=\frac{\partial f}{\partial x}\cdot\frac{\partial x}{\partial r}+\frac{\partial f}{\partial y}\cdot\frac{\partial y}{\partial r}\\&=\cos\theta\cdot\frac{\partial f}{\partial x}+\sin\theta\cdot\frac{\partial f}{\partial y},\\\frac{\partial z}{\partial \theta}&=\frac{\partial f}{\partial x}\cdot\frac{\partial x}{\partial \theta}+\frac{\partial f}{\partial y}\cdot\frac{\partial y}{\partial \theta}\\&=-r\sin\theta\cdot\frac{\partial f}{\partial x}+r\cos\theta\cdot\frac{\partial f}{\partial y},\end{aligned}$$

于是

$$\begin{aligned}&\left(\frac{\partial z}{\partial r}\right)^2+\frac{1}{r^2}\left(\frac{\partial z}{\partial \theta}\right)^2\\&\quad=\left(\cos\theta\cdot\frac{\partial f}{\partial x}+\sin\theta\cdot\frac{\partial f}{\partial y}\right)^2\\&\qquad+\frac{1}{r^2}\left(-r\sin\theta\cdot\frac{\partial f}{\partial x}+r\cos\theta\cdot\frac{\partial f}{\partial y}\right)^2\\&\quad=\left(\frac{\partial f}{\partial x}\right)^2+\left(\frac{\partial f}{\partial y}\right)^2=\left(\frac{\partial z}{\partial x}\right)^2+\left(\frac{\partial z}{\partial y}\right)^2.\end{aligned}$$ ▌

例 3 设 $z=f(x,y)$具有连续的二阶偏导数，且 $x=r\cos\theta$，$y=r\sin\theta$，求 $\dfrac{\partial^2 z}{\partial r^2},\dfrac{\partial^2 z}{\partial \theta^2}$.

解 由例 2 知

$$\frac{\partial z}{\partial r}=\cos\theta\cdot\frac{\partial f}{\partial x}+\sin\theta\cdot\frac{\partial f}{\partial y},$$

$$\frac{\partial z}{\partial \theta}=-r\sin\theta\cdot\frac{\partial f}{\partial x}+r\cos\theta\cdot\frac{\partial f}{\partial y}.$$

注意到 $\frac{\partial f}{\partial x},\frac{\partial f}{\partial y}$ 仍是以 x,y 为中间变量、以 r,θ 为自变量的复合函数,因此有

$$\begin{aligned}\frac{\partial^2 z}{\partial r^2}&=\frac{\partial}{\partial r}\left[\cos\theta\cdot\frac{\partial f}{\partial x}+\sin\theta\cdot\frac{\partial f}{\partial y}\right]\\&=\cos\theta\cdot\frac{\partial}{\partial r}\left(\frac{\partial f}{\partial x}\right)+\sin\theta\cdot\frac{\partial}{\partial r}\left(\frac{\partial f}{\partial y}\right)\\&=\cos\theta\cdot\left[\frac{\partial^2 f}{\partial x^2}\cdot\frac{\partial x}{\partial r}+\frac{\partial^2 f}{\partial x\partial y}\cdot\frac{\partial y}{\partial r}\right]\\&\quad+\sin\theta\cdot\left[\frac{\partial^2 f}{\partial y\partial x}\cdot\frac{\partial x}{\partial r}+\frac{\partial^2 f}{\partial y^2}\cdot\frac{\partial y}{\partial r}\right]\\&=\cos\theta\cdot\left[\frac{\partial^2 f}{\partial x^2}\cdot\cos\theta+\frac{\partial^2 f}{\partial x\partial y}\cdot\sin\theta\right]\\&\quad+\sin\theta\cdot\left[\frac{\partial^2 f}{\partial y\partial x}\cdot\cos\theta+\frac{\partial^2 f}{\partial y^2}\cdot\sin\theta\right]\\&=\cos^2\theta\cdot\frac{\partial^2 f}{\partial x^2}+2\sin\theta\cdot\cos\theta\cdot\frac{\partial^2 f}{\partial x\partial y}+\sin^2\theta\cdot\frac{\partial^2 f}{\partial y^2},\end{aligned}$$

$$\begin{aligned}\frac{\partial^2 z}{\partial \theta^2}&=\frac{\partial}{\partial \theta}\left[-r\sin\theta\cdot\frac{\partial f}{\partial x}+r\cos\theta\cdot\frac{\partial f}{\partial y}\right]\\&=-r\cos\theta\cdot\frac{\partial f}{\partial x}-r\sin\theta\cdot\frac{\partial}{\partial \theta}\left(\frac{\partial f}{\partial x}\right)\\&\quad-r\sin\theta\cdot\frac{\partial f}{\partial y}+r\cos\theta\cdot\frac{\partial}{\partial \theta}\left(\frac{\partial f}{\partial y}\right)\\&=-r\cos\theta\cdot\frac{\partial f}{\partial x}-r\sin\theta\cdot\left[\frac{\partial^2 f}{\partial x^2}\cdot\frac{\partial x}{\partial \theta}+\frac{\partial^2 f}{\partial x\partial y}\cdot\frac{\partial y}{\partial \theta}\right]\\&\quad-r\sin\theta\cdot\frac{\partial f}{\partial y}+r\cos\theta\cdot\left[\frac{\partial^2 f}{\partial y\partial x}\cdot\frac{\partial x}{\partial \theta}+\frac{\partial^2 f}{\partial y^2}\cdot\frac{\partial y}{\partial \theta}\right]\end{aligned}$$

$$=-r\cos\theta\cdot\frac{\partial f}{\partial x}-r\sin\theta\cdot\left[\frac{\partial^2 f}{\partial x^2}(-r\sin\theta)+\frac{\partial^2 f}{\partial x\partial y}\cdot r\cos\theta\right]$$

$$-r\sin\theta\cdot\frac{\partial f}{\partial y}+r\cos\theta\cdot\left[\frac{\partial^2 f}{\partial y\partial x}(-r\sin\theta)+\frac{\partial^2 f}{\partial y^2}\cdot r\cos\theta\right]$$

$$=r^2\sin^2\theta\cdot\frac{\partial^2 f}{\partial x^2}-2r^2\sin\theta\cdot\cos\theta\cdot\frac{\partial^2 f}{\partial x\partial y}$$

$$+r^2\cos^2\theta\cdot\frac{\partial^2 f}{\partial y^2}-r\cos\theta\cdot\frac{\partial f}{\partial x}-r\sin\theta\cdot\frac{\partial f}{\partial y}.$$

当中间变量的个数增多时，我们有类似于公式(1)，(2)的锁链法则. 例如，当 $z=f(u,v,w)$ 可微，且 $u=u(x,y)$，$v=v(x,y)$，$w=w(x,y)$ 对 x,y 的偏导数存在时，有公式

$$\frac{\partial z}{\partial x}=\frac{\partial f}{\partial u}\cdot\frac{\partial u}{\partial x}+\frac{\partial f}{\partial v}\cdot\frac{\partial v}{\partial x}+\frac{\partial f}{\partial w}\cdot\frac{\partial w}{\partial x},$$

$$\frac{\partial z}{\partial y}=\frac{\partial f}{\partial u}\cdot\frac{\partial u}{\partial y}+\frac{\partial f}{\partial v}\cdot\frac{\partial v}{\partial y}+\frac{\partial f}{\partial w}\cdot\frac{\partial w}{\partial y}.$$

这里由于中间变量有三个，因此公式右端的“锁链”有三项，这从图 10-17 可以看得很清楚：

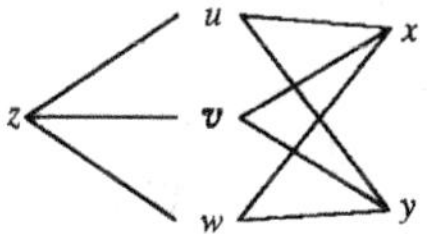

图 10-17

多元函数的复合关系是多种多样的，下面再对几种常见的情形给出求导公式.

情形 1 若函数 $z=f(u,v)$ 可微，且 $u=u(x)$ 和 $v=v(x)$ 对 x 的导数皆存在，则复合函数 $z=f[u(x),v(x)]$ 对 x 的导数存在，且有公式

$$\frac{\mathrm{d}z}{\mathrm{d}x}=\frac{\partial f}{\partial u}\cdot\frac{\mathrm{d}u}{\mathrm{d}x}+\frac{\partial f}{\partial v}\cdot\frac{\mathrm{d}v}{\mathrm{d}x}$$

(如图 10-18 所示).

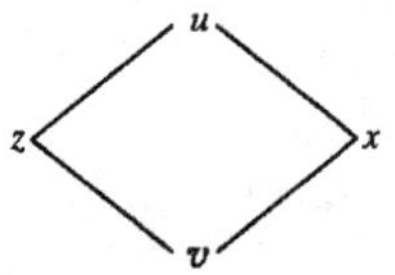

图 10-18

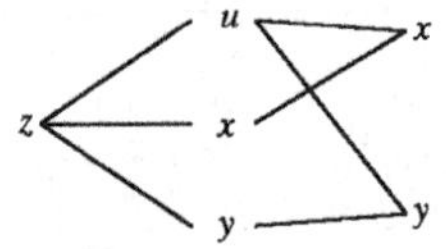

图 10-19

情形 2 如图 10-19 所示，若 $z=f(u,x,y)$ 可微，而 $u=u(x,y)$ 对 x,y 的偏导数存在，则复合函数 $z=f[u(x,y),x,y]$ 对 x,y 的偏导数可按下面公式求得

$$\frac{\partial z}{\partial x}=\frac{\partial f}{\partial u}\cdot\frac{\partial u}{\partial x}+\frac{\partial f}{\partial x}\cdot 1,$$

$$\frac{\partial z}{\partial y}=\frac{\partial f}{\partial u}\cdot\frac{\partial u}{\partial y}+\frac{\partial f}{\partial y}\cdot 1.$$

在这里，等式左端的 $\frac{\partial z}{\partial x}$ 是在复合函数 $z=f[u(x,y),x,y]$ 中把 y 看作常数时，对 x 求的偏导数；而等式右端的 $\frac{\partial f}{\partial x}$ 是在函数 $z=f(u,x,y)$ 中把 u,y 都看作常数时，对 x 求的偏导数，一般说来，它们并不相等. 为了区别起见，我们有时把右端的 $\frac{\partial f}{\partial x}$ 写成 f'_2，表示函数 $f(u,x,y)$ 仅对第二个变量 x 求偏导数. 于是上述两式又可写为

$$z_x=f'_1u_x+f'_2,\quad z_y=f'_1u_y+f'_3.$$

例 4 设 $u=f(x,xy,xyz)$，其中 f 具有二阶连续偏导数. 求 u_x,u_y,u_z 及 u_{zy}.

解 对函数 u 分别求关于 x,y,z 等偏导数，有

$$u_x=f'_1+f'_2\cdot y+f'_3\cdot yz=f'_1+yf'_2+yzf'_3,$$

$$u_y=f'_2\cdot x+f'_3\cdot xz=xf'_2+xzf'_3,$$

$$u_z=f'_3\cdot xy=xyf'_3,$$

$$u_{zy}=xf'_3+xy(f''_{32}\cdot x+f''_{33}\cdot xz)$$

$$= x^2yf''_{32} + x^2yzf''_{33} + xf'_3.$$

***例 5** 假设二元函数 $F(x,y)$ 在直角坐标系下可写为

$$F(x,y) = f(x)g(y),$$

在极坐标系下可写为 $F(x,y)=S(r)$，试求此二元函数.

解 已知直角坐标与极坐标的变换公式为

$$x = r\cos\theta, \quad y = r\sin\theta,$$

把 x,y 看成中间变量，把 r,θ 看成自变量，则

$$\begin{aligned}\frac{\partial F}{\partial \theta} &= \frac{\partial F}{\partial x}\cdot\frac{\partial x}{\partial \theta} + \frac{\partial F}{\partial y}\cdot\frac{\partial y}{\partial \theta} \\ &= f'(x)g(y)\cdot(-r\sin\theta) + f(x)g'(y)\cdot r\cos\theta \\ &= -yf'(x)g(y) + xf(x)g'(y).\end{aligned}$$

由条件 $F(x,y)=S(r)$ 知，$F(x,y)$ 不依赖于 θ，因此 $\frac{\partial F}{\partial \theta}=0$，代入上式，得

$$-yf'(x)g(y) + xf(x)g'(y) \equiv 0,$$

即
$$\frac{f'(x)}{xf(x)} \equiv \frac{g'(y)}{yg(y)}.$$

上式左端只是 x 的函数，不出现 y；右端只是 y 的函数，不出现 x，而 x,y 是两个独立的自变量，因此，上式要成立，它必然等于一个常数，记作 λ，于是有

$$\frac{f'(x)}{xf(x)} \equiv \lambda, \tag{4}$$

$$\frac{g'(y)}{yg(y)} \equiv \lambda. \tag{5}$$

为解方程(4)，可将它改写为

$$\frac{f'(x)}{f(x)} - \lambda x \equiv 0, \quad 即 \quad \frac{\mathrm{d}}{\mathrm{d}x}\left[\ln f(x) - \frac{1}{2}\lambda x^2\right] \equiv 0.$$

因此 $\ln f(x)-\frac{1}{2}\lambda x^2\equiv\ln C_1$，其中 $\ln C_1$ 表示任意常数. 从而有

$$f(x) = C_1 \mathrm{e}^{\frac{\lambda}{2}x^2}.$$

同理 $g(y)=C_2e^{\frac{\lambda}{2}y^2}$ （C_2 为任意常数）.

于是得到二元函数

$$F(x,y)=Ce^{\frac{\lambda}{2}(x^2+y^2)},$$

其中 $C=C_1C_2$ 仍为任意常数.

5.2 一阶全微分形式的不变性

我们在 §4 中引进的全微分也称为一阶全微分. 一元函数具有一阶微分形式的不变性，对于多元函数来说，一阶全微分也具有这个性质. 利用复合函数微分法容易证明这一点.

定理 2 设 $z=f(u,v)$，$u=u(x,y)$，$v=v(x,y)$. 若函数 $f(u,v)$，$u(x,y)$，$v(x,y)$ 都有连续的偏导数，则复合函数

$$z=f[u(x,y),v(x,y)]$$

在点 (x,y) 处的全微分 dz 仍可表为

$$dz=\frac{\partial z}{\partial u}du+\frac{\partial z}{\partial v}dv,$$

这说明一阶全微分的形式是不变的.

证 由定理的条件，根据复合函数微分法知，复合函数 z 关于 x,y 的偏导数不仅存在而且连续，从而复合函数 $z=f[u(x,y),v(x,y)]$ 在点 (x,y) 处可微，这时

$$\begin{aligned}dz&=\frac{\partial z}{\partial x}dx+\frac{\partial z}{\partial y}dy\\&=\left(\frac{\partial z}{\partial u}\cdot\frac{\partial u}{\partial x}+\frac{\partial z}{\partial v}\cdot\frac{\partial v}{\partial x}\right)dx+\left(\frac{\partial z}{\partial u}\cdot\frac{\partial u}{\partial y}+\frac{\partial z}{\partial v}\cdot\frac{\partial v}{\partial y}\right)dy\\&=\frac{\partial z}{\partial u}\left(\frac{\partial u}{\partial x}dx+\frac{\partial u}{\partial y}dy\right)+\frac{\partial z}{\partial v}\left(\frac{\partial v}{\partial x}dx+\frac{\partial v}{\partial y}dy\right).\end{aligned}$$

由条件知，函数 u,v 在点 (x,y) 处可微，因此上式右端两个括号中的两项分别是 u,v 的全微分，于是得到

$$dz=\frac{\partial z}{\partial u}du+\frac{\partial z}{\partial v}dv.$$

这表明，不论 u,v 是自变量还是中间变量，一阶全微分都有相同的形式. 这就是一阶全微分形式的不变性. ▌

利用一阶全微分形式的不变性，容易证明多元函数全微分的四则运算法则(设 u,v 为多元函数)：

(1) $\mathrm{d}(u\pm v)=\mathrm{d}u\pm \mathrm{d}v$；

(2) $\mathrm{d}(ku)=k\mathrm{d}u$ (k 为常数)；

(3) $\mathrm{d}(uv)=v\mathrm{d}u+u\mathrm{d}v$；

(4) $\mathrm{d}\left(\dfrac{u}{v}\right)=\dfrac{v\mathrm{d}u-u\mathrm{d}v}{v^2}$ ($v\neq 0$).

我们只证公式(3)，其余的公式请读者自己证明. 由全微分形式的不变性，即得

$$\mathrm{d}(uv)=\frac{\partial(uv)}{\partial u}\mathrm{d}u+\frac{\partial(uv)}{\partial v}\mathrm{d}v=v\mathrm{d}u+u\mathrm{d}v.$$

在此以前，我们都是通过求偏导数来求全微分. 现在，利用一阶全微分形式的不变性及全微分的四则运算法则，我们又可以通过全微分来求偏导数.

例 6 求函数 $u=\dfrac{x}{x^2+y^2+z^2}$ 的全微分及三个偏导数.

解 由全微分的除法运算公式(4)得到全微分

$$\begin{aligned}\mathrm{d}u&=\frac{(x^2+y^2+z^2)\mathrm{d}x-x\mathrm{d}(x^2+y^2+z^2)}{(x^2+y^2+z^2)^2}\\&=\frac{(x^2+y^2+z^2)\mathrm{d}x-x(2x\mathrm{d}x+2y\mathrm{d}y+2z\mathrm{d}z)}{(x^2+y^2+z^2)^2}\\&=\frac{(y^2+z^2-x^2)\mathrm{d}x-2xy\mathrm{d}y-2xz\mathrm{d}z}{(x^2+y^2+z^2)^2}.\end{aligned}$$

于是同时得到三个偏导数

$$\frac{\partial u}{\partial x}=\frac{y^2+z^2-x^2}{(x^2+y^2+z^2)^2},$$

$$\frac{\partial u}{\partial y}=\frac{-2xy}{(x^2+y^2+z^2)^2},$$

$$\frac{\partial u}{\partial z}=\frac{-2xz}{(x^2+y^2+z^2)^2}.$$

例 7 设 $z=\arctan\dfrac{y}{x}$，求 z_x, z_y.

解 对函数 z 求全微分，有

$$\mathrm{d}z=\frac{1}{1+\left(\dfrac{y}{x}\right)^2}\mathrm{d}\left(\frac{y}{x}\right)=\frac{x^2}{x^2+y^2}\cdot\frac{x\mathrm{d}y-y\mathrm{d}x}{x^2}=\frac{x\mathrm{d}y-y\mathrm{d}x}{x^2+y^2},$$

从而

$$z_x=-\frac{y}{x^2+y^2},\quad z_y=\frac{x}{x^2+y^2}.$$

例 8 设 $u=f(xy,yz,zx)$，求 u_x,u_y,u_z.

解 对函数 u 求全微分，有

$$\begin{aligned}\mathrm{d}u&=f'_1\mathrm{d}(xy)+f'_2\mathrm{d}(yz)+f'_3\mathrm{d}(zx)\\&=f'_1(y\mathrm{d}x+x\mathrm{d}y)+f'_2(z\mathrm{d}y+y\mathrm{d}z)+f'_3(x\mathrm{d}z+z\mathrm{d}x)\\&=(yf'_1+zf'_3)\mathrm{d}x+(xf'_1+zf'_2)\mathrm{d}y+(yf'_2+xf'_3)\mathrm{d}z,\end{aligned}$$

从而

$$u_x=yf'_1+zf'_3,\quad u_y=xf'_1+zf'_2,\quad u_z=yf'_2+xf'_3.$$

*5.3 高阶全微分

若函数 $z=f(x,y)$ 在区域 D 的每一点处都有全微分，则当 $\Delta x,\Delta y$ 固定时，全微分 $\mathrm{d}z$ 仍是 x,y 的二元函数. 因此，对 $\mathrm{d}z$ 又有求全微分的问题.

定义 若函数 $z=f(x,y)$ 的一阶全微分

$$\mathrm{d}z=\frac{\partial f}{\partial x}\mathrm{d}x+\frac{\partial f}{\partial y}\mathrm{d}y$$

在某点 (x,y) 处的全微分存在，则称一阶全微分的全微分为函数在该点的**二阶全微分**，记作

$$\mathrm{d}^2z=\mathrm{d}(\mathrm{d}z)\quad\text{或}\quad \mathrm{d}^2f(x,y).$$

类似地，可以考虑 $n(n\geqslant 3)$ 阶全微分. 对于函数 $z=f(x,y)$，我们称其 $(n-1)$ 阶全微分的全微分为函数的 n **阶全微分**，记作

$$\mathrm{d}^nz=\mathrm{d}(\mathrm{d}^{n-1}z)\quad\text{或}\quad \mathrm{d}^nf(x,y).$$

与一元函数的情形类似，自变量 x,y 的全微分 $\mathrm{d}x,\mathrm{d}y$ 分别是 x,y 的改变量，与 x,y 无关，因而在求多元函数的高阶全微分时，应把 $\mathrm{d}x,\mathrm{d}y$ 都看作常数. 假定相应的各阶偏导数都存在且连续，则有

$$\begin{aligned}\mathrm{d}^2z &= \mathrm{d}(\mathrm{d}z) = \mathrm{d}\left(\frac{\partial f}{\partial x}\mathrm{d}x + \frac{\partial f}{\partial y}\mathrm{d}y\right)\\ &= \frac{\partial^2 f}{\partial x^2}(\mathrm{d}x)^2 + 2\frac{\partial^2 f}{\partial x\partial y}\mathrm{d}x\mathrm{d}y + \frac{\partial^2 f}{\partial y^2}(\mathrm{d}y)^2\\ &= \sum_{k=0}^{2}\binom{2}{k}\frac{\partial^2 f}{\partial x^{2-k}\partial y^k}\mathrm{d}x^{2-k}\mathrm{d}y^k,\end{aligned}$$

$$\begin{aligned}\mathrm{d}^3z &= \mathrm{d}(\mathrm{d}^2z) = \mathrm{d}\left(\frac{\partial^2 f}{\partial x^2}\mathrm{d}x^2 + 2\frac{\partial^2 f}{\partial x\partial y}\mathrm{d}x\mathrm{d}y + \frac{\partial^2 f}{\partial y^2}\mathrm{d}y^2\right)\\ &= \sum_{k=0}^{3}\binom{3}{k}\frac{\partial^3 f}{\partial x^{3-k}\partial y^k}\mathrm{d}x^{3-k}\mathrm{d}y^k,\end{aligned}$$

等等. 由数学归纳法容易证得

$$\mathrm{d}^nz = \mathrm{d}(\mathrm{d}^{n-1}z) = \sum_{k=0}^{n}\binom{n}{k}\frac{\partial^n f}{\partial x^{n-k}\partial y^k}\mathrm{d}x^{n-k}\mathrm{d}y^k, \tag{6}$$

其中 n 为任意正整数，$\binom{n}{k}$ 是 n 个数中取 k 个数的组合数.

为了使公式(6)便于记忆，我们通常采用一种比较方便的符号记法. 如果形式地将公式(6)右端的 f 提到求和号之外，即

$$\mathrm{d}^nz = \left[\sum_{k=0}^{n}\binom{n}{k}\frac{\partial^n}{\partial x^{n-k}\partial y^k}\mathrm{d}x^{n-k}\mathrm{d}y^k\right]f,$$

那么，函数 z 的各阶全微分就可形式地写为

$$\mathrm{d}z = \left(\frac{\partial}{\partial x}\mathrm{d}x + \frac{\partial}{\partial y}\mathrm{d}y\right)f,$$

$$\mathrm{d}^2z = \left(\frac{\partial}{\partial x}\mathrm{d}x + \frac{\partial}{\partial y}\mathrm{d}y\right)^2 f,$$

…………………………………

$$\mathrm{d}^nz = \left(\frac{\partial}{\partial x}\mathrm{d}x + \frac{\partial}{\partial y}\mathrm{d}y\right)^n f. \tag{7}$$

上述各式的右端应作这样的理解：把$\frac{\partial}{\partial x}\mathrm{d}x$和$\frac{\partial}{\partial y}\mathrm{d}y$形式地看作二项式的两项，对它们按二项式定理展开，再把各项"乘以"f. 例如，将$\binom{n}{k}\frac{\partial^n}{\partial x^{n-k}\partial y^k}\mathrm{d}x^{n-k}\mathrm{d}y^k$"乘以"$f$，得到的$\binom{n}{k}\frac{\partial^n f}{\partial x^{n-k}\partial y^k}\cdot\mathrm{d}x^{n-k}\mathrm{d}y^k$就是$n$阶全微分$\mathrm{d}^n z$的第$(k+1)$项.

例 9 求函数$z=\sin(x^2+y^2)$的二阶全微分.

解 由一阶全微分形式的不变性知

$$\begin{aligned}\mathrm{d}z &= \mathrm{d}[\sin(x^2+y^2)] = \cos(x^2+y^2)\cdot\mathrm{d}(x^2+y^2)\\ &= \cos(x^2+y^2)\cdot(2x\mathrm{d}x+2y\mathrm{d}y),\\ \mathrm{d}^2z &= -\sin(x^2+y^2)\cdot(2x\mathrm{d}x+2y\mathrm{d}y)^2\\ &\quad+\cos(x^2+y^2)\cdot[2(\mathrm{d}x)^2+2(\mathrm{d}y)^2]\\ &= 2[\cos(x^2+y^2)-2x^2\sin(x^2+y^2)]\mathrm{d}x^2\\ &\quad-8xy\sin(x^2+y^2)\cdot\mathrm{d}x\mathrm{d}y\\ &\quad+2[\cos(x^2+y^2)-2y^2\sin(x^2+y^2)]\mathrm{d}y^2.\end{aligned}$$

例 10 求函数$z=\mathrm{e}^{ax+by}$的n阶全微分$\mathrm{d}^n z$.

解 先求出函数z的一阶和二阶全微分：

$$\begin{aligned}\mathrm{d}z &= \mathrm{e}^{ax+by}\mathrm{d}(ax+by) = \mathrm{e}^{ax+by}(a\mathrm{d}x+b\mathrm{d}y),\\ \mathrm{d}^2z &= \mathrm{d}(\mathrm{d}z) = \mathrm{d}(\mathrm{e}^{ax+by})\cdot(a\mathrm{d}x+b\mathrm{d}y)\\ &\quad+\mathrm{e}^{ax+by}\mathrm{d}(a\mathrm{d}x+b\mathrm{d}y)\\ &= \mathrm{e}^{ax+by}(a\mathrm{d}x+b\mathrm{d}y)^2,\end{aligned}$$

然后再由数学归纳法不难证得

$$\mathrm{d}^n z = \mathrm{e}^{ax+by}(a\mathrm{d}x+b\mathrm{d}y)^n.$$

与一元函数的情形类似，高阶全微分不再具有形式不变性. 也就是说，当x,y不是自变量而是中间变量时，复合函数$z=f(x,y)$的$n(n\geqslant 2)$阶全微分不再具有形式(7). 例如，$n=2$时，由一阶全微分形式的不变性及全微分的四则运算法则知

$$\mathrm{d}^2z = \mathrm{d}(\mathrm{d}z) = \mathrm{d}\left(\frac{\partial f}{\partial x}\mathrm{d}x+\frac{\partial f}{\partial y}\mathrm{d}y\right)$$

$$
\begin{aligned}
&= \mathrm{d}\left(\frac{\partial f}{\partial x}\right)\cdot \mathrm{d}x + \frac{\partial f}{\partial x}\mathrm{d}^2 x + \mathrm{d}\left(\frac{\partial f}{\partial y}\right)\cdot \mathrm{d}y + \frac{\partial f}{\partial y}\mathrm{d}^2 y \\
&= \left(\frac{\partial^2 f}{\partial x^2}\mathrm{d}x + \frac{\partial^2 f}{\partial x\partial y}\mathrm{d}y\right)\mathrm{d}x + \frac{\partial f}{\partial x}\mathrm{d}^2 x \\
&\quad + \left(\frac{\partial^2 f}{\partial y\partial x}\mathrm{d}x + \frac{\partial^2 f}{\partial y^2}\mathrm{d}y\right)\mathrm{d}y + \frac{\partial f}{\partial y}\mathrm{d}^2 y \\
&= \left(\frac{\partial}{\partial x}\mathrm{d}x + \frac{\partial}{\partial y}\mathrm{d}y\right)^2 f + \frac{\partial f}{\partial x}\mathrm{d}^2 x + \frac{\partial f}{\partial y}\mathrm{d}^2 y.
\end{aligned}
$$

我们看到，上式右端除$\left(\frac{\partial}{\partial x}\mathrm{d}x+\frac{\partial}{\partial y}\mathrm{d}y\right)^2 f$项外还多出了后面两项. 一般说来，当$x,y$不是自变量而是中间变量时，$\mathrm{d}^2x\neq 0$，$\mathrm{d}^2y\neq 0$，因此，通常地，有

$$
\mathrm{d}^2 z \neq \left(\frac{\partial}{\partial x}\mathrm{d}x + \frac{\partial}{\partial y}\mathrm{d}y\right)^2 f.
$$

5.4 变量替换

这一段内容是多元复合函数微分法在后继课“数学物理方法”中的简单应用.

含有未知函数偏导数的方程称为**偏微分方程**. 求满足偏微分方程的多元函数，称为求偏微分方程的**解**. 在求解时，对自变量作适当的变换，有时可使方程简化，而便于求解；或者使方程由直角坐标系下的形式变为其他坐标系下的形式，从而便于讨论.

例 11 在自变量变换$u=x,v=x^2-y^2$下，求方程

$$
y\frac{\partial z}{\partial x} + x\frac{\partial z}{\partial y} = 0
$$

的解z.

解 把x,y看作自变量，而把u,v看作中间变量，便有

$$
\frac{\partial z}{\partial x} = \frac{\partial z}{\partial u}\frac{\partial u}{\partial x} + \frac{\partial z}{\partial v}\frac{\partial v}{\partial x} = \frac{\partial z}{\partial u} + 2x\frac{\partial z}{\partial v},
$$

$$
\frac{\partial z}{\partial y} = \frac{\partial z}{\partial u}\frac{\partial u}{\partial y} + \frac{\partial z}{\partial v}\frac{\partial v}{\partial y} = -2y\frac{\partial z}{\partial v}.
$$

代入原方程，得

$$y\left(\frac{\partial z}{\partial u}+2x\frac{\partial z}{\partial v}\right)+x\left(-2y\frac{\partial z}{\partial v}\right)=0,$$

化简得

$$\frac{\partial z}{\partial u}=0.$$

这表明，函数 z 不依赖于变量 u，只依赖于变量 v，因此 $z=f(v)$，其中 f 是任意的一元可微函数，从而原方程的解为

$$z=f(x^2-y^2).$$

例 12 设 $z=f(u,v)$ 具有二阶连续偏导数，利用变换 $u=x-2y,v=x+ay$ 可将方程：$6\frac{\partial^2 z}{\partial x^2}+\frac{\partial^2 z}{\partial x\partial y}-\frac{\partial^2 z}{\partial y^2}=0$ 化为 $\frac{\partial^2 z}{\partial u\partial v}=0$，试确定 a 的值.

解 把 x,y 看作自变量，而把 u,v 看作中间变量，即有

$$\frac{\partial z}{\partial x}=\frac{\partial f}{\partial u}\cdot\frac{\partial u}{\partial x}+\frac{\partial f}{\partial v}\cdot\frac{\partial v}{\partial x}=\frac{\partial f}{\partial u}+\frac{\partial f}{\partial v},$$

$$\frac{\partial z}{\partial y}=\frac{\partial f}{\partial u}\cdot\frac{\partial u}{\partial y}+\frac{\partial f}{\partial v}\cdot\frac{\partial v}{\partial y}=-2\frac{\partial f}{\partial u}+a\frac{\partial f}{\partial v},$$

$$\frac{\partial^2 z}{\partial x^2}=\frac{\partial^2 f}{\partial u^2}\cdot\frac{\partial u}{\partial x}+\frac{\partial^2 f}{\partial u\partial v}\cdot\frac{\partial v}{\partial x}+\frac{\partial^2 f}{\partial v\partial u}\cdot\frac{\partial u}{\partial x}+\frac{\partial^2 f}{\partial v^2}\cdot\frac{\partial v}{\partial x}$$

$$=\frac{\partial^2 f}{\partial x^2}+2\frac{\partial^2 f}{\partial u\partial v}+\frac{\partial^2 f}{\partial v^2},$$

不难得到

$$\frac{\partial^2 z}{\partial x\partial y}=-2\frac{\partial^2 f}{\partial u^2}+(a-2)\frac{\partial^2 f}{\partial u\partial v}+a\frac{\partial^2 f}{\partial v^2},$$

$$\frac{\partial^2 z}{\partial y^2}=4\frac{\partial^2 f}{\partial u^2}-4a\frac{\partial^2 f}{\partial u\partial v}+a^2\frac{\partial^2 f}{\partial v^2},$$

将 $\frac{\partial^2 z}{\partial x^2},\frac{\partial^2 z}{\partial x\partial y},\frac{\partial^2 z}{\partial y^2}$ 代入方程：$6\frac{\partial^2 z}{\partial x^2}+\frac{\partial^2 z}{\partial x\partial y}-\frac{\partial^2 z}{\partial y^2}=0$，得

$$(10+5a)\frac{\partial^2 f}{\partial u\partial v}+(6+a-a^2)\frac{\partial^2 f}{\partial v^2}=0,$$

即

$$(10+5a)\frac{\partial^2 z}{\partial u\partial v}+(6+a-a^2)\frac{\partial^2 z}{\partial v^2}=0,$$

令 $6+a-a^2=0$，且 $10+5a\neq 0$，解得 $a=3$. 即当 $a=3$ 时，原方程可

化为$\dfrac{\partial^2 z}{\partial u \partial v}=0$.

例 13 设函数 $z=z(x,y)$ 具有连续的二阶偏导数，证明在极坐标变换 $x=r\cos\theta, y=r\sin\theta$ 下，有

$$\frac{\partial^2 z}{\partial x^2}+\frac{\partial^2 z}{\partial y^2}=\frac{\partial^2 z}{\partial r^2}+\frac{1}{r}\frac{\partial z}{\partial r}+\frac{1}{r^2}\frac{\partial^2 z}{\partial \theta^2}.$$

证 由本节例 2 和例 3 知，上式右端为

$$\begin{aligned}&\frac{\partial^2 z}{\partial r^2}+\frac{1}{r}\frac{\partial z}{\partial r}+\frac{1}{r^2}\frac{\partial^2 z}{\partial \theta^2}\\&=\cos^2\theta\cdot\frac{\partial^2 z}{\partial x^2}+2\sin\theta\cdot\cos\theta\cdot\frac{\partial^2 z}{\partial x\partial y}+\sin^2\theta\cdot\frac{\partial^2 z}{\partial y^2}\\&\quad+\frac{1}{r}\left(\cos\theta\cdot\frac{\partial z}{\partial x}+\sin\theta\cdot\frac{\partial z}{\partial y}\right)\\&\quad+\frac{1}{r^2}\left(r^2\sin^2\theta\cdot\frac{\partial^2 z}{\partial x^2}-2r^2\sin\theta\cdot\cos\theta\cdot\frac{\partial^2 z}{\partial x\partial y}\right.\\&\quad\left.+r^2\cos^2\theta\cdot\frac{\partial^2 z}{\partial y^2}-r\cos\theta\cdot\frac{\partial z}{\partial x}-r\sin\theta\cdot\frac{\partial z}{\partial y}\right)\\&=\frac{\partial^2 z}{\partial x^2}+\frac{\partial^2 z}{\partial y^2}.\end{aligned}$$

在本章§3 例 8 后面，已经知道方程：$\dfrac{\partial^2 z}{\partial x^2}+\dfrac{\partial^2 z}{\partial y^2}=0$ 称为二维拉普拉斯方程，而方程

$$\frac{\partial^2 z}{\partial r^2}+\frac{1}{r}\frac{\partial z}{\partial r}+\frac{1}{r^2}\frac{\partial^2 z}{\partial \theta^2}=0$$

正是其极坐标形式.

由例 13 知，在柱坐标(即空间极坐标)变换 $x=r\cos\theta, y=r\sin\theta, z=z$ 下，三维拉普拉斯方程：$\dfrac{\partial^2 u}{\partial x^2}+\dfrac{\partial^2 u}{\partial y^2}+\dfrac{\partial^2 u}{\partial z^2}=0$ 化为

$$\frac{\partial^2 u}{\partial r^2}+\frac{1}{r}\frac{\partial u}{\partial r}+\frac{1}{r^2}\frac{\partial^2 u}{\partial \theta^2}+\frac{\partial^2 u}{\partial z^2}=0.$$

例 14 在一元的二次可微函数类 $u=f(\sqrt{x^2+y^2})$ 中，求解二维拉普拉斯方程：$\dfrac{\partial^2 u}{\partial x^2}+\dfrac{\partial^2 u}{\partial y^2}=0$.

解 把问题化到极坐标系下来讨论，就是要在二次可微函数类 $u=f(r)$ 中，求解方程

$$\frac{\partial^2 u}{\partial r^2}+\frac{1}{r}\frac{\partial u}{\partial r}+\frac{1}{r^2}\frac{\partial^2 u}{\partial \theta^2}=0.$$

因为函数 $u=f(r)$ 不依赖于 θ，所以

$$\frac{\partial u}{\partial r}=f'(r),\quad \frac{\partial^2 u}{\partial r^2}=f''(r),\quad \frac{\partial^2 u}{\partial \theta^2}=0.$$

代入方程，得

$$f''(r)+\frac{1}{r}f'(r)=0.$$

令 $f'(r)=p$，则此方程化为

$$\frac{\mathrm{d}p}{\mathrm{d}r}+\frac{1}{r}p=0,\quad 即\quad \frac{\mathrm{d}p}{p}+\frac{\mathrm{d}r}{r}=0.$$

从而有
$$\mathrm{d}(\ln p+\ln r)=0.$$
于是
$$\ln p+\ln r=\ln C_1\quad (C_1\ 为任意常数),$$
即
$$\ln(pr)=\ln C_1,$$
从而得到 $pr=C_1$ 或 $p=C_1/r$. 将 $p=f'(r)$ 代入，得

$$f'(r)=C_1/r.$$

求不定积分，得

$$f(r)=C_1\ln r+C_2,$$

因此所求解为

$$u=f(\sqrt{x^2+y^2})=C_1\ln\sqrt{x^2+y^2}+C_2,$$

其中 C_1,C_2 为任意常数.

例 15 写出三维拉普拉斯方程：$\frac{\partial^2 u}{\partial x^2}+\frac{\partial^2 u}{\partial y^2}+\frac{\partial^2 u}{\partial z^2}=0$ 的球坐标形式.

解 从第九章 §5 中(6)式知，球坐标变换为

$$\begin{cases} x=\rho\sin\varphi\cos\theta, \\ y=\rho\sin\varphi\sin\theta, \\ z=\rho\cos\varphi. \end{cases}$$

这个变换可以看成下面两个柱坐标变换

$$\begin{cases} x = r\cos\theta, \\ y = r\sin\theta, \\ z = z \end{cases} \quad 及 \quad \begin{cases} z = \rho\cos\varphi, \\ r = \rho\sin\varphi, \\ \theta = \theta \end{cases}$$

的复合. 先作第一个变换,由例 13 知,三维拉普拉斯方程化为

$$\frac{\partial^2 u}{\partial r^2} + \frac{1}{r}\frac{\partial u}{\partial r} + \frac{1}{r^2}\frac{\partial^2 u}{\partial \theta^2} + \frac{\partial^2 u}{\partial z^2} = 0. \tag{8}$$

再对方程(8)作第二个变换,注意到(z,r)与(ρ,φ)之间的变换正好是平面直角坐标与极坐标的变换,因此又由例 13 知

$$\frac{\partial^2 u}{\partial z^2} + \frac{\partial^2 u}{\partial r^2} = \frac{\partial^2 u}{\partial \rho^2} + \frac{1}{\rho}\frac{\partial u}{\partial \rho} + \frac{1}{\rho^2}\frac{\partial^2 u}{\partial \varphi^2}. \tag{9}$$

为了使(8)式中的$\frac{\partial u}{\partial r}$可以用$\frac{\partial u}{\partial \rho}$和$\frac{\partial u}{\partial \varphi}$来表示,我们解方程组

$$\begin{cases} \dfrac{\partial u}{\partial \rho} = \dfrac{\partial u}{\partial r}\dfrac{\partial r}{\partial \rho} + \dfrac{\partial u}{\partial z}\dfrac{\partial z}{\partial \rho} = \dfrac{\partial u}{\partial r}\sin\varphi + \dfrac{\partial u}{\partial z}\cos\varphi, \\ \dfrac{\partial u}{\partial \varphi} = \dfrac{\partial u}{\partial r}\dfrac{\partial r}{\partial \varphi} + \dfrac{\partial u}{\partial z}\dfrac{\partial z}{\partial \varphi} = \rho\dfrac{\partial u}{\partial r}\cos\varphi - \rho\dfrac{\partial u}{\partial z}\sin\varphi, \end{cases}$$

从而得到

$$\frac{\partial u}{\partial r} = \frac{\partial u}{\partial \rho}\sin\varphi + \frac{\partial u}{\partial \varphi}\frac{\cos\varphi}{\rho}. \tag{10}$$

将(9),(10)两式代入(8)式,得

$$\frac{\partial^2 u}{\partial \rho^2} + \frac{2}{\rho}\frac{\partial u}{\partial \rho} + \frac{1}{\rho^2}\frac{\partial^2 u}{\partial \varphi^2} + \frac{\cos\varphi}{\rho^2\sin\varphi}\frac{\partial u}{\partial \varphi} + \frac{1}{\rho^2\sin^2\varphi}\frac{\partial^2 u}{\partial \theta^2} = 0,$$

或

$$\frac{1}{\rho^2}\frac{\partial}{\partial \rho}\left(\rho^2\frac{\partial u}{\partial \rho}\right) + \frac{1}{\rho^2\sin\varphi}\frac{\partial}{\partial \varphi}\left(\sin\varphi\frac{\partial u}{\partial \varphi}\right) + \frac{1}{\rho^2\sin^2\varphi}\frac{\partial^2 u}{\partial \theta^2} = 0.$$

这就是球坐标系下的拉普拉斯方程. 在“数学物理方法”课程中,我们将会遇见它.

习 题 10.5

1. 设 $u=f(x^2+y^2+z^2)$,求$\frac{\partial u}{\partial x}$,$\frac{\partial^2 u}{\partial x^2}$,$\frac{\partial^2 u}{\partial x\partial y}$.

2. 设 $z=f\left(x,\dfrac{x}{y}\right)$,求$\dfrac{\partial z}{\partial y}$,$\dfrac{\partial^2 z}{\partial x\partial y}$.

3. 设 $u=f(x+y+z,x^2+y^2+z^2)$,求

$$\Delta u=\frac{\partial^2 u}{\partial x^2}+\frac{\partial^2 u}{\partial y^2}+\frac{\partial^2 u}{\partial z^2}.$$

4. 设 $u=f(x,y)$,$x=\mathrm{e}^s\cos t$,$y=\mathrm{e}^s\sin t$,求$\dfrac{\partial^2 u}{\partial s^2}$,$\dfrac{\partial^2 u}{\partial t^2}$.

5. 设 $z=f(\xi,\eta)$,$\xi=x+y$,$\eta=x-y$,求$\dfrac{\partial z}{\partial x}$,$\dfrac{\partial^2 z}{\partial x\partial y}$.

6. 设 $u=\dfrac{x+2y}{2x-y}$,$x=\mathrm{e}^t$,$y=\mathrm{e}^{-t}$,求$\dfrac{\mathrm{d}u}{\mathrm{d}t}$.

7. 若可微函数 $z=f(x,y)$满足方程 $xz_x+yz_y=0$,证明 $f(x,y)$在极坐标系里只是 θ 的函数.

8. 若可微函数 $z=f(x,y)$满足方程$\dfrac{z_x}{x}=\dfrac{z_y}{y}$,证明 $f(x,y)$在极坐标系里只是 r 的函数.

9. 证明:函数 $z=x^n f\left(\dfrac{y}{x^2}\right)$ (其中 f 是可微函数)满足方程

$$x\frac{\partial z}{\partial x}+2y\frac{\partial z}{\partial y}=nz.$$

10. 设二元可微函数 $F(x,y)$在直角坐标系里可写成

$$F(x,y)=f(x)+g(y),$$

在极坐标系里可写成 $F(x,y)=S(r)$,试求出二元函数 $F(x,y)$.

11. 设二元可微函数 $F(x,y)$在直角坐标系里可写成

$$F(x,y)=f(x)g(y),$$

在极坐标系里可写成 $F(x,y)=\varphi(\theta)$,试求出二元函数 $F(x,y)$.

12. 若可微函数 $f(x,y,z)$对任意正实数 t 满足关系式

$$f(tx,ty,tz)=t^n(x,y,z),$$

则称 $f(x,y,z)$为 n 次齐次函数. 证明 n 次齐次函数满足方程

$$xf_x+yf_y+zf_z=nf(x,y,z).$$

(提示:固定 x,y,z 对关系式两边求 $t=1$ 处的微商.)

13. 验证下列函数是齐次函数,并求其次数.

(1) $u=(x+2y-3z)^2$;　　(2) $u=\dfrac{x}{\sqrt{x^2+y^2+z^2}}$;

(3) $u=\dfrac{x-y}{x+y}\ln\dfrac{y}{x}$;　　(4) $u=\left(\dfrac{x}{y}\right)^{\frac{y}{z}}$.

14. 设函数 $f(x,y,z)$ 在包含原点的区域上有连续的偏导数，且满足方程：

$$xf'_x + yf'_y + zf'_z = 0,$$

证明 $u=f(x,y,z)$ 是零次齐次函数.

（提示：固定 x,y,z，考虑一元函数 $g(t)=f(tx,ty,tz)$.）

15. 求下列复合函数的全微分：

(1) $z=f(t)$，$t=x+y$；

(2) $z=f(t)$，$t=\sqrt{x^2+y^2}$.

16. 证明函数 $u=\varphi(x-ct)+\psi(x+ct)$ 满足弦振动方程：

$$c^2\frac{\partial^2 u}{\partial x^2}=\frac{\partial^2 u}{\partial t^2},$$

其中 φ,ψ 是任意次可微函数.

17. 若 $f(u,v)$ 的二阶偏导数连续，且满足拉普拉斯方程

$$\Delta f=\frac{\partial^2 f}{\partial u^2}+\frac{\partial^2 f}{\partial v^2}=0.$$

证明函数 $z=f(x^2-y^2,2xy)$ 也满足拉普拉斯方程

$$\Delta z=\frac{\partial^2 z}{\partial x^2}+\frac{\partial^2 z}{\partial y^2}=0.$$

18. 先求出下列函数所需阶数的全微分，再求该函数的偏微商.

(1) 设 $z=\sin(2x+y)$，求 $\frac{\partial z}{\partial x},\frac{\partial z}{\partial y}$；

*(2) 设 $u=\ln(ax+by+cz)$，求 $\frac{\partial^3 u}{\partial x^3},\frac{\partial^3 u}{\partial x\partial y^2}$；

*(3) 设 $u=e^{x+2y+3z}$，求 $\frac{\partial^3 u}{\partial x\partial y\partial z},\frac{\partial^3 u}{\partial x^3}$.

*19. 求下列函数的高阶全微分：

(1) 设 $z=x^3+y^3+3xy(y-x)$，求 d^3z；

(2) 设 $u=xyz$，求 d^3u；

(3) 设 $u=\ln(x+y+z)$，求 $d^{10}u$；

(4) 设 $z=f(x)g(y)$，求 d^nz.

20. 作自变量变换：$\xi=x,\eta=y-x,\zeta=z-x$，求方程

$$\frac{\partial u}{\partial x}+\frac{\partial u}{\partial y}+\frac{\partial u}{\partial z}=0$$

的解.

21. 作自变量变换：$u=x, v=xy$，求方程

$$x\frac{\partial z}{\partial x}-y\frac{\partial z}{\partial y}=0$$

的解.

22. 用线性变换

$$\xi=ax+by,\quad \eta=cx+dy$$

将方程

$$3\frac{\partial^2 u}{\partial x^2}-4\frac{\partial^2 u}{\partial x\partial y}+\frac{\partial^2 u}{\partial y^2}=0$$

化为$\frac{\partial^2 u}{\partial\xi\partial\eta}=0$，从而求方程的解.

23. 在函数类$u=f(\sqrt{x^2+y^2+z^2})$中求解拉普拉斯方程

$$\frac{\partial^2 u}{\partial x^2}+\frac{\partial^2 u}{\partial y^2}+\frac{\partial^2 u}{\partial z^2}=0.$$

24. 试作自变量变换$\zeta=x+t, \eta=x-t$，求解弦振动方程$u_{x^2}=u_{t^2}$.

25. 用变换$x=\mathrm{e}^s, y=\mathrm{e}^t$来变换方程

$$ax^2u_{x^2}+2bxyu_{xy}+cy^2u_{y^2}=0$$

(其中a,b,c均为常数).

26. 在函数类$u=f(\sqrt{x^2+y^2+z^2},t)$中求解方程

$$\frac{\partial^2 u}{\partial x^2}+\frac{\partial^2 u}{\partial y^2}+\frac{\partial^2 u}{\partial z^2}=\frac{\partial^2 u}{\partial t^2}.$$

(提示：化为球坐标系后，考虑函数$w=\rho u$. 再利用第24题的结果.)

§6 方向导数与梯度

6.1 方向导数

此处以二元函数为例引进概念.

我们知道，函数$z=f(x,y)$在点(x_0,y_0)处的两个偏导数$f_x(x_0,y_0)$和$f_y(x_0,y_0)$分别刻画了函数$f(x,y)$在该点处沿x轴和y轴正方向的变化率. 然而，在许多问题中还要求讨论函数沿任意方向的变化率，这就是方向导数.

定义 设函数$z=f(x,y)$在点$M_0(x_0,y_0)$的某邻域$S(M_0,\delta)$

内有定义，l 是过点 M_0 的任一确定的方向. 在 l 上任取一点 $M(x_0+\Delta x, y_0+\Delta y)$，使 $M\in S(M_0,\delta)$（图 10-20）. 点 M_0 与 M 之间的距离记作 $\rho=|M_0M|=\sqrt{(\Delta x)^2+(\Delta y)^2}$，于是得到函数 $f(x,y)$ 在点 M_0 处沿方向 l 的平均变化率

$$\frac{\Delta z}{\rho}=\frac{f(x_0+\Delta x, y_0+\Delta y)-f(x_0,y_0)}{\rho}. \tag{1}$$

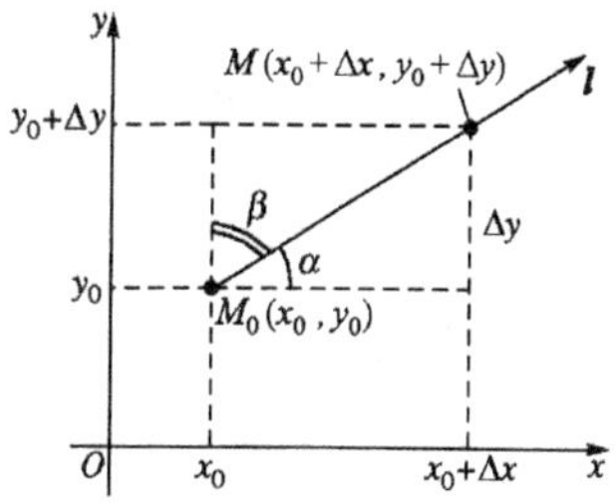

图 10-20

当点 M 沿方向 l 趋向于点 M_0（即 $\rho\to 0$）时，若(1)式的极限存在，则称此极限值为函数 $z=f(x,y)$ 在点 $M_0(x_0,y_0)$ 处沿方向 l 的**方向导数**（或**方向微商**），记作

$$\left.\frac{\partial z}{\partial l}\right|_{M_0}=\left.\frac{\partial f}{\partial l}\right|_{M_0}=\lim_{\rho\to 0}\frac{f(x_0+\Delta x, y_0+\Delta y)-f(x_0,y_0)}{\rho}.$$

下面给出方向导数的计算公式.

定理 若函数 $z=f(x,y)$ 在点 $M_0(x_0,y_0)$ 处可微，则 $f(x,y)$ 在该点处沿任意方向 l 的方向导数存在，且

$$\left.\frac{\partial z}{\partial l}\right|_{M_0}=\left.\frac{\partial f}{\partial x}\right|_{M_0}\cos\alpha+\left.\frac{\partial f}{\partial y}\right|_{M_0}\cos\beta, \tag{2}$$

其中 $\cos\alpha, \cos\beta$ 为 l 的方向余弦.

证 在 l 上任取一点 $M(x_0+\Delta x, y_0+\Delta y)$，记

$$\rho=\sqrt{(\Delta x)^2+(\Delta y)^2}.$$

根据函数可微的假定，函数的全增量 Δz 可表为

$$\Delta z=f(x_0+\Delta x, y_0+\Delta y)-f(x_0,y_0)$$

$$= \frac{\partial f}{\partial x}\Big|_{M_0}\Delta x + \frac{\partial f}{\partial y}\Big|_{M_0}\Delta y + o(\rho) \quad (\rho \to 0).$$

用 ρ 除上式两边，得

$$\begin{aligned}\frac{\Delta z}{\rho} &= \frac{f(x_0+\Delta x, y_0+\Delta y) - f(x_0, y_0)}{\rho} \\ &= \frac{\partial f}{\partial x}\Big|_{M_0}\frac{\Delta x}{\rho} + \frac{\partial f}{\partial y}\Big|_{M_0}\frac{\Delta y}{\rho} + \frac{o(\rho)}{\rho} \\ &= \frac{\partial f}{\partial x}\Big|_{M_0}\cos\alpha + \frac{\partial f}{\partial y}\Big|_{M_0}\cos\beta + \frac{o(\rho)}{\rho} \quad (\rho \to 0),\end{aligned}$$

令 $\rho \to 0$，得到

$$\frac{\partial z}{\partial \boldsymbol{l}}\Big|_{M_0} = \frac{\partial f}{\partial x}\Big|_{M_0}\cos\alpha + \frac{\partial f}{\partial y}\Big|_{M_0}\cos\beta.$$

即(2)式成立. ▌

特别地，当 $\boldsymbol{l}$ 为正 x 轴时，有 $\alpha=0, \beta=\frac{\pi}{2}$，(2)式化为

$$\frac{\partial z}{\partial \boldsymbol{l}}\Big|_{M_0} = \frac{\partial f}{\partial x}\Big|_{M_0}.$$

因此，函数 $z=f(x,y)$ 在点 M_0 处沿 x 轴**正**方向的方向导数就是函数 $z=f(x,y)$ 在该点处对 x 的偏导数. 同理，函数 $z=f(x,y)$ 在点 M_0 处沿 y 轴**正**方向的方向导数就是 $z=f(x,y)$ 在该点处对 y 的偏导数. 由此可见，偏导数是方向导数的特殊情形.

对于任意方向 $\boldsymbol{l}$(假定 $\cos\alpha, \cos\beta$ 为其方向余弦)来说，当 x 轴的坐标向量 $\boldsymbol{i}$ 按逆时针转动到 $\boldsymbol{l}$ 方向的转角为 α' 时(α' 称为向量 $\boldsymbol{l}$ 的**极角**，α' 在$[0, 2\pi)$中变动)，显然有 $\cos\alpha=\cos\alpha'$，$\cos\beta=\sin\alpha'$，因此方向导数的计算公式(2)又可写为

$$\frac{\partial z}{\partial \boldsymbol{l}}\Big|_{M_0} = \frac{\partial f}{\partial x}\Big|_{M_0}\cos\alpha' + \frac{\partial f}{\partial y}\Big|_{M_0}\sin\alpha'. \tag{2'}$$

对于三元函数 $u=f(x,y,z)$，可类似地定义它在点 $M_0(x_0, y_0, z_0)$ 处沿任意方向 $\boldsymbol{l}$ 的方向导数 $\frac{\partial u}{\partial \boldsymbol{l}}\Big|_{M_0}$，并且可以证明：当 $u=f(x,y,z)$ 在点 M_0 处可微时，有计算公式

$$\left.\frac{\partial u}{\partial \boldsymbol{l}}\right|_{M_0}=\left.\frac{\partial f}{\partial x}\right|_{M_0}\cos\alpha+\left.\frac{\partial f}{\partial y}\right|_{M_0}\cos\beta+\left.\frac{\partial f}{\partial z}\right|_{M_0}\cos\gamma, \tag{3}$$

其中 $\cos\alpha,\cos\beta,\cos\gamma$ 为 $\boldsymbol{l}$ 的方向余弦.

例 1 设有二元函数 $z=x^2y$,方向 $\boldsymbol{l}$ 的极角为$\frac{\pi}{6}$,求 $\left.\frac{\partial z}{\partial \boldsymbol{l}}\right|_{(1,1)}$.

解 函数 z 关于 x 和 y 在点(1,1)处的偏导数分别为

$$\left.\frac{\partial z}{\partial x}\right|_{(1,1)}=2xy\Big|_{\substack{x=1\\y=1}}=2,\quad \left.\frac{\partial z}{\partial y}\right|_{(1,1)}=x^2\Big|_{x=1}=1.$$

于是由公式(2′)得

$$\left.\frac{\partial z}{\partial \boldsymbol{l}}\right|_{(1,1)}=2\cos\frac{\pi}{6}+\sin\frac{\pi}{6}=\sqrt{3}+\frac{1}{2}\approx 2.232.$$

由于$\left.\frac{\partial z}{\partial \boldsymbol{l}}\right|_{(1,1)}>0$,因此函数 $z=x^2y$ 在点(1,1)处沿方向 $\boldsymbol{l}$ 是增加的,其增长率即为$\left.\frac{\partial z}{\partial \boldsymbol{l}}\right|_{(1,1)}$.

例 2 求三元函数 $u=\ln(x+y^2+z^3)$在点 $M_0(0,-1,2)$处沿方向 $\boldsymbol{l}=\{3,-1,-1\}$的方向导数$\left.\frac{\partial u}{\partial \boldsymbol{l}}\right|_{M_0}$.

解 函数 u 关于 x,y,z 在点 M_0 处的偏导数分别为

$$\left.\frac{\partial u}{\partial x}\right|_{M_0}=\left.\frac{1}{x+y^2+z^3}\right|_{M_0}=\frac{1}{9},$$

$$\left.\frac{\partial u}{\partial y}\right|_{M_0}=\left.\frac{2y}{x+y^2+z^3}\right|_{M_0}=-\frac{2}{9},$$

$$\left.\frac{\partial u}{\partial z}\right|_{M_0}=\left.\frac{3z^2}{x+y^2+z^3}\right|_{M_0}=\frac{12}{9}.$$

又由 $|\boldsymbol{l}|=\sqrt{3^2+(-1)^2+(-1)^2}=\sqrt{11}$知

$$\boldsymbol{l}_0=\frac{\boldsymbol{l}}{|\boldsymbol{l}|}=\left\{\frac{3}{\sqrt{11}},-\frac{1}{\sqrt{11}},-\frac{1}{\sqrt{11}}\right\},$$

即 $\cos\alpha=3/\sqrt{11},\cos\beta=-1/\sqrt{11},\cos\gamma=-1/\sqrt{11}$,于是由公式(3)得到

$$\left.\frac{\partial u}{\partial \boldsymbol{l}}\right|_{M_0}=\frac{1}{9}\times\frac{3}{\sqrt{11}}-\frac{2}{9}\left(-\frac{1}{\sqrt{11}}\right)+\frac{12}{9}\left(-\frac{1}{\sqrt{11}}\right)=-\frac{7}{9\sqrt{11}}.$$

因为 $\left.\dfrac{\partial u}{\partial \boldsymbol{l}}\right|_{M_0}<0$,所以函数

$$u=\ln(x+y^2+z^3)$$

在点 $M_0(0,-1,2)$处沿方向 $\boldsymbol{l}=\{3,-1,-1\}$是减少的.

6.2 梯度

此处以三元函数为例引进概念.

如上所述,函数 $u=f(x,y,z)$在点 M_0 处沿方向 $\boldsymbol{l}$ 的方向导数 $\left.\dfrac{\partial u}{\partial \boldsymbol{l}}\right|_{M_0}$ 刻画了函数在该点处沿方向 $\boldsymbol{l}$ 的变化率,当它为正数时,表示函数沿此方向增加;当它为负数时,表示函数沿此方向减少.然而在许多问题里,往往还需要知道函数在点 M_0 处究竟沿哪一个方向增加最快,也就是增长率最大,并且需要知道,这个最大的增长率等于多少.梯度的概念正是从研究这样的问题中抽象出来的.

设有函数 $u=f(x,y,z)$. 我们知道,当函数 $f(x,y,z)$在点 $M_0(x_0,y_0,z_0)$处可微时,它在该点处沿方向 $\boldsymbol{l}$(假定其方向余弦为 $\cos\alpha,\cos\beta,\cos\gamma$)的方向导数为

$$\left.\frac{\partial u}{\partial \boldsymbol{l}}\right|_{M_0}=\left.\frac{\partial f}{\partial x}\right|_{M_0}\cos\alpha+\left.\frac{\partial f}{\partial y}\right|_{M_0}\cos\beta+\left.\frac{\partial f}{\partial z}\right|_{M_0}\cos\gamma.$$

此式也可写为两个向量 $\left.\left\{\dfrac{\partial f}{\partial x},\dfrac{\partial f}{\partial y},\dfrac{\partial f}{\partial z}\right\}\right|_{M_0}$ 与 $\boldsymbol{l}_0=\{\cos\alpha,\cos\beta,\cos\gamma\}$ 点乘的形式,即

$$\left.\frac{\partial u}{\partial \boldsymbol{l}}\right|_{M_0}=\left.\left\{\frac{\partial f}{\partial x},\frac{\partial f}{\partial y},\frac{\partial f}{\partial z}\right\}\right|_{M_0}\cdot\boldsymbol{l}_0. \tag{4}$$

如果我们引进一个向量

$$\boldsymbol{g}=\left.\left\{\frac{\partial f}{\partial x},\frac{\partial f}{\partial y},\frac{\partial f}{\partial z}\right\}\right|_{M_0}$$

(显然,这个向量只与函数 $u=f(x,y,z)$及点 M_0 有关,而与方向 $\boldsymbol{l}$ 无关),那么(4)式就可写为

$$\left.\frac{\partial u}{\partial \boldsymbol{l}}\right|_{M_0}=\boldsymbol{g}\cdot\boldsymbol{l}_0=|\boldsymbol{g}|\,|\boldsymbol{l}_0|\cos\langle\boldsymbol{g},\boldsymbol{l}_0\rangle$$

$$= |\boldsymbol{g}|\cos\langle \boldsymbol{g},\boldsymbol{l}_0\rangle. \tag{5}$$

从(5)式容易看出，方向导数 $\left.\frac{\partial u}{\partial \boldsymbol{l}}\right|_{M_0}$ 的值是正还是负，是由夹角 $\langle \boldsymbol{g},\boldsymbol{l}_0\rangle$ 来确定的. 当 $\langle \boldsymbol{g},\boldsymbol{l}_0\rangle$ 为锐角时，$\left.\frac{\partial u}{\partial \boldsymbol{l}}\right|_{M_0}>0$，这时，函数 u 沿方向 $\boldsymbol{l}$ 增加；当 $\langle \boldsymbol{g},\boldsymbol{l}\rangle$ 为钝角时，$\left.\frac{\partial u}{\partial \boldsymbol{l}}\right|_{M_0}<0$，这时，函数 u 沿方向 $\boldsymbol{l}$ 减少；特别地，当 $\langle \boldsymbol{g},\boldsymbol{l}\rangle=0$ 即 $\boldsymbol{l}$ 恰好是向量 $\boldsymbol{g}$ 的方向时，$\cos\langle \boldsymbol{g},\boldsymbol{l}_0\rangle=1$，此时方向导数最大. 又因为 $\left.\frac{\partial u}{\partial \boldsymbol{l}}\right|_{M_0}=|\boldsymbol{g}|>0$，所以函数是增加的. 这就是说，当 $\boldsymbol{l}$ 恰好是向量 $\boldsymbol{g}$ 的方向时，函数 u 增长最快，而这个最大增长率的值就是向量 $\boldsymbol{g}$ 的模. 换句话说，方向导数的最大值就是向量 $\boldsymbol{g}$ 的模. 我们由此引进梯度的概念.

定义 设有函数 $u=f(x,y,z)$，它在点 $M_0(x_0,y_0,z_0)$ 处的**梯度**是这样一个向量，其方向是使函数增加最快的方向，其大小是函数的最大增长率(即方向导数的最大值). 函数 u 在点 M_0 处的梯度记作 $\mathrm{grad}u|_{M_0}$. 在直角坐标系下，它的表达式为

$$\left.\mathrm{grad}u\right|_{M_0}=\left\{\frac{\partial f}{\partial x},\frac{\partial f}{\partial y},\frac{\partial f}{\partial z}\right\}\bigg|_{M_0}. \tag{6}$$

梯度 $\mathrm{grad}u$ 有时记作 ∇u. "∇" 称为哈密尔顿(Hamilton)算符，读作"Nabla".

从(5)式还可看到，当 $\boldsymbol{l}$ 取 $-\boldsymbol{g}$ 的方向(即 $\cos\langle \boldsymbol{g},\boldsymbol{l}_0\rangle=-1$)，也就是说取 $-\mathrm{grad}u$ 的方向时，$\left.\frac{\partial u}{\partial \boldsymbol{l}}\right|_{M_0}$ 最小，其数值为 $-|\mathrm{grad}u|_{M_0}$. 我们把 $-\mathrm{grad}u|_{M_0}$ 称为函数 u 在点 M_0 处的**负梯度**. 函数沿负梯度方向的变化率最小，或者说，负梯度的方向是函数减少最快的方向.

对于二元函数 $z=f(x,y)$，可类似地定义函数在点 $M_0(x_0,y_0)$ 处的梯度 $\mathrm{grad}z|_{M_0}$. 在直角坐标系下，有表达式

$$\mathrm{grad}z|_{M_0}=\left\{\frac{\partial f}{\partial x},\frac{\partial f}{\partial y}\right\}\bigg|_{M_0}. \tag{7}$$

例 3 求函数 $z=x^2+y^2$ 在点 $M_0(1,2)$ 处的梯度，并求函数从

点 $M_0(1,2)$到点 $M_1(2,2+\sqrt{3})$的方向导数.

解 函数 z 关于 x 和 y 在点 M_0 处的偏导数分别为

$$\left.\frac{\partial z}{\partial x}\right|_{(1,2)} = \left.2x\right|_{x=1} = 2, \quad \left.\frac{\partial z}{\partial y}\right|_{(1,2)} = \left.2y\right|_{y=2} = 4,$$

由公式(7)知

$$\operatorname{grad} z\,|_{(1,2)} = \{2,4\}.$$

又,从点 M_0 到 M_1 的方向为 $\boldsymbol{l}=\overrightarrow{M_0M_1}=\{1,\sqrt{3}\}$, $|\boldsymbol{l}|=\sqrt{1+3}=2$,因此

$$\boldsymbol{l}_0 = \frac{\boldsymbol{l}}{|\boldsymbol{l}|} = \left\{\frac{1}{2},\frac{\sqrt{3}}{2}\right\}.$$

从而由公式(5)知

$$\left.\frac{\partial z}{\partial \boldsymbol{l}}\right|_{(1,2)} = \operatorname{grad} z\,|_{(1,2)} \cdot \boldsymbol{l}_0 = \{2,4\} \cdot \left\{\frac{1}{2},\frac{\sqrt{3}}{2}\right\} = 1 + 2\sqrt{3}.$$

例 4 设点电荷 q 位于坐标原点,则空间任一点 $M(x,y,z)$到它的距离为 $r=\sqrt{x^2+y^2+z^2}$. 从物理学知道,点电荷 q 产生的静电场在点 M 处的电势为

$$V = \frac{q}{4\pi\varepsilon r} = \frac{q}{4\pi\varepsilon}\frac{1}{r}.$$

求电势 V 的梯度.

解 函数 V 关于 x 的偏导数为

$$\frac{\partial V}{\partial x} = \frac{q}{4\pi\varepsilon}\frac{\partial}{\partial x}\left(\frac{1}{r}\right) = \frac{q}{4\pi\varepsilon}\left(-\frac{1}{r^2}\right)\frac{\partial r}{\partial x} = -\frac{q}{4\pi\varepsilon r^3}x.$$

同理有

$$\frac{\partial V}{\partial y} = -\frac{q}{4\pi\varepsilon r^3}y, \quad \frac{\partial V}{\partial z} = -\frac{q}{4\pi\varepsilon r^3}z.$$

于是

$$\begin{aligned}\operatorname{grad} V &= \left\{-\frac{q}{4\pi\varepsilon r^3}x,\ -\frac{q}{4\pi\varepsilon r^3}y,\ -\frac{q}{4\pi\varepsilon r^3}z\right\} \\ &= -\frac{q}{4\pi\varepsilon r^3}\{x,y,z\} = -\frac{q}{4\pi\varepsilon r^2}\cdot\frac{\boldsymbol{r}}{r}.\end{aligned}$$

从物理学知,除去负号,这正是点电荷在点 $M(x,y,z)$处的电场强

度 $\boldsymbol{E}$,因此 $\boldsymbol{E}=-\mathrm{grad}V$. 即电场强度为电位的负梯度. 可见,梯度的概念有很强的物理背景.

容易证明梯度运算遵循以下规则:

(1) $\mathrm{grad}k=\mathbf{0}$ (k 为常数);

(2) $\mathrm{grad}(u\pm v)=\mathrm{grad}u\pm\mathrm{grad}v$;

(3) $\mathrm{grad}(u\cdot v)=v\mathrm{grad}u+u\mathrm{grad}v$,特别地

$$\mathrm{grad}(ku)=k\mathrm{grad}u\ (k\text{ 为常数});$$

(4) $\mathrm{grad}\left(\dfrac{u}{v}\right)=\dfrac{1}{v^2}(v\mathrm{grad}u-u\mathrm{grad}v)\quad(v\neq 0)$;

(5) $\mathrm{grad}[f(u)]=f'(u)\mathrm{grad}u$ (设 $f'(u)$连续),以及

$$\mathrm{grad}[f(u,v)]=\frac{\partial f}{\partial u}\mathrm{grad}u+\frac{\partial f}{\partial v}\mathrm{grad}v.$$

其中 u,v 是二元函数,或三元函数,它们都有连续的一阶偏导数. 这五个规则的证明留给读者.

习 题 10.6

1. 求函数 $z=xy$ 在点(x,y)沿方向 $\boldsymbol{l}=\{\cos\alpha,\cos\beta\}$的方向微商,并求在这点的梯度和最大的方向微商及最小的方向微商.

2. 求函数 $u=xyz$ 在点$(1,1,1)$处沿从点$(1,1,1)$到点$(2,2,2)$的方向微商.

3. 求函数 $z=\arctan\dfrac{x-a}{y-b}$在点$(x_0,y_0)$处的梯度向量 $\mathrm{grad}z$.

4. 设 $f(x,y,z)=x^2+y^2+z^2+2xy+2yz+2xz$,问在点$(0,0,0)$处是否有梯度?

5. 设有二元函数

$$f(x,y)=-1+x(x-2y)+x^2y^2,$$

求在点(x_0,y_0)处 $f(x,y)$的绝对值减少最快的方向.(提示:要使 $f(x,y)$的绝对值减少最快,等价于要使函数$[f(x,y)]^2$ 减少最快.)

6. 求函数 $u=x^2-xy+y^2$ 在点$(1,1)$处的最大方向微商与最小方向微商.

7. 设 $r=\sqrt{x^2+y^2+z^2}$,求 $\mathrm{grad}r,\mathrm{grad}\dfrac{1}{r}$.

8. 设 u,v 都是 x,y,z 的函数,其一阶偏微商都连续,证明

(1) $\mathrm{grad}(u+v)=\mathrm{grad}u+\mathrm{grad}v$；

(2) $\mathrm{grad}(u\cdot v)=v\mathrm{grad}u+u\mathrm{grad}v$；

(3) $\mathrm{grad}\left(\dfrac{u}{v}\right)=\dfrac{1}{v^2}(v\mathrm{grad}u-u\mathrm{grad}v)\ (v\neq0)$；

(4) $\mathrm{grad}f(u)=f'(u)\mathrm{grad}u$（设 $f'(u)$连续）；

(5) $\mathrm{grad}f(u,v)=\dfrac{\partial f}{\partial u}\mathrm{grad}u+\dfrac{\partial f}{\partial v}\mathrm{grad}v$.

9. 设 $u=f(x,y)$在点 $M_0(x_0,y_0)$处可微，在点 M_0 给定 n 个单位向量 $\boldsymbol{l}_i$ $(i=1,2,\cdots,n)$，相邻两个向量之间的夹角为$\dfrac{2\pi}{n}$，证明

$$\sum_{i=1}^{n}\frac{\partial f}{\partial \boldsymbol{l}_i}=0.$$

10. 求函数 $u=x^3+y^3+z^3-3xyz$ 的梯度. 并问在何处其梯度：(1) 垂直于 z 轴；(2) 平行于 z 轴；(3) 等于零.

11. 求函数 $u=\dfrac{x}{x^2+y^2+z^2}$在点 $A(1,2,2)$与 $B(-3,1,0)$处两梯度之间的夹角.

12. 设过椭球面 $2x^2+3y^2+z^2=6$ 上点 $P(1,1,1)$处的指向外侧的法向量为 $\boldsymbol{n}$. 求函数 $u=\dfrac{\sqrt{6x^2+8y^2}}{z}$在点 P 处沿方向 $\boldsymbol{n}$ 的方向导数.

§7 隐函数存在定理与隐函数微分法

在一元函数微分学中，我们曾计算过隐函数的导数. 例如，设方程 $x^2+y^2=1$ 所确定的隐函数为 $y=y(x)$，为了求 y'，可在方程两边对 x 求导数，由复合函数求导法则得到

$$2x+2yy'=0$$

从而
$$y'=-\frac{x}{y}\quad(y\neq0).$$

在这里，实际上要作两点假定，即方程 $x^2+y^2=1$ 能确定 y 是 x 的函数；并且这个函数的导数存在. 但是，并非任何一个给定的方程 $F(x,y)=0$ 都能确定 y 是 x 的函数. 例如，方程 $x^2+y^2=-1$ 就不能确定任何函数，因为不存在两个实数，其平方和为-1. 那么，在什么条件下，方程 $F(x,y)=0$ 能确定 y 是 x 的函数，并且这个函

数可以求导呢?这正是隐函数存在与可微性定理所要解决的问题.下面针对三种情形给出相应定理,它们统称为**隐函数存在定理**,或**隐函数存在与可微性定理**.

7.1 一个方程、一个自变量的情形

定理 1 若函数 $F(x,y)$ 在点 $M_0(x_0,y_0)$ 的邻域 D 内有连续的一阶偏导数 F_x,F_y,且

$$F(x_0,y_0)=0,\quad F_y(x_0,y_0)\neq 0,$$

则有结论:

(1) 方程 $F(x,y)=0$ 在点 x_0 的某个邻域 $(x_0-\delta,x_0+\delta)$ 内确定惟一的隐函数 $y=f(x)$,满足

$$F[x,f(x)]\equiv 0,\quad x\in(x_0-\delta,x_0+\delta),$$

且 $$y_0=f(x_0).$$

(2) $y=f(x)$ 在点 x_0 的邻域 $(x_0-\delta,x_0+\delta)$ 内有连续的导数,且

$$y'=-\frac{F_x(x,y)}{F_y(x,y)}\quad(F_y\neq 0).\tag{1}$$

定理 1 的证明比较难,超出了教学大纲要求,此处从略.

为了对定理 1 有一个感性的认识,我们考察方程

$$F(x,y)=x^2+y^2-1=0.$$

$F(x,y)=x^2+y^2-1$ 在点 $M_0(0,1)$ 处满足定理 1 的条件. 事实上,$F(x,y)$ 在点 M_0 的邻域内有一阶连续偏导数,且

$$F(0,1)=(x^2+y^2-1)\Big|_{\substack{x=0\\y=1}}=0,$$

$$F_y(0,1)=2y\big|_{y=1}=2\neq 0,$$

因此由定理 1 知,在点 $x=0$ 的某邻域内存在惟一的隐函数 $y=f(x)$ 满足定理 1 的结论. 具体说来,即

$$f(x)=\sqrt{1-x^2}$$

满足 $F[x,f(x)]=x^2+(\sqrt{1-x^2})^2-1\equiv 0$, $f(0)=1$, 且 $y=f(x)$

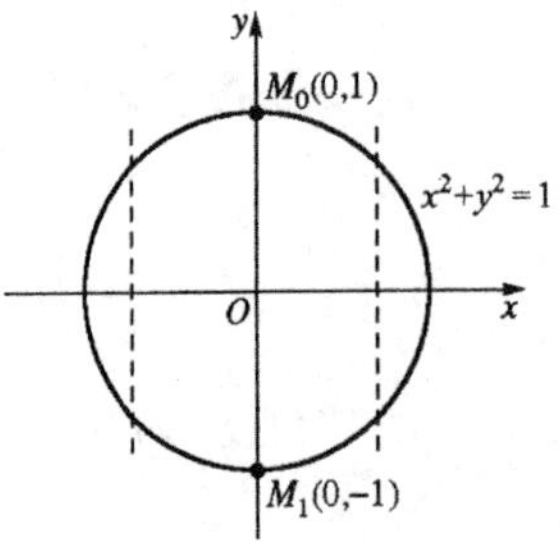

图 10-21

$=\sqrt{1-x^2}$在点 $x=0$ 的某邻域内具有连续导数

$$y' = -\frac{x}{y} \quad (y \neq 0).$$

同理,方程 $x^2+y^2-1=0$ 在点 $M_1(0,-1)$也满足定理 1 的条件,因此在点 $x=0$ 的某邻域内存在惟一的隐函数 $y=-\sqrt{1-x^2}$,满足定理 1 的条件(图 10-21).

例 1 证明:二元函数 $z=f(x,y)$在点 $M(x,y)$处的梯度 $\mathrm{grad}f$ 垂直于函数 $z=f(x,y)$在该点处的等值线 $f(x,y)=C$(C 为常数).

证 垂直于等值线,是指垂直于等值线的切向量 $\overrightarrow{MT}$(亦即切线 MT 的方向向量).为了求得 $\overrightarrow{MT}$,可先求切线 MT 的斜率 y':

令等值线方程为 $F(x,y)\equiv f(x,y)-C=0$,则由公式(1)知,其切线斜率为

$$y' = -\frac{F_x}{F_y} = -\frac{\frac{\partial f}{\partial x}}{\frac{\partial f}{\partial y}},$$

于是得到切向量 $\overrightarrow{MT}=\left\{\frac{\partial f}{\partial y},-\frac{\partial f}{\partial x}\right\}$,或 $\overrightarrow{MT}=\left\{-\frac{\partial f}{\partial y},\frac{\partial f}{\partial x}\right\}$,而梯度 $\mathrm{grad}f=\left\{\frac{\partial f}{\partial x},\frac{\partial f}{\partial y}\right\}$,显然有

$$\overrightarrow{MT}\cdot \mathrm{grad}f = 0,$$

因此 $\mathrm{grad}f\perp\overrightarrow{MT}$,即梯度垂直于等值线 $f(x,y)=C$. ▌

定理 1 是由一个方程 $F(x,y)=0$ 确定一个一元隐函数 $y=f(x)$的定理.下面给出由一个方程确定一个多元隐函数的定理.

7.2 一个方程、多个自变量的情形

定理 2 若函数 $F(x,y,z)$在点 $M_0(x_0,y_0,z_0)$的邻域 D 内有连续的一阶偏导数 F_x,F_y,F_z,且

$$F(x_0,y_0,z_0)=0,\quad F_z(x_0,y_0,z_0)\neq 0,$$

则方程 $F(x,y,z)=0$ 在点(x_0,y_0)的某个邻域内确定惟一的二元隐函数 $z=f(x,y)$,满足

$$F[x,y,f(x,y)]\equiv 0,\quad 及\quad z_0=f(x_0,y_0),$$

且 $z=f(x,y)$有连续的偏导数,并有计算公式

$$\frac{\partial z}{\partial x}=-\frac{F_x}{F_z},\quad \frac{\partial z}{\partial y}=-\frac{F_y}{F_z}\quad (F_z\neq 0).\tag{2}$$

证明从略.

例 2 求由方程 $e^{-xy}-2z+e^z=0$ 所确定的隐函数 $z=z(x,y)$ 的偏导数 z_x,z_y 及 z_{x^2}.

解 方法一 利用公式(2).

设 $F(x,y,z)=e^{-xy}-2z+e^z$,则

$$F_x=-ye^{-xy},\quad F_y=-xe^{-xy},\quad F_z=-2+e^z,$$

由公式(2),得

$$z_x=-\frac{F_x}{F_z}=\frac{ye^{-xy}}{e^z-2}\quad (e^z-2\neq 0),\tag{3}$$

$$z_y=-\frac{F_y}{F_z}=\frac{xe^{-xy}}{e^z-2}\quad (e^z-2\neq 0).$$

为了求 z_{x^2},可在(3)式两边再对 x 求偏导数:

$$\begin{aligned}z_{x^2}&=\frac{\partial}{\partial x}\left(\frac{ye^{-xy}}{e^z-2}\right)=y\frac{\partial}{\partial x}\left(\frac{e^{-xy}}{e^z-2}\right)\\&=y\frac{-ye^{-xy}(e^z-2)-e^{-xy}(e^z\cdot z_x)}{(e^z-2)^2}\\&\xlongequal{\text{将(3)式代入}}y\frac{-ye^{-xy}(e^z-2)-e^{-xy}\cdot e^z\cdot\dfrac{ye^{-xy}}{e^z-2}}{(e^z-2)^2}\\&=-\frac{y^2e^{-xy}[(e^z-2)^2+e^z\cdot e^{-xy}]}{(e^z-2)^3}\quad (e^z-2\neq 0).\end{aligned}$$

方法二 不必套用公式(2).直接在原方程两边对 x 求偏导数,得

$$-ye^{-xy}-2z_x+e^z\cdot z_x=0,\tag{4}$$

解得
$$z_x=\frac{ye^{-xy}}{e^z-2}\quad (e^z-2\neq 0).$$

注意到 x,y 在方程中的对称地位，即可得到
$$z_y=\frac{xe^{-xy}}{e^z-2}\quad (e^z-2\neq 0).$$

为了求 z_{x^2}，在(4)式两边再对 x 求偏导数，得
$$(-y)^2e^{-xy}-2z_{x^2}+e^z\cdot z_x\cdot z_x+e^z\cdot z_{x^2}=0,$$

将 z_x 代入此式，解得
$$z_{x^2}=-\frac{y^2e^{-xy}[(e^z-2)^2+e^z\cdot e^{-xy}]}{(e^z-2)^3}\quad (e^z-2\neq 0).$$

例 3 设方程 $F(2x-y,x+2y-3z,-x+z^2)=0$ 满足隐函数存在定理的条件，确定 z 是 x,y 的二元隐函数 $z=z(x,y)$，求 $\dfrac{\partial z}{\partial x}$，$\dfrac{\partial z}{\partial y}$.

解 *方法一* 在方程两边对 x 求偏导数，由锁链法则得
$$F_1'\cdot(2x-y)_x'+F_2'\cdot(x+2y-3z)_x'+F_3'\cdot(-x+z^2)_x'=0,$$

即
$$2F_1'+F_2'\cdot\left(1-3\frac{\partial z}{\partial x}\right)+F_3'\cdot\left(-1+2z\frac{\partial z}{\partial x}\right)=0,$$

解得
$$\frac{\partial z}{\partial x}=\frac{2F_1'+F_2'-F_3'}{3F_2'-2zF_3'}\quad (3F_2'-2zF_3'\neq 0).$$

同理，在方程两边对 y 求偏导数，得
$$F_1'\cdot(2x-y)_y'+F_2'\cdot(x+2y-3z)_y'+F_3'\cdot(-x+z^2)_y'=0,$$

即
$$-F_1'+F_2'\left(2-3\frac{\partial z}{\partial y}\right)+F_3'\cdot 2z\frac{\partial z}{\partial y}=0,$$

解得
$$\frac{\partial z}{\partial y}=\frac{-F_1'+2F_2'}{3F_2'-2zF_3'}\quad (3F_2'-2zF_3'\neq 0).$$

方法二　通过求全微分来写出偏导数.

在方程两边求全微分，由一阶全微分形式的不变性知，有

$$F'_1\mathrm{d}(2x-y)+F'_2\mathrm{d}(x+2y-3z)+F'_3\mathrm{d}(-x+z^2)=0,$$

即

$$F'_1\cdot(2\mathrm{d}x-\mathrm{d}y)+F'_2\cdot(\mathrm{d}x+2\mathrm{d}y-3\mathrm{d}z)$$
$$+F'_3\cdot(-\mathrm{d}x+2z\mathrm{d}z)=0,$$

整理，得

$$(2F'_1+F'_2-F'_3)\mathrm{d}x+(-F'_1+2F'_2)\mathrm{d}y$$
$$+(-3F'_2+2zF'_3)\mathrm{d}z=0,$$

当 $3F'_2-2zF'_3\neq 0$ 时，有

$$\mathrm{d}z=\frac{2F'_1+F'_2-F'_3}{3F'_2-2zF'_3}\mathrm{d}x+\frac{-F'_1+2F'_2}{3F'_2-2zF'_3}\mathrm{d}y,$$

于是得到

$$\frac{\partial z}{\partial x}=\frac{2F'_1+F'_2-F'_3}{3F'_2-2zF'_3}\quad(3F'_2-2zF'_3\neq 0),$$

$$\frac{\partial z}{\partial y}=\frac{-F'_1+2F'_2}{3F'_2-2zF'_3}\quad(3F'_2-2zF'_3\neq 0).$$

例 4　设方程 $F(x,y,z)=0$ 能确定任一变量为另外两个变量的函数，证明

$$\frac{\partial x}{\partial y}\cdot\frac{\partial y}{\partial z}\cdot\frac{\partial z}{\partial x}=-1.$$

这是本章§3 例 3 的一般化结果.

证　设方程 $F(x,y,z)=0$ 中的 x 是 y,z 的函数：

$$x=x(y,z).$$

在方程两边对 y 求偏导数，由锁链法则得

$$F_x\frac{\partial x}{\partial y}+F_y\cdot 1=0,$$

当 $F_x\neq 0$ 时有

$$\frac{\partial x}{\partial y}=-\frac{F_y}{F_x}.$$

同理,当 $F_y\neq 0$ 时有

$$\frac{\partial y}{\partial z}=-\frac{F_z}{F_y},$$

当 $F_z\neq 0$ 时有

$$\frac{\partial z}{\partial x}=-\frac{F_x}{F_z}.$$

从而

$$\frac{\partial x}{\partial y}\cdot\frac{\partial y}{\partial z}\cdot\frac{\partial z}{\partial x}=\left(-\frac{F_y}{F_x}\right)\left(-\frac{F_z}{F_y}\right)\left(-\frac{F_x}{F_z}\right)=-1. \quad \blacksquare$$

上述定理 2 和例 2,例 3,例 4 都是关于一个方程 $F(x,y,z)=0$、两个自变量的情形,由方程所确定的是一个二元隐函数,我们讨论了怎样求它的偏导数和全微分的问题.今后如果遇到一个方程、$n(n\geqslant 3)$个自变量的情形,那么由方程所确定的就是一个 n 元隐函数.我们有如下定理:

定理 2′ 若函数 $F(x_1,x_2,\cdots,x_n,y)$在点 $M_0(x_1^0,x_2^0,\cdots,x_n^0,y_0)$的邻域 D 内有连续的一阶偏导数 $F_{x_i}(i=1,2,\cdots,n)$和 F_y,且

$$F(M_0)=0,\quad F_y(M_0)\neq 0,$$

则方程 $F(x_1,x_2,\cdots,x_n,y)=0$ 在点$(x_1^0,x_2^0,\cdots,x_n^0)$的某个邻域内确定惟一的 n 元隐函数

$$y=f(x_1,x_2,\cdots,x_n),$$

满足

$$F[x_1,x_2,\cdots,x_n,f(x_1,x_2,\cdots,x_n)]\equiv 0,$$

及

$$y_0=f(x_1^0,x_2^0,\cdots,x_n^0),$$

且 $y=f(x_1,x_2,\cdots,x_n)$有连续的偏导数,并有公式

$$\frac{\partial y}{\partial x_i}=-\frac{F_{x_i}}{F_y}\quad(i=1,2,\cdots,n;\ F_y\neq 0).$$

7.3 方程组的情形

以上讨论的都是由一个方程所确定的某个隐函数(一元的或多元的). 如果方程的个数不止一个,那么,在一定条件下,由给定的联立方程组就能确定若干个隐函数. 下面针对一种常见的情形给出定理.

定理 3 设函数 $F(x,y,u,v)$ 与 $G(x,y,u,v)$ 满足

(1) 在点 $M_0(x_0,y_0,u_0,v_0)$ 的邻域 D 内有连续的一阶偏导数,

(2) $F(M_0)=0$, $G(M_0)=0$,

(3) 函数 F 与 G 的雅可比行列式

$$J=\frac{\partial(F,G)}{\partial(u,v)}=\begin{vmatrix}F_u & F_v\\ G_u & G_v\end{vmatrix}\xlongequal{\text{或记作}}\frac{D(F,G)}{D(u,v)}$$

在点 M_0 处不等于零,则有结论:

(1) 在点 (x_0,y_0) 的某邻域内,方程组

$$\begin{cases}F(x,y,u,v)=0,\\ G(x,y,u,v)=0\end{cases}\tag{5}$$

确定惟一的一组函数 $u=u(x,y)$, $v=v(x,y)$,满足方程组(5),且

$$u_0=u(x_0,y_0),\quad v_0=v(x_0,y_0).$$

(2) 这组函数在点 (x_0,y_0) 的某邻域内有连续的偏导数,且

$$u_x=-\frac{\partial(F,G)}{\partial(x,v)}\Big/J,\quad u_y=-\frac{\partial(F,G)}{\partial(y,v)}\Big/J,$$

$$v_x=-\frac{\partial(F,G)}{\partial(u,x)}\Big/J,\quad v_y=-\frac{\partial(F,G)}{\partial(u,y)}\Big/J.$$

证明从略.

定理 3 有一个重要推论.

推论(反函数存在定理) 设函数组

$$\begin{cases}x=x(u,v),\\ y=y(u,v)\end{cases}\tag{6}$$

在点 (u_0,v_0) 的邻域内有连续的一阶偏导数,且 $\dfrac{\partial(x,y)}{\partial(u,v)}$ 在点

(u_0,v_0) 处不等于零，令 $x_0=x(u_0,v_0)$，$y_0=y(u_0,v_0)$，则在点 (x_0,y_0)的某邻域内存在惟一的具有连续偏导数的函数组

$$\begin{cases}u=u(x,y),\\v=v(x,y)\end{cases}\tag{7}$$

满足函数组(6)，且 $u_0=u(x_0,y_0)$，$v_0=v(x_0,y_0)$.

函数组(7)称为函数组(6)的**反函数**.

例 5 设函数组

$$\begin{cases}x=f(u,v),\\y=g(u,v)\end{cases}$$

满足上述推论中的条件，求 u_x,v_x,u_y,v_y.

解 在这两个方程的两端对 x 求偏导数，由锁链法则得

$$\begin{cases}1=f_uu_x+f_vv_x,\\0=g_uu_x+g_vv_x,\end{cases}$$

从中解出

$$u_x=\frac{g_v}{J},\quad v_x=-\frac{g_u}{J},$$

其中

$$J=\frac{\partial(f,g)}{\partial(u,v)}=\begin{vmatrix}f_u & f_v\\g_u & g_v\end{vmatrix}.$$

同理，在两个方程的两端对 y 求偏导数，得

$$\begin{cases}0=f_uu_y+f_vv_y,\\1=g_uu_y+g_vv_y,\end{cases}$$

解得

$$u_y=-\frac{f_v}{J},\quad v_y=\frac{f_u}{J},$$

其中 J 同上.

此例也可利用全微分来做：对原方程组两端分别求全微分，得

$$\begin{cases}\mathrm{d}x=f_u\mathrm{d}u+f_v\mathrm{d}v,\\\mathrm{d}y=g_u\mathrm{d}u+g_v\mathrm{d}v,\end{cases}$$

解得

$$\begin{cases}\mathrm{d}u = \dfrac{g_v}{J}\mathrm{d}x - \dfrac{f_v}{J}\mathrm{d}y, \\ \mathrm{d}v = -\dfrac{g_u}{J}\mathrm{d}x + \dfrac{f_u}{J}\mathrm{d}y,\end{cases}$$

于是得到

$$u_x = \frac{g_v}{J}, \quad u_y = -\frac{f_v}{J},$$

$$v_x = -\frac{g_u}{J}, \quad v_y = \frac{f_u}{J},$$

其中 $J = \dfrac{\partial(f,g)}{\partial(u,v)}$.

例 6 设

$$\begin{cases}x^2 + y^2 - uv = 0, \\ xy - u^2 + v^2 = 0.\end{cases}$$

求 u_x, v_x 及 u_{x^2}, v_{x^2}.

解 设方程组确定 u,v 是 x,y 的隐函数. 在方程组两边分别对 x 求偏导数,得

$$\begin{cases}2x - u_x v - u v_x = 0, \\ y - 2u u_x + 2v v_x = 0.\end{cases} \tag{8}$$

解此方程组,得

$$\begin{cases}u_x = \dfrac{4xv + yu}{2(u^2 + v^2)}, \\ v_x = \dfrac{4xu - yv}{2(u^2 + v^2)}\end{cases} \quad (u^2 + v^2 \neq 0). \tag{9}$$

为了求 u_{x^2}, v_{x^2},在方程组(8)两边再对 x 求偏导数,得

$$\begin{cases}2 - u_{x^2} v - u_x v_x - u_x v_x - u v_{x^2} = 0, \\ 0 - 2u_x u_x - 2u u_{x^2} + 2v_x v_x + 2v v_{x^2} = 0,\end{cases}$$

即

$$\begin{cases}v u_{x^2} + u v_{x^2} = 2(1 - u_x v_x), \\ u u_{x^2} - v v_{x^2} = v_x^2 - u_x^2,\end{cases}$$

从中解出

$$\begin{cases} u_{x^2} = \dfrac{2v(1 - u_x v_x) + u(v_x^2 - u_x^2)}{u^2 + v^2}, \\ v_{x^2} = \dfrac{2u(1 - u_x v_x) - v(v_x^2 - u_x^2)}{u^2 + v^2}. \end{cases} \tag{10}$$

再将(9)式代入(10)式右端,整理即得.

例 7 求由方程组

$$\begin{cases} x^2 + y^2 + z^2 = a^2 \ (a \text{ 为常数}), \\ x + y + z = 0 \end{cases}$$

所确定的两个一元隐函数 $y=y(x)$,$z=z(x)$的导数.

解 在方程组两端对 x 求导数,得

$$\begin{cases} 2x + 2yy' + 2zz' = 0, \\ 1 + y' + z' = 0. \end{cases}$$

解此方程组,得

$$\begin{cases} y'(x) = \dfrac{z - x}{y - z}, \\ z'(x) = \dfrac{x - y}{y - z} \end{cases} \quad (y - z \neq 0).$$

从以上各例看出,在具体问题中求隐函数的偏导数(或导数)时,可以不利用隐函数存在定理所给出的公式,而在方程(或方程组)两边分别求导,这样做,通常更简便一些.但在讨论某些理论问题(或问题中的函数关系不具体)时,定理给出的公式往往是有用的.

习 题 10.7

1. 求由下列方程确定的函数 $z=z(x,y)$的所有一阶偏导数:

(1) $x^n+y^n+z^n=a^n$; (2) $x+y+z=e^{x+y+z}$;

(3) $\dfrac{x}{z}=\ln\dfrac{z}{y}$; (4) $z^x=y^z$.

2. 设 $z^3-3xyz=a^3$,求 z_x,z_y.

3. 设 $x+y+z=e^z$，求$\frac{\partial^2 z}{\partial x\partial y}$.

4. 设 $z=\sqrt{x^2-y^2}\tan\frac{z}{\sqrt{x^2-y^2}}$，求$\frac{\partial z}{\partial y}$，$\frac{\partial^2 y}{\partial y^2}$.

5. 设 $F(x,x+y,x+y+z)=0$，求 z_x，z_y.

6. 求由下列方程所确定的函数 $z=z(x,y)$的全微分：

(1) $z=f(xz,z-y)$；

(2) $f(x-y,y-z,z-x)=0$；

(3) $f(x,x+y,x+y+z)=0$.

7. 设 $xu-yv=0$，$yu+xv=1$，求$\frac{\partial u}{\partial x}$，$\frac{\partial u}{\partial y}$，$\frac{\partial v}{\partial x}$，$\frac{\partial v}{\partial y}$.

8. 设 $x=u+v$，$y=u^2+v^2$，$z=u^3+v^3$ 确定函数 $z=z(x,y)$，求$\frac{\partial z}{\partial x}$，$\frac{\partial z}{\partial y}$.

9. 设 $x=\cos\varphi\cos\theta$，$y=\cos\varphi\sin\theta$，$z=\sin\varphi$，确定函数 $z=z(x,y)$，求$\frac{\partial z}{\partial x}$.

10. 函数 $z=z(x,y)$由方程

$$x^2+y^2+z^2=yf(z/y)$$

所确定，证明

$$(x^2-y^2-z^2)\frac{\partial z}{\partial x}+2xy\frac{\partial z}{\partial y}=2xz.$$

11. 函数 $z=z(x,y)$由方程

$$F\left(x+\frac{z}{y},y+\frac{z}{x}\right)=0$$

所确定，证明

$$x\frac{\partial z}{\partial x}+y\frac{\partial z}{\partial y}=z-xy.$$

12. 函数 $u=u(x,y,z)$由方程

$$F(u^2-x^2,u^2-y^2,u^2-z^2)=0$$

所确定，证明

$$\frac{u_x}{x}+\frac{u_y}{y}+\frac{u_z}{z}=\frac{1}{u}.$$

13. 设 $x^2+y^2=\frac{1}{2}z^2$，$x+y+z=2$，求$\frac{\mathrm{d}x}{\mathrm{d}z}$，$\frac{\mathrm{d}y}{\mathrm{d}z}$在 $x=1$，$y=-1$，$z=2$ 时的值.

14. 设 $xu-yv=0$，$yu+xv=1$，求$\frac{\partial u}{\partial x}$，$\frac{\partial u}{\partial y}$，$\frac{\partial v}{\partial x}$与$\frac{\partial v}{\partial y}$.

15. 设 $u+v=x+y$，$\dfrac{\sin u}{\sin v}=\dfrac{x}{y}$，求 du, dv.

16. 设 $x=t+t^{-1}, y=t^2+t^{-2}, z=t^3+t^{-3}$，求 $\dfrac{dy}{dx}, \dfrac{dz}{dx}, \dfrac{d^2y}{dx^2}$ 和 $\dfrac{d^2z}{dx^2}$.

§8 二元函数的泰勒公式

一元函数的泰勒公式可以推广到二元函数的情形.

定理 若函数 $z=f(x,y)$ 在含有点 $P_0(x_0,y_0)$ 的某区域 D 内具有直到 $(n+1)$ 阶的连续偏导数，则当点 $P(x_0+h,y_0+k)\in D$ 且连线 $P_0P\subset D$ 时，有 n 阶**泰勒公式**

$$\begin{aligned}f(x_0+h,y_0+k)&=f(x_0,y_0)+f_x(x_0,y_0)h+f_y(x_0,y_0)k\\&\quad+\frac{1}{2!}[f_{x^2}(x_0,y_0)h^2+2f_{xy}(x_0,y_0)hk+f_{y^2}(x_0,y_0)k^2]\\&\quad+\frac{1}{3!}[f_{x^3}(x_0,y_0)h^3+3f_{x^2y}(x_0,y_0)h^2k+3f_{xy^2}(x_0,y_0)hk^2\\&\quad+f_{y^3}(x_0,y_0)k^3]+\cdots+\frac{1}{n!}\left(h\frac{\partial}{\partial x}+k\frac{\partial}{\partial y}\right)^n f(x_0,y_0)+R_n,\end{aligned}\tag{1}$$

其中

$$R_n=\frac{1}{(n+1)!}\left(h\frac{\partial}{\partial x}+k\frac{\partial}{\partial y}\right)^{n+1}f(x_0+\theta h,y_0+\theta k)$$
$$(0<\theta<1)$$

称为**拉格朗日型余项**.

这里的记号 $\left(h\dfrac{\partial}{\partial x}+k\dfrac{\partial}{\partial y}\right)^n f(x_0,y_0)$ 表示按二项式定理展开为 $(n+1)$ 项之和，其中含 h^rk^{p-r} 项的系数为

$$C_p^r\left.\frac{\partial^p f(x,y)}{\partial x^r\partial y^{p-r}}\right|_{(x_0,y_0)}$$
$$(r=0,1,\cdots,p;\quad p=1,2,\cdots,n+1).$$

证 考虑一元函数

$$G(t)=f(x_0+ht,y_0+kt)\quad(0\leqslant t\leqslant 1).$$

由条件知，$G(t)$在 $0\leqslant t\leqslant 1$ 上具有直到$(n+1)$阶的连续的导数，于是由一元函数带拉格朗日型余项的泰勒公式得

$$G(t)=G(0)+G'(0)t+\frac{G''(0)}{2!}t^2+\cdots+\frac{G^{(n)}(0)}{n!}t^n$$
$$+\frac{G^{(n+1)}(\theta t)}{(n+1)!}t^{n+1}\quad(0<\theta<1).$$

令 $t=1$，得

$$G(1)=G(0)+G'(0)+\frac{G''(0)}{2!}+\cdots$$
$$+\frac{G^{(n)}(0)}{n!}+\frac{G^{(n+1)}(\theta)}{(n+1)!}\quad(0<\theta<1).\tag{2}$$

根据 $G(t)$的定义及复合函数微分法，我们有

$$G'(t)=h\frac{\partial f(x_0+ht,y_0+kt)}{\partial x}+k\frac{\partial f(x_0+ht,y_0+kt)}{\partial y}$$
$$=\left(h\frac{\partial}{\partial x}+k\frac{\partial}{\partial y}\right)f(x_0+ht,y_0+kt),$$
$$G''(t)=\left(h\frac{\partial}{\partial x}+k\frac{\partial}{\partial y}\right)^2 f(x_0+ht,y_0+kt),$$

………

一般地，有 $G^{(p)}(t)=\left(h\frac{\partial}{\partial x}+k\frac{\partial}{\partial y}\right)^p f(x_0+ht,y_0+kt)$ $(p=1,2,\cdots,n+1)$. 于是

$$G^{(p)}(0)=\left(h\frac{\partial}{\partial x}+k\frac{\partial}{\partial y}\right)^p f(x_0,y_0)\quad(p=1,2,\cdots,n+1),$$
$$G^{(n+1)}(\theta)=\left(h\frac{\partial}{\partial x}+k\frac{\partial}{\partial y}\right)^{n+1} f(x_0+\theta h,y_0+\theta k),$$

又

$$G(1)=f(x_0+h,y_0+k),\quad G(0)=f(x_0,y_0),$$

将以上结果代入(2)式，就得到二元函数的泰勒公式(1). ▌

当 $n=0$ 时，(1)式化为

$$f(x_0+h,y_0+k)-f(x_0,y_0)=f_x(x_0+\theta h,y_0+\theta k)h$$

$$+ f_y(x_0+\theta h, y_0+\theta k)k \quad (0<\theta<1). \tag{3}$$

(3)式称为**二元函数的拉格朗日中值公式**. 此式成立的条件是：函数 $f(x,y)$ 在含有点 $P_0(x_0,y_0)$ 的某区域 D 内有连续的一阶偏导数，且点 $P(x_0+h,y_0+k)\in D$，连线 $P_0P\subset D$.

当 $|h|$ 与 $|k|$ 都很小时，若舍去(1)式右端的余项 R_n，则右端的 h 与 k 的 n 次多项式可作为 $f(x_0+h,y_0+k)$ 的近似值，并且不难估计误差. 由于函数有直到 $(n+1)$ 阶的连续偏导数，因此，在点 (x_0,y_0) 的某邻域内，函数的 $(n+1)$ 阶偏导数有界，设界为 M，并记 $\rho=\sqrt{h^2+k^2}$，则有

$$\begin{aligned}|R_n| &\leqslant \frac{M}{(n+1)!}(|h|+|k|)^{n+1}\\ &= \frac{M}{(n+1)!}\rho^{n+1}(|\cos\alpha|+|\sin\alpha|)^{n+1}\text{①}\\ &\leqslant \frac{(\sqrt{2})^{n+1}M}{(n+1)!}\rho^{n+1},\end{aligned}$$

其中 $\cos\alpha=\dfrac{h}{\rho}$，$\sin\alpha=\dfrac{k}{\rho}$. 从上式还可得到

$$R_n = o(\rho^n) \quad (\rho\to 0). \tag{4}$$

这就是二元函数泰勒公式的**皮亚诺型余项**.

当 $n=1$ 时，带皮亚诺型余项的泰勒公式化为

$$\begin{aligned}f(x_0+h,y_0+k) &= f(x_0,y_0)+f_x(x_0,y_0)h+f_y(x_0,y_0)k\\ &\quad+\frac{1}{2!}[f_{x^2}(x_0,y_0)h^2+2f_{xy}(x_0,y_0)hk+f_{y^2}(x_0,y_0)k^2]\\ &\quad+o(\rho^2) \quad (\rho\to 0).\end{aligned} \tag{5}$$

有时为了书写方便，记 $f_{x^2}(x_0,y_0)=A$，$f_{xy}(x_0,y_0)=B$，$f_{y^2}(x_0,y_0)=C$，于是(5)式又可写为

$$f(x_0+h,y_0+k)-f(x_0,y_0) = f_x(x_0,y_0)h+f_y(x_0,y_0)k$$

---

① 这里 α 为连线 P_0P 与 x 轴的夹角. 因为 $(|\cos\alpha|+|\sin\alpha|)^2=1+|\sin2\alpha|\leqslant 2$，所以 $|\cos\alpha|+|\sin\alpha|\leqslant\sqrt{2}$.

$$+\frac{1}{2!}(Ah^2+2Bhk+Ck^2)+o(\rho^2)\quad(\rho\to 0),\qquad(6)$$

其中 $\rho=\sqrt{h^2+k^2}$.

二元函数的泰勒公式还可推广到 $n(n>2)$ 元函数的情形. 此处从略.

例 1 在点(0,0)的邻域内,按皮亚诺型余项的泰勒公式展开函数 $f(x,y)=\arctan\frac{1+x+y}{1-x+y}$ 至二次项.

解 由(5)式知,应先求出下列各量:

$$f(0,0)=\arctan\frac{1+x+y}{1-x+y}\bigg|_{(0,0)}=\frac{\pi}{4},$$

$$f_x(0,0)=\frac{1+y}{(1+y)^2+x^2}\bigg|_{(0,0)}=1,$$

$$f_y(0,0)=\frac{-x}{(1+y)^2+x^2}\bigg|_{(0,0)}=0,$$

$$f_{x^2}(0,0)=\frac{-2(1+y)x}{[(1+y)^2+x^2]^2}\bigg|_{(0,0)}=0,$$

$$f_{xy}(0,0)=\frac{x^2-(1+y)^2}{[(1+y)^2+x^2]^2}\bigg|_{(0,0)}=-1,$$

$$f_{y^2}(0,0)=\frac{2x(1+y)}{[(1+y)^2+x^2]^2}\bigg|_{(0,0)}=0.$$

然后在(5)式中,令 $x_0=0,y_0=0,h=x,k=y$,

$$\rho=\sqrt{h^2+k^2}=\sqrt{x^2+y^2},$$

便得到泰勒公式

$$\arctan\frac{1+x+y}{1-x+y}=\frac{\pi}{4}+x-xy+o(\rho^2)\quad(\rho\to 0).$$

二元函数的泰勒公式也有与一元函数的泰勒公式相类似的惟一性定理. 利用惟一性定理,可用间接方法(即不通过求各阶偏导数的办法)求出函数的泰勒公式.

例 2 在点(0,0)的邻域内,将函数 e^{x+y} 按皮亚诺型余项的泰勒公式展开至二次项.

解 令 $t=x+y$，由一元函数的麦克劳林展开式得

$$e^t = 1 + t + \frac{1}{2!}t^2 + o(t^2) \quad (t \to 0),$$

即

$$e^{x+y} = 1 + (x+y) + \frac{1}{2!}(x+y)^2 + o[(x+y)^2], \quad (x+y) \to 0. \tag{7}$$

由不等式 $\frac{(x+y)^2}{x^2+y^2} \leqslant 2$ 知

$$o[(x+y)^2] = o(\rho^2), \quad \rho = \sqrt{x^2+y^2} \to 0,$$

于是由(7)式得到

$$e^{x+y} = 1 + (x+y) + \frac{1}{2}(x+y)^2 + o(\rho^2) \quad (\rho \to 0).$$

由惟一性定理知，这就是二元函数 e^{x+y} 的泰勒公式.

例 3 利用二元函数的二阶泰勒公式求 $I=1.04^{2.02}$ 的近似值.

解 令 $f(x,y)=x^y$，$(x_0,y_0)=(1,2)$，$h=0.04$，$k=0.02$. 容易求得

$$\begin{aligned}
&f(1,2) = 1,\\
&f_x(1,2) = yx^{y-1}|_{(1,2)} = 2,\\
&f_y(1,2) = x^y\ln x|_{(1,2)} = 0,\\
&f_{x^2}(1,2) = y(y-1)x^{y-2}|_{(1,2)} = 2,\\
&f_{xy}(1,2) = (x^{y-1} + yx^{y-1}\ln x)|_{(1,2)} = 1,\\
&f_{y^2}(1,2) = x^y(\ln x)^2|_{(1,2)} = 0,
\end{aligned}$$

于是由公式(5)得到近似值

$$I \approx 1 + 2\times 0.04 + \frac{1}{2}[2\times(0.04)^2 + 2\times 0.04\times 0.02] = 1.0824.$$

在本章§4 例 5 中，我们曾利用一阶全微分求出 I 的近似值为 1.08，现在利用二阶泰勒公式更精确地求出了 I 的近似值为

1.0824.

习　题　10.8

1. 在点(1,1)的邻域内把函数

$$f(x,y)=2x^2-xy-y^2-6x-3y+5$$

展开成泰勒公式.

2. 在点(0,0)的邻域内按皮亚诺余项展开成泰勒公式(到二次项为止)：

(1) $f(x,y)=\dfrac{1+x}{1+y}$；　　(2) $f(x,y)=(1+x)^{1+y}$；

(3) $f(x,y)=\dfrac{\cos x}{\cos y}$；　　(4) $f(x,y)=\sqrt{1-x^2-y^2}$.

3. 在点(0,0)的邻域内按拉格朗日余项展开成泰勒公式(到一次项为止)：

(1) $f(x,y)=\ln(1+x+y)$；

(2) $f(x,y)=\sin(x^2+y^2+2x+2y)$.

$$\left(\text{提示：} f(x,y)=f(0,0)+f_x(0,0)x+f_y(0,0)y +\frac{1}{2!}\left[x\frac{\partial}{\partial x}+y\frac{\partial}{2y}\right]^2 f(\theta x,\theta y),\ 0<\theta<1.\right)$$

4. 函数 $f(x,y)$在区域 D 上$\dfrac{\partial f}{\partial x}\equiv 0,\dfrac{\partial f}{\partial y}\equiv 0$. 证明 $f(x,y)$为一常数.

(提示：用拉格朗日中值定理.)

5. 设 $z=z(x,y)$由方程 $z^3-2xz+y=0$ 所确定，对函数 z 在点(1,1)处按皮亚诺余项公式展开到二次项.

6. 若区域 D 中存在一点 $M_0(x_0,y_0)$，对 D 中任一点 M，连线 MM_0 都属于区域 D，具有这种性质的区域称为是关于 M_0 的星形区域. 设 D 关于原点是星形区域，函数 $f(x,y)$有连续的偏导数，且在 D 上成立：

$$xf_x(x,y)+yf_y(x,y)\equiv 0,$$

证明：$f(x,y)$在 D 上是一常数.

§9　多元函数的极值

在实际问题中，经常会遇到求多元函数极值的问题. 与一元函数的情形类似，我们可以利用多元函数微分学的理论来讨论这个问题.

9.1 极值的必要条件与充分条件

定义 设函数 $f(x,y)$ 在点 $P_0(x_0,y_0)$ 的某邻域内有定义. 若在此邻域内恒有

$$f(x,y)\leqslant f(x_0,y_0)\quad (\text{或 } f(x,y)\geqslant f(x_0,y_0)),$$

则称 $f(x_0,y_0)$ 为函数 $f(x,y)$ 的一个**极大(小)值**, (x_0,y_0) 称为函数 $f(x,y)$ 的**极大(小)值点**.

函数的极大值与极小值统称为函数的**极值**,使函数达到极值的点称为函数的**极值点**.

例如,函数 $z=1-x^2-y^2$ 在点 $(0,0)$ 处的值为 1,而在点 $(0,0)$ 附近的函数值恒小于 1,因此,函数 $z=1-x^2-y^2$ 在点 $(0,0)$ 处达到极大值 1,其图形为开口向下的旋转抛物面(图 10-22).

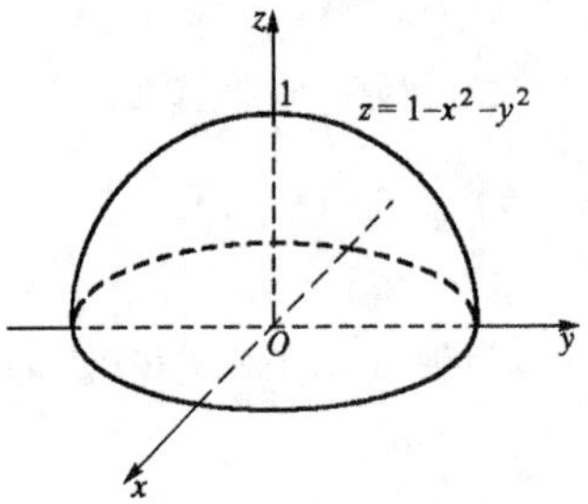

图 10-22

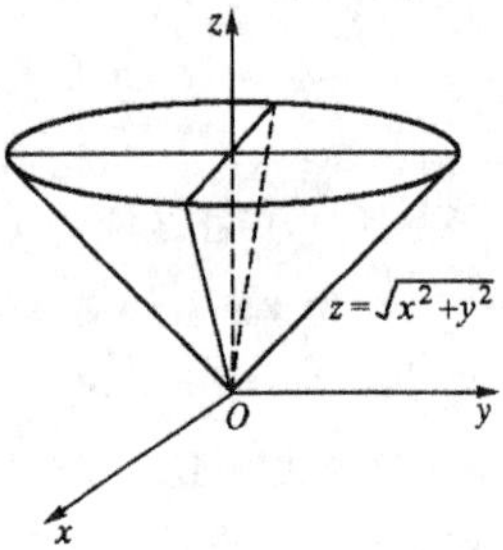

图 10-23

又如,函数 $z=\sqrt{x^2+y^2}$ 在点 $(0,0)$ 处的值为 0,而在点 $(0,0)$ 附近的函数值恒大于 0,因此,函数 $z=\sqrt{x^2+y^2}$ 在点 $(0,0)$ 处达到极小值 0(图 10-23).

定理 1(极值的必要条件) 若函数 $f(x,y)$ 在点 $P_0(x_0,y_0)$ 处达到极值,且 $f_x(x_0,y_0)$ 和 $f_y(x_0,y_0)$ 都存在,则

$$f_x(x_0,y_0)=0,\quad f_y(x_0,y_0)=0. \tag{1}$$

证 不妨设 $f(x_0,y_0)$ 为极大值,即在 P_0 点附近,恒有

$$f(x,y)\leqslant f(x_0,y_0).$$

从而当 y 固定为 y_0 时，亦有

$$f(x,y_0)\leqslant f(x_0,y_0).$$

这表示，一元函数 $f(x,y_0)$ 在点 x_0 处达到极大值. 于是由一元可微函数取极值的必要条件（费马定理）知

$$\left[\frac{\mathrm{d}}{\mathrm{d}x}f(x,y_0)\right]\bigg|_{x=x_0}=0,$$

即 $$f_x(x_0,y_0)=0.$$

同理 $$f_y(x_0,y_0)=0.\quad \blacksquare$$

我们称满足方程组(1)的点为函数的**稳定点**或**驻点**.

定理 1 告诉我们，在一阶偏导数存在的条件下，函数的极值点必是稳定点. 但是，函数的稳定点却未必是极值点. 例如，函数 $z=xy$（其图形是马鞍面）有稳定点(0,0)，但(0,0)却不是函数的极值点.

定理 2（极值的充分条件） 若函数 $f(x,y)$ 在点 $P_0(x_0,y_0)$ 的某邻域内有连续的二阶偏导数，且 $f_x(x_0,y_0)=0$，$f_y(x_0,y_0)=0$，记 $f_{x^2}(x_0,y_0)=A$，$f_{xy}(x_0,y_0)=B$，$f_{y^2}(x_0,y_0)=C$，则有结论：

(1) 当 $AC-B^2>0$ 且 $A>0$（或 $C>0$）时，$f(x_0,y_0)$ 为极小值；

(2) 当 $AC-B^2>0$ 且 $A<0$（或 $C<0$）时，$f(x_0,y_0)$ 为极大值；

(3) 当 $AC-B^2<0$ 时，$f(x,y)$ 在点 (x_0,y_0) 处无极值.

证 由 $f_x(x_0,y_0)=0$，$f_y(x_0,y_0)=0$，以及函数 $f(x,y)$ 在点 (x_0,y_0) 处的带皮亚诺型余项的二阶泰勒公式，得到

$$f(x,y)-f(x_0,y_0)=\frac{1}{2}(Ah^2+2Bhk+Ck^2)+o(\rho^2)\quad(\rho\to 0),\tag{2}$$

其中 $h=x-x_0$，$k=y-y_0$，$\rho=\sqrt{h^2+k^2}$.

设点 P_0 与点 $P(x,y)$ 的连线与 x 轴的夹角为 θ，则有

$$h=\rho\cos\theta,\quad k=\rho\sin\theta\ (0\leqslant\theta\leqslant 2\pi),$$

代入(2)式，得

$$f(x,y)-f(x_0,y_0)=\frac{1}{2}(A\cos^2\theta+2B\sin\theta\cos\theta+C\sin^2\theta)\rho^2+o(\rho^2)\quad(\rho\to 0).$$

记 $F(\theta)=A\cos^2\theta+2B\sin\theta\cos\theta+C\sin^2\theta,\theta\in[0,2\pi]$，代入上式，得

$$f(x,y)-f(x_0,y_0)=\left[\frac{1}{2}F(\theta)+o(1)\right]\rho^2\quad(\rho\to 0).\tag{3}$$

(1) 当 $AC-B^2>0$ 且 $A>0$ 时，有

$$F(\theta)=\left(\sqrt{A}\cos\theta+\frac{B}{\sqrt{A}}\sin\theta\right)^2+\frac{AC-B^2}{A}\sin^2\theta.\tag{4}$$

显然 $F(\theta)$ 在 $[0,2\pi]$ 上连续，因此 $F(\theta)$ 在 $[0,2\pi]$ 上有最小值. 又因为当 $\theta\in[0,2\pi]$ 时，$F(\theta)>0$，所以 $F(\theta)$ 的最小值(记为 c_1)大于 0，即 $F(\theta)\geqslant c_1>0,\theta\in[0,2\pi]$. 于是当 ρ 充分小时，$\frac{1}{2}F(\theta)+o(1)>0$，再由(3)式知，$f(x_0,y_0)$ 为极小值.

(2) 当 $AC-B^2>0$ 且 $A<0$ 时，有

$$F(\theta)=-\left(\sqrt{-A}\cos\theta-\frac{B}{\sqrt{-A}}\sin\theta\right)^2+\frac{AC-B^2}{A}\sin^2\theta,$$

由类似的讨论知，$f(x_0,y_0)$ 为极大值.

(3) 当 $AC-B^2<0$ 时，若 $A\neq 0$，不妨设 $A>0$($A<0$ 可类似讨论). 因方程

$$\sqrt{A}\cos\theta+\frac{B}{\sqrt{A}}\sin\theta=0$$

总有非零解 θ_1，又由(4)式知 $F(\theta_1)<0$，而 $F(0)>0$，因此，当 ρ 充分小时，(3)式中的 $\frac{1}{2}F(\theta)+o(1)$ 总是可正可负的，由此可知 $f(x_0,y_0)$ 不是极值.

若 $A=0$，则 $F(\theta)=(2B\cos\theta+C\sin\theta)\sin\theta$. 由 $AC-B^2<0$ 知 $B\neq 0$. 显然可取适当小的 $\theta_1\in\left(0,\frac{\pi}{2}\right)$，使得

$$2B\cos\theta-|C\sin\theta|$$

与 B 同号，从而对于充分小的 ρ，当 $\theta=\theta_1$ 时，可使 $\frac{1}{2}F(\theta)+o(1)$ 恒与 B 同号，当 $\theta=-\theta_1$ 时，可使 $\frac{1}{2}F(\theta)+o(1)$ 恒与 B 异号. 因此，$f(x_0,y_0)$ 不是极值. ▌

注 当 $AC-B^2=0$ 时，函数 $f(x,y)$ 在点 (x_0,y_0) 处可能有极值，也可能没有极值. 比如，函数 $f(x,y)\equiv 0$ 与函数 $g(x,y)=x^3$ 在点 $(0,0)$ 处都属于这种情况，$f(x,y)$ 在点 $(0,0)$ 处有极值，而 $g(x,y)$ 在点 $(0,0)$ 处没有极值.

例 1 求 $f(x,y)=x^3-y^3+3x^2+3y^2-9x$ 的极值.

解 解方程组

$$\begin{cases} f_x(x,y)=3x^2+6x-9=0, \\ f_y(x,y)=-3y^2+6y=0, \end{cases}$$

得到四个驻点

$$P_1(1,0),\quad P_2(1,2),\quad P_3(-3,0),\quad P_4(-3,2).$$

又，$f_{x^2}(x,y)=6x+6$，$f_{xy}(x,y)=0$，$f_{y^2}(x,y)=-6y+6$.

对于驻点 $P_1(1,0)$，显然 $A=12$，$B=0$，$C=6$. 因为 $AC-B^2>0$，且 $A>0$，所以 $f(1,0)=-5$ 为极小值.

对于驻点 $P_2(1,2)$，$AC-B^2<0$，因此函数在该点无极值.

对于驻点 $P_3(-3,0)$，$AC-B^2<0$，函数在该点也无极值.

对于驻点 $P_4(-3,2)$，$AC-B^2>0$，且 $A<0$，因此 $f(-3,2)=31$ 为极大值.

9.2 多元函数的最大值、最小值应用问题举例

在实际问题中，经常需要求某多元可微函数在已知区域 D 上的最大值或最小值. 根据具体情况，有时我们可以断定函数的最大值或最小值在 D 的内部达到，往往函数在 D 内又只有一个稳定点，这时就可以断定，该稳定点必是函数的最大值点或最小值点.

例 2 某工厂用钢板制造容积为 V 的无盖长方盒，问怎样选取长、宽、高，才最省钢板?

解 设盒长为 x,宽为 y,则高为 $h=\frac{V}{xy}$. 因此,无盖长方盒的表面积为

$$S = xy + \frac{V}{xy}(2x + 2y) = xy + 2V\left(\frac{1}{x} + \frac{1}{y}\right),$$

$$(x,y) \in D,$$

其中 D 是区域$\{0<x<+\infty;0<y<+\infty\}$. 解方程组

$$\begin{cases} \frac{\partial S}{\partial x} = y - \frac{2V}{x^2} = 0, \\ \frac{\partial S}{\partial y} = x - \frac{2V}{y^2} = 0, \end{cases}$$

得到稳定点$(x_0,y_0)=(\sqrt[3]{2V},\sqrt[3]{2V})$. 容易看出,固定 $x>0$,当 $y\to+0$(或 $y\to+\infty$)以及固定 $y>0$,当 $x\to+0$(或 $x\to+\infty$)时,都有 $S\to+\infty$,因此可微函数 S 的最小值必在 D 内达到. 而函数 S 在 D 内又只有一个稳定点,于是可以断定,函数 S 在点$(\sqrt[3]{2V},\sqrt[3]{2V})$处达到最小值. 即当长、宽分别为$\sqrt[3]{2V}$,$\sqrt[3]{2V}$,而高为 $h=\frac{V}{xy}=\frac{1}{2}\sqrt[3]{2V}$时,最省钢板.

例 3 设有一条直的引水渠道,横截面为一等腰梯形. 当横截面的面积一定时,问如何选取等腰梯形各边的长度,才能使渠道表面所铺水泥的用量最省.

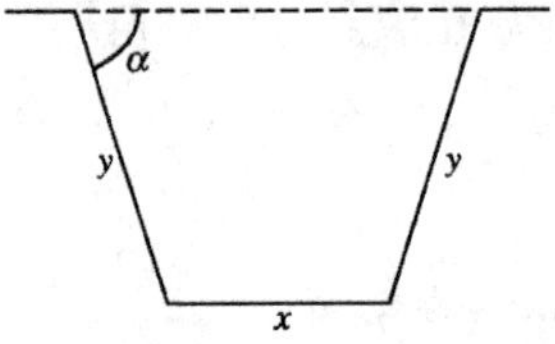

图 10-24

解 设截面积为定值 S_0. 梯形的下底为 x,腰为 y,腰与上底的夹角为 α(图 10-24). 由梯形面积公式得

$$\begin{aligned} S_0 &= \frac{1}{2}(2x + 2y\cos\alpha)y\sin\alpha \\ &= xy\sin\alpha + y^2\sin\alpha\cos\alpha. \end{aligned} \tag{5}$$

要求水泥用量最少,就是要求梯形的三边总长度

$$L = x + 2y \tag{6}$$

最小,亦即要求函数 L 的最小值,其中 x,y 满足(5)式.从(5)式解出

$$x=\frac{S_0}{y\sin\alpha}-y\cos\alpha, \tag{7}$$

代入(6)式,L 化为 y,α 的二元函数

$$L=\frac{S_0}{y\sin\alpha}-y\cos\alpha+2y. \tag{8}$$

于是问题化为求(8)式所表示的函数 L 的最小值.为了求解方程组

$$\begin{cases}\dfrac{\partial L}{\partial y}=\dfrac{S_0}{\sin\alpha}\left(-\dfrac{1}{y^2}\right)-\cos\alpha+2=0,\\ \dfrac{\partial L}{\partial\alpha}=\dfrac{S_0}{y}\left(-\dfrac{1}{\sin^2\alpha}\cos\alpha\right)+y\sin\alpha=0,\end{cases}$$

即

$$\begin{cases}y^2(2\sin\alpha-\sin\alpha\cos\alpha)=S_0, & (9)\\ y^2\sin^3\alpha=S_0\cos\alpha, & (10)\end{cases}$$

可从这两个方程中消去 y^2,得

$$\frac{S_0}{2\sin\alpha-\sin\alpha\cos\alpha}=\frac{S_0\cos\alpha}{\sin^3\alpha},$$

即 $\cos\alpha=\dfrac{1}{2}$,因此 $\alpha=\dfrac{\pi}{3}$.将其代入(10)式得

$$y=\frac{2\sqrt{S_0}}{\sqrt{3}\sqrt[4]{3}},$$

再将 α,y 的值代入(7)式,得

$$x=\frac{2\sqrt{S_0}}{\sqrt{3}\sqrt[4]{3}},$$

即 $$x=y.$$

由极值的必要条件知,只有当 $\alpha=60°$ 且 $x=y$ 时,L 才可能取得最小值.但由实际情况可知,最小值是存在的,因此,在水渠截面积一定的情况下,当等腰梯形的腰与下底相等且夹角为 60°时,水泥用

量最少.

9.3 最小二乘法

这是利用多元函数的极值理论寻求经验公式的一种数学方法.

在实际工作中,常常需要根据实测的一组数据找出函数关系,即经验公式.这里只介绍直线型经验公式.

假设有两个变量 x,y,其中 y 是 x 的函数.但在实际问题里,只测得了一组如下数据:

x	x_1	x_2	$\cdots$	x_i	$\cdots$	x_n
y	y_1	y_2	$\cdots$	y_i	$\cdots$	y_n

怎样找出 x,y 之间的最佳近似公式呢?

第一步:分析数据.

先将数据表中的数对 $(x_i,y_i)(i=1,2,\cdots,n)$ 看作点的坐标,画在坐标纸上,即实际工作中所说的"点图";再看看 x 与 y 之间的关系是否近似于一次函数.此处假定,n 个点 $(x_i,y_i)(i=1,2,\cdots,n)$ 基本上分布在一条直线附近(见图 10-25).因而可以认为 y 是 x 的线性(即一次)函数:

$$y = ax + b. \tag{11}$$

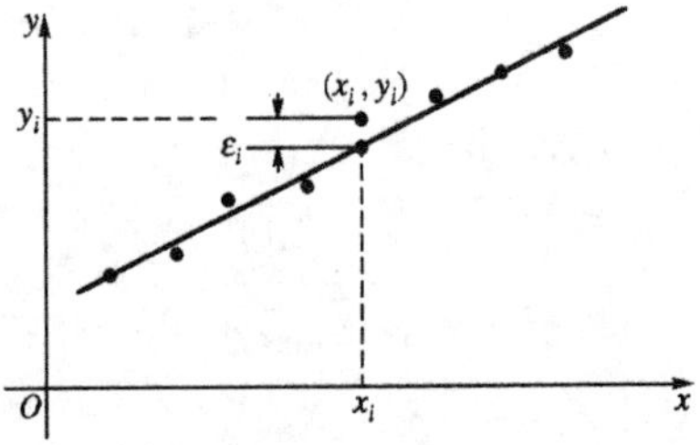

图 10-25

第二步:求 a,b,找出直线型经验公式(11).

显然，实测值 y_i 与按照公式(11)计算出的理论值 (ax_i+b) 不一定相等. 也就是说，存在误差

$$\varepsilon_i = y_i - (ax_i + b) = y_i - ax_i - b$$
$$(i = 1,2,\cdots,n),$$

这 n 个 ε_i 有正，有负，将它们平方之后，再求和，称为总偏差：

$$\varepsilon = \sum_{i=1}^{n}\varepsilon_i^2 = \sum_{i=1}^{n}(y_i - ax_i - b)^2,$$

这里的 ε 是 a,b 的二元函数：$\varepsilon=\varepsilon(a,b)$. 下面介绍在总偏差取最小值的意义下，怎样定出常数 a,b，从而求得最佳近似公式——直线型经验公式为：$y=ax+b$. 这种根据总偏差 $\varepsilon(a,b)$ 为最小的条件来确定系数 a,b 的方法，就是**最小二乘法**.

由极值的必要条件得

$$\begin{cases} \dfrac{\partial\varepsilon}{\partial a} = \displaystyle\sum_{i=1}^{n}2(y_i - ax_i - b)\cdot(-x_i) = 0, \\ \dfrac{\partial\varepsilon}{\partial b} = \displaystyle\sum_{i=1}^{n}2(y_i - ax_i - b)\cdot(-1) = 0, \end{cases}$$

即

$$\begin{cases} \left(\displaystyle\sum_{i=1}^{n}x_i^2\right)a + \left(\displaystyle\sum_{i=1}^{n}x_i\right)b = \displaystyle\sum_{i=1}^{n}x_iy_i, \\ \left(\displaystyle\sum_{i=1}^{n}x_i\right)a + nb = \displaystyle\sum_{i=1}^{n}y_i, \end{cases}$$

解得

$$\begin{cases} a = \dfrac{n\displaystyle\sum_{i=1}^{n}x_iy_i - \left(\displaystyle\sum_{i=1}^{n}x_i\right)\cdot\left(\displaystyle\sum_{i=1}^{n}y_i\right)}{n\left(\displaystyle\sum_{i=1}^{n}x_i^2\right) - \left(\displaystyle\sum_{i=1}^{n}x_i\right)^2}, \\ b = \dfrac{\left(\displaystyle\sum_{i=1}^{n}y_i\right)\cdot\left(\displaystyle\sum_{i=1}^{n}x_i^2\right) - \left(\displaystyle\sum_{i=1}^{n}x_i\right)\cdot\left(\displaystyle\sum_{i=1}^{n}x_iy_i\right)}{n\left(\displaystyle\sum_{i=1}^{n}x_i^2\right) - \left(\displaystyle\sum_{i=1}^{n}x_i\right)^2}, \end{cases} \qquad (12)$$

于是得到直线型经验公式 $y=ax+b$. 我们看到，为了求得 a,b，需要计算下面四个量：

$$\sum_{i=1}^{n}x_i,\quad \sum_{i=1}^{n}y_i,\quad \sum_{i=1}^{n}x_iy_i,\quad \sum_{i=1}^{n}x_i^2.$$

这里还要说明的是，利用公式(12)求出的 a,b，确实可使总偏差 $\varepsilon(a,b)$ 达到最小值. 事实上，有

$$A=\frac{\partial^2\varepsilon}{\partial a^2}=2\sum_{i=1}^{n}x_i^2,\quad B=\frac{\partial^2\varepsilon}{\partial a\partial b}=2\sum_{i=1}^{n}x_i,$$

$$C=\frac{\partial^2\varepsilon}{\partial b^2}=2\sum_{i=1}^{n}1=2n,$$

可以证明 $AC-B^2=4\left[n\sum_{i=1}^{n}x_i^2-\left(\sum_{i=1}^{n}x_i\right)^2\right]^{(注)}>0$. 又，$A>0$，于是由极值的充分条件知，由(12)式求得的 (a,b) 确是总偏差 $\varepsilon(a,b)$ 的极小值点，而且是惟一的极小值点，因此也就是最小值点.

注 在柯西不等式

$$\begin{aligned}&(a_1b_1+a_2b_2+\cdots+a_nb_n)^2\\&\quad\leqslant(a_1^2+a_2^2+\cdots+a_n^2)(b_1^2+b_2^2+\cdots+b_n^2)\end{aligned}$$

中，令 $a_i=x_i, b_i\equiv1(i=1,2,\cdots,n)$，得到

$$(x_1+x_2+\cdots+x_n)^2\leqslant(x_1^2+x_2^2+\cdots+x_n^2)\cdot n,$$

即

$$n\sum_{i=1}^{n}x_i^2-\left(\sum_{i=1}^{n}x_i\right)^2\geqslant0.$$

柯西不等式还指出：当且仅当 $x_1=x_2=\cdots=x_n$ 时，上述不等式取等号. 现在显然有 $x_i\neq x_j(i,j=1,2,\cdots,n)$，因此下列严格不等式

$$n\sum_{i=1}^{n}x_i^2-\left(\sum_{i=1}^{n}x_i\right)^2>0$$

成立，这就保证了 $AC-B^2>0$，并且(12)式的分母 $\neq0$.

例 4 已知金属棒的长度 l 与温度 t 有关，它随温度的变化而变化，变化规律由膨胀系数 k 决定. 由分析知，有公式

$$l=l_0(1+kt),\tag{13}$$

其中 l_0 为 0℃ 时金属棒的长度. 为了应用这个公式,需要定出常数 l_0 及 k. 现测得金属棒长度 l 与对应的温度 t 之间有如下五组数据:

温度 t/℃	20	30	40	50	60
长度 l/mm	1000.36	1000.53	1000.74	1000.91	1001.06

试利用这五组数据求出 l_0 和 k 的最佳值.

解 我们可用最小二乘法来做.

令 $l_0k=a, l_0=b$,则(13)式化为

$$l = at + b. \tag{14}$$

为了计算方便,我们列出下表:

i	1	2	3	4	5
t_i	20	30	40	50	60
l_i	1000.36	1000.53	1000.74	1000.91	1001.06
t_il_i	20007.20	30015.90	40029.60	50045.50	60063.60
t_i^2	400	900	1600	2500	3600

于是有

$$\sum_{i=1}^{5} t_i = 200, \quad \sum_{i=1}^{5} l_i = 5003.60,$$

$$\sum_{i=1}^{5} t_il_i = 200161.80, \quad \sum_{i=1}^{5} t_i^2 = 9000.$$

代入公式(12),得

$$a = 0.0178, \quad b = 1000.01,$$

代入(14)式,得到直线型经验公式

$$l = 0.0178t + 1000.01,$$

并得到两个常数 l_0 及 k 的值

$$l_0 = b = 1000.01,$$

$$k = \frac{a}{l_0} = 0.0000177.$$

以上是利用最小二乘法求直线型经验公式的例子.有时所测量的数据之间的关系也可能不是一次函数,而是幂函数或指数函数,或二次函数等等.对于这些情况,也可以利用最小二乘法来做.例如,如果公式为指数函数

$$y = Ae^{\beta x},$$

那么,根据 n 组数据 $(x_i, y_i)(i=1,2,\cdots,n)$,可以用最小二乘法求出 A 与 β 的最佳值.事实上,我们可以在以上公式的两边取对数,得

$$\ln y = \ln A + \beta x,$$

令 $\alpha=\ln A$,则上式为

$$\ln y = \alpha + \beta x.$$

这时,数据 (x_i, y_i) 换为 $(x_i, \ln y_i)(i=1,2,\cdots,n)$.用最小二乘法可求出 α,β 的最佳值,然后定出 $A=e^{\alpha}$,便得到公式 $y=Ae^{\beta x}$.

9.4 条件极值

在极值问题中,大量出现的是函数满足若干条件(也称**约束方程**)的极值问题,即**条件极值**问题.例如,函数 $z=\sqrt{1-x^2-y^2}$ 满足约束方程 $y=0$ 的极大值是 1,而满足约束方程 $y-a=0(0<a<1)$ 的极大值是 $\sqrt{1-a^2}$(图 10-26).这些都是条件极值.又如,在本节例 4 中,如果设盒高为 z,那么例 4 就可看成求函数 $S=xy+2yz+2xz$ 满足约束方程 $xyz-V=0$ 的条件极值问题.前面在解决这

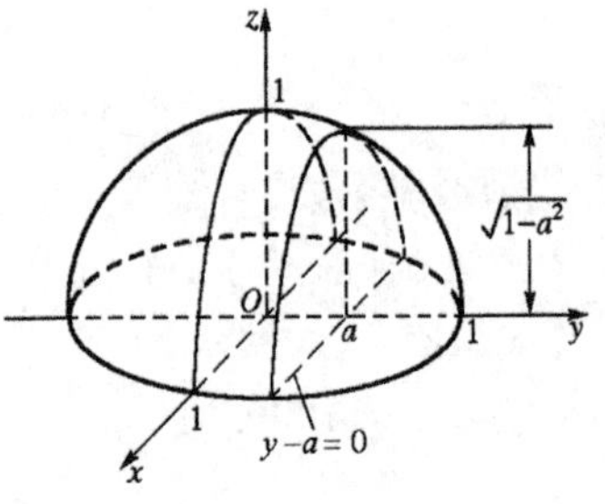

图 10-26

个问题时，是从约束方程中解出

$$z=V/xy$$

代入 S 中，得到二元函数

$$S=xy+2V\left(\frac{1}{x}+\frac{1}{y}\right),$$

然后求二元函数的普通极值. 但是对有些问题，要解出 z 并不方便. 下面介绍不从约束方程中解出 z 的求条件极值的方法，即**拉格朗日乘数法**，或 λ **乘子法**.

我们来讨论一般的三元函数

$$u=f(x,y,z) \tag{15}$$

满足约束方程

$$\varphi(x,y,z)=0 \tag{16}$$

的条件极值问题.

假定函数 $f(x,y,z)$ 与 $\varphi(x,y,z)$ 都有连续的一阶偏导数，且 $\varphi_z(x,y,z)\neq 0$，那么，方程 $\varphi(x,y,z)=0$ 就确定了 z 是 x,y 的隐函数 $z=z(x,y)$. 将它代入(15)式，得到二元函数

$$u=f[x,y,z(x,y)].$$

三元函数的条件极值问题即化为该二元函数的普通极值问题. 由极值的必要条件知，为了求稳定点，应求解方程组

$$\begin{cases}\dfrac{\partial u}{\partial x}=\dfrac{\partial f}{\partial x}+\dfrac{\partial f}{\partial z}\dfrac{\partial z}{\partial x}=0,\\[2ex] \dfrac{\partial u}{\partial y}=\dfrac{\partial f}{\partial y}+\dfrac{\partial f}{\partial z}\dfrac{\partial z}{\partial y}=0.\end{cases}$$

由隐函数存在定理 2 知

$$\frac{\partial z}{\partial x}=-\frac{\varphi_x}{\varphi_z},\quad \frac{\partial z}{\partial y}=-\frac{\varphi_y}{\varphi_z}\quad (\varphi_z\neq 0),$$

代入上面方程组，得

$$\begin{cases}f_x-\dfrac{\varphi_x}{\varphi_z}f_z=0,\\[2ex] f_y-\dfrac{\varphi_y}{\varphi_z}f_z=0.\end{cases}$$

此方程组可改写为

$$\frac{f_x}{\varphi_x}=\frac{f_y}{\varphi_y}=\frac{f_z}{\varphi_z}. \tag{17}$$

方程组(17)再加上约束方程(16)就是条件极值点(x_0,y_0,z_0)所应满足的方程组.

令$\frac{f_z}{\varphi_z}=-\lambda$(因为$\varphi_z\neq 0$,所以$\lambda$是确定的),则只需解方程组

$$\begin{cases}f_x+\lambda\varphi_x=0,\\ f_y+\lambda\varphi_y=0,\\ f_z+\lambda\varphi_z=0,\\ \varphi(x,y,z)=0.\end{cases} \tag{18}$$

若解出x,y,z,λ,则(x,y,z)即为稳定点.而在上面的假定下,条件极值点必定是稳定点,因此,解方程组是求条件极值点的关键.

方程组(18)不易记忆.为了便于记忆,下面换一个讲法.

方程组(18)可看成四个独立变量x,y,z,λ的函数

$$F(x,y,z,\lambda)=f(x,y,z)+\lambda\varphi(x,y,z).$$

取普通极值的必要条件,即化为下列方程组

$$\begin{cases}F_x=f_x+\lambda\varphi_x=0,\\ F_y=f_y+\lambda\varphi_y=0,\\ F_z=f_z+\lambda\varphi_z=0,\\ F_\lambda=\varphi(x,y,z)=0.\end{cases} \tag{19}$$

从(19)式解出x,y,z,λ后,(x,y,z)就是条件极值问题的稳定点.如果根据实际问题能从直观上判断条件极值点是存在的,而从(19)中解出的稳定点又只有一个,那么,这个稳定点就是条件极值点.

根据以上讨论,可将用**拉格朗日乘数法**求三元函数的条件极值的主要步骤总结如下:

(1) 作四元辅助函数

$$F(x,y,z,\lambda)=f(x,y,z)+\lambda\varphi(x,y,z);$$

(2) 解方程组(19),得到条件极值问题的稳定点;

(3) 判断此稳定点是否为所求的条件极值点.

例 5 上面已述，本节例 4 可看成求三元函数 $S=xy+2yz+2xz$ 满足约束方程 $xyz-V=0$ 的条件极值问题. 现在试用 λ 乘子法来求解.

解 用 λ 乘子法求解. 其步骤如下：

(1) 作四元辅助函数：

$$F(x,y,z,\lambda)=xy+2yz+2xz+\lambda(xyz-V).$$

(2) 解方程组：

$$\begin{cases}F_x=y+2z+\lambda yz=0,\\F_y=x+2z+\lambda xz=0,\\F_z=2y+2x+\lambda xy=0,\\F_\lambda=xyz-V=0,\end{cases}$$

由前三个方程得 $x=y=2z$，代入第四个方程，得到

$$x=y=2z=\sqrt[3]{2V},$$

即稳定点为 $\left(\sqrt[3]{2V},\sqrt[3]{2V},\frac{1}{2}\sqrt[3]{2V}\right)$.

(3) 由于稳定点只有一个，并且从实际问题来判断，此条件极值问题的最小值显然是存在的，因此，函数就在该稳定点处取得最小值.

注 1 当约束方程有两个

$$\varphi(x,y,z)=0,\quad \psi(x,y,z)=0$$

而要求三元函数 $u=f(x,y,z)$ 的条件极值时，拉格朗日乘数法的主要步骤是：作五元辅助函数

$$F(x,y,z,\lambda_1,\lambda_2)=f(x,y,z)+\lambda_1\varphi(x,y,z)+\lambda_2\psi(x,y,z);$$

解方程组

$$\begin{cases}F_x=f_x+\lambda_1\varphi_x+\lambda_2\psi_x=0,\\F_y=f_y+\lambda_1\varphi_y+\lambda_2\psi_y=0,\\F_z=f_z+\lambda_1\varphi_z+\lambda_2\psi_z=0,\\F_{\lambda_1}=\varphi(x,y,z)=0,\\F_{\lambda_2}=\psi(x,y,z)=0\end{cases}$$

求得稳定点(x_0,y_0,z_0)；然后再判断所求稳定点是否是极值点.

注 2 求二元函数 $z=f(x,y)$ 满足约束方程 $\varphi(x,y)=0$ 的条件极值时，拉格朗日乘数法的主要步骤是：作三元辅助函数

$$F(x,y,\lambda)=f(x,y)+\lambda\varphi(x,y);$$

解方程组

$$\begin{cases}F_x=f_x+\lambda\varphi_x=0,\\F_y=f_y+\lambda\varphi_y=0,\\F_\lambda=\varphi(x,y)=0\end{cases}$$

求得稳定点(x_0,y_0)；然后再判断所求稳定点是否为极值点.

例 6 设有一单位正电荷，位于直角坐标系的原点处. 另有一单位负电荷，在椭圆

$$\begin{cases}z=x^2+y^2,\\x+y+z=1\end{cases}\tag{20}$$

上移动. 问两电荷间的引力何时最大，何时最小.

解 由物理学知，当负电荷在点(x,y,z)处时，两电荷间的引力为

$$f=\frac{k}{x^2+y^2+z^2}\quad(k>0\text{ 为常数}).$$

于是问题化为求函数 f 满足约束方程组(20)的最大值和最小值. 为简便起见，我们考虑函数 $g=\dfrac{k}{f}=x^2+y^2+z^2$. f 的最大(小)值显然就是 g 的最小(大)值. 于是问题又化为求函数

$$g=x^2+y^2+z^2$$

满足约束方程组(20)的最小值和最大值. 我们用 λ 乘子法来求解这个问题.

(1) 作五元辅助函数

$$\begin{aligned}F(x,y,z,\lambda_1,\lambda_2)=&x^2+y^2+z^2+\lambda_1(x^2+y^2-z)\\&+\lambda_2(x+y+z-1).\end{aligned}$$

(2) 解方程组

$$\begin{cases} F_x = 2x + 2\lambda_1 x + \lambda_2 = 0, \\ F_y = 2y + 2\lambda_1 y + \lambda_2 = 0, \\ F_z = 2z - \lambda_1 + \lambda_2 = 0, \\ F_{\lambda_1} = x^2 + y^2 - z = 0, \\ F_{\lambda_2} = x + y + z - 1 = 0, \end{cases}$$

由前三个方程得 $x=y$,代入后两个方程,解出

$$x = y = \frac{-1 \pm \sqrt{3}}{2}, \quad z = 2 \mp \sqrt{3},$$

即函数 g 有两个稳定点

$$M_1\left(\frac{-1+\sqrt{3}}{2}, \frac{-1+\sqrt{3}}{2}, 2-\sqrt{3}\right),$$

$$M_2\left(\frac{-1-\sqrt{3}}{2}, \frac{-1-\sqrt{3}}{2}, 2+\sqrt{3}\right).$$

且 $g(M_1)=9-5\sqrt{3}$,$g(M_2)=9+5\sqrt{3}$.

(3) 从几何上看,函数 g 的最大值和最小值显然是存在的,因此,g 在点 M_1,M_2 处分别达到最小值和最大值,从而函数 f 在点 M_1,M_2 处分别达到最大值和最小值. 即两电荷间的引力当单位负电荷在点 M_1 处时为最大,在点 M_2 处时为最小.

例 7 试求点(8,2)到抛物线 $x^2=4y$ 的最短距离.

解 点(8,2)到抛物线 $x^2=4y$ 上任一点 (x,y) 的距离为

$$d = \sqrt{(x-8)^2 + (y-2)^2}.$$

注意到正值函数 f 与其平方函数总在同一点处达到极大值或极小值(请读者想一想为什么),因而为了简单起见,可将问题化为求解二元函数

$$u = d^2 = (x-8)^2 + (y-2)^2$$

满足约束方程 $x^2-4y=0$ 的条件极值问题.

作三元辅助函数

$$F(x,y,\lambda) = (x-8)^2 + (y-2)^2 + \lambda(x^2 - 4y).$$

解方程组

$$\begin{cases}F_x = 2(x-8)+2\lambda x = 0,\\ F_y = 2(y-2)-4\lambda = 0,\\ F_\lambda = x^2-4y = 0,\end{cases}$$

由前两个方程得到

$$\lambda = \frac{8}{x} - 1 = \frac{y}{2} - 1,$$

即有 $x=\frac{16}{y}$,代入第三个方程,得 $y=4$,从而 $x=4$,于是得到惟一的稳定点(4,4).

从几何图像上不难判断,点(4,4)为极小值点,并且是最小值点,所求的最短距离就是点(8,2)与点(4,4)之间的距离,即

$$\sqrt{(4-8)^2+(4-2)^2}=\sqrt{20}.$$

习 题 10.9

1. 求下列函数的极值:

(1) $z=x^2-(y-1)^2$;　　(2) $z=x^3+y^3-3xy$;

(3) $z=\sin x+\cos y+\cos(x-y)\ \left(0\leqslant x\leqslant\frac{\pi}{2},0\leqslant y\leqslant\frac{\pi}{2}\right)$;

(4) $z=x^4+y^4-x^2-2xy-y^2$;

(5) $z=e^{2x+3y}(8x^2-6xy+3y^2)$.

2. 求由下列方程决定的函数 $z=f(x,y)$ 的极值:

(1) $x^2+y^2+z^2-2x-2y-4z-10=0$;

(2) $x^2+y^2+z^2-xz-yz+2x+2y+2z-2=0$.

3. 求下列函数在所给条件下的极值:

(1) $z=\frac{x}{a}+\frac{y}{b}$, $x^2+y^2=1\ (a>0,b>0)$;

(2) $z=x^2+y^2$, $\frac{x}{a}+\frac{y}{b}=1\ (a>0,b>0)$;

(3) $z=\cos^2x+\cos^2y$, $x-y=\frac{\pi}{4}$;

(4) $u=xyz$, $x^2+y^2+z^2=1$, $x+y+z=0$.

4. 在平面上找一点 (ξ,η),使其到三条直线: x 轴、y 轴、$x+2y+6=0$ 的

距离平方之和为最小.

5. 有一块宽为 $2a$ 的长方形铁片,把它两边宽为 x 的边缘分别向上折成一个水槽(如图),问 x 和 θ 取何值时使水槽的容积最大?

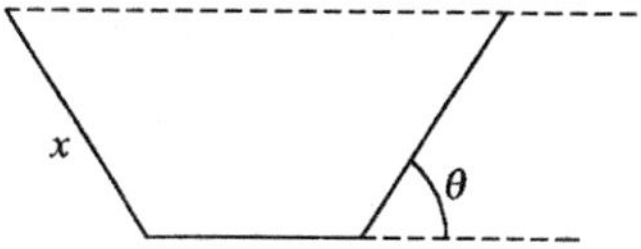

第 5 题图

6. 已知三角形的周长为 $2p$,问怎样的三角形绕着自己的一边旋转所成的体积最大?

7. 求抛物线 $y=x^2$ 与直线 $x-y-2=0$ 间的最短距离.

8. 求点 $M_0(x_0,y_0,z_0)$ 至平面 $Ax+By+Cz+D=0$ 的距离.

9. 在椭球面 $\frac{x^2}{96}+y^2+z^2=1$ 上求距离平面

$$3x + 4y + 12z = 288$$

的最近点与最远点.

10. 有一电力传输线由三段连接而成,各段长分别为 a_1,a_2,a_3. 如果这条传输线所允许的电压降为 E 伏特,每段电流依次为 i_1,i_2,i_3 安培,今计算这条传输线各段的截面积 q_1,q_2,q_3,使此传输线所用铜的份量为最小.

(提示:由欧姆定律得关系式

$$C\left(\frac{a_1i_1}{q_1}+\frac{a_2i_2}{q_2}+\frac{a_3i_3}{q_3}\right)-E=0,$$

其中 C 为电阻系数.)

11. 当 n 个正数 $x_1,x_2,\cdots,x_n$ 之和为常数时,求它们的乘积开 n 次根的最大值.

§10 多元函数微分学的几何应用

10.1 空间曲线的切线与法平面

设空间曲线 L 的参数方程为

$$x=x(t),\quad y=y(t),\quad z=z(t)\quad (t\text{ 为参数}),$$

这里 $x'(t),y'(t),z'(t)$都存在. 点 $M_0(x_0,y_0,z_0)$为曲线 L 上一点，它对应于参数 t_0，即 $x_0=x(t_0),y_0=y(t_0),z_0=z(t_0)$. 设 $x'(t_0)$，$y'(t_0),z'(t_0)$不全为零，试求曲线 L 在点 M_0 处的切线方程与法平面方程. 显然，关键是求出切线的方向向量 $\boldsymbol{T}$.

对于空间曲线，其切线的定义仍为割线的极限位置. 因此，我们先求割线的方向向量，再取极限即可.

在曲线 L 上，在点 M_0 附近任取一点 $M(x(t),y(t),z(t))$，于是割线 M_0M 的方向向量为

$$\{x(t)-x(t_0),y(t)-y(t_0),z(t)-z(t_0)\},$$

除以$(t-t_0)$后，向量

$$\left\{\frac{x(t)-x(t_0)}{t-t_0},\frac{y(t)-y(t_0)}{t-t_0},\frac{z(t)-z(t_0)}{t-t_0}\right\}$$

仍是割线 M_0M 的方向向量. 让点 M 沿着曲线 L 趋向于点 M_0，则 $t\to t_0$，此时，割线的方向向量就趋向于曲线 L 在点 M_0 处切线的方向向量 $\boldsymbol{T}$，即

$$\boldsymbol{T}=\left\{\lim_{t\to t_0}\frac{x(t)-x(t_0)}{t-t_0},\lim_{t\to t_0}\frac{y(t)-y(t_0)}{t-t_0},\lim_{t\to t_0}\frac{z(t)-z(t_0)}{t-t_0}\right\}$$
$$=\{x'(t_0),y'(t_0),z'(t_0)\}. \tag{1}$$

从而得到曲线 L 在点 M_0 处的**切线方程**

$$\frac{x-x_0}{x'(t_0)}=\frac{y-y_0}{y'(t_0)}=\frac{z-z_0}{z'(t_0)}, \tag{2}$$

以及曲线 L 在点 M_0 处的**法平面方程**

$$x'(t_0)(x-x_0)+y'(t_0)(y-y_0)+z'(t_0)(z-z_0)=0. \tag{3}$$

例 1 求曲线 $x=t,y=t^2,z=t^3$ 在点$(1,1,1)$处的切线方程与法平面方程.

解 易知点$(1,1,1)$对应于参数 $t=1$. 由

$$x'(t)=1,\quad y'(t)=2t,\quad z'(t)=3t^2,$$

得到曲线在点$(1,1,1)$处切线的方向向量 $\boldsymbol{T}=\{x'(1),y'(1),z'(1)\}=\{1,2,3\}$，于是由公式(2)，(3)知，曲线在点$(1,1,1)$处的

切线方程为

$$\frac{x-1}{1}=\frac{y-1}{2}=\frac{z-1}{3},$$

法平面方程为

$$(x-1)+2(y-1)+3(z-1)=0,$$

即 $$x+2y+3z-6=0.$$

10.2 曲面的切平面与法线

我们先给出曲面的切平面定义与法线定义.

在曲面 S 上过点 M_0 任意作一条曲线,假定曲线在该点的切线存在.如果所有这种曲线在点 M_0 处的切线都在同一平面上,那么这个平面就称为曲面 S 在点 M_0 处的**切平面**.过点 M_0 且与切平面垂直的直线,称为曲面 S 在点 M_0 处的**法线**.

下面来求曲面的切平面方程与法线方程.

设曲面 S 的方程为

$$F(x,y,z)=0,$$

$M_0(x_0,y_0,z_0)$为曲面 S 上一点.假定函数 $F(x,y,z)$可微,且 F_x,F_y,F_z 在点 M_0 处不全为零.

在曲面 S 上过点 M_0 任作一条曲线 L,设其方程为

$$x=\varphi(t),\quad y=\psi(t),\quad z=\omega(t),$$

并设点 M_0 对应于参数 t_0,即 $x_0=\varphi(t_0)$,$y_0=\psi(t_0)$,$z_0=\omega(t_0)$.假定$\varphi(t)$,$\psi(t)$,$\omega(t)$可微,且 $\varphi'(t_0)$,$\psi'(t_0)$,$\omega'(t_0)$不全为零.我们不难求出切平面的法向量.因为曲线 L 在曲面 S 上,所以有

$$F[\varphi(t),\psi(t),\omega(t)]\equiv 0.$$

将上式两边在 t_0 处对 t 求导数,由锁链法则得到

$$F_x(x_0,y_0,z_0)\varphi'(t_0)+F_y(x_0,y_0,z_0)\psi'(t_0)$$
$$+F_z(x_0,y_0,z_0)\omega'(t_0)=0.$$

此式表明,向量

$$\boldsymbol{n}=\{F_x(x_0,y_0,z_0),F_y(x_0,y_0,z_0),F_z(x_0,y_0,z_0)\}\tag{4}$$

与曲面 S 上过点 M_0 的任一条曲线 L 的切向量(即切线的方向向量)

$$\boldsymbol{T}=\{\varphi'(t_0),\psi'(t_0),\omega'(t_0)\}$$

垂直,因此 $\boldsymbol{n}$ 就是切平面的法向量. 于是得到曲面 S 在点 M_0 处的**切平面方程**

$$\begin{aligned}F_x(x_0,y_0,z_0)(x-x_0)&+F_y(x_0,y_0,z_0)(y-y_0)\\&+F_z(x_0,y_0,z_0)(z-z_0)=0,\end{aligned}\tag{5}$$

及**法线方程**

$$\frac{x-x_0}{F_x(x_0,y_0,z_0)}=\frac{y-y_0}{F_y(x_0,y_0,z_0)}=\frac{z-z_0}{F_z(x_0,y_0,z_0)}.\tag{6}$$

特别地,若曲面 S 的方程由显函数 $z=f(x,y)$ 表示,则可看作隐函数方程 $F(x,y,z)=f(x,y)-z=0$,于是切平面的法向量为

$$\boldsymbol{n}=\{\pm f_x(x_0,y_0),\ \pm f_y(x_0,y_0),\ \mp 1\},\tag{7}$$

从而不难写出曲面 S 在点 M_0 处的切平面方程

$$f_x(x_0,y_0)(x-x_0)+f_y(x_0,y_0)(y-y_0)-(z-z_0)=0,\tag{8}$$

及法线方程

$$\frac{x-x_0}{f_x(x_0,y_0)}=\frac{y-y_0}{f_y(x_0,y_0)}=\frac{z-z_0}{-1}.\tag{9}$$

在这里,我们顺便指出**全微分的几何意义**.

曲面 $z=f(x,y)$ 在点 $M_0(x_0,y_0,z_0)$ 处的切平面方程(8)又可写为

$$z-z_0=f_x(x_0,y_0)(x-x_0)+f_y(x_0,y_0)(y-y_0).$$

记 $\Delta x=x-x_0,\Delta y=y-y_0$,此式即

$$z-z_0=f_x(x_0,y_0)\Delta x+f_y(x_0,y_0)\Delta y.$$

上式右端就是全微分 $\mathrm{d}z$,因此

$$\mathrm{d}z=z-z_0.$$

这表明,当自变量 x,y 分别有改变量 $\Delta x,\Delta y$ 时,切平面上 z 的改变量 $z-z_0$ 就是全微分(图 10-27).

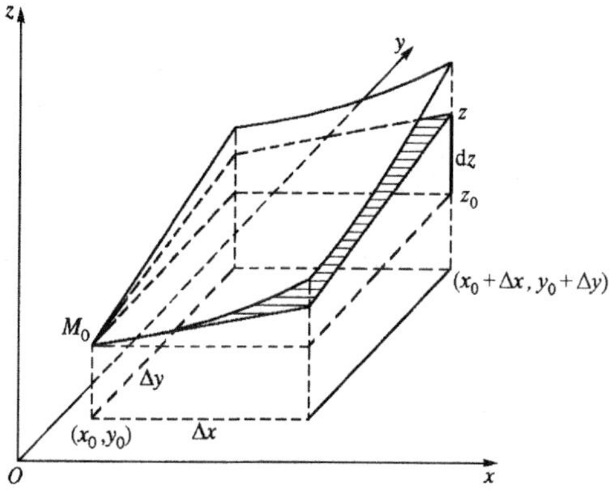

图 10-27

例 2 证明：曲面 $xy=z^2$ 与曲面 $x^2+y^2+z^2=9$ 正交.

证 只需证明：二曲面的切平面正交，亦即它们的法向量正交.

设曲面 S_1 方程为 $F(x,y,z)=xy-z^2=0$，曲面 S_2 方程为 $G(x,y,z)=x^2+y^2+z^2-9=0$，则 S_1，S_2 在点 $M(x,y,z)$ 处的切平面的法向量分别为

$$\boldsymbol{n}_1=\{F_x,F_y,F_z\}=\{y,x,-2z\},$$
$$\boldsymbol{n}_2=\{G_x,G_y,G_z\}=\{2x,2y,2z\},$$

因为 $\boldsymbol{n}_1\cdot\boldsymbol{n}_2=2(xy+xy-2z^2)=4(xy-z^2)$，而点 M 在曲面 S_1 上，所以坐标满足方程：$xy-z^2=0$，即 $\boldsymbol{n}_1\cdot\boldsymbol{n}_2=0$. 亦即 S_1 与 S_2 正交. ▌

例 3 曲线 $\begin{cases}\dfrac{x^2}{9}+\dfrac{y^2}{4}=1\\ z=0\end{cases}$ 绕 x 轴旋转一周，得到旋转曲面 S. 求 S 在其上一点 $M_0\left(-2,\dfrac{4}{3},\dfrac{2}{3}\right)$ 处的切平面方程与法线方程.

解 由第九章 §4 知，此处旋转曲面 S 的方程为

$$\frac{x^2}{9}+\frac{y^2+z^2}{4}=1,$$

即 $$4x^2+9y^2+9z^2-36=0.$$

设 $F(x,y,z)=4x^2+9y^2+9z^2-36$，则 S 的方程为 $F(x,y,z)=0$. 切平面的法向量为

$$\{F_x,F_y,F_z\}\big|_{M_0}=2\{4x,9y,9z\}\Big|_{\left(-2,\frac{4}{3},\frac{2}{3}\right)}$$

$$=-4\{4,-6,-3\}.$$

于是得到切平面方程

$$4(x+2)-6\left(y-\frac{4}{3}\right)-3\left(z-\frac{2}{3}\right)=0,$$

即 $$4x-6y-3z+18=0,$$

与法线方程

$$\frac{x+2}{4}=\frac{y-\frac{4}{3}}{-6}=\frac{z-\frac{2}{3}}{-3}.$$

下面讨论当曲面 S 由参数方程给出时，怎样求它的切平面方程.

设曲面 S 的方程为

$$\begin{cases}x=x(u,v),\\ y=y(u,v), \quad (u,v\ 为参数)\\ z=z(u,v),\end{cases}$$

并设 S 上点 $M_0(x_0,y_0,z_0)$ 对应于参数 (u_0,v_0)，即 $x_0=x(u_0,v_0)$，$y_0=y(u_0,v_0)$，$z_0=z(u_0,v_0)$. 在曲面 S 上过点 M_0 作两条曲线

$$\begin{cases}x=x(u,v_0),\\ y=y(u,v_0),\\ z=z(u,v_0),\end{cases} \quad 及 \quad \begin{cases}x=x(u_0,v),\\ y=y(u_0,v),\\ z=z(u_0,v).\end{cases}$$

由公式(1)知，这两条曲线在点 M_0 处的切向量分别为

$$\boldsymbol{T}_1=\{x_u,y_u,z_u\}\big|_{(u_0,v_0)},$$

$$\boldsymbol{T}_2=\{x_v,y_v,z_v\}\big|_{(u_0,v_0)}.$$

因曲面 S 在点 M_0 处切平面的法向量 $\boldsymbol{n}$ 同时与它们垂直，因此可

取 $\boldsymbol{n}$ 为

$$\boldsymbol{n}=\boldsymbol{T}_1\times\boldsymbol{T}_2=\begin{vmatrix}\boldsymbol{i} & \boldsymbol{j} & \boldsymbol{k}\\ x_u & y_u & z_u\\ x_v & y_v & z_v\end{vmatrix}_{(u_0,v_0)},$$

于是得到曲面 S 在点 M_0 处的切平面方程

$$\begin{vmatrix}x-x_0 & y-y_0 & z-z_0\\ x_u(u_0,v_0) & y_u(u_0,v_0) & z_u(u_0,v_0)\\ x_v(u_0,v_0) & y_v(u_0,v_0) & z_v(u_0,v_0)\end{vmatrix}=0. \tag{10}$$

例 4 求曲面 $x=u\cos v, y=u\sin v, z=av$ 在点 $M_0(u_0,v_0)$处的切平面方程.

解 设点 M_0 的直角坐标为(x_0,y_0,z_0),则

$$(x_0,y_0,z_0)=(u_0\cos v_0,u_0\sin v_0,av_0),$$

$$\{x_u,y_u,z_u\}=\{\cos v,\sin v,0\},$$

$$\{x_v,y_v,z_v\}=\{-u\sin v,v\cos v,a\},$$

$$\boldsymbol{n}=\begin{vmatrix}\boldsymbol{i} & \boldsymbol{j} & \boldsymbol{k}\\ \cos v_0 & \sin v_0 & 0\\ -u_0\sin v_0 & u_0\cos v_0 & a\end{vmatrix}$$

$$=\{a\sin v_0,\ -a\cos v_0,u_0\}.$$

于是由公式(10)知,曲面在点 M_0 处的切平面方程为

$$(a\sin v_0)x-(a\cos v_0)y+u_0z-au_0v_0=0.$$

思考题 设空间曲线 L 由一般方程

$$\begin{cases}F(x,y,z)=0,\\ G(x,y,z)=0\end{cases}$$

给出,$M_0(x_0,y_0,z_0)$为 L 上一点. 试证明曲线 L 在点 M_0 处的切向量为

$$\boldsymbol{T}=\begin{vmatrix}\boldsymbol{i} & \boldsymbol{j} & \boldsymbol{k}\\ F_x & F_y & F_z\\ G_x & G_y & G_z\end{vmatrix}_{(x_0,y_0,z_0)}$$

并由此写出曲线 L 在点 M_0 处的切线方程与法平面方程.

习 题 10.10

1. 求下列曲线在给定点处的切线方程与法平面方程.

(1) 曲线：$x=a\cos\beta\cos t$，$y=a\sin\beta\cos t$，$z=a\sin t$，在 $t=\dfrac{\pi}{4}$ 处；

(2) 曲线：$y=x$，$z=x^2$，在点(1,1,1)处；

(3) 曲线：$\begin{cases}x^2+y^2+z^2=6,\\ x+y+z=0\end{cases}$ 在点 $M(1,-2,1)$处；

(4) 曲线：$x=a\sin^2 t$，$y=b\sin t\cos t$，$z=c\cos^2 t$，在 $t=\dfrac{\pi}{3}$ 处.

2. 在曲线 $x=t,y=t^2,z=t^3$ 上求出一点，使在该点的切线平行于平面 $x+2y+z=4$.

3. 证明螺旋线 $x=a\cos\theta,y=a\sin\theta,z=b\theta$ 的切线与 Oz 轴成定角.

4. 求 $e^z-z+xy=3$ 在点(2,1,0)处的切平面方程和法线方程.

5. 证明球面：$x^2+y^2+z^2=a^2$ 在球面上点(x_0,y_0,z_0)与$(-x_0,-y_0,-z_0)$处的切平面互相平行.

6. 求椭球 $x^2+2y^2+3z^2=21$ 上平行于平面

$$x+4y+6z=0$$

的各切平面方程.

7. 试证在曲面 $\sqrt{x}+\sqrt{y}+\sqrt{z}=\sqrt{a}$ $(a>0)$上，任何点处的切平面与各坐标轴的截距之和等于 a.

8. 求球面 $x^2+y^2+z^2=14$ 与椭球面 $3x^2+y^2+z^2=16$ 在点(1,2,3)处的交角 β(两曲面在某交点处的交角是指该点两切平面的交角，两曲线在某交点处的交角是指该点两切线的交角).

第十一章　多重积分

上一章把一元函数微分学推广到了多元函数的情形. 现在,我们要把一元函数的定积分推广为多元函数的多重积分、曲线积分和曲面积分. 定积分所讨论的是分布在区间上的整体量(比如几何量或物理量),多重积分、曲线积分和曲面积分则讨论分布在平面区域、平面曲线或空间区域、空间曲线或空间曲面上的整体量. 这就扩大了积分学的应用范围.

本章讨论多重积分(有时也称为重积分)的概念、计算和应用. 为简明起见,我们只讲二重积分和三重积分. 下一章讨论曲线积分和曲面积分.

§1　二重积分的概念与性质

1.1　二重积分的概念

例 1(曲顶柱体的体积)　设 $z=f(x,y)$是有界闭区域 D[①]上的非负连续函数,则它的图形是一张连续曲面,记作 S. 以区域 D 为底,以 S 为顶,以柱面(其准线为 D 的边界,母线平行于 z 轴)为侧面的立体,称为“曲顶柱体”(图 11-1). 试求该曲顶柱体的体积 V.

解　如果柱体的顶是平行于底面的平面,那么柱体的体积就等于底面积乘以高. 现在柱体的顶是曲面,于是可以用类似于求曲边梯形面积的办法(即分割、近似代替、求和、取极限)来求曲顶柱

---

① 以后在本章中所提到的区域,除特别说明外,均指有界闭区域.

体的体积.具体步骤如下：

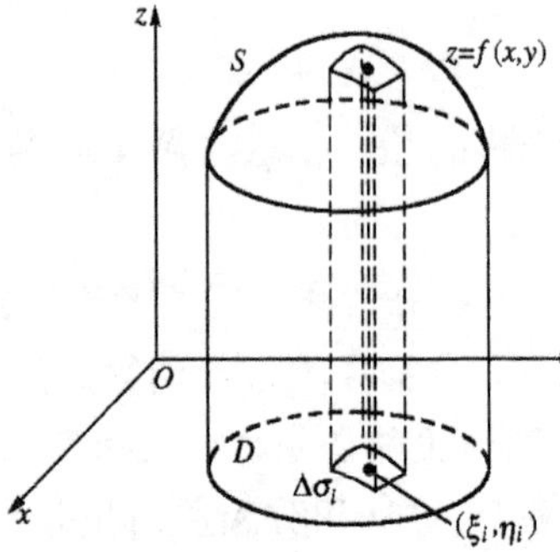

图 11-1

(1) 用任意的曲线网将区域 D 分为几个小区域

$$\Delta\sigma_1,\Delta\sigma_2,\cdots,\Delta\sigma_n$$

(并用它们表示小区域的面积)，于是曲顶柱体相应地被分成 n 个小曲顶柱体，设体积为 $\Delta V_i(i=1,2,\cdots,n)$，则 $V=\sum\limits_{i=1}^{n}\Delta V_i$.

(2) 在每个小区域 $\Delta\sigma_i$ 上任取一点 (ξ_i,η_i). 因为 $f(x,y)$ 连续，所以当分割充分细密时，小曲顶柱体的体积 ΔV_i 就近似等于以 $f(\xi_i,\eta_i)$ 为高，以 $\Delta\sigma_i$ 为底的小平顶柱体的体积，即

$$\Delta V_i \approx f(\xi_i,\eta_i)\Delta\sigma_i \quad (i=1,2,\cdots,n).$$

(3) 求和，得到

$$V=\sum_{i=1}^{n}\Delta V_i \approx \sum_{i=1}^{n}f(\xi_i,\eta_i)\Delta\sigma_i. \qquad (1)$$

(4) 记 λ 为诸小区域 $\Delta\sigma_i$ 的直径①的最大者. 让每个小区域都收缩为一点，即令 $\lambda\to0$，则(1)式右端的和数就趋近于 V，即有

$$V=\lim_{\lambda\to0}\sum_{i=1}^{n}f(\xi_i,\eta_i)\Delta\sigma_i.$$

例 2(不均匀平面薄板的质量) 设一块质量分布不均匀的物

---

① 一个闭区域的直径是指该闭区域上任意两点间距离的最大值.

质薄板在 xy 平面上占有区域 D. 此薄板在点 (x,y) 处的面密度为 $\mu(x,y)$, $\mu(x,y)$ 为 D 上的连续函数. 求该薄板的质量 m.

解 我们用与例 1 类似的方法来解决这个问题.

将薄板任意分为 n 个小区域, 小区域及其面积都记作

$$\Delta\sigma_1, \Delta\sigma_2, \cdots, \Delta\sigma_n.$$

在每个小区域 $\Delta\sigma_i$ 上任取一点 (ξ_i,η_i) (图 11-2), 以点 (ξ_i,η_i) 处的面密度 $\mu(\xi_i,\eta_i)$ 作为小区域 $\Delta\sigma_i$ 上各点面密度的近似值, 便得到第 i 块小薄板的质量的近似值 $\mu(\xi_i,\eta_i)\Delta\sigma_i$, 从而整块薄板的质量

$$m \approx \sum_{i=1}^{n} \mu(\xi_i,\eta_i)\Delta\sigma_i.$$

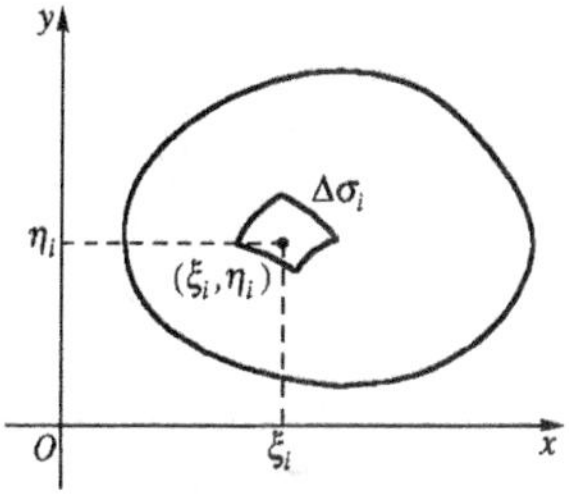

图 11-2

记 λ 为诸小区域直径的最大者. 当每个小区域都收缩为一点即 $\lambda \to 0$ 时, 便得到薄板的质量

$$m = \lim_{\lambda \to 0} \sum_{i=1}^{n} \mu(\xi_i,\eta_i)\Delta\sigma_i.$$

以上两例, 虽然具体内容不同, 但解决问题的方法是一样的, 都归结为求一种具有相同结构的和式的极限. 我们把它抽象出来, 就得到二重积分的定义.

定义 设二元函数 $f(x,y)$ 在有界闭区域 D 上有定义. 用任意的曲线网分 D 为 n 个小区域, 小区域及其面积都记作

$$\Delta\sigma_1, \Delta\sigma_2, \cdots, \Delta\sigma_n.$$

在每个小区域 $\Delta\sigma_i$ 上任取一点 (ξ_i,η_i), 作和数(称为**积分和**)

$$\sum_{i=1}^{n} f(\xi_i,\eta_i)\Delta\sigma_i.$$

记 λ 为各小区域直径的最大者, 令 $\lambda \to 0$, 若积分和有极限 I (I 的值不依赖于区域 D 的分法及点 (ξ_i,η_i) 的取法), 则称此极限值为函数 $f(x,y)$ 在区域 D 上的**二重积分**, 记作

$$I=\lim_{\lambda\to 0}\sum_{i=1}^{n}f(\xi_i,\eta_i)\Delta\sigma_i=\iint_D f(x,y)\mathrm{d}\sigma,$$

其中 $f(x,y)$ 称为**被积函数**,D 称为**积分区域**,$\mathrm{d}\sigma$ 称为**面积元素**.

当二重积分 $\iint\limits_D f(x,y)\mathrm{d}\sigma$ 存在时,则称函数 $f(x,y)$ 在区域 D 上**可积**,记作 $f\in R(D)$.

与定积分类似,可以证明:若函数 $f(x,y)$ 在区域 D 上可积,则必在 D 上有界.

由二重积分的定义知,例 1 中曲顶柱体的体积 V 是曲顶函数 $f(x,y)$ 在底面区域 D 上的二重积分,即

$$V=\iint_D f(x,y)\mathrm{d}\sigma.$$

例 2 中平面物质薄板的质量 m 是面密度函数 $\mu(x,y)$ 在薄板所占区域 D 上的二重积分,即

$$m=\iint_D \mu(x,y)\mathrm{d}\sigma.$$

特别地,当 $\mu(x,y)\equiv 1$ 时,则 $\iint\limits_D 1\mathrm{d}\sigma=$ 区域 D 的面积.

1.2 可积函数类

与一元函数的情形类似,以下两类函数在有界闭区域 D 上是可积的:

(1) D 上的连续函数.

(2) D 上的分片连续(即:把 D 分为有限个子区域后,函数在每个子区域上连续)的有界函数.

这两个结论的证明要用到重积分的可积性理论,此处从略.

1.3 二重积分的性质

二重积分具有与定积分类似**的性质**:

性质 1 若函数 $f(M)$ 在区域 D 上可积，k 为常数，则函数 $kf(M)$ 在 D 上也可积，且

$$\iint_D kf(M)\mathrm{d}\sigma = k\iint_D f(M)\mathrm{d}\sigma.$$

性质 2 若函数 $f(M)$，$g(M)$ 在区域 D 上可积，则函数 $f(M)\pm g(M)$ 在 D 上也可积，且

$$\iint_D [f(M) \pm g(M)]\mathrm{d}\sigma = \iint_D f(M)\mathrm{d}\sigma \pm \iint_D g(M)\mathrm{d}\sigma.$$

性质 3 设区域 D 可分为两个区域 D_1 与 D_2 之并，且 D_1，D_2 除边界点外无公共的内点. 若函数 $f(M)$ 在 D，D_1，D_2 上都可积①，则

$$\iint_D f(M)\mathrm{d}\sigma = \iint_{D_1} f(M)\mathrm{d}\sigma + \iint_{D_2} f(M)\mathrm{d}\sigma.$$

即二重积分对积分区域具有可加性.

性质 4 若函数 $f(M)$，$g(M)$ 在区域 D 上可积，且满足

$$f(M) \leqslant g(M), \quad M \in D,$$

则

$$\iint_D f(M)\mathrm{d}\sigma \leqslant \iint_D g(M)\mathrm{d}\sigma.$$

性质 5 若函数 $f(M)$ 在区域 D 上可积，且满足

$$\alpha \leqslant f(M) \leqslant \beta, \quad M \in D, \alpha, \beta \text{ 为常数},$$

则

$$\alpha\cdot\sigma \leqslant \iint_D f(M)\mathrm{d}\sigma \leqslant \beta\cdot\sigma,$$

其中 σ 为区域 D 的面积.

性质 6 若函数 $f(M)$ 与 $|f(M)|$ 在区域 D 上都可积②，则

---

① 利用重积分可积性理论可以证明：f 在 D 上可积的充要条件是 f 在 D_1 及 D_2 上都可积. 证明从略.

② 由重积分可积性理论可以证明：若 $f(M)$ 在 D 上可积，则 $|f(M)|$ 在 D 上也可积. 证明从略.

$$\left|\iint_D f(M)\mathrm{d}\sigma\right| \leqslant \iint_D |f(M)|\mathrm{d}\sigma.$$

性质 7(中值定理) 若函数 $f(M)$在区域 D 上连续,则在 D 上至少存在一点 M_0,使得

$$\iint_D f(M)\mathrm{d}\sigma = f(M_0)\cdot\sigma,$$

其中 σ 为区域 D 的面积.

性质 1～性质 4 不难利用二重积分的定义证得,性质 5、性质 6 可由性质 4 推出,此处只证性质 7.

证 设函数 $f(M)$在有界闭区域 D 上的最大值为 A,最小值为 a,即

$$a \leqslant f(M) \leqslant A, \quad M \in D,$$

则由性质(5)知,有

$$a\cdot\sigma \leqslant \iint_D f(M)\mathrm{d}\sigma \leqslant A\cdot\sigma,$$

即
$$a \leqslant \frac{1}{\sigma}\iint_D f(M)\mathrm{d}\sigma \leqslant A,$$

其中 σ 为闭区域 D 的面积. 于是由第十章§2 中 2.4 小节的定理 7 中间值定理知,在 D 内至少存在一点 M_0,使得

$$\frac{1}{\sigma}\iint_D f(M)\mathrm{d}\sigma = f(M_0),$$

即
$$\iint_D f(M)\mathrm{d}\sigma = f(M_0)\cdot\sigma. \quad \blacksquare$$

习　题　11.1

1. 二重积分 $\iint\limits_D f(x,y)\mathrm{d}\sigma$ 的几何意义是什么?

2. 用二重积分表示上半球 $x^2+y^2+z^2\leqslant R^2$, $z\geqslant 0$ 的体积 V.

3. 一带电薄板位于 xy 平面上,占有区域 D. 薄板上电荷分布的面密度为 $\sigma=\sigma(x,y)$. 写出这一薄板上全部电荷的表达式.

4. 一物质薄板占据 xy 平面上的区域 D，其质量分布的面密度为 $\mu=\mu(x,y)$，板以角速度 ω 绕 z 轴旋转，写出板对 z 轴的转动惯量 I 和转动动能 E 的表达式，并写出 I 与 E 的关系式.

5. 证明二重积分的性质 4、性质 6.

6. 设 $f(x,y)$ 在有界闭区域 D 上连续，$g(x,y)$ 在 D 上非负，且 $g(x,y)$，$f(x,y)g(x,y)$ 在 D 上可积，证明在 D 中存在一点 (x_0,y_0)，使得

$$\iint_D f(x,y)g(x,y)\mathrm{d}\sigma = f(x_0,y_0)\iint_D g(x,y)\mathrm{d}\sigma.$$

7. 设 $f(x,y)$ 在有界闭区域 D 上非负且连续，若 $\iint_D f(x,y)\mathrm{d}\sigma=0$，证明 $f(x,y)\equiv 0$.

§2 二重积分的计算

我们知道，二重积分是积分和的极限. 但是在计算二重积分时，不可能每次都按定义去求极限，因而必须给出一个简便的计算方法. 这个方法就是把二重积分化为两个定积分，即累次积分. 这样，我们就可以利用定积分来计算二重积分. 在这里，关键是根据积分区域 D 的边界来确定两个定积分的上、下限.

2.1 在直角坐标系下计算二重积分

当 $f(x,y)$ 在区域 D 上可积时，其积分值与分割方法无关，因此我们可以采取特殊的分割方法来计算二重积分. 例如，在直角坐标系中，可用平行于坐标轴的直线网来分割区域 D（图 11-3）. 这时面积元素 $\mathrm{d}\sigma=\mathrm{d}x\mathrm{d}y$，于是二重积分也记作

$$\iint_D f(x,y)\mathrm{d}x\mathrm{d}y.$$

为了计算这个二重积分，我们先从几何上看一看.

由 §1 例 1 知，当 $f(x,y)\geqslant 0$ 时，二重积分 $\iint_D f(x,y)\mathrm{d}x\mathrm{d}y$ 表

示以曲面 $z=f(x,y)$ 为顶，以区域 D 为底的曲顶柱体体积 V. 假定 D 是一个矩形区域，那么我们可以利用本书第一册第八章“定积分的应用”中关于“已知平行截面的面积，求立体的体积”的公式来求出 V.

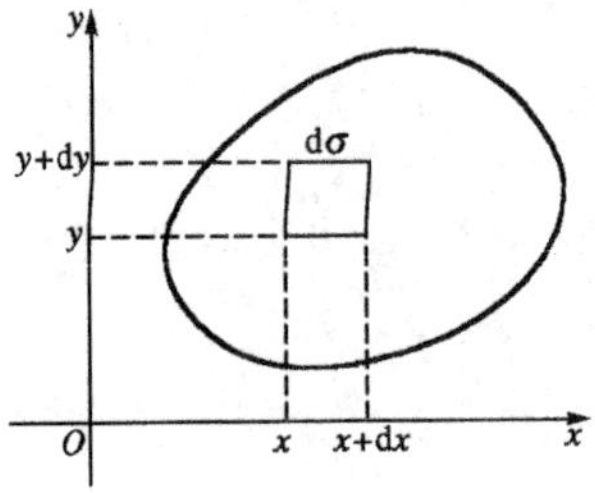

图 11-3

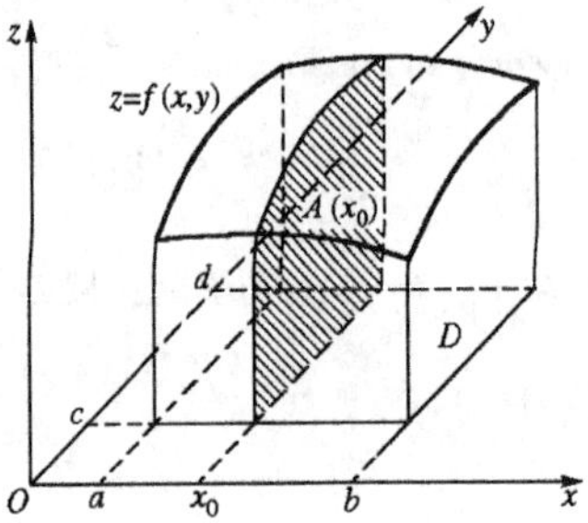

图 11-4

设 D 为矩形区域：$\{a\leqslant x\leqslant b, c\leqslant y\leqslant d\}$. 任意固定 $x_0\in[a,b]$，即用平面 $x=x_0$ 去截曲顶柱体，得一截面，它是一个曲边梯形（图 11-4 中带斜线部分），设其面积为 $A(x_0)$，则由定积分的几何意义知

$$A(x_0)=\int_c^d f(x_0,y)\mathrm{d}y.$$

让 x_0 取遍 $[a,b]$，便得到 $[a,b]$ 上任一点 x 处的截面面积

$$A(x)=\int_c^d f(x,y)\mathrm{d}y,$$

于是由利用定积分求立体体积的公式知

$$V=\int_a^b A(x)\mathrm{d}x=\int_a^b\left[\int_c^d f(x,y)\mathrm{d}y\right]\mathrm{d}x$$

$$\xlongequal{\text{记作}}\int_a^b \mathrm{d}x\int_c^d f(x,y)\mathrm{d}y.$$

上式右端积分称为**累次积分**，表示第一次是对 y 积分（这时把 x 看作 $[a,b]$ 上任一固定值），第二次是对 x 积分. 两次都是求定积分.

下面给出化二重积分为累次积分的定理.

定理 1 设函数 $f(x,y)$ 在矩形区域 $D=\{(x,y)\mid a\leqslant x\leqslant b, c\leqslant y\leqslant d\}$ 上可积(其积分值记为 I),且对一切 $x\in[a,b]$,积分

$$Q(x)=\int_c^d f(x,y)\mathrm{d}y$$

存在,则有公式

$$I=\iint_D f(x,y)\mathrm{d}x\mathrm{d}y=\int_a^b \mathrm{d}x\int_c^d f(x,y)\mathrm{d}y. \tag{1}$$

*__证__ 因为 $f(x,y)$ 在 D 上可积,所以取特殊的分割及特殊的分法后,其积分和的极限仍为 I. 我们在 $[a,b]$ 与 $[c,d]$ 上分别插入任意的分点 x_i 和 y_i $(i=0,1,2,\cdots,n; j=0,1,2,\cdots,m)$,过各分点分别作平行于坐标轴的直线,将矩形 D 分为 $m\cdot n$ 个小矩形 $D_{ij}=\{(x,y)\mid x_{i-1}\leqslant x\leqslant x_i, y_{i-1}\leqslant y\leqslant y_i\}$ $(i=1,2,\cdots,n; j=1,2,\cdots,m)$ (图 11-5). 在区间 $[x_{i-1},x_i]$ 上任取一点 ξ_i,在 $[y_{j-1},y_j]$ 上任取一点 η_j,相应地,在小矩形 D_{ij} 中便得到一点 (ξ_i,η_j). 由于 $f(x,y)$ 在 D 上可积,因此,任给 $\varepsilon>0$, 存在 $\delta>0$, 当 $\lambda=\max\limits_i\{\Delta x_i\}<\delta$, $\lambda'=\max\limits_j\{\Delta y_j\}<\delta$ 时,有

$$I-\varepsilon<\sum_{i=1}^n\left(\sum_{j=1}^m f(\xi_i,\eta_j)\Delta y_j\right)\Delta x_i<I+\varepsilon$$

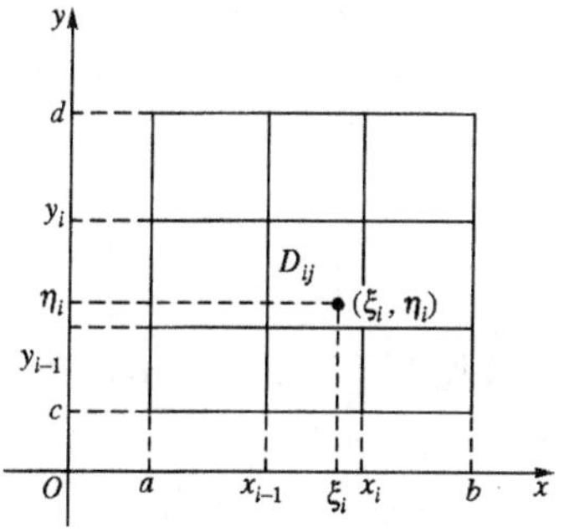

图 11-5

(其中 $\Delta x_i=x_i-x_{i-1}$, $\Delta y_j=y_j-y_{j-1}$). 在上式中,先把 x_i,ξ_i 固定,

而令 $\lambda'=\max\limits_{j}\{\Delta y_j\}\to 0$,得

$$I-\varepsilon\leqslant\sum_{i=1}^{n}\left[\lim_{\lambda'\to 0}\sum_{j=1}^{m}f(\xi_i,\eta_j)\Delta y_j\right]\Delta x_i\leqslant I+\varepsilon.$$

由于对一切 $x\in[a,b]$,积分$\int_c^d f(x,y)\mathrm{d}y$ 存在,因此有

$$I-\varepsilon\leqslant\sum_{i=1}^{n}\left[\int_c^d f(\xi_i,y)\mathrm{d}y\right]\Delta x_i\leqslant I+\varepsilon. \tag{2}$$

上式当 $\lambda=\max\limits_{1\leqslant i\leqslant n}\{\Delta x_i\}<\delta$ 时,对任意的 $\xi_i\in[x_{i-1},x_i]$都成立,而 $\sum\limits_{i=1}^{n}\left[\int_c^d f(\xi_i,y)\mathrm{d}y\right]\Delta x_i=\sum\limits_{i=1}^{n}Q(\xi_i)\Delta x_i$ 正是函数

$$Q(x)=\int_c^d f(x,y)\mathrm{d}y$$

的积分和,于是由(2)式知,$Q(x)$在区间$[a,b]$上可积,且积分值等于 I,即 $I=\int_a^b Q(x)\mathrm{d}x$,亦即

$$\iint\limits_D f(x,y)\mathrm{d}x\mathrm{d}y=I=\int_a^b\mathrm{d}x\int_c^d f(x,y)\mathrm{d}y.$$

这就是公式(1). ▌

定理 2 设区域 $D=\{(x,y)\mid y_1(x)\leqslant y\leqslant y_2(x),a\leqslant x\leqslant b\}$,其中 $y_1(x),y_2(x)$在$[a,b]$上连续;函数 $z=f(x,y)$在 D 上可积,且对一切固定的 $x\in[a,b]$,一元函数 $f(x,y)$在区间$[y_1(x),y_2(x)]$上可积. 则函数

$$Q(x)=\int_{y_1(x)}^{y_2(x)}f(x,y)\mathrm{d}y$$

在$[a,b]$上可积,且积分值等于$\iint\limits_D f(x,y)\mathrm{d}x\mathrm{d}y$,即

$$\iint\limits_D f(x,y)\mathrm{d}x\mathrm{d}y=\int_a^b\mathrm{d}x\int_{y_1(x)}^{y_2(x)}f(x,y)\mathrm{d}y. \tag{3}$$

***证** 我们设法将该问题化为定理 1 的情形.

作一完全包含区域 D 的矩形 $R=\{(x,y)\mid a\leqslant x\leqslant b,c\leqslant y\leqslant d\}$

(图 11-6)，矩形 R 是无公共内点的三个区域 D,D_1,D_2 之和. 在 R 上定义函数

$$g(x,y)=\begin{cases}f(x,y), & (x,y)\in D,\\ 0, & (x,y)\in R,\text{但}(x,y)\overline{\in} D.\end{cases}$$

易知 $g(x,y)$ 在区域 D,D_1,D_2 上都可积，从而在 R 上也可积，由二重积分对区域的可加性得

$$\begin{aligned}\iint_R g(x,y)\mathrm{d}x\mathrm{d}y &= \iint_D g(x,y)\mathrm{d}x\mathrm{d}y+\iint_{D_1} g(x,y)\mathrm{d}x\mathrm{d}y\\ &\quad+\iint_{D_2} g(x,y)\mathrm{d}x\mathrm{d}y\\ &=\iint_D g(x,y)\mathrm{d}x\mathrm{d}y+0+0\\ &=\iint_D f(x,y)\mathrm{d}x\mathrm{d}y. \end{aligned}\tag{4}$$

由定理 1 知

$$\iint_R g(x,y)\mathrm{d}x\mathrm{d}y=\int_a^b\mathrm{d}x\int_c^d g(x,y)\mathrm{d}y, \tag{5}$$

而

$$\begin{aligned}\int_c^d g(x,y)\mathrm{d}y &= \int_c^{y_1(x)} g(x,y)\mathrm{d}y+\int_{y_1(x)}^{y_2(x)} g(x,y)\mathrm{d}y+\int_{y_2(x)}^{d} g(x,y)\mathrm{d}y\\ &=\int_c^{y_1(x)} 0\mathrm{d}y+\int_{y_1(x)}^{y_2(x)} f(x,y)\mathrm{d}y+\int_{y_2(x)}^{d} 0\mathrm{d}y\\ &=\int_{y_1(x)}^{y_2(x)} f(x,y)\mathrm{d}y, \end{aligned}\tag{6}$$

综合(5)，(6)式，得

$$\iint_R g(x,y)\mathrm{d}x\mathrm{d}y=\int_a^b\mathrm{d}x\int_{y_1(x)}^{y_2(x)} f(x,y)\mathrm{d}y.$$

代入(4)式，得公式(3)：

$$\iint_D f(x,y)\mathrm{d}x\mathrm{d}y=\int_a^b\mathrm{d}x\int_{y_1(x)}^{y_2(x)} f(x,y)\mathrm{d}y. \quad \blacksquare$$

类似地，如果积分区域 D 如图 11-7 所示，则有如下定理.

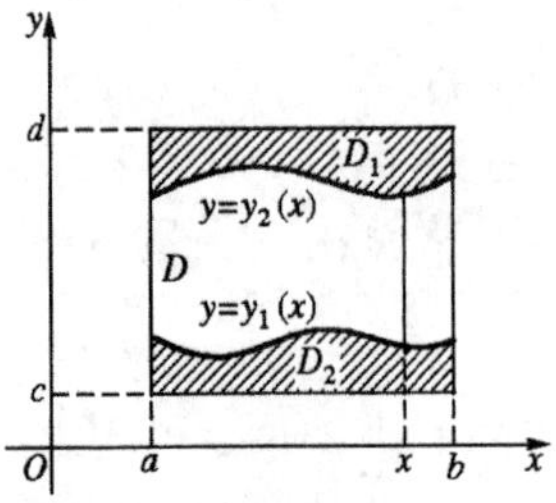

图 11-6

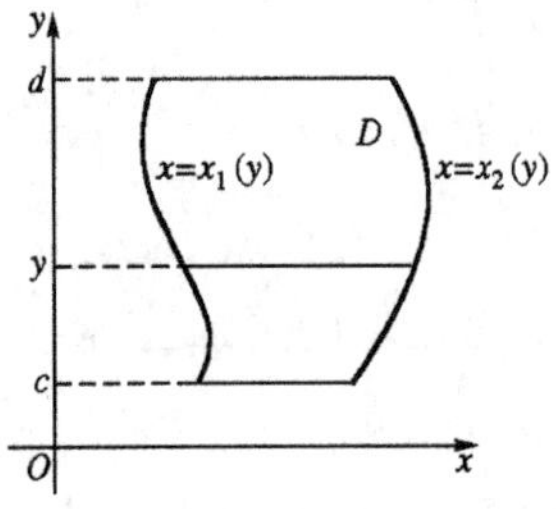

图 11-7

定理 3 设区域 $D=\{(x,y)\,|\,x_1(y)\leqslant x\leqslant x_2(y),c\leqslant y\leqslant d\}$，其中 $x_1(y),x_2(y)$ 在 $[c,d]$ 上连续，函数 $z=f(x,y)$ 在 D 上可积，且对一切固定的 $y\in[c,d]$，一元函数 $f(x,y)$ 在区间 $[x_1(y),x_2(y)]$ 上可积，则函数

$$Q(y)=\int_{x_1(y)}^{x_2(y)}f(x,y)\mathrm{d}x$$

在 $[c,d]$ 上可积，且

$$\iint_D f(x,y)\mathrm{d}x\mathrm{d}y=\int_c^d\mathrm{d}y\int_{x_1(y)}^{x_2(y)}f(x,y)\mathrm{d}x. \tag{7}$$

例 1 计算二重积分

$$\iint_D\frac{1}{(x+y)^2}\mathrm{d}x\mathrm{d}y,$$

其中 D 是矩形 $\{(x,y)\,|\,3\leqslant x\leqslant 4,1\leqslant y\leqslant 2\}$（图 11-8）.

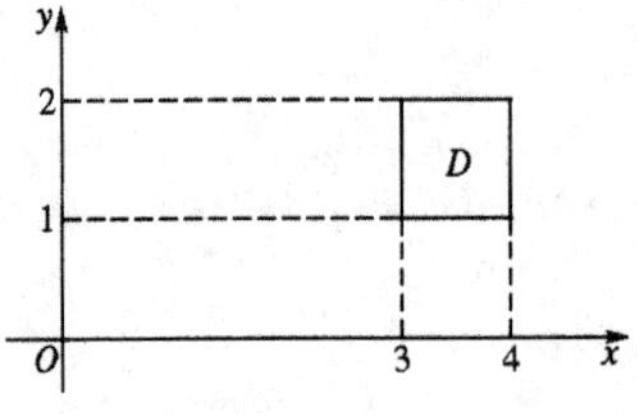

图 11-8

解 由公式(1),得

$$\iint_D \frac{1}{(x+y)^2}\mathrm{d}x\mathrm{d}y = \int_3^4 \mathrm{d}x \int_1^2 \frac{1}{(x+y)^2}\mathrm{d}y$$

$$= \int_3^4 \left(\frac{1}{x+1} - \frac{1}{x+2}\right)\mathrm{d}x = \ln\frac{25}{24}.$$

注意 在确定积分限时,变量 x 必须由左到右,变量 y 必须由下到上,总之,都必须由小到大.这是以上定理所证明了的.

例 2 计算二重积分 $\iint\limits_D xy\mathrm{d}x\mathrm{d}y$,其中 D 由 $y=x$,$y=x^2$ 围成.

解 在计算以前,一般应先画出 D 的图形,再根据图形,确定怎样化二重积分为累次积分.如图 11-9 所示,若先对 y 积分,则区域 D 可表示为

$$D = \{(x,y)\,|\,x^2 \leqslant y \leqslant x, 0 \leqslant x \leqslant 1\},$$

于是由公式(3)得

$$\iint_D xy\mathrm{d}x\mathrm{d}y = \int_0^1 \mathrm{d}x \int_{x^2}^{x} xy\mathrm{d}y$$

$$= \frac{1}{2}\int_0^1 (x^3 - x^5)\mathrm{d}x = \frac{1}{24}.$$

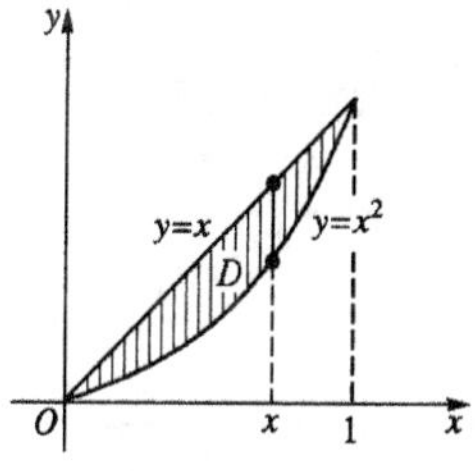

图 11-9

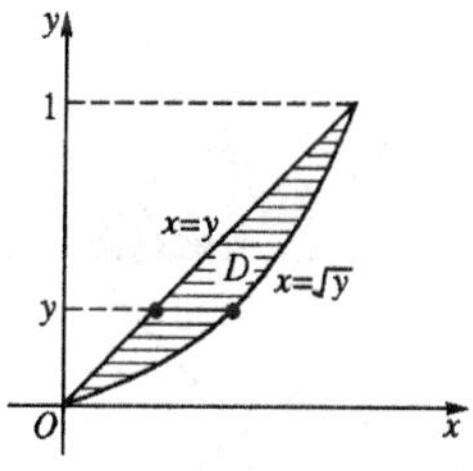

图 11-10

如图 11-10 所示,若先对 x 积分,则曲线应将 x 表为 y 的函数,即有

$$D = \{(x,y)\,|\,y \leqslant x \leqslant \sqrt{y}, 0 \leqslant y \leqslant 1\},$$

于是由公式(7)得

$$\iint\limits_D xy\mathrm{d}x\mathrm{d}y = \int_0^1 \mathrm{d}y \int_y^{\sqrt{y}} xy\mathrm{d}x = \frac{1}{2}\int_0^1 (y^2 - y^3)\mathrm{d}y = \frac{1}{24}.$$

例 3 求二重积分 $\iint\limits_G (x^2+y^2)\mathrm{d}x\mathrm{d}y$，其中 G：$|x|+|y|\leqslant 1$.

解 分别考察曲线 $|x|+|y|=1$ 在四个象限的图形，易知它是图 11-11 中的正方形 $ABCD$，G 就是正方形 $ABCD$ 所围成的闭区域. 显然，区域 G 分别对称于 x 轴与 y 轴，而被积函数 $f(x,y)=x^2+y^2$ 对 y 或对 x 都是偶函数，即

$$f(x,-y) = f(x,y), \quad f(-x,y) = f(x,y),$$

因此 $z=f(x,y)=x^2+y^2$ 的图形对称于 zx 平面和 yz 平面（事实上，$z=x^2+y^2$ 的图形是旋转抛物面），于是所求积分是被积函数在区域 G_1 上积分的四倍，从而由公式(3)得

$$\begin{aligned}\iint\limits_G (x^2+y^2)\mathrm{d}x\mathrm{d}y &= 4\iint\limits_{G_1}(x^2+y^2)\mathrm{d}x\mathrm{d}y \\ &= 4\int_0^1 \mathrm{d}x\int_0^{1-x}(x^2+y^2)\mathrm{d}y = \frac{2}{3}.\end{aligned}$$

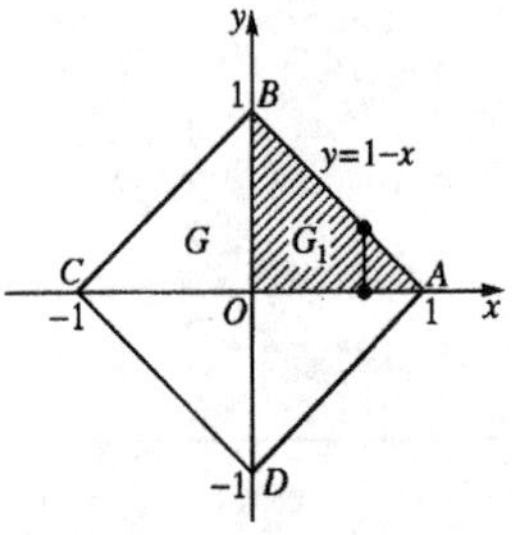

图 11-11

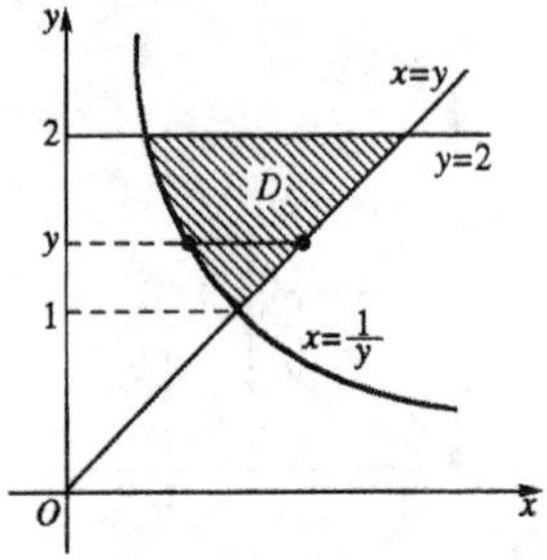

图 11-12

例 4 求二重积分 $\iint\limits_D \frac{x^2}{y^2}\mathrm{d}x\mathrm{d}y$，$D$ 由 $y=2$，$y=x$，$xy=1$ 围成（图 11-12）.

解 此题利用公式(7)来计算比较方便（否则区域 D 需分为

两块). 由方程组

$$\begin{cases}xy=1,\\ y=x\end{cases}$$

知 $y=1$. 于是由公式(7)得

$$\iint\limits_D \frac{x^2}{y^2}\mathrm{d}x\mathrm{d}y=\int_1^2\mathrm{d}y\int_{\frac{1}{y}}^{y}\frac{x^2}{y^2}\mathrm{d}x=\frac{27}{64}.$$

例 5 计算二重积分

$$\iint\limits_D y\sin\frac{\pi x}{y}\mathrm{d}x\mathrm{d}y,$$

其中 D 由曲线 $y=x$, $y=-x$ 及 $x=y^2$ 围成(图 11-13).

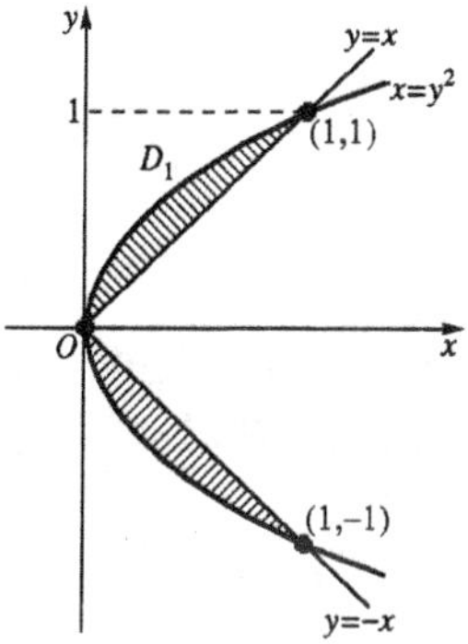

图 11-13

解 不难求出三个交点为(0,0),(1,1)及(1,−1).

因被积函数是关于 y 的偶函数,且积分区域 D 关于 x 轴(即 $y=0$)对称,于是由偶函数的积分性质(见下页注)知

$$\iint\limits_D y\sin\frac{\pi x}{y}\mathrm{d}x\mathrm{d}y=2\iint\limits_{D_1} y\sin\frac{\pi x}{y}\mathrm{d}x\mathrm{d}y,$$

其中 D_1 为 D 在第一象限的部分.

在化为累次积分时,由函数 $y\sin\dfrac{\pi x}{y}$ 的表达式知,若先对 y 积分,则原函数不是初等函数,因此只能先对 x 积分. 由公式(7)知

$$\begin{aligned}\iint\limits_{D_1} y\sin\frac{\pi x}{y}\mathrm{d}x\mathrm{d}y&=\int_0^1 y\mathrm{d}y\int_y^{y^2}\sin\frac{\pi x}{y}\mathrm{d}x\\&=\int_0^1 y\cdot\frac{y}{\pi}\left(-\cos\frac{\pi x}{y}\right)\Bigg|_{x=y}^{x=y^2}\mathrm{d}y\\&=-\frac{1}{\pi}\int_0^1 y^2\cos\pi y\mathrm{d}y-\frac{1}{\pi}\int_0^1 y^2\mathrm{d}y\end{aligned}$$

$$= -\frac{1}{\pi^2}\int_0^1 y^2 \mathrm{d}(\sin\pi y) - \frac{1}{3\pi}$$

$$\xlongequal{\text{分部积分 2 次}} \frac{2}{\pi^3} - \frac{1}{3\pi} = \frac{1}{\pi^3}\left(2 - \frac{\pi^2}{3}\right),$$

从而
$$\iint_D y\sin\frac{\pi x}{y}\mathrm{d}x\mathrm{d}y = \frac{2}{\pi^3}\left(2 - \frac{\pi^2}{3}\right).$$

思考题 求二重积分 $\iint_D \mathrm{e}^{-y^2}\mathrm{d}x\mathrm{d}y$，其中 D 由 $y=x, x=0, y=a(a>0)$ 围成. $\left(\text{答：}\frac{1}{2}(1-\mathrm{e}^{-a^2}).\right)$

注 若 $f(-x,y)=-f(x,y)$，则称 $f(x,y)$ 关于 x 为奇函数；若 $f(-x,y)=f(x,y)$，则称 $f(x,y)$ 关于 x 为偶函数. 设 $f(x,y)$ 在有界闭区域 D 上可积，则

(1) 如果 D 关于 y 轴(即 $x=0$)对称，那么

$$\iint_D f(x,y)\mathrm{d}x\mathrm{d}y = \begin{cases} 0, & \text{当 } f(x,y) \text{ 关于 } x \text{ 为奇函数}, \\ 2\iint_{D_1} f(x,y)\mathrm{d}x\mathrm{d}y, & \text{当 } f(x,y) \text{ 关于 } x \text{ 为偶函数}, \end{cases}$$

其中 D_1 为区域 D 对应于 $x\geqslant 0$ 的部分.

(2) 如果 D 关于 x 轴(即 $y=0$)对称，且 $f(x,y)$ 关于 y 有奇、偶性，那么有类似结论.

2.2 在极坐标系下计算二重积分

在直角坐标系 Oxy 中，取原点作为极坐标系的极点，取正 x 轴为极轴(图 11-14)，则点 P 的直角坐标 (x,y) 与极坐标 (r,θ) 之间有关系式

$$\begin{cases} x = r\cos\theta, \\ y = r\sin\theta, \end{cases} \quad \begin{cases} r = \sqrt{x^2+y^2}, \\ \tan\theta = \dfrac{y}{x}. \end{cases}$$

在极坐标系下计算二重积分，需将被积函数 $f(x,y)$，积分区域 D，以及面积元素 $\mathrm{d}\sigma$ 都用极坐标来表示. 函数 $f(x,y)$ 的极坐标形式为 $f(r\cos\theta, r\sin\theta)$. 为了得到极坐标系下的面积元素 $\mathrm{d}\sigma$，我们用坐标曲线网去分割区域 D，即用 $r=$ 常数(以 O 为圆心的圆)和 $\theta=$ 常数(以 O 为起点的射线)去分割 D. 设 $\Delta\sigma$ 是从 r 到 $r+\mathrm{d}r$ 和从 θ 到 $\theta+\mathrm{d}\theta$ 之间的小区域(图 11-15). 则其面积为

$$\Delta\sigma = \frac{1}{2}(r+\mathrm{d}r)^2\mathrm{d}\theta - \frac{1}{2}r^2\mathrm{d}\theta$$

$$= r\mathrm{d}r\mathrm{d}\theta + \frac{1}{2}(\mathrm{d}r)^2\mathrm{d}\theta.$$

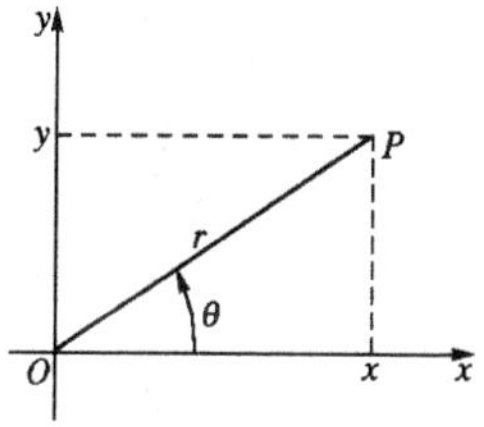

图 11-14

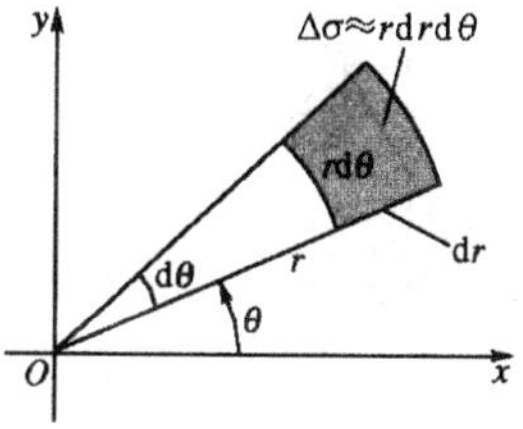

图 11-15

当 $\mathrm{d}r$ 和 $\mathrm{d}\theta$ 都充分小时，可略去比 $\mathrm{d}r\mathrm{d}\theta$ 更高阶的无穷小，得到 $\Delta\sigma$ 的近似公式

$$\Delta\sigma \approx r\mathrm{d}r\mathrm{d}\theta,$$

于是得到极坐标系下的面积元素

$$\mathrm{d}\sigma = r\mathrm{d}r\mathrm{d}\theta.$$

假定积分区域 D 在极坐标系下表示为 D'，则得到二重积分在极坐标系下的表示式

$$I \xlongequal{\text{记为}} \iint_D f(x,y)\mathrm{d}\sigma = \iint_{D'} f(r\cos\theta, r\sin\theta)r\mathrm{d}r\mathrm{d}\theta. \tag{8}$$

为了把上式右端化为累次积分，我们分三种情形来讨论.

(1) 当区域 D 由连续曲线 $r=r_1(\theta)$，$r=r_2(\theta)$ 以及射线 $\theta=\alpha$，$\theta=\beta$ 围成，极点 O 不在区域 D 内部(图 11-16)时，有公式

$$\iint_D f(x,y)\mathrm{d}\sigma = \iint_{D'} f(r\cos\theta, r\sin\theta) r\mathrm{d}r\mathrm{d}\theta$$

$$= \int_\alpha^\beta \mathrm{d}\theta \int_{r_1(\theta)}^{r_2(\theta)} f(r\cos\theta, r\sin\theta) r\mathrm{d}r. \tag{9}$$

事实上，作一个以 r 为横轴，以 θ 为纵轴的直角坐标系，就可得到区域 D' 在 $r\theta$ 平面上的图形(图 11-17). 再利用公式(7)，便将二重积分 $\iint_{D'} f(r\cos\theta, r\sin\theta) r\mathrm{d}r\mathrm{d}\theta$ 化为先对 r 积分，然后对 θ 积分的累次积分，于是得到公式(9).

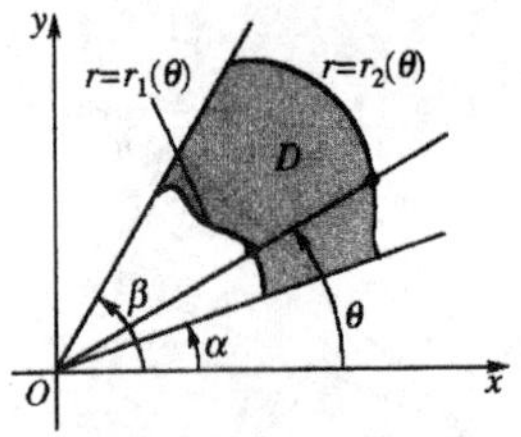

图 11-16

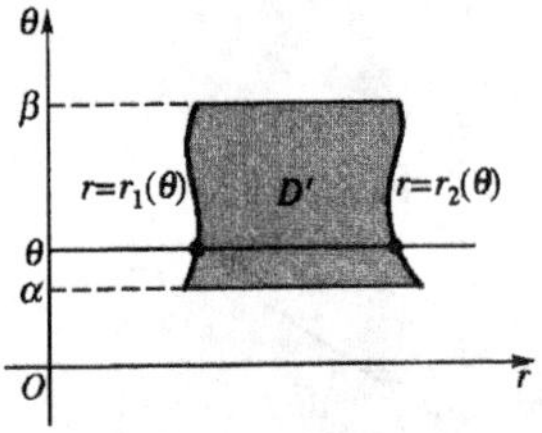

图 11-17

(2) 当极点 O 在区域 D 内部，D 的边界是连续曲线 $r=r(\theta)$ (图 11-18)时，有公式

$$I = \iint_{D'} f(r\cos\theta, r\sin\theta) r\mathrm{d}r\mathrm{d}\theta = \int_0^{2\pi} \mathrm{d}\theta \int_0^{r(\theta)} f(r\cos\theta, r\sin\theta) r\mathrm{d}r. \tag{10}$$

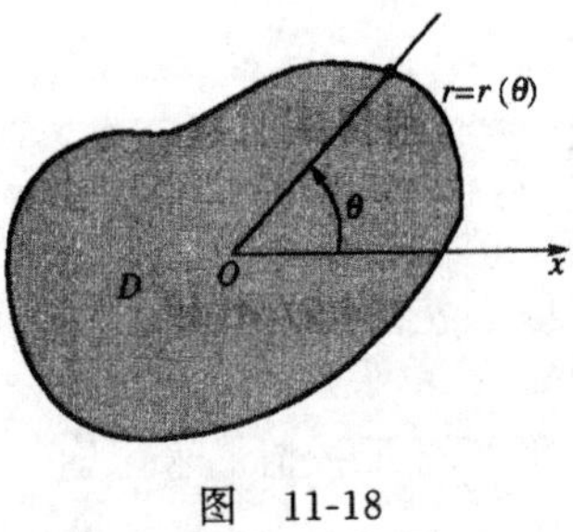

图 11-18

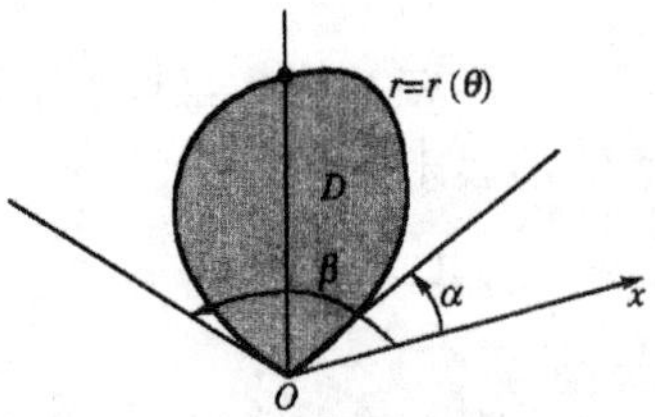

图 11-19

(3) 当极点在 D 的边界曲线 $r=r(\theta)$ 上(图 11-19)时，有公式

$$I = \iint_{D'} f(r\cos\theta, r\sin\theta) r \mathrm{d}r \mathrm{d}\theta = \int_{\alpha}^{\beta} \mathrm{d}\theta \int_{0}^{r(\theta)} f(r\cos\theta, r\sin\theta) r \mathrm{d}r, \tag{11}$$

其中 $r=r(\theta)$ 在区间 $[\alpha,\beta]$ 上连续.

例 6 设一不均匀薄板 D 由 $y=x, x=0$ 及 $x^2+(y-b)^2=b^2$, $x^2+(y-a)^2=a^2 (0<a<b)$ 围成,其面密度 $\mu=kxy (k>0$ 为常数),求薄板质量 m.

解 D 的图形如图 11-20 所示. 由 §1 例 2 知,薄板质量为面密度的二重积分,即

$$m = \iint_{D} kxy\mathrm{d}\sigma = k\iint_{D} xy\mathrm{d}\sigma.$$

利用极坐标计算这个二重积分比较方便. 圆 $x^2+(y-b)^2=b^2$ 及 $x^2+(y-a)^2=a^2$ 的极坐标方程分别为 $r=2b\sin\theta$ 和 $r=2a\sin\theta$, 射线 $y=x$ 及 $x=0$ 的极坐标方程分别为 $\theta=\pi/4$ 和 $\theta=\pi/2$. 于是由公式(9)得到

$$\begin{aligned} m &= k\iint_{D} xy\mathrm{d}\sigma = k\iint_{D'} r\cos\theta \cdot r\sin\theta \cdot r\mathrm{d}r\mathrm{d}\theta \\ &= k\int_{\pi/4}^{\pi/2} \cos\theta \cdot \sin\theta\mathrm{d}\theta \int_{2a\sin\theta}^{2b\sin\theta} r^3\mathrm{d}r \\ &= 4k(b^4-a^4)\int_{\pi/4}^{\pi/2} \sin^5\theta \cdot \cos\theta\mathrm{d}\theta = \frac{7}{12}k(b^4-a^4). \end{aligned}$$

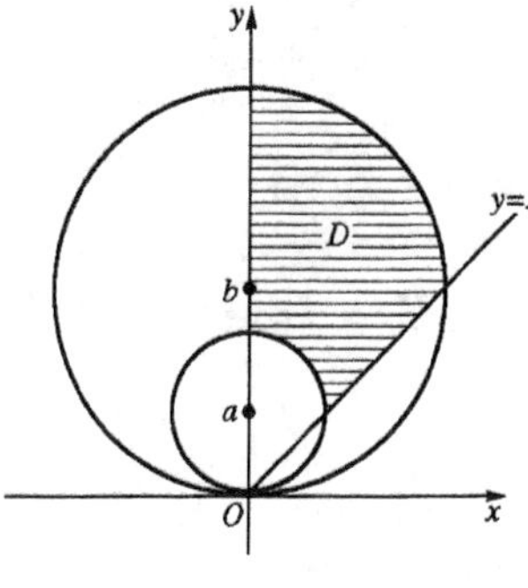

图 11-20

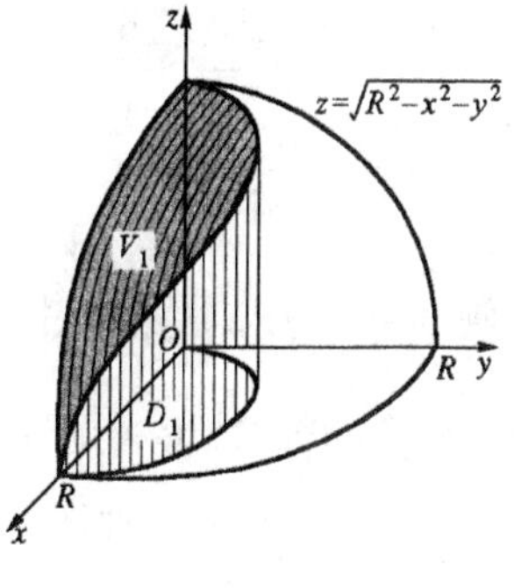

图 11-21

例 7 由圆柱面 $x^2+y^2=Rx$ 围成的空间区域被球面 $x^2+y^2+z^2=R^2$ 所截，得一立体，求该立体的体积 V.

解 由立体的对称性知，只需计算它在第一卦限内的体积 V_1（图 11-21 中带线条部分的体积），再 4 倍即可.

该立体在第一卦限的部分是一个曲顶柱体，其顶为上半球面 $z=\sqrt{R^2-x^2-y^2}$，底为半圆形区域（图 11-22），其半圆周的极坐标方程为

$$r=R\cos\theta \quad (0\leqslant\theta\leqslant\pi/2),$$

于是

$$V_1=\iint\limits_{D_1}\sqrt{R^2-x^2-y^2}\,\mathrm{d}\sigma=\iint\limits_{D_1'}\sqrt{R^2-r^2}\,r\mathrm{d}r\mathrm{d}\theta$$

$$=\int_0^{\pi/2}\mathrm{d}\theta\int_0^{R\cos\theta}\sqrt{R^2-r^2}\,r\mathrm{d}r=\frac{1}{3}\left(\frac{\pi}{2}-\frac{2}{3}\right)R^3,$$

因此所求立体体积为

$$V=4V_1=\frac{4}{3}\left(\frac{\pi}{2}-\frac{2}{3}\right)R^3.$$

例 7 也称为维维安尼(Viviani)问题.

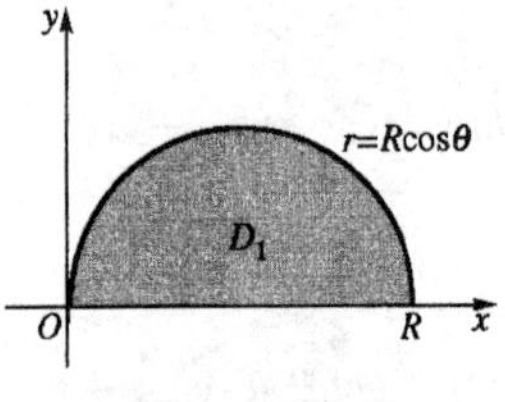

图 11-22

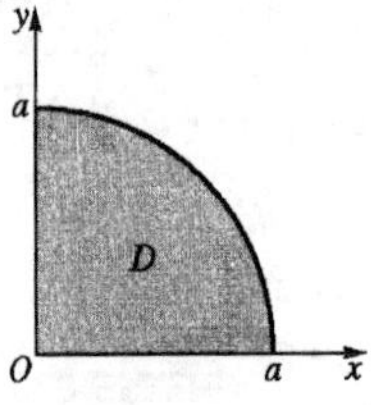

图 11-23

例 8 计算二重积分 $\iint\limits_D \mathrm{e}^{-x^2-y^2}\mathrm{d}x\mathrm{d}y$，其中 D 是圆 $x^2+y^2=a^2$ 在第一象限的部分. 并由此证明：概率积分

$$\int_0^{+\infty}\mathrm{e}^{-x^2}\mathrm{d}x=\frac{\sqrt{\pi}}{2}.$$

解 区域 D 如图 11-23 所示. 采用极坐标系, 由公式(11)得到

$$\iint\limits_{D} e^{-x^2-y^2} d\sigma = \iint\limits_{D'} e^{-r^2} \cdot r dr d\theta = \int_0^{\pi/2} d\theta \int_0^a e^{-r^2} \cdot r dr$$

$$= \frac{\pi}{4}(1 - e^{-a^2}). \tag{12}$$

为了计算概率积分 $\int_0^{+\infty} e^{-x^2} dx$, 令 $I_a = \int_0^a e^{-x^2} dx$, 于是

$$\int_0^{+\infty} e^{-x^2} dx = \lim_{a \to +\infty} I_a.$$

考虑图 11-24 中的三个区域: D 为正方形: $\{(x,y) \mid 0 \leqslant x \leqslant a, 0 \leqslant y \leqslant a\}$, R_1 为圆 $x^2 + y^2 \leqslant a^2$ 的第一象限部分, R_2 为圆 $x^2 + y^2 \leqslant 2a^2$ 的第一象限部分. 因为 $e^{-x^2-y^2} \geqslant 0$, 所以有

$$\iint\limits_{R_1} e^{-x^2-y^2} dx dy \leqslant \iint\limits_{D} e^{-x^2-y^2} dx dy \leqslant \iint\limits_{R_2} e^{-x^2-y^2} dx dy. \tag{13}$$

易知不等式(13)中间的积分

$$\iint\limits_{D} e^{-x^2-y^2} dx dy = \int_0^a dx \int_0^a e^{-x^2-y^2} dy$$

$$= \int_0^a e^{-x^2} dx \int_0^a e^{-y^2} dy$$

$$= \left(\int_0^a e^{-x^2} dx \right)^2 = I_a^2,$$

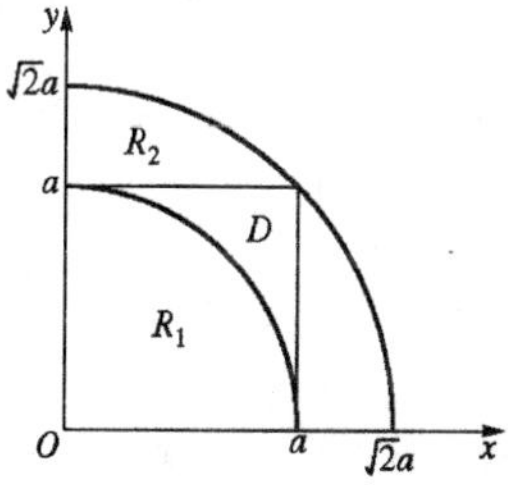

图 11-24

再利用(12)式及(13)式, 便得到

$$\frac{\pi}{4}(1 - e^{-a^2}) \leqslant I_a^2 \leqslant \frac{\pi}{4}(1 - e^{-2a^2}).$$

当 $a \to +\infty$ 时, 上式两边的极限都是 $\frac{\pi}{4}$, 因此由夹逼定理知, $\lim\limits_{a \to +\infty} I_a^2 = \pi/4$, 从而 $\lim\limits_{a \to +\infty} I_a = \sqrt{\pi}/2$, 即

$$\int_0^{+\infty} e^{-x^2} dx = \frac{\sqrt{\pi}}{2}.$$

例 9 证明 Γ 函数与 B 函数的关系定理：若 $m>0,n>0$，则

$$\mathrm{B}(m,n)=\frac{\Gamma(m)\Gamma(n)}{\Gamma(m+n)}. \tag{14}$$

证 由 Γ 函数的第二种形式得

$$\begin{aligned}\Gamma(m)\Gamma(n)&=2\int_0^{+\infty}x^{2m-1}\mathrm{e}^{-x^2}\mathrm{d}x\cdot 2\int_0^{+\infty}y^{2n-1}\mathrm{e}^{-y^2}\mathrm{d}y\\&=\lim_{a\to+\infty}4\int_0^a x^{2m-1}\mathrm{e}^{-x^2}\mathrm{d}x\cdot\int_0^a y^{2n-1}\mathrm{e}^{-y^2}\mathrm{d}y\\&=4\lim_{a\to+\infty}\iint_D x^{2m-1}y^{2n-1}\mathrm{e}^{-(x^2+y^2)}\mathrm{d}x\mathrm{d}y\\&\xlongequal{\text{记作}}4\lim_{a\to+\infty}\iint_D f(x,y)\mathrm{d}x\mathrm{d}y,\end{aligned} \tag{15}$$

其中 D 为正方形：$\{(x,y)\mid 0\leqslant x\leqslant a,0\leqslant y\leqslant a\}$（图 11-24）；被积函数为 $f(x,y)=x^{2m-1}y^{2n-1}\mathrm{e}^{-(x^2+y^2)}$.

下面仍用夹逼定理来求(15)式右端的极限. 与例 8 类似，以原点为圆心，分别以 a 与 $\sqrt{2}\,a$ 为半径，作第一象限的四分之一圆域：R_1 与 R_2（图 11-24）. 因为被积函数 $f(x,y)$ 在第一象限是非负的，所以有

$$\iint_{R_1}f\mathrm{d}x\mathrm{d}y\leqslant\iint_D f\mathrm{d}x\mathrm{d}y\leqslant\iint_{R_2}f\mathrm{d}x\mathrm{d}y. \tag{16}$$

对于积分 $\iint_{R_1}f\mathrm{d}x\mathrm{d}y$，利用极坐标系下的计算公式(11)，得

$$\begin{aligned}\iint_{R_1}f(x,y)\mathrm{d}x\mathrm{d}y&=\int_0^{\frac{\pi}{2}}\mathrm{d}\theta\int_0^a r^{2m+2n-1}\mathrm{e}^{-r^2}\cos^{2m-1}\theta\sin^{2n-1}\theta\mathrm{d}r\\&=\int_0^{\frac{\pi}{2}}\cos^{2m-1}\theta\sin^{2n-1}\theta\mathrm{d}\theta\cdot\int_0^a r^{2(m+n)-1}\mathrm{e}^{-r^2}\mathrm{d}r\\&=\frac{1}{2}\mathrm{B}(m,n)\int_0^a r^{2(m+n)-1}\mathrm{e}^{-r^2}\mathrm{d}r,\end{aligned}$$

于是

$$\lim_{a\to+\infty}\iint_{R_1} f(x,y)\mathrm{d}x\mathrm{d}y = \frac{1}{2}\mathrm{B}(m,n)\int_0^{+\infty} r^{2(m+n)-1}\mathrm{e}^{-r^2}\mathrm{d}r$$

$$= \frac{1}{4}\mathrm{B}(m,n)\Gamma(m+n).$$

同理,有

$$\lim_{a\to+\infty}\iint_{R_2} f(x,y)\mathrm{d}x\mathrm{d}y = \frac{1}{4}\mathrm{B}(m,n)\Gamma(m+n). \tag{17}$$

于是由(16)式及夹逼定理得

$$\lim_{a\to+\infty}\iint_{D} f(x,y)\mathrm{d}x\mathrm{d}y = \frac{1}{4}\mathrm{B}(m,n)\Gamma(m+n).$$

代入(15),即得(14)式. ▌

2.3 二重积分的变量替换

我们知道,在定积分的计算中,变量替换常常使积分计算大大简化. 二重积分也有类似的情形,不过比那里要复杂得多. 在定积分的变量替换中,积分区间的变化比较简单,主要考虑被积函数. 现在则需要从被积函数与积分区域两方面来考虑怎样选定变量替换公式,以使问题简化,从而便于计算.

定理 4 设函数 $f(x,y)$在有界闭区域 D 上连续. 作变换

$$x = x(u,v), \quad y = y(u,v), \tag{18}$$

使满足

(1) 把 uv 平面上的区域 D' 一一对应于 xy 平面上的区域 D (图 11-25);

(2) 变换函数 $x(u,v)$, $y(u,v)$在 D' 上连续,且有连续的一阶偏导数;

(3) 雅可比行列式在 D' 上处处不等于 0,即

$$J(u,v) = \frac{\partial(x,y)}{\partial(u,v)} \neq 0, \quad (u,v)\in D',$$

则有换元公式

$$\iint_D f(x,y)\mathrm{d}x\mathrm{d}y = \iint_{D'} f[x(u,v),y(u,v)]|J|\mathrm{d}u\mathrm{d}v. \qquad (19)$$

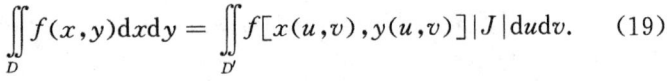

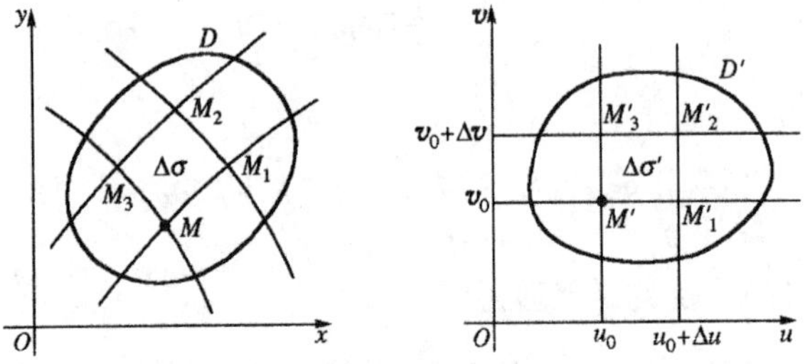

图 11-25

下面用直观的方法来说明. 由于变换(18)所决定的由 D' 到 D 的对应是一对一的,因此变换(18)有逆变换

$$\begin{cases} u = u(x,y), \\ v = v(x,y), \end{cases} \qquad (20)$$

它把 D 变到 D'. 由第十章 §7 定理 3 的推论(即反函数存在定理)知,逆变换(20)也有连续的偏导数.

令 $u(x,y)=u_0, v(x,y)=v_0$ (u_0, v_0 为常数),它们代表 xy 平面上的两条曲线. 在变换(20)之下,它们分别对应到 uv 平面上的两条直线: $u=u_0, v=v_0$. 这时,两曲线的交点 M 对应于两直线的交点 M'. M' 的坐标 (u_0,v_0) 称为点 M 的**曲线坐标**,两曲线 $u(x,y)=u_0, v(x,y)=v_0$ 称为在变换(20)下的**坐标曲线**.

因为 $f(x,y)$ 在 D 上连续,所以在 D 上可积. 于是可以任意分割 D,例如可用坐标曲线网 $u(x,y)=$ 常数, $v(x,y)=$ 常数去分割 D. 相应地,区域 D' 被平行于两坐标轴的直线网所分割(图 11-25),将其中相对应的小区域(及其面积)分别记作 $\Delta\sigma_{ij}$ 与 $\Delta\sigma'_{ij}$,于是得到区域 D 上的积分和

$$\begin{aligned} S &= \sum f(x_{ij},y_{ij})\Delta\sigma_{ij} \\ &= \sum f[x(u_i,v_j),y(u_i,v_j)]\Delta\sigma_{ij}, \end{aligned} \qquad (21)$$

其中(x_{ij},y_{ij})与(u_i,v_j)分别为区域 D 与 D' 中相对应的点.如果能将小区域面积 $\Delta\sigma_{ij}$用 D' 上相应的小块面积 $\Delta\sigma'_{ij}$来表示,那么,积分和 S 便化为 D' 上的积分和.

令 $\Delta\sigma$ 与 $\Delta\sigma'$ 是上面两种小区域的代表. $\Delta\sigma'$ 是小矩形,其四个顶点的坐标分别设为 $M'(u_0,v_0)$, $M'_1(u_0+\Delta u,v_0)$, $M'_2(u_0+\Delta u,v_0+\Delta u)$, $M'_3(u_0,v_0+\Delta v)$. 通过变换(18),小矩形 $M'M'_1M'_2M'_3$ 对应于 xy 平面上的小曲边四边形 $MM_1M_2M_3$. 我们来讨论 M,M_1,M_2,M_3 的坐标.

$M: x_0=x(u_0,v_0),\ y_0=y(u_0,v_0)$;

$$\begin{aligned}M_1: x_1&=x(u_0+\Delta u,v_0)=x(u_0,v_0)+x'_u(u_0,v_0)\Delta u+o(\Delta u)\\&=x_0+x'_u\Delta u+o(\Delta u),\\ y_1&=y(u_0+\Delta u,v_0)=y(u_0,v_0)+y'_u(x_0,v_0)\Delta u+o(\Delta u)\\&=y_0+y'_u\Delta u+o(\Delta u);\end{aligned}$$

$$\begin{aligned}M_2: x_2&=x(u_0+\Delta u,v_0+\Delta v)\\&=x(u_0,v_0)+x'_u(u_0,v_0)\Delta u+x'_v(u_0,v_0)\Delta v+o(\rho)\\&=x_0+x'_u\Delta u+x'_v\Delta v+o(\rho),\text{其中 }\rho=\sqrt{(\Delta u)^2+(\Delta v)^2},\\ y_2&=y(u_0+\Delta u,v_0+\Delta v)\\&=y(u_0,v_0)+y'_u(u_0,v_0)\Delta u+y'_v(u_0,v_0)\Delta v+o(\rho)\\&=y_0+y'_u\Delta u+y'_v\Delta v+o(\rho);\end{aligned}$$

$$\begin{aligned}M_3: x_3&=x(u_0,v_0+\Delta v)=x(u_0,v_0)+x'_v(u_0,v_0)\Delta v+o(\Delta v)\\&=x_0+x'_v\Delta v+o(\Delta v),\\ y_3&=y(u_0,v_0+\Delta v)=y(u_0,v_0)+y'_v(u_0,v_0)\Delta v+o(\Delta v)\\&=y_0+y'_v\Delta v+o(\Delta v).\end{aligned}$$

当$|\Delta u|$,$|\Delta v|$都充分小时,若略去高阶无穷小 $o(\Delta u)$, $o(\Delta v)$, $o(\rho)$,则点 M_1,M_2,M_3 的坐标可用 $M_1^*(x_0+x'_u\Delta u,y_0+y'_u\Delta u)$, $M_2^*(x_0+x'_u\Delta u+x'_v\Delta v,y_0+y'_u\Delta u+y'_v\Delta v)$, $M_3^*(x_0+x'_v\Delta v,y_0+y'_v\Delta v)$

的坐标来近似代替. 因此, 曲边四边形 $MM_1M_2M_3$ 的面积 $\Delta\sigma$ 近似等于四边形 $MM_1^*M_2^*M_3^*$ 的面积. 容易看出此四边形是平行四边形, 由解析几何知, 其面积为 $|\overrightarrow{MM_1^*}\times\overrightarrow{MM_3^*}|$. 而

$$\overrightarrow{MM}_1^*\times\overrightarrow{MM}_3^*=\begin{vmatrix}\boldsymbol{i} & \boldsymbol{j} & \boldsymbol{k}\\ x_u'\Delta u & y_u'\Delta u & 0\\ x_v'\Delta v & y_v'\Delta v & 0\end{vmatrix}=\frac{\partial(x,y)}{\partial(u,v)}\Delta u\Delta v\boldsymbol{k},$$

因此

$$\Delta\sigma\approx\left|\frac{\partial(x,y)}{\partial(u,v)}\right|\Delta u\Delta v=|J|\Delta u\Delta v.$$

代入(21)式, 得

$$S\approx\sum f[x(u_i,v_j),y(u_i,v_j)]\left|\frac{\partial(x,y)}{\partial(u_i,v_j)}\right|\Delta u_i\Delta v_j.$$

当所有 $\Delta\sigma_{ij}'$ 的直径的最大者 $\lambda'\to 0$ 时, 显然也有 $\Delta\sigma_{ij}$ 的直径的最大者 $\lambda\to 0$, 于是得到

$$\iint\limits_{D}f(x,y)\mathrm{d}\sigma=\iint\limits_{D'}f[x(u,v),y(u,v)]|J|\mathrm{d}u\mathrm{d}v.$$

注 在公式(19)中, 我们假定了变换函数(18)在 D' 上有连续的一阶偏导数, 且雅可比行列式在 D' 上恒不为零, 以及 D 与 D' 之间有一一对应的关系. 但在某些问题中, 变换函数及其偏导数仅在 D' 上分片连续, 一一对应关系和雅可比行列式 $J\neq 0$ 也会在个别点或个别曲线上不成立. 对于这些例外的情形, 换元公式(19)仍然成立(证明从略). 例如极坐标变换

$$x=r\cos\theta,\quad y=r\sin\theta$$

把 $r\theta$ 平面上的矩形区域 $D'=\{(r,\theta)\,|\,0\leqslant r\leqslant 1,0\leqslant\theta\leqslant 2\pi\}$ 对应于 xy 平面上的单位圆(图 11-26). 它把 $r\theta$ 平面上的线段 $O'C'$ 上的点都对应于 xy 平面上的原点, 并分别把 $r\theta$ 平面上的线段 $O'A'$ 及 $C'B'$ 对应于 xy 平面上的线段 OA. 由于仅仅是在个别线段上破坏了一一对应关系, 因此在极坐标变换下, 换元公式(19)仍然成立. 这时雅可比行列式

$$J=\frac{\partial(x,y)}{\partial(r,\theta)}=\begin{vmatrix}\cos\theta & -r\sin\theta\\ \sin\theta & r\cos\theta\end{vmatrix}=r.$$

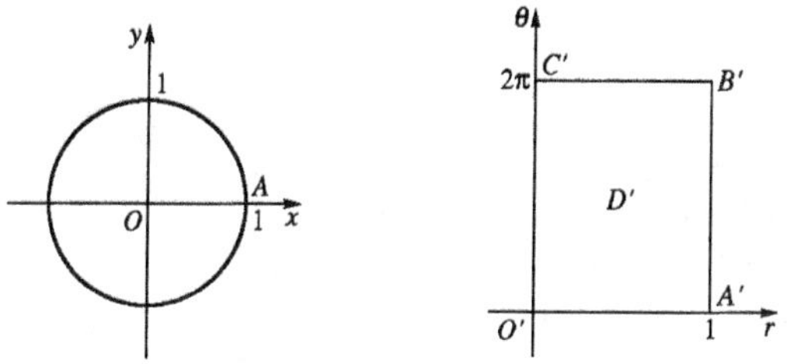

图 11-26

例 10 计算二重积分 $\iint\limits_D xy\mathrm{d}x\mathrm{d}y$，其中区域 D 由 $y=x$，$y=2x$，$xy=1$，$xy=3$ 围成.

解 区域 D 如图 11-27 所示. 若不作变换，则应将区域 D 分块，比较麻烦. 考虑到 D 的四条边界曲线的方程可写为

$$\frac{y}{x}=1,\quad \frac{y}{x}=2,$$

$$xy=1,\quad xy=3,$$

因此可作变换

$$\begin{cases}u=\dfrac{y}{x},\\ v=xy,\end{cases}\text{即}\begin{cases}x=\sqrt{\dfrac{v}{u}},\\ y=\sqrt{uv},\end{cases}$$

这时 D 对应于 uv 平面上的矩形区域 D'：$\{(u,v)\mid 1\leqslant u\leqslant 2,1\leqslant v\leqslant 3\}$（图 11-28）. 易知

$$J=\frac{\partial(x,y)}{\partial(u,v)}=\begin{vmatrix}-\dfrac{1}{2u}\sqrt{\dfrac{v}{u}} & \dfrac{1}{2}\sqrt{\dfrac{1}{uv}}\\ \dfrac{1}{2}\sqrt{\dfrac{v}{u}} & \dfrac{1}{2}\sqrt{\dfrac{u}{v}}\end{vmatrix}=-\frac{1}{2u},$$

于是由换元公式(19)得

$$\iint\limits_{D} xy\mathrm{d}x\mathrm{d}y = \frac{1}{2}\iint\limits_{D'} \frac{v}{u}\mathrm{d}u\mathrm{d}v = \frac{1}{2}\int_1^2 \frac{1}{u}\mathrm{d}u\int_1^3 v\mathrm{d}v = 2\ln 2.$$

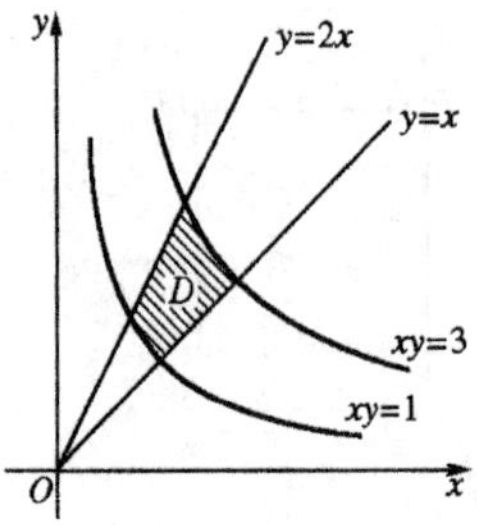

图 11-27

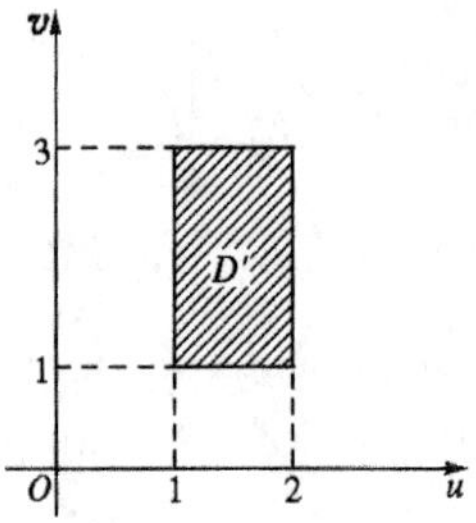

图 11-28

例 11 计算二重积分

$$\iint\limits_{\frac{x^2}{a^2}+\frac{y^2}{b^2}\leqslant 1} (Ax^2 + By^2 + C)\mathrm{d}x\mathrm{d}y,$$

其中 a,b,A,B,C 为常数，且 $a>0,b>0$.

解 这里介绍一下"**广义极坐标变换**"，即

$$\begin{cases} x = ar\cos^{\beta}\theta, \\ y = br\sin^{\beta}\theta, \end{cases}$$

其中 a,b,β 为常数. 此时雅可比行列式为

$$\frac{\partial(x,y)}{\partial(r,\theta)} = ab\beta r\sin^{\beta-1}\theta \cdot \cos^{\beta-1}\theta.$$

在本题中，可取 $\beta=1$，即采用变换

$$\begin{cases} x = ar\cos\theta, \\ y = br\sin\theta, \end{cases}$$

于是

$$D' = \{(r,\theta)\,|\,0 \leqslant r \leqslant 1, 0 \leqslant \theta \leqslant 2\pi\}, \quad J = abr,$$

再由换元公式(19)，得

$$\iint\limits_{\frac{x^2}{a^2}+\frac{y^2}{b^2}\leqslant 1} (Ax^2 + By^2 + C)\mathrm{d}x\mathrm{d}y$$

$$= ab\int_0^{2\pi}\mathrm{d}\theta\int_0^1 (Aa^2r^2\cos^2\theta + Bb^2r^2\sin^2\theta + C)r\mathrm{d}r$$

$$= ab\int_0^{\pi/2}(Aa^2\cos^2\theta + Bb^2\sin^2\theta)\mathrm{d}\theta + \pi abC$$

$$= \frac{\pi}{4}ab(Aa^2 + Bb^2) + \pi abC.$$

***例 12** 计算 $\iint\limits_D (\sqrt{b|x|}+\sqrt{a|y|})^2\mathrm{d}x\mathrm{d}y\,(a>0,b>0)$，其中

$$D=\left\{(x,y)\,\middle|\,\sqrt{\frac{|x|}{a}+\frac{|y|}{b}}\leqslant 1\right\}.$$

解 区域 D 如图 11-29 所示，它对称于 x 轴与 y 轴，被积函数显然对 x，对 y 都是偶函数，因此，所求积分是被积函数在区域 D_1（图 11-29 中带斜线部分）上积分的 4 倍. 在 D_1 上，作广义极坐标变换

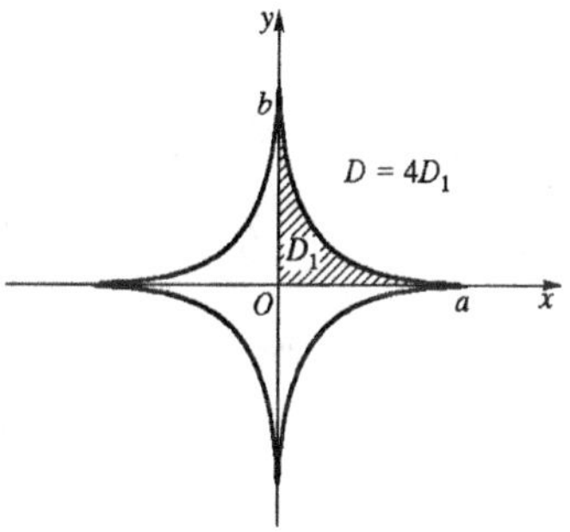

图 11-29

$$\begin{cases} x = ar\cos^4\theta, \\ y = br\sin^4\theta, \end{cases}$$

雅可比行列式为 $J=4abr\cdot\sin^3\theta\cdot\cos^3\theta$，于是由公式(19)得到

$$\iint\limits_D (\sqrt{b|x|} + \sqrt{a|y|})^2\mathrm{d}x\mathrm{d}y$$

$$= 4\iint\limits_{D_1}(\sqrt{bx} + \sqrt{ay})^2\mathrm{d}x\mathrm{d}y$$

$$= 4\int_0^{\pi/2}\mathrm{d}\theta\int_0^1 abr\cdot 4abr\sin^3\theta\cdot\cos^3\theta\mathrm{d}\theta = \frac{4}{9}a^2b^2.$$

习 题 11.2

将二重积分 $\iint\limits_D f(x,y)\mathrm{d}\sigma$ 表为累次积分，其中积分区域 D 是：

1. 以 $O(0,0),A(2,0),B(2,1),C(0,1)$ 为顶点的矩形.

2. 以 $O(0,0),A(1,0),B(1,1)$ 为顶点的三角形.

3. 以 $O(0,0),A(2a,0),B(3a,a),C(a,a)$ 为顶点的平行四边形.

4. 由 $x+y=1,y-x=1,y=0$ 所围.

5. 由 $y=x^2,x+y=2$ 所围.

6. 由 $y=x^2,y=4-x^2$ 所围.

7. 由 $xy=2,y=2x,2y-x=0$ 所围的第一象限部分.

计算下列二重积分：

8. $\iint\limits_D ye^{xy}\mathrm{d}x\mathrm{d}y$，$D$ 是由 $x=2,y=2,xy=1$ 所围.

9. $\iint\limits_D xy^2\mathrm{d}x\mathrm{d}y$，$D$ 由 $x=\frac{p}{2},y^2=2px$ $(p<0)$ 所围.

10. $\iint\limits_D e^{x+y}\mathrm{d}\sigma$，$D$ 由 $x=0,x=1,y=0,y=1$ 所围.

11. $\iint\limits_D x\sin(x+y)\mathrm{d}\sigma$，$D$ 由 $x=0,x=\pi,y=0,y=\frac{\pi}{2}$ 所围.

12. $\iint\limits_D \sin xy\cos(x^2+y^2)\mathrm{d}\sigma$，$D=\{x^2+y^2\leqslant 1\}$.

13. $\iint\limits_D x^3\sin(x^2+y^2)\mathrm{d}\sigma$，$D=\{x^2+y^2\leqslant 2y\}$.

14. $\iint\limits_D y^2\sqrt{1-x^2}\mathrm{d}\sigma$，$D$：单位圆 $x^2+y^2\leqslant 1$.

15. $\iint\limits_D (|x|+|y|)\mathrm{d}\sigma$，$D$：$|x|+|y|\leqslant 1$.

16. $\iint\limits_D (x^2+y^2)\mathrm{d}\sigma$，$D$ 由 $x^2+y^2=1,x^2+y^2=2x$ 所围的中间一块.

改变下列各题的积分次序：

17. $\int_0^a \mathrm{d}x\int_0^x f(x,y)\mathrm{d}y$ $(a>0)$.

18. $\int_0^1 \mathrm{d}x\int_{x^3}^{x^2} f(x,y)\mathrm{d}y$.

19. $\int_0^a \mathrm{d}y\int_{-y}^{\sqrt{y}} f(x,y)\mathrm{d}x$.

20. $\int_{-1}^1 \mathrm{d}x\int_{x^2+x}^{x+1} f(x,y)\mathrm{d}y$.

将二重积分 $\iint\limits_D f(x,y)\mathrm{d}\sigma$ 表为在极坐标系中的累次积分：

21. D：$a^2\leqslant x^2+y^2\leqslant b^2$.

22. D：$x^2+y^2\leqslant R^2$.

23. D：$x^2+y^2\leqslant ax$ ($a>0$).　　　24. D：$x^2+y^2\leqslant by$ ($b>0$).

25. D 由 $x^2+y^2\geqslant 4x$，$x^2+y^2\leqslant 8x$，$y\geqslant x$，$y\leqslant 2x$ 所围之公共部分.

26. D 由 $x^2+y^2\leqslant ax$ 和 $x^2+y^2\leqslant ay$ ($a>0$)所围之公共部分.

计算下列二重积分：

27. $\iint\limits_D \sin(x^2+y^2)\mathrm{d}\sigma$，$D$：$\pi^2\leqslant x^2+y^2\leqslant 4\pi^2$.

28. $\iint\limits_D \sqrt{R^2-x^2-y^2}\mathrm{d}\sigma$，$D$：$x^2+y^2\leqslant R^2$.

29. $\iint\limits_D \sqrt{R^2-x^2-y^2}\mathrm{d}\sigma$，$D$：$x^2+y^2\leqslant Rx$ ($R>0$).

30. 应用二重积分证明，由射线 $\theta=\alpha,\theta=\beta$ 与曲线 $r=r(\theta)$ 所围成之扇形区域 D 的面积为 $\frac{1}{2}\int_\alpha^\beta[r(\theta)]^2\mathrm{d}\theta$.

31. 求心脏线 $r=a(1+\cos\theta)$ 所围之面积.

32. 将二重积分 $\iint\limits_{x^2+y^2\leqslant x} f\left(\frac{y}{x}\right)\mathrm{d}x\mathrm{d}y$ 表成定积分.

33. 求 $\iint\limits_D y\mathrm{d}x\mathrm{d}y$，$D$：$0\leqslant \alpha x\leqslant y\leqslant \beta x$，$a^2\leqslant x^2+y^2\leqslant b^2$ ($b>a>0,\beta>\alpha>0$).

34. 求 $\iint\limits_D \arctan\frac{y}{x}\mathrm{d}x\mathrm{d}y$，$D$：$x^2+y^2\leqslant R^2$.

35. 求 $\iint\limits_D \frac{\mathrm{d}x\mathrm{d}y}{(a^2+x^2+y^2)^{3/2}}$，$D$：$0\leqslant x\leqslant a,0\leqslant y\leqslant a$.

计算下列二重积分：

36. $\iint\limits_D (x^2+xy)\mathrm{d}x\mathrm{d}y$，$D$ 由 $x+y=1,x+y=2,y=x,y=2x$ 所围.

37. $\iint\limits_D (x^3+y^3)\mathrm{d}x\mathrm{d}y$，$D$ 由 $x^2=2y,x^2=3y,x=y^2,x=2y^2$ 所围.

38. $\iint\limits_{x^2+y^2\leqslant x+y} (x+y)\mathrm{d}x\mathrm{d}y$.　　　39. $\iint\limits_{x^4+y^4\leqslant 1} (x^2+y^2)\mathrm{d}x\mathrm{d}y$.

40. 引进变量替换 $x+y=u,y=vx$ 将积分 $\iint\limits_D f(x,y)\mathrm{d}x\mathrm{d}y$ (D：$x\geqslant 0$，$y\geqslant 0,x+y\leqslant 1$ 的公共部分)化为变量 u,v 的累次积分.

41. 求曲线 $y^2=px,y^2=qx,x^2=ay,x^2=by$ ($0<p<q,0<a<b$)所围成

的面积.

§3 三重积分的概念与计算

3.1 三重积分的概念

在§1中,我们从曲顶柱体的体积和不均匀物质薄板的质量问题引进了二重积分.现在我们来讨论空间物体的质量问题,并由此引进三重积分.

设某物体占有空间区域 Ω,它在点 (x,y,z) 处的体密度为 $\mu(x,y,z)$,$\mu(x,y,z)$ 为 Ω 上的连续函数,求物体的质量 m.

将 Q 任意分为 n 个小区域,小区域及其体积都记作 ΔV_i,小块质量记作 $\Delta m_i(i=1,2,\cdots,n)$. 在每个小区域 ΔV_i 中任取一点 (ξ_i,η_i,ζ_i),因为函数 $\mu(x,y,z)$ 连续,所以当分割充分细密时,可用点 (ξ_i,η_i,ζ_i) 处的体密度 $\mu(\xi_i,\eta_i,\zeta_i)$ 作为小区域 ΔV_i 上各点处体密度的近似值,于是得到

$$\Delta m_i \approx \mu(\xi_i,\eta_i,\zeta_i)\Delta V_i \quad (i=1,2,\cdots,n).$$

对 i 求和,得

$$m=\sum_{i=1}^{n}\Delta m_i \approx \sum_{i=1}^{n}\mu(\xi_i,\eta_i,\zeta_i)\Delta V_i.$$

记 λ 为诸小区域的直径的最大者,让 $\lambda\to 0$,就得到质量

$$m=\lim_{\lambda\to 0}\sum_{i=1}^{n}\mu(\xi_i,\eta_i,\zeta_i)\Delta V_i.$$

还有许多力学和物理问题,也要求作类似的讨论.把这些问题的共同点抽象出来,就得到三重积分的概念.

定义 设三元函数 $f(x,y,z)$ 在某一空间有界闭区域 Ω 上有定义.用任意的曲面网将 Ω 分为 n 个小区域.小区域及其体积都记作 $\Delta V_i(i=1,2,\cdots,n)$. 在每一小区域 ΔV_i 上任取一点 (ξ_i,η_i,ζ_i),作和数(称为**积分和**)

$$\sum_{i=1}^{n}f(\xi_i,\eta_i,\zeta_i)\Delta V_i.$$

记所有小区域的直径的最大者为λ,令$\lambda\to 0$,若积分和有极限I(I的值不依赖于区域Ω的分法及点(ξ_i,η_i,ζ_i)的取法),则称此极限值为函数$f(x,y,z)$在区域Ω上的**三重积分**,记作

$$I=\lim_{\lambda\to 0}\sum_{i=1}^{n}f(\xi_i,\eta_i,\zeta_i)\Delta V_i=\iiint_{\Omega}f(x,y,z)\mathrm{d}V,$$

其中$f(x,y,z)$称为**被积函数**,Ω称为**积分区域**,$\mathrm{d}V$称为**体积元素**.

当三重积分$\iiint\limits_{\Omega}f(x,y,z)\mathrm{d}V$存在时,称函数$f(x,y,z)$在区域$\Omega$上**可积**,记作$f\in R(\Omega)$.

与二重积分类似,若$f(x,y,z)$在Ω上可积,则必在Ω上有界.

由三重积分的定义知,空间物体Ω的质量m等于体密度函数的三重积分,即$m=\iiint\limits_{\Omega}\mu(x,y,z)\mathrm{d}V$.

当$\mu(x,y,z)\equiv 1$时,三重积分$\iiint\limits_{\Omega}1\mathrm{d}V$的值等于区域$\Omega$的体积.

我们指出,有界闭区域Ω上的连续函数或分块连续函数在Ω上是可积的(证明略).

三重积分也有与二重积分类似的性质,这里不再重复.

3.2 三重积分的计算

1. *在直角坐标系下计算三重积分*

在直角坐标系$Oxyz$中,常用分别平行于三个坐标面的三组平面,即$x=$常数,$y=$常数,$z=$常数去分割区域Ω,于是$\Delta V_i=\Delta x_i\Delta y_i\Delta z_i$($i=1,2,\cdots,n$),体积元素为

$$\mathrm{d}V=\mathrm{d}x\mathrm{d}y\mathrm{d}z,$$

因此三重积分可以写为

$$\iiint_{\Omega}f(x,y,z)\mathrm{d}x\mathrm{d}y\mathrm{d}z.$$

与计算二重积分类似，计算三重积分的方法还是化为累次积分. 这里我们仅将有关定理作相应的叙述，而略去证明.

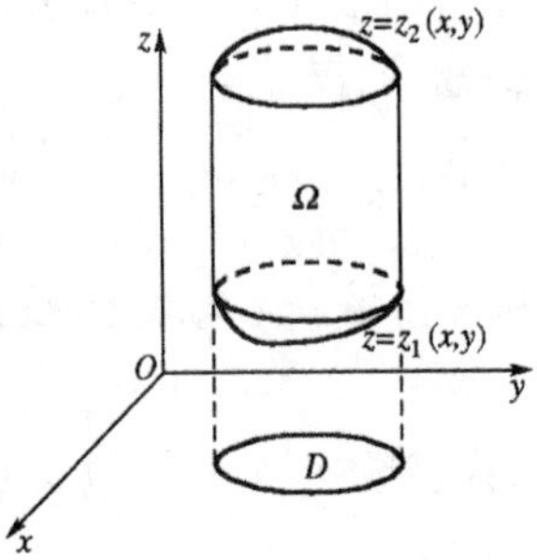

图 11-30

定理 1 设区域 Ω 是上、下底分别为曲面

$$z=z_2(x,y),\quad z=z_1(x,y)$$

的曲顶、曲底的柱体，它在 xy 平面上的投影区域为 D(图 11-30). 若函数 $f(x,y,z)$ 在 Ω 上可积，并且对任意的点 $(x,y)\in D$，$f(x,y,z)$ 在区间 $[z_1(x,y),z_2(x,y)]$ 上可积，则

$$\iiint_\Omega f(x,y,z)\mathrm{d}x\mathrm{d}y\mathrm{d}z=\iint_D \mathrm{d}x\mathrm{d}y\int_{z_1(x,y)}^{z_2(x,y)} f(x,y,z)\mathrm{d}z. \tag{1}$$

公式(1)可以这样理解：先在 D 上固定一点 (x,y)，函数沿 z 轴的正方向从点 $z_1(x,y)$ 到点 $z_2(x,y)$ 的线段上积分，得到内层积分 $\int_{z_1(x,y)}^{z_2(x,y)} f(x,y,z)\mathrm{d}z$，它是变量 x,y 的二元函数，然后再将该二元函数在区域 D 上求二重积分，就得到在整个空间区域 Ω 上的三重积分.

例 1 计算三重积分 $\iiint_\Omega y\mathrm{d}x\mathrm{d}y\mathrm{d}z$，其中 Ω 是由三个坐标平面及平面 $x+y+2z=2$ 所围成的区域.

解 Ω 的图形如图 11-31. 其上底为平面 $z=1-\frac{1}{2}(x+y)$，下底为平面 $z=0$. Ω 在 xy 平面上的投影区域为图 11-32 中的 D. 于是由公式(1)得到

$$\begin{aligned}\iiint_\Omega y\mathrm{d}x\mathrm{d}y\mathrm{d}z&=\iint_D \mathrm{d}x\mathrm{d}y\int_0^{1-\frac{1}{2}(x+y)} y\mathrm{d}z\\&=\iint_D\left[1-\frac{1}{2}(x+y)\right]y\mathrm{d}x\mathrm{d}y\end{aligned}$$

$$= \int_0^2 \mathrm{d}x \int_0^{2-x} \left[1 - \frac{1}{2}(x + y)\right] y\mathrm{d}y = \frac{1}{3}.$$

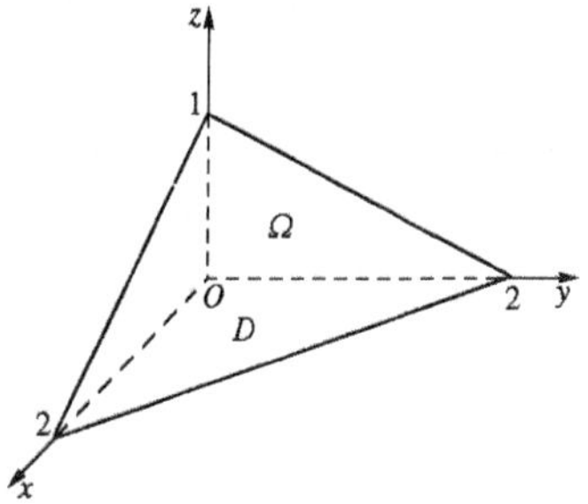

图 11-31

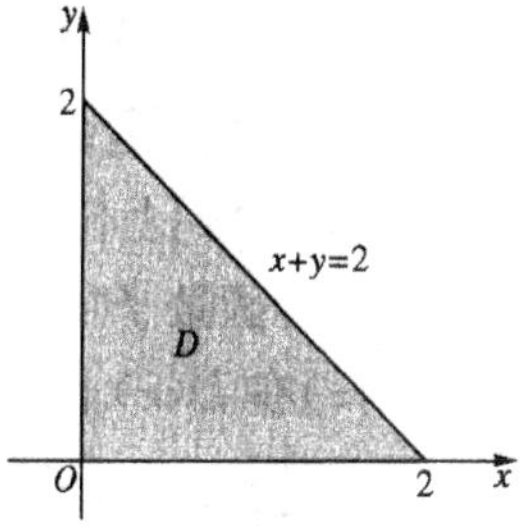

图 11-32

例 2 求由两柱面 $x^2+y^2=R^2$，$x^2+z^2=R^2(R>0)$ 所围成的立体 Ω 的体积 V.

解 由本节 3.1 小节知，Ω 的体积为

$$V = \iiint\limits_{\Omega} 1\mathrm{d}V.$$

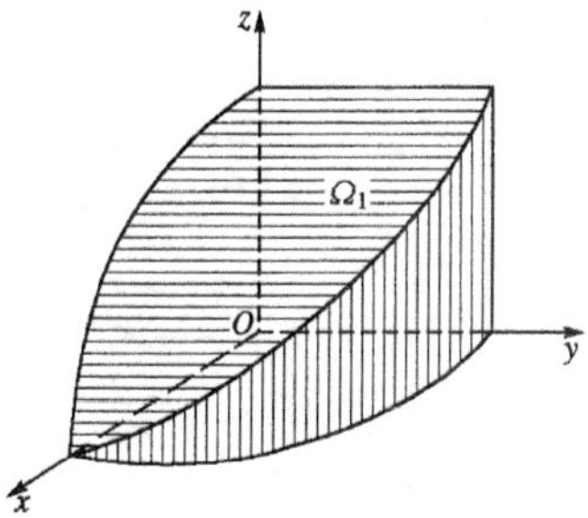

图 11-33

因为该立体关于各坐标面对称，所以只需求出它在第一卦限部分 Ω_1（图 11-33）的体积 V_1，再 8 倍即可. 记 Ω_1 的底部为区域 D_1，则利用公式(1)，得到

$$V_1 = \iiint\limits_{\Omega_1} 1\mathrm{d}x\mathrm{d}y\mathrm{d}z = \iint\limits_{D_1} \mathrm{d}x\mathrm{d}y \int_0^{\sqrt{R^2-x^2}} 1\mathrm{d}z$$

$$= \int_0^R \mathrm{d}x \int_0^{\sqrt{R^2-x^2}} \sqrt{R^2 - x^2}\mathrm{d}y$$

$$= \int_0^R (R^2 - x^2)\mathrm{d}x = \frac{2}{3}R^3,$$

于是得到所求体积

$$V = 8V_1 = \frac{16}{3}R^3.$$

化三重积分为累次积分时，除了可用公式(1)先求定积分再求二重积分外，有时也可先求二重积分，再求定积分.

定理 2 设空间区域 Ω 夹在两平面 $z=c$ 及 $z=d$ 之间(图 11-34). 过区间 $[c,d]$ 上任一点 z 作垂直于 z 轴的平面，截 Ω 得平面区域 $D(z)$. 若函数 $f(x,y,z)$ 在 Ω 上可积，且对任意 $z\in[c,d]$，函数 $f(x,y,z)$ 在 $D(z)$ 上可积，则

$$\iiint\limits_{\Omega} f(x,y,z)\mathrm{d}x\mathrm{d}y\mathrm{d}z = \int_c^d \mathrm{d}z \iint\limits_{D(z)} f(x,y,z)\mathrm{d}x\mathrm{d}y. \tag{2}$$

证明略.

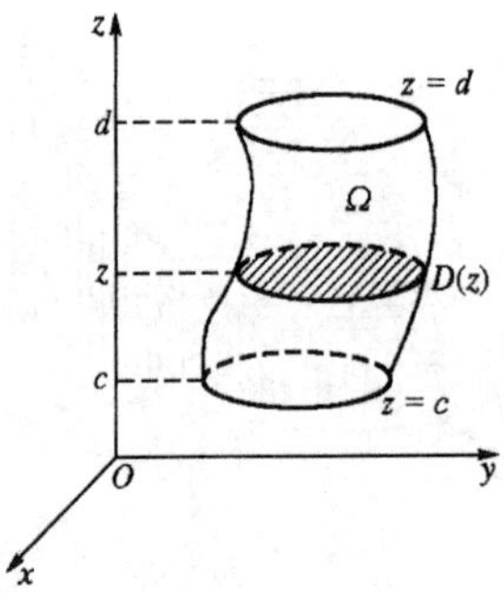

图 11-34

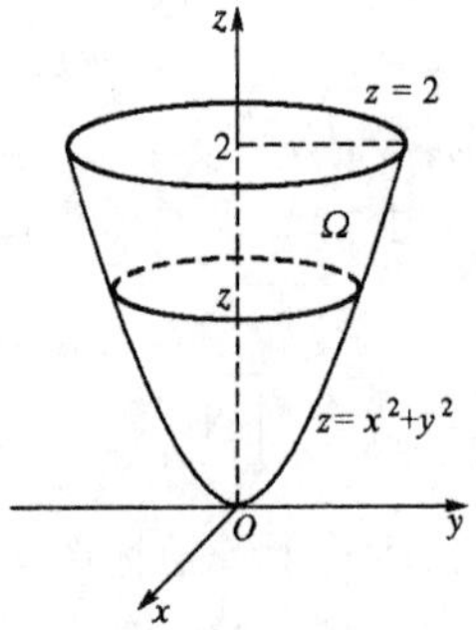

图 11-35

例 3 计算三重积分 $\iiint\limits_{\Omega} z^2\mathrm{d}x\mathrm{d}y\mathrm{d}z$，其中 Ω 由曲面 $z=x^2+y^2$ 及平面 $z=2$ 围成.

解 区域 Ω 如图 11-35 所示. Ω 夹在平面 $z=0$ 与 $z=2$ 之间. 用平面 $z=$常数去截 Ω，得平面区域 $D(z)=\{(x,y)\mid x^2+y^2\leqslant z\}$. 于是由公式(2)得

$$\iiint\limits_{\Omega} z^2\mathrm{d}x\mathrm{d}y\mathrm{d}z = \int_0^2 \mathrm{d}z \iint\limits_{x^2+y^2\leqslant z} z^2\mathrm{d}x\mathrm{d}y = \int_0^2 \pi z^3\mathrm{d}z = 4\pi.$$

例 4 计算三重积分 $I=\iiint\limits_{\Omega}\dfrac{1}{\sqrt{(x-a)^2+y^2+z^2}}\mathrm{d}V$，其中 $\Omega=\{(x,y)\mid x^2+y^2+z^2\leqslant R^2,0<R<a\}$.

解 为了画图方便，取 x 轴垂直向上，区域 Ω 如图 11-36 所示（这里只画了 Ω 的上半部分）. Ω 是一个半径为 R 的球域. 从被积函数去分析，此时应任意固定 $x\in[-R,R]$，得平面区域 $D(x)=\{(x,y)\mid y^2+z^2\leqslant R^2-x^2\}$，在 $D(x)$ 上先求二重积分，然后再对 x 求定积分，于是得到

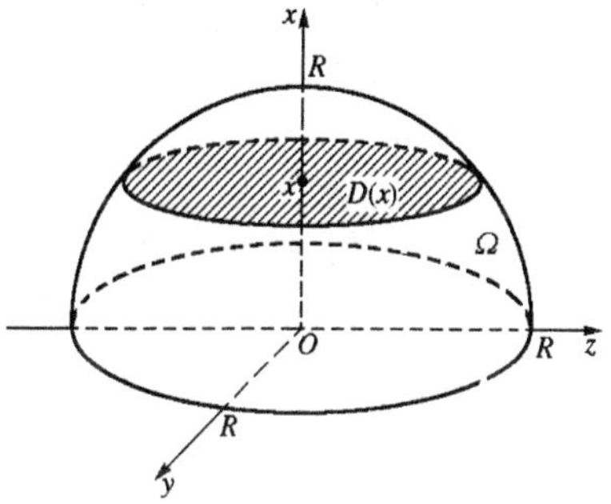

图 11-36

$$I=\int_{-R}^{R}\mathrm{d}x\iint\limits_{y^2+z^2\leqslant R^2-x^2}\frac{1}{\sqrt{(x-a)^2+y^2+z^2}}\mathrm{d}y\mathrm{d}z$$

$$\xlongequal{\text{采用极坐标}}\int_{-R}^{R}\mathrm{d}x\int_0^{2\pi}\mathrm{d}\theta\int_0^{\sqrt{R^2-x^2}}\frac{1}{\sqrt{(x-a)^2+r^2}}r\mathrm{d}r$$

$$=2\pi\int_{-R}^{R}\sqrt{(x-a)^2+r^2}\Big|_{r=0}^{r=\sqrt{R^2-x^2}}\mathrm{d}x$$

$$=2\pi\int_{-R}^{R}[\sqrt{a^2+R^2-2ax}-(a-x)]\mathrm{d}x=\frac{4\pi}{3a}R^3.$$

2. *在柱坐标系下计算三重积分*

确定空间点的位置，除了用直角坐标外，还常用柱坐标和球坐标. 我们在第九章曾经讲过，柱坐标系就是 xy 平面的极坐标系加

上 z 轴. 在柱坐标系下,空间的点 M 可用有序数组(r,θ,z)来确定. 其中(r,θ)是空间的点 M 在 xy 平面上的投影点 P 的极坐标,z 是点 M 的第三个直角坐标(图 11-37). 点 M 的直角坐标(x,y,z)与柱坐标(r,θ,z)之间有关系式

$$\begin{cases} x = r\cos\theta, \\ y = r\sin\theta, \\ z = z, \end{cases} \quad \begin{cases} r = \sqrt{x^2 + y^2}, \\ \tan\theta = \dfrac{y}{x}, \\ z = z. \end{cases} \tag{3}$$

当 M 取遍空间一切点时,r,θ,z 的取值范围是

$$0 \leqslant r < +\infty, \quad 0 \leqslant \theta < 2\pi, \quad -\infty < z < +\infty.$$

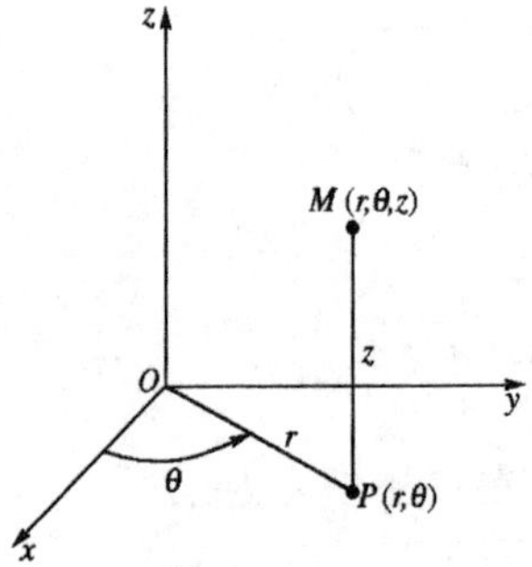

图 11-37

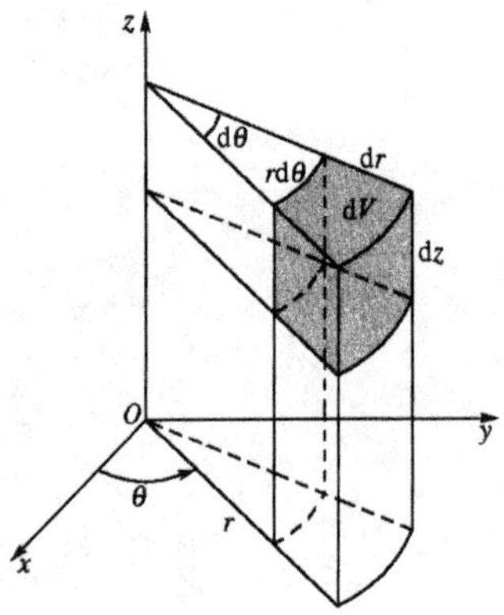

图 11-38

在柱坐标系下,三组坐标面分别是:

r=常数,即以 z 轴为对称轴,r 为半径的圆柱面,

θ=常数,即过 z 轴的半平面,

z=常数,即与 xy 平面平行的平面.

在柱坐标系下计算三重积分时,需要写出体积元素 $\mathrm{d}V$ 在柱坐标系下的表示式. 为此,我们用柱坐标系的三组坐标面去分割积分区域 Ω. 设 ΔV 是由半径为 r 和 $r+\mathrm{d}r$ 的圆柱面、极角为 θ 和 $\theta+\mathrm{d}\theta$ 的半平面,以及高度为 z 和 $z+\mathrm{d}z$ 的平面所围成的小柱体. 其

高为 dz，其底面积可近似看成以 dr 和 rdθ 为两边的小矩形面积（图 11-38），因此体积元素为

$$\mathrm{d}V = r\mathrm{d}r\mathrm{d}\theta\mathrm{d}z,$$

于是三重积分化为

$$\iiint\limits_{\Omega} f(x,y,z)\mathrm{d}V = \iiint\limits_{\Omega'} f(r\cos\theta, r\sin\theta, z) r\mathrm{d}r\mathrm{d}\theta\mathrm{d}z,$$

其中 Ω' 为 Ω 的柱坐标变化域. 上式右端的三重积分也可化为累次积分来计算. 如果包围区域 Ω 的上、下曲面可用柱坐标表示为

$$z = z_2(r,\theta), \quad z = z_1(r,\theta),$$

且 Ω 在 xy 平面上的投影区域为 D（图 11-30），那么，在柱坐标系下，三重积分的计算公式为

$$\iiint\limits_{\Omega} f(x,y,z)\mathrm{d}V = \iiint\limits_{\Omega'} f(r\cos\theta, r\sin\theta, z) r\mathrm{d}r\mathrm{d}\theta\mathrm{d}z$$

$$= \iint\limits_{D} r\mathrm{d}r\mathrm{d}\theta \int_{z_1(r,\theta)}^{z_2(r,\theta)} f(r\cos\theta, r\sin\theta, z)\mathrm{d}z. \quad (4)$$

例 5 计算三重积分 $\iiint\limits_{\Omega} z\sqrt{x^2+y^2}\mathrm{d}V$，其中 Ω 由球面 $x^2+y^2+z^2=2$ 与抛物面 $z=x^2+y^2$ 围成.

解 区域 Ω 如图 11-39 所示. 上半球面 $z=\sqrt{2-x^2-y^2}$ 的柱坐标方程为 $z=\sqrt{2-r^2}$，抛物面 $z=x^2+y^2$ 的柱坐标方程为 $z=r^2$，区域 Ω 在 xy 平面上的投影区域 D 是一个圆域. 解方程组

$$\begin{cases} z = \sqrt{2-r^2}, \\ z = r^2, \end{cases}$$

得 $r=1$，这就是 D 的半径. 于是由公式(4)得

$$\iiint\limits_{\Omega} z\sqrt{x^2+y^2}\mathrm{d}V = \iint\limits_{D} r\mathrm{d}r\mathrm{d}\theta \int_{r^2}^{\sqrt{2-r^2}} zr\mathrm{d}z$$

$$= \int_0^{2\pi}\mathrm{d}\theta \int_0^1 r^2\mathrm{d}r \int_{r^2}^{\sqrt{2-r^2}} z\mathrm{d}z$$

$$= \pi\int_0^1 (2r^2 - r^4 - r^6)\mathrm{d}r = \frac{34}{105}\pi.$$

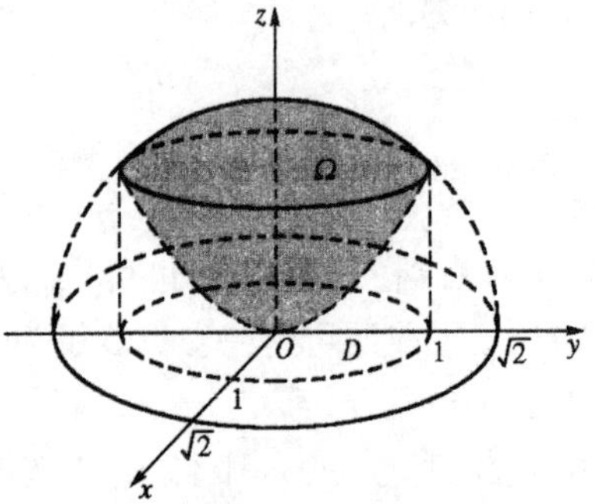

图 11-39

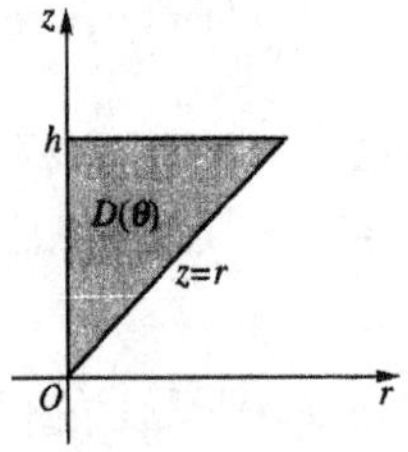

图 11-40

例 6 计算三重积分 $I=\iiint\limits_{\Omega}\sqrt{x^2+y^2+4z^2}\mathrm{d}V$,其中 Ω 由锥面 $x^2+y^2=z^2$ 与平面 $z=h(h>0)$ 围成.

解 由被积函数的表达式知,若先对 z 积分,则计算比较复杂. 类似于例 3,例 4,我们设法更换累次积分的顺序: 先任意固定 θ,对 z,r 求二重积分;再对 θ 求定积分. 即先用半平面 $\theta=$常数去截区域 Ω,得剖面 $D(\theta)$(图 11-40),再让 $D(\theta)$绕 z 轴旋转一周,便得到整个区域 Ω,因此有

$$\begin{aligned} I &= \int_0^{2\pi}\mathrm{d}\theta\iint\limits_{D(\theta)}\sqrt{r^2+4z^2}r\mathrm{d}r\mathrm{d}z \\ &= \int_0^{2\pi}\mathrm{d}\theta\int_0^h\mathrm{d}z\int_0^z\sqrt{r^2+4z^2}r\mathrm{d}r \\ &= 2\pi\int_0^h\frac{1}{3}(r^2+4z^2)^{3/2}\Big|_{r=0}^{r=z}\mathrm{d}z \\ &= 2\pi\int_0^h\frac{1}{3}(5\sqrt{5}-8)z^3\mathrm{d}z \\ &= \frac{\pi}{6}(5\sqrt{5}-8)h^4. \end{aligned}$$

一般说来，若区域 Ω 介于两个半平面 $\theta=\alpha$ 与 $\theta=\beta(0\leqslant\alpha<\beta\leqslant 2\pi)$ 之间，则可用半平面 $\theta=$ 常数去截 Ω，得剖面 $D(\theta)$，这是一个平面闭区域，其变量为 r,z. 先将被积函数 $f(r\cos\theta,r\sin\theta,z)\cdot r$ 在 $D(\theta)$ 上对 r,z 求二重积分，然后再在区间 $[\alpha,\beta]$ 上对 θ 求定积分，即有计算公式

$$\iiint\limits_{\Omega} f(x,y,z)\mathrm{d}V=\int_{\alpha}^{\beta}\mathrm{d}\theta\iint\limits_{D(\theta)} f(r\cos\theta,r\sin\theta,z)\cdot r\,\mathrm{d}r\mathrm{d}z. \qquad (4')$$

3. *在球坐标系下计算三重积分*

空间任一点 M 的位置，还可用球坐标来确定. 我们知道，球坐标是指有序数组 (ρ,θ,φ). 其中 ρ 是向量 $\overrightarrow{OM}$ 的大小，设 $\overrightarrow{OM}$ 在 xy 平面上的投影向量为 $\overrightarrow{OP}$，则从正 x 轴按逆时针方向转到 $\overrightarrow{OP}$ 的角度为 θ，正 z 轴与 $\overrightarrow{OM}$ 的夹角为 φ(图 11-41). 点 M 的直角坐标 (x,y,z) 与球坐标 (ρ,θ,φ) 之间有关系式

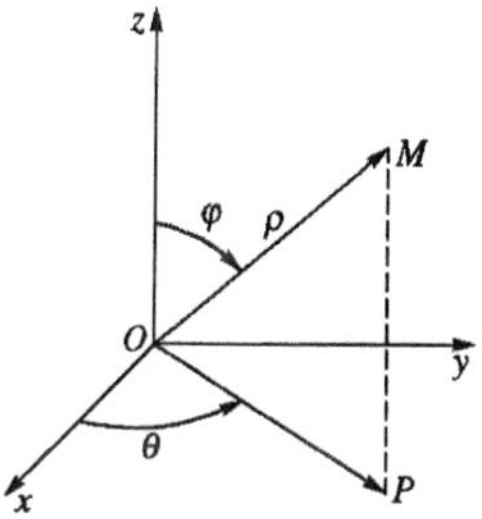

图 11-41

$$\begin{cases} x=\rho\sin\varphi\cos\theta, \\ y=\rho\sin\varphi\sin\theta, \\ z=\rho\cos\varphi, \end{cases} \qquad \begin{cases} \rho=\sqrt{x^2+y^2+z^2}, \\ \tan\theta=\dfrac{y}{x}, \\ \cos\varphi=\dfrac{z}{\sqrt{x^2+y^2+z^2}}. \end{cases} \qquad (5)$$

当点 M 取遍空间一切点时，ρ,θ,φ 的取值范围是

$$0\leqslant\rho<+\infty, \quad 0\leqslant\theta<2\pi, \quad 0\leqslant\varphi\leqslant\pi.$$

在球坐标系下，三组坐标面分别是：

$\rho=$ 常数，即以原点为球心，ρ 为半径的球面，

$\theta=$ 常数，即过 z 轴的半平面，

$\varphi=$ 常数，即以原点为顶点，z 轴为对称轴，半顶角为 φ 的圆锥面.

为了在球坐标系下计算三重积分，应写出体积元素 $\mathrm{d}V$ 在球

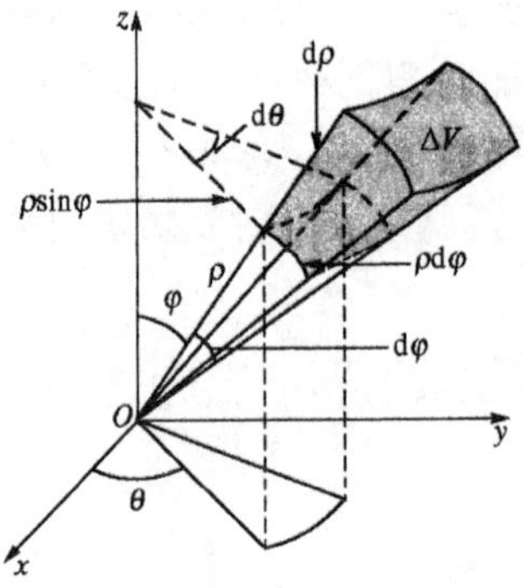

图 11-42

坐标系下的表达式.为此,我们用球坐标系的三组坐标面去分割积分区域 Ω. 设 ΔV 是由半径为 ρ 和 $\rho+\mathrm{d}\rho$ 的球面,与极角为 θ 和 $\theta+\mathrm{d}\theta$ 的半平面,以及半顶角为 φ 和 $\varphi+\mathrm{d}\varphi$ 的圆锥面所围成的小六面体(图 11-42). 它有十二条边,其中有三条边的长度分别为 $\mathrm{d}\rho$, $\rho\sin\varphi\mathrm{d}\theta$, $\rho\mathrm{d}\varphi$. 当分割充分细密时,这个小六面体可近似看作一个小长方体,因此体积元素为

$$\mathrm{d}V=(\mathrm{d}\rho)(\rho\sin\varphi\mathrm{d}\theta)(\rho\mathrm{d}\varphi)=\rho^2\sin\varphi\mathrm{d}\rho\mathrm{d}\theta\mathrm{d}\varphi,$$

于是三重积分化为

$$\iiint\limits_{\Omega} f(x,y,z)\mathrm{d}V$$

$$=\iiint\limits_{\Omega'} f(\rho\sin\varphi\cos\theta,\rho\sin\varphi\sin\theta,\rho\cos\varphi)\rho^2\sin\varphi\mathrm{d}\rho\mathrm{d}\theta\mathrm{d}\varphi, \quad (6)$$

其中 Ω' 为 Ω 的球坐标变化域.

例 7 计算三重积分 $I=\iiint\limits_{\Omega}(x^3+y^3+z^3)\mathrm{d}V$,其中 Ω 由球面 $x^2+y^2+z^2=2z$ 与锥面 $\sqrt{x^2+y^2}=z$ 围成.

解 区域 Ω 如图 11-43 所示. Ω 对称于 yz 平面(即 $x=0$)与 zx 平面(即 $y=0$),而函数 x^3, y^3 分别关于 x, y 是奇函数,因此

$$\iiint\limits_{\Omega} x^3\mathrm{d}V=0,\quad \iiint\limits_{\Omega} y^3\mathrm{d}V=0,$$

于是

$$I=\iiint\limits_{\Omega} z^3\mathrm{d}V.$$

球面 $x^2+y^2+z^2=2z$ 的球坐标方程为 $\rho^2=2\rho\cos\varphi$,即 $\rho=2\cos\varphi$. 用坐标面 $\theta=$常数去截 Ω,得一剖面 $D(\theta)$(图 11-44),它的变化域为 $\left\{0\leqslant\rho\leqslant 2\cos\varphi, 0\leqslant\varphi\leqslant\dfrac{\pi}{4}\right\}$. 当 θ 从 0 变到 2π 时,剖面

$D(\theta)$就扫过整个区域 Ω. 因此,区域

$$\Omega'=\left\{(\rho,\theta,\varphi)\,\middle|\,0\leqslant\rho\leqslant 2\cos\varphi,0\leqslant\varphi\leqslant\frac{\pi}{4},0\leqslant\theta\leqslant 2\pi\right\}.$$

于是由公式(6)得

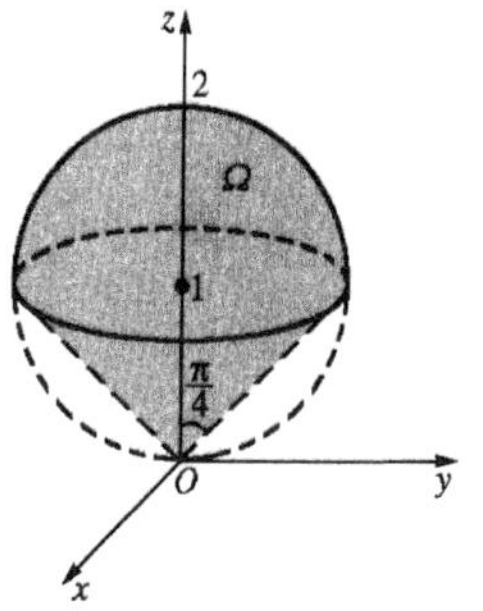

图 11-43

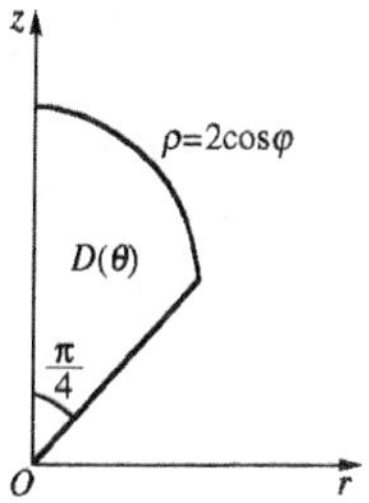

图 11-44

$$\begin{aligned}I&=\iiint_{\Omega}z^3\mathrm{d}V=\iiint_{\Omega'}\rho^3\cos^3\varphi\,\rho^2\sin\varphi\,\mathrm{d}\rho\mathrm{d}\theta\mathrm{d}\varphi\\&=\int_0^{2\pi}\mathrm{d}\theta\int_0^{\pi/4}\cos^3\varphi\sin\varphi\,\mathrm{d}\varphi\int_0^{2\cos\varphi}\rho^5\mathrm{d}\rho\\&=\frac{\pi}{3}\times 2^6\int_0^{\pi/4}\cos^9\varphi\sin\varphi\,\mathrm{d}\varphi=\frac{31}{15}\pi.\end{aligned}$$

3.3 三重积分的变量替换

三重积分也有与二重积分类似的变量替换法则.

定理 3 设函数 $f(x,y,z)$在有界闭区域 Ω 上连续. 作变换

$$\begin{cases}x=x(u,v,w),\\y=y(u,v,w),\quad(u,v,w)\in\Omega',\\z=z(u,v,w),\end{cases}\tag{7}$$

使满足

(1) 把直角坐标系 $O'uvw$ 中的区域 Ω' 一一对应于直角坐标系 $Oxyz$ 中的区域 Ω,

(2) 变换(7)在 Ω' 上连续,且有连续的一阶偏导数,

(3) 雅可比行列式

$$J=\frac{\partial(x,y,z)}{\partial(u,v,w)}=\begin{vmatrix}\frac{\partial x}{\partial u} & \frac{\partial x}{\partial v} & \frac{\partial x}{\partial w}\\ \frac{\partial y}{\partial u} & \frac{\partial y}{\partial v} & \frac{\partial y}{\partial w}\\ \frac{\partial z}{\partial u} & \frac{\partial z}{\partial v} & \frac{\partial z}{\partial w}\end{vmatrix}\neq 0,\quad (u,v,w)\in\Omega',$$

则有换元公式

$$\iiint\limits_{\Omega} f(x,y,z)\mathrm{d}x\mathrm{d}y\mathrm{d}z$$

$$=\iiint\limits_{\Omega'} f[x(u,v,w),y(u,v,w),z(u,v,w)]|J|\mathrm{d}u\mathrm{d}v\mathrm{d}w. \tag{8}$$

证明从略.

注 从公式(8)看出,作变量替换时,关键是写出在新坐标系下体积元素的表达式

$$\mathrm{d}V=|J|\mathrm{d}u\mathrm{d}v\mathrm{d}w,$$

也就是要计算出雅可比行列式 J.

常用的变量替换有柱坐标变换和球坐标变换. 在柱坐标变换下,雅可比行列式 $J=r$,体积元素 $\mathrm{d}V=r\mathrm{d}r\mathrm{d}\theta\mathrm{d}z$(请读者自己验算). 在球坐标变换

$$\begin{cases}x=\rho\sin\varphi\cos\theta,\\ y=\rho\sin\varphi\sin\theta,\\ z=\rho\cos\varphi\end{cases}$$

下,雅可比行列式

$$J=\frac{\partial(x,y,z)}{\partial(\rho,\theta,\varphi)}=\begin{vmatrix}\sin\varphi\cos\theta & -\rho\sin\varphi\sin\theta & \rho\cos\varphi\cos\theta\\ \sin\varphi\sin\theta & \rho\sin\varphi\cos\theta & \rho\cos\varphi\sin\theta\\ \cos\varphi & 0 & -\rho\sin\varphi\end{vmatrix}$$

$$= -\rho^2\sin\varphi,$$

即
$$|J| = \rho^2\sin\varphi,$$

体积元素

$$\mathrm{d}V = |J|\mathrm{d}\rho\mathrm{d}\theta\mathrm{d}\varphi = \rho^2\sin\varphi\mathrm{d}\rho\mathrm{d}\theta\mathrm{d}\varphi.$$

这正是我们利用几何直观已经推导出的结果(见图 11-42 及公式(6)).

广义球坐标变换也是一种比较常用的变量替换,它适用于某些特殊的积分区域(如下面的例 8).

例 8 计算三重积分 $I=\iiint\limits_{\Omega}(x^4+xy^2+1)\mathrm{d}V$,其中

$$\Omega=\left\{(x,y,z)\,\middle|\,\frac{x^2}{a^2}+\frac{y^2}{b^2}+\frac{z^2}{c^2}\leqslant 1, a>0, b>0, c>0\right\}.$$

解 区域 Ω 对称于 yz 平面(即 $x=0$),且函数 xy^2 关于 x 是奇函数,因此 $\iiint\limits_{\Omega}xy^2\mathrm{d}V=0$,从而

$$I=\iiint\limits_{\Omega}(x^4+1)\mathrm{d}V \xlongequal{\text{见注}} \iiint\limits_{\Omega}x^4\mathrm{d}V+\frac{4}{3}\pi abc.$$

作**广义球坐标变换**

$$\begin{cases} x = a\rho\sin\varphi\cos\theta, \\ y = b\rho\sin\varphi\sin\theta, \\ z = c\rho\cos\varphi, \end{cases}$$

则有

$$\Omega' = \{(\rho,\theta,\varphi)\,|\,0\leqslant\rho\leqslant 1, 0\leqslant\theta\leqslant 2\pi, 0\leqslant\varphi\leqslant\pi\},$$

$$J = \begin{vmatrix} \dfrac{\partial x}{\partial\rho} & \dfrac{\partial x}{\partial\theta} & \dfrac{\partial x}{\partial\varphi} \\ \dfrac{\partial y}{\partial\rho} & \dfrac{\partial y}{\partial\theta} & \dfrac{\partial y}{\partial\varphi} \\ \dfrac{\partial z}{\partial\rho} & \dfrac{\partial z}{\partial\theta} & \dfrac{\partial z}{\partial\varphi} \end{vmatrix} = -abc\rho^2\sin\varphi,$$

$$|J| = abc\rho^2\sin\varphi,$$

于是由公式(8)得到

$$\iiint\limits_{\Omega} x^4 \mathrm{d}V = \iiint\limits_{\Omega'} (a\rho\sin\varphi\cos\theta)^4 abc\rho^2 \sin\varphi \mathrm{d}\rho\mathrm{d}\theta\mathrm{d}\varphi$$

$$= a^5 bc\int_0^{2\pi}\cos^4\theta\mathrm{d}\theta\int_0^{\pi}\sin^5\varphi\mathrm{d}\varphi\int_0^1\rho^6\mathrm{d}\rho$$

$$= a^5 bc\cdot\frac{3\pi}{4}\cdot\frac{16}{15}\cdot\frac{1}{7} = \frac{4}{35}\pi a^5 bc.$$

从而

$$I = \frac{4}{35}\pi a^5 bc + \frac{4}{3}\pi abc = \frac{4}{105}\pi abc(3a^4 + 35).$$

注 $I=\iiint\limits_{\Omega} x^4\mathrm{d}V+\iiint\limits_{\Omega} 1\mathrm{d}V=\iiint\limits_{\Omega} x^4\mathrm{d}V+\overline{V}$,其中 $\overline{V}$ 为该椭球体的体积.请读者用三重积分证明:$\overline{V}=\dfrac{4}{3}\pi abc$.

例 9 设某物体由曲面 S:$\left(\dfrac{x}{a}\right)^{2/3}+\left(\dfrac{y}{b}\right)^{2/3}+\left(\dfrac{z}{c}\right)^{2/3}=1$ $(a>0,b>0,c>0)$围成,体密度为 $\mu(x,y,z)=z^2$,求质量 m.

解 质量为体密度的三重积分,即

$$m = \iiint\limits_{\Omega} z^2\mathrm{d}V,$$

其中 Ω 为物体所占据的空间区域,由曲面 S 围成.考虑到 S 的方程,我们可作变换

$$\begin{cases} x = au^3, \\ y = bv^3, \\ z = cw^3, \end{cases}$$

则曲面方程化为 $u^2+v^2+w^2=1$,区域 Ω' 为单位球体:$u^2+v^2+w^2\leqslant 1$,且

$$J=\begin{vmatrix} \dfrac{\partial x}{\partial u} & \dfrac{\partial x}{\partial v} & \dfrac{\partial x}{\partial w} \\ \dfrac{\partial y}{\partial u} & \dfrac{\partial y}{\partial v} & \dfrac{\partial y}{\partial w} \\ \dfrac{\partial z}{\partial u} & \dfrac{\partial z}{\partial v} & \dfrac{\partial z}{\partial w} \end{vmatrix} = \begin{vmatrix} 3au^2 & 0 & 0 \\ 0 & 3bv^2 & 0 \\ 0 & 0 & 3cw^2 \end{vmatrix}$$

$$= 27abcu^2v^2w^2,$$

于是由公式(8)得到

$$m = \iiint\limits_{\Omega'} c^2w^6 \cdot 27abcu^2v^2w^2\mathrm{d}u\mathrm{d}v\mathrm{d}w$$

$$= 27abc^3\iiint\limits_{\Omega'} u^2v^2w^8\mathrm{d}u\mathrm{d}v\mathrm{d}w.$$

再作球坐标变换,令

$$\begin{cases} u = \rho\sin\varphi\cos\theta, \\ v = \rho\sin\varphi\sin\theta, \\ w = \rho\cos\varphi, \end{cases}$$

则

$$m = 27abc^3\int_0^{2\pi}\cos^2\theta \cdot \sin^2\theta\mathrm{d}\theta\int_0^{\pi}\sin^5\varphi \cdot \cos^8\varphi\mathrm{d}\varphi\int_0^1\rho^{14}\mathrm{d}\rho$$

$$= 27abc^3 \cdot \frac{\pi}{4} \cdot \frac{16}{1287} \cdot \frac{1}{15} = \frac{4}{715}\pi abc^3.$$

习　题　11.3

计算下列三重积分:

1. $\iiint\limits_V \dfrac{\mathrm{d}V}{(x+y+z+1)^2}$, V: $x\geqslant 0, y\geqslant 0, z\geqslant 0, x+y+z\leqslant 1$ 所围.

2. $\iiint\limits_V xy\mathrm{d}V$, V: $z=xy, z=0, x+y=1$ 所围.

3. $\iiint\limits_V xy^2z^3\mathrm{d}x\mathrm{d}y\mathrm{d}z$, V: $z=xy, y=x, x=1, z=0$ 所围.

4. $\iiint\limits_V xyz\mathrm{d}x\mathrm{d}y\mathrm{d}z$, V: $x^2+y^2+z^2\leqslant 1, x\geqslant 0, y\geqslant 0, z\geqslant 0$ 所围.

5. $\iiint\limits_V xyz\sin(x+y+z)\mathrm{d}x\mathrm{d}y\mathrm{d}z$, V: $x\geqslant 0, y\geqslant 0, z\geqslant 0, x+y+z\leqslant \dfrac{\pi}{2}$ 所围.

6. $\iiint\limits_V (lx^2+my^2+nz^2)\mathrm{d}x\mathrm{d}y\mathrm{d}z$, V: $x^2+y^2+z^2\leqslant a^2$ (l,m,n 为常数)所围.

求下列区域 V 的体积:

7. V：$x^2+y^2\leqslant a^2$，$z\geqslant 0$，$z\leqslant mx$ $(m>0)$.

8. V：$\dfrac{x^2}{a^2}+\dfrac{y^2}{b^2}+\dfrac{z^2}{c^2}\leqslant 2$，$\dfrac{y^2}{b^2}+\dfrac{z^2}{c^2}\leqslant \dfrac{x}{a}$ $(a>0)$.

9. V 是由曲面 $x^2+y^2=a^2$，$y^2+z^2=a^2$，$z^2+x^2=a^2$ 所围(见第 9 题图).

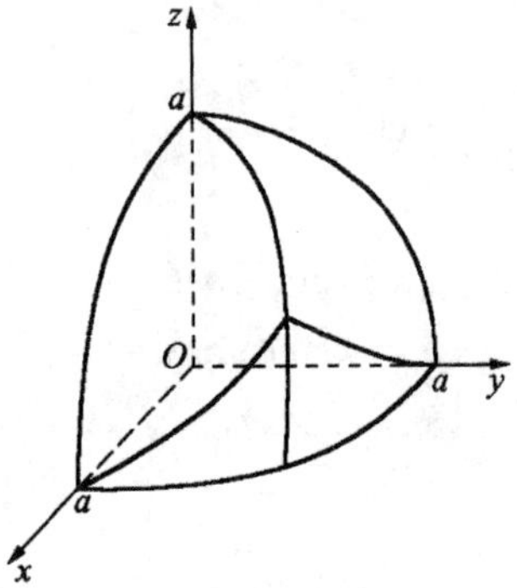

第 9 题图

计算下列三重积分：

10. $\iiint\limits_{\Omega}\sqrt{x^2+y^2}\,\mathrm{d}V$，$\Omega$：$x^2+y^2\leqslant z^2$，$0\leqslant z\leqslant h$.

11. $\iiint\limits_{\Omega}(x^2+y^2)\,\mathrm{d}V$，$\Omega$：$x^2+y^2\leqslant 2z$，$z\leqslant 2$.

12. $\iiint\limits_{\Omega}(x^2+y^2)\,\mathrm{d}V$，$\Omega$：$x^2+y^2+z^2\leqslant a^2$.

13. $\iiint\limits_{\Omega}\dfrac{z}{\sqrt{x^2+y^2+z^2}}\,\mathrm{d}V$，$\Omega$ 由曲面 $x^2+y^2=a^2$，$z=0$，$z=h$ $(h>0)$所围.

14. $\iiint\limits_{\Omega}z\,\mathrm{d}V$，$\Omega$：$x^2+y^2+z^2\leqslant 2$，$x^2+y^2\leqslant z$.

15. $\iiint\limits_{\Omega}z^2\,\mathrm{d}V$，$\Omega$：$x^2+y^2+z^2\leqslant a^2$，$x^2+y^2\leqslant ax$ $(a>0)$.

16. $\iiint\limits_{\Omega}x^2y^2z\,\mathrm{d}V$，$\Omega$ 由 $2z=x^2+y^2$ 和 $z=2$ 所围.

17. $\iiint\limits_{\Omega}xyz\,\mathrm{d}V$，$\Omega$：$x^2+y^2+z^2\leqslant 1$，$x\geqslant 0$，$y\geqslant 0$，$z\geqslant 0$.

18. $\iiint\limits_{\Omega}(x^2+y^2+z^2)\,\mathrm{d}V$，$\Omega$ 由 $z=\sqrt{R^2-x^2-y^2}$ 和 $z=\sqrt{x^2+y^2}$ 所围.

19. $\iiint\limits_{\Omega} z^3 \mathrm{d}v$，$\Omega$：$x \geqslant 0, y \geqslant 0, z \geqslant 0, x^2+y^2+z^2 \leqslant R^2$.

20. $\iiint\limits_{\Omega} \sqrt{x^2+y^2+z^2}\,\mathrm{d}V$，$\Omega$ 由 $x^2+y^2+z^2=z$ 所围.

21. $\iiint\limits_{\Omega} (x^2+y^2)\mathrm{d}V$，$\Omega$：$a^2 \leqslant x^2+y^2+z^2 \leqslant b^2, z \geqslant 0$.

22. $\iiint\limits_{\Omega} \dfrac{\mathrm{d}V}{\sqrt{x^2+y^2+z^2}}$，$\Omega$ 由 $x^2+y^2+z^2=2az$ 所围 $(a>0)$.

23. $\iiint\limits_{\Omega} \dfrac{1}{(x^2+y^2+z^2)^2}\mathrm{d}V$，$\Omega$：$a^2 \leqslant x^2+y^2+z^2 \leqslant b^2 (b>a>0)$.

24. $\iiint\limits_{\Omega} (x+y+z)\mathrm{d}V$，$\Omega$：$x^2+y^2+z^2 \leqslant 2az, \sqrt{x^2+y^2} \leqslant z$.

25. $\iiint\limits_{\Omega} \sqrt{1-x^2-y^2-z^2}\,\mathrm{d}V$，$\Omega$：$x^2+y^2+z^2 \leqslant 1$.

26. $\iiint\limits_{\Omega} \sqrt{1-\dfrac{x^2}{a^2}-\dfrac{y^2}{b^2}-\dfrac{z^2}{c^2}}\,\mathrm{d}V$，$\Omega$：$\dfrac{x^2}{a^2}+\dfrac{y^2}{b^2}+\dfrac{z^2}{c^2} \leqslant 1$.

27. $\iiint\limits_{\Omega} (x+y+z)\mathrm{d}V$，$\Omega$：$(x-a)^2+(y-b)^2+(z-c)^2 \leqslant R^2$.

求由下列曲面所围的体积：

28. $y^2=a^2-az$，$x^2+y^2=\left(\dfrac{a}{2}\right)^2$，$z=0$ $(a>0)$.

29. $y^2=a^2-az$，$x^2+y^2=ax$，$z=0$ $(a>0)$.

30. 求由曲面 $x^2+y^2+az=4a^2$ 将球 $x^2+y^2+z^2=4az$ 分成两部分之体积比.

§4 重积分的应用

4.1 二重积分的应用

1. 曲顶柱体的体积

我们在§1已经讲过，曲顶柱体的体积 V 是曲顶函数 $f(x,y)$ 在底面区域 D 上的二重积分，即

$$V = \iint\limits_{D} f(x,y)\mathrm{d}\sigma,$$

其中 $f(x,y)\geqslant 0,(x,y)\in D$.

2. 曲面的面积

设有一空间曲面,其方程为

$$z=f(x,y),$$

该曲面在 xy 平面上的投影区域为 D,假定 $f(x,y)$ 在 D 上有连续的一阶偏导数(这样的曲面称为**光滑曲面**),我们来讨论曲面 S 的面积概念及计算方法.

把区域 D 任意分为 n 个小区域,以 $\mathrm{d}\sigma$ 作为小区域的代表,并记分法为 T. 在 $\mathrm{d}\sigma$ 上任取一点 $P(x,y)$,相应地得到曲面 S 上一点 $M(x,y,f(x,y))$. 过点 M 作曲面 S 的切平面. 以 $\mathrm{d}\sigma$ 的边界为准线,作母线平行于 z 轴的柱面,设此柱面截切平面所得的面积为 $\mathrm{d}S$(图 11-45). 当分法 T 的最大直径 $\lambda(T)\to 0$ 时,若这些小切平面块的面积之和 $\sum \mathrm{d}S$ 有极限 A(A 的值不依赖于分法 T 及点 P 的取法),则称此极限值为**曲面 S 的面积**,即

$$A=\lim_{\lambda(T)\to 0}\sum \mathrm{d}S.$$

下面给出面积 A 的计算公式.

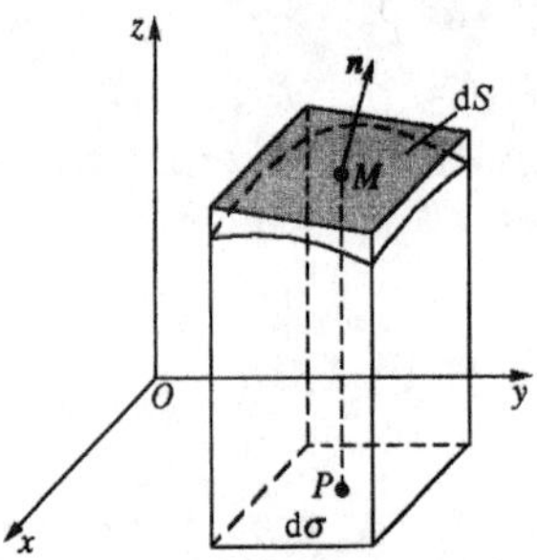

图 11-45

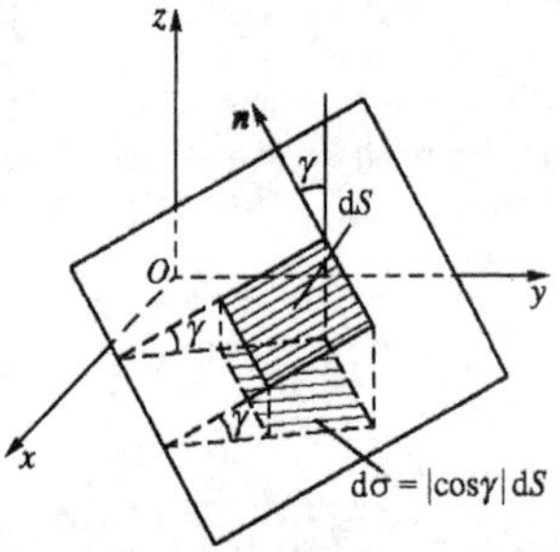

图 11-46

由第十章§10 的公式(7)知,曲面 S 上点 $M(x,y,f(x,y))$ 处切平面的法向量是 $\boldsymbol{n}=\{f_x,f_y,-1\}$. 从而单位法向量为 $\boldsymbol{n}_0=\left\{\dfrac{f_x}{\sqrt{1+f_x^2+f_y^2}},\dfrac{f_y}{\sqrt{1+f_x^2+f_y^2}},\dfrac{-1}{\sqrt{1+f_x^2+f_y^2}}\right\}$. 设 $\boldsymbol{n}$ 与正 z 轴的夹

角为 γ，则有

$$\cos\gamma = \frac{-1}{\sqrt{1+f_x^2+f_y^2}}.$$

由于区域 $\mathrm{d}\sigma$ 是切平面上区域 $\mathrm{d}S$ 在 xy 平面上的投影，而两平面的法线的夹角为 γ，因此从图 11-46 看出

$$\mathrm{d}\sigma^{①} = \mathrm{d}S \cdot |\cos\gamma| = |\cos\gamma|\mathrm{d}S, \tag{1}$$

从而面积元素为

$$\mathrm{d}S = \frac{1}{|\cos\gamma|}\mathrm{d}\sigma = \sqrt{1+f_x^2+f_y^2}\,\mathrm{d}\sigma, \tag{2}$$

于是得到曲面的面积

$$S = \lim_{\lambda\to 0}\sum \mathrm{d}S = \lim_{\lambda\to 0}\sum \sqrt{1+f_x^2+f_y^2}\,\mathrm{d}\sigma,$$

即

$$S = \iint_D \sqrt{1+f_x^2+f_y^2}\,\mathrm{d}\sigma = \iint_D \sqrt{1+z_x^2+z_y^2}\,\mathrm{d}\sigma. \tag{3}$$

例 1 证明：半径为 R 的球面面积 $A=4\pi R^2$.

证 只需求出上半球面的面积，再二倍即可.

设球心位于坐标系 $Oxyz$ 的原点，则上半球面方程为

$$z = \sqrt{R^2-x^2-y^2},$$

从而

$$z_x = \frac{-x}{\sqrt{R^2-x^2-y^2}}, \quad z_y = \frac{-y}{\sqrt{R^2-x^2-y^2}},$$

$$\sqrt{1+z_x^2+z_y^2} = \frac{R}{\sqrt{R^2-x^2-y^2}}.$$

于是由公式(3)得

---

① 这里我们假设 $\mathrm{d}\sigma$ 为矩形，且它的一边平行于 xy 平面与 $\mathrm{d}S$ 的交线. 若 $\mathrm{d}\sigma$ 不是矩形，则可用两族平行直线分 $\mathrm{d}\sigma$ 为若干小矩形，其中一族直线平行于上述两平面的交线. 相应地，$\mathrm{d}S$ 上也得到若干小矩形. 在每个小矩形上，公式(1)成立，再求和取极限，公式(1)仍成立.

$$A = 2\iint_D \sqrt{1 + z_x^2 + z_y^2}\mathrm{d}\sigma$$

$$= 2R\iint_D \frac{1}{\sqrt{R^2 - x^2 - y^2}}\mathrm{d}\sigma$$

$$\xlongequal{\text{用极坐标}} 2R\int_0^{2\pi}\mathrm{d}\theta\int_0^R \frac{1}{\sqrt{R^2 - r^2}}r\mathrm{d}r = 4\pi R^2,$$

其中 $D=\{(x,y)\mid x^2+y^2\leqslant R^2\}$. ▌

例 2 上半球面 $z=\sqrt{R^2-x^2-y^2}$ 被圆柱面 $x^2+y^2=Rx$ 所截,得到两部分,试分别求它们的面积.

解 记含在圆柱面内的那部分球面为 S_1,其余部分记作 S_2. 由曲面的对称性知,只需求出曲面在第一卦限部分的面积再两倍即可(图 11-47).

曲面 S_1 的投影区域 D 为 xy 平面上的圆域(图 11-48). 圆周的极坐标方程为

$$r = R\cos\theta \quad \left(-\frac{\pi}{2}\leqslant\theta\leqslant\frac{\pi}{2}\right).$$

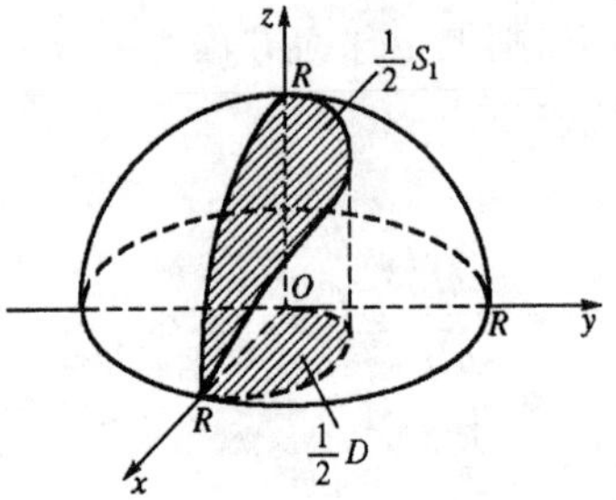

图 11-47

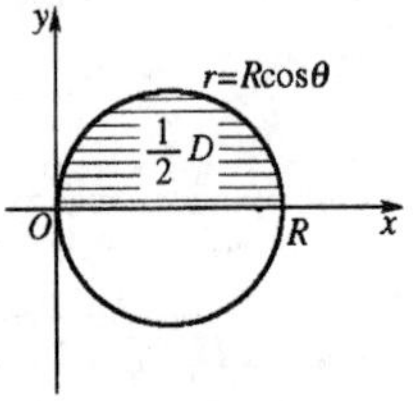

图 11-48

由例 1 知

$$\sqrt{1 + z_x^2 + z_y^2} = \frac{R}{\sqrt{R^2 - x^2 - y^2}},$$

于是由公式(3)知,S_1 的面积

$$A_1 = 2\iint\limits_D \frac{R}{\sqrt{R^2 - x^2 - y^2}}\mathrm{d}\sigma = 2R\int_0^{\pi/2}\mathrm{d}\theta\int_0^{R\cos\theta}\frac{r}{\sqrt{R^2 - r^2}}\mathrm{d}r$$

$$= R^2(\pi - 2).$$

S_2 的面积 $A_2 = 2\pi R^2 - A_1 = R^2(\pi + 2)$.

若曲面 S 由参数方程给出:

$$\begin{cases} x = x(u,v), \\ y = y(u,v), \quad (u,v) \in D', \\ z = z(u,v), \end{cases}$$

其中 D' 为 uv 平面上的有界闭区域. 设 $x(u,v), y(u,v), z(u,v)$ 在 D' 上具有连续的一阶偏导数. 由第十章 §10 知, 曲面 S 的法向量为

$$\boldsymbol{n} = \begin{vmatrix} \boldsymbol{i} & \boldsymbol{j} & \boldsymbol{k} \\ x_u & y_u & z_u \\ x_v & y_v & z_v \end{vmatrix},$$

因此 $\boldsymbol{n}$ 对 z 轴的方向余弦的绝对值为

$$|\cos\gamma| = \frac{|x_u y_v - x_v y_u|}{\sqrt{(y_u z_v - y_v z_u)^2 + (x_u z_v - x_v z_u)^2 + (x_u y_v - x_v y_u)^2}}$$

$$= \frac{|x_u y_v - x_v y_u|}{\sqrt{(x_u^2 + y_u^2 + z_u^2)(x_v^2 + y_v^2 + z_v^2) - (x_u x_v + y_u y_v + z_u z_v)^2}}$$

$$= \left|\frac{\partial(x,y)}{\partial(u,v)}\right| \frac{1}{\sqrt{EG - F^2}},$$

其中

$$\begin{cases} E = x_u^2 + y_u^2 + z_u^2, \\ F = x_u x_v + y_u y_v + z_u z_v, \\ G = x_v^2 + y_v^2 + z_v^2. \end{cases}$$

于是得到参数方程下的曲面面积公式

$$S = \iint\limits_D \frac{1}{|\cos\gamma|}\mathrm{d}\sigma = \iint\limits_{D'} \frac{1}{|\cos\gamma|}\left|\frac{\partial(x,y)}{\partial(u,v)}\right|\mathrm{d}u\mathrm{d}v$$

$$= \iint_{D'} \sqrt{EG - F^2} \mathrm{d}u \mathrm{d}v, \tag{4}$$

其中$\sqrt{EG-F^2}\mathrm{d}u\mathrm{d}v$ 称为曲面的**面积元素**.

3. 不均匀薄板的质量

由 §1 知,薄板的质量 m 是面密度函数 $\mu(x,y)$在薄板所占区域 D 上的二重积分,即

$$m = \iint_{D} \mu(x,y) \mathrm{d}\sigma.$$

4. 不均匀薄板的质心

设薄板占据平面区域 D,面密度为 $\mu(x,y)$. 我们利用微元法写出薄板的质心公式.

任意分割区域 D,考查有代表性的小区域 $\mathrm{d}\sigma$. (x,y)为其中任一点(图 11-49). 小块 $\mathrm{d}\sigma$ 的质量为 $\mathrm{d}m=\mu(x,y)\mathrm{d}\sigma$,小块对 y 轴的静矩为 $x \cdot \mu(x,y)\mathrm{d}\sigma$,因此整个薄板对 y 轴的静矩为

$$M_y = \iint_{D} x\mu(x,y) \mathrm{d}\sigma. \tag{5}$$

同理,薄板对 x 轴的静矩为

$$M_x = \iint_{D} y\mu(x,y) \mathrm{d}\sigma. \tag{6}$$

设薄板 D 的质心为$(\bar{x},\bar{y})$,质量为 m. 则由静矩定律知,薄板对坐标轴的静矩,等于集中了该薄板质量 m 的质点——质心 $\overline{P}(\bar{x},\bar{y})$对该轴的静矩,于是得到质心坐标

$$\begin{cases} \bar{x} = \dfrac{M_y}{m} = \dfrac{\iint\limits_{D} x\mu(x,y)\mathrm{d}\sigma}{\iint\limits_{D} \mu(x,y)\mathrm{d}\sigma}, \\ \bar{y} = \dfrac{M_x}{m} = \dfrac{\iint\limits_{D} y\mu(x,y)\mathrm{d}\sigma}{\iint\limits_{D} \mu(x,y)\mathrm{d}\sigma}. \end{cases} \tag{7}$$

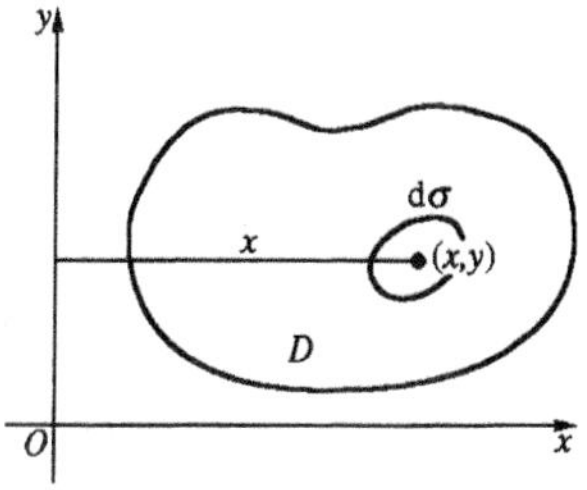

图 11-49

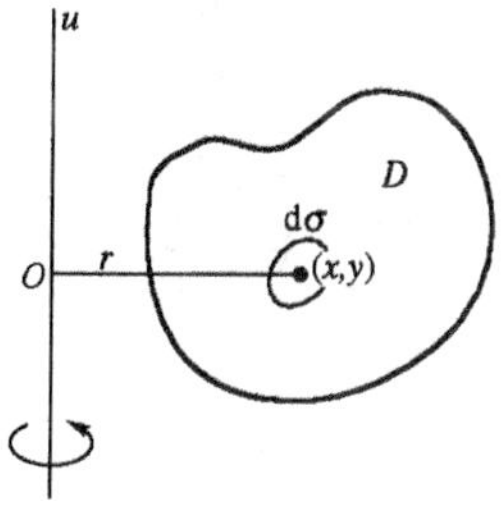

图 11-50

5. 薄板绕固定轴旋转的转动惯量与转动动能

设薄板占据 xy 平面上的区域 D，面密度为 $\mu(x,y)$. 薄板绕固定轴 u 旋转，记转动惯量为 J. 为求 J，我们采用微元法.

任意分割 D，考虑任一小块 $d\sigma$，(x,y) 为 $d\sigma$ 中任一点（见图 11-50）. 小块 $d\sigma$ 对 u 轴的转动惯量为

$$dJ = r^2(x,y)dm = r^2(x,y)\mu(x,y)d\sigma,$$

其中 $r(x,y)$ 为点 (x,y) 到 u 轴的距离. 于是得到薄板 D 对 u 轴的转动惯量

$$J = \iint_D r^2(x,y)\mu(x,y)d\sigma. \tag{8}$$

特别地，薄板 D 对 x,y 轴的转动惯量分别为

$$\begin{cases} J_x = \iint_D y^2\mu(x,y)d\sigma, \\ J_y = \iint_D x^2\mu(x,y)d\sigma. \end{cases} \tag{9}$$

薄板 D 对原点 O 的转动惯量为

$$J_O = \iint_D (x^2 + y^2)\mu(x,y)d\sigma. \tag{10}$$

设薄板转动时角速度为 ω，则薄板的转动动能为

$$K = \frac{1}{2}J\omega^2.$$

4.2 三重积分的应用

1. 空间立体的体积

设空间立体的体积为 V，则

$$V = \iiint_{\Omega} 1\mathrm{d}V,$$

其中 Ω 为立体所占据的空间区域.

2. 不均匀物体的质量

由 § 3 知，空间物体 Ω 的质量 m 等于该物体的体密度函数 $\mu(x,y,z)$的三重积分，即

$$m = \iiint_{\Omega} \mu(x,y,z)\mathrm{d}V.$$

3. 不均匀物体的质心

设物体占据空间区域 Ω，其体密度为 $\mu(x,y,z)$. 与平面薄板情形类似，我们可用微元法得到物体对三个坐标面的静矩公式：

$$\begin{cases} M_{xy} = \iiint_{\Omega} z\mu(x,y,z)\mathrm{d}V, \\ M_{yz} = \iiint_{\Omega} x\mu(x,y,z)\mathrm{d}V, \\ M_{zx} = \iiint_{\Omega} y\mu(x,y,z)\mathrm{d}V. \end{cases} \tag{11}$$

物体的质心坐标：

$$\begin{aligned} &\overline{x} = \frac{\iiint_{\Omega} x\mu(x,y,z)\mathrm{d}V}{\iiint_{\Omega} \mu(x,y,z)\mathrm{d}V}, \quad \overline{y} = \frac{\iiint_{\Omega} y\mu(x,y,z)\mathrm{d}V}{\iiint_{\Omega} \mu(x,y,z)\mathrm{d}V}, \\ &\overline{z} = \frac{\iiint_{\Omega} z\mu(x,y,z)\mathrm{d}V}{\iiint_{\Omega} \mu(x,y,z)\mathrm{d}V}. \end{aligned} \tag{12}$$

例 3 某质量均匀的物体占据空间区域 Ω. 其形状是在一个半径为 R 的半球的大圆上,连接一个同底的圆锥,圆锥的高为 H. 问:H 与 R 应满足何种关系时,才能使该物体的质心恰好在球心处?

解 以球心为原点,以物体的对称轴为 z 轴,建立坐标系 $Oxyz$,并让半球体位于下半平面(图 11-51),则下半球面方程为 $z=-\sqrt{R^2-x^2-y^2}$,圆锥面方程为 $z=H-\sqrt{x^2+y^2}$. 可设物体的体密度为 $\mu=\mu_0$(常数). 要求的质心 $(\bar{x},\bar{y},\bar{z})$ 位于球心处,即 $\bar{x}=\bar{y}=\bar{z}=0$. 由公式(12)得

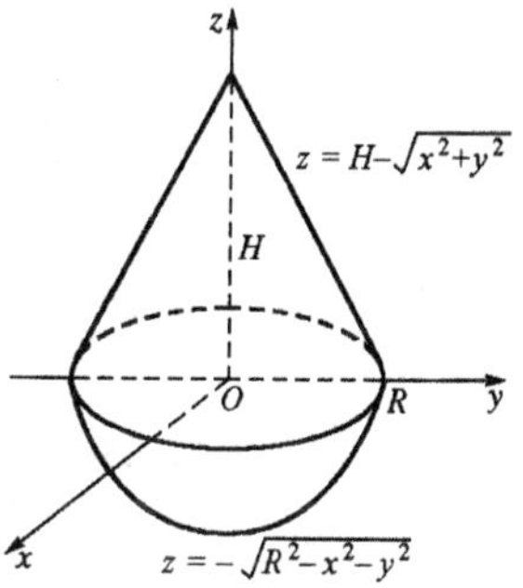

图 11-51

$$\bar{z}=\frac{\iiint\limits_{\Omega} z\cdot\mu_0\mathrm{d}v}{\iiint\limits_{\Omega}\mu_0\mathrm{d}v}=0,$$

于是 $\iiint\limits_{\Omega} z\mathrm{d}v=0$. 采用柱坐标系,得到

$$\begin{aligned}\iiint\limits_{\Omega} z\mathrm{d}v&=\int_0^{2\pi}\mathrm{d}\theta\int_0^R r\mathrm{d}r\int_{\sqrt{R^2-r^2}}^{H-r} z\mathrm{d}z\\&=\pi\int_0^R\left[(H-r)^2-(R^2-r^2)\right]\cdot r\mathrm{d}r\\&=\pi\left(\frac{H^2R^2}{2}-\frac{2HR^3}{3}\right)=0,\end{aligned}$$

解得 $H=\frac{4}{3}R$,亦即圆锥高 H 与球半径 R 的比为 4:3 时,物体的质心恰好在球心处.

4. 不均匀物体的转动惯量与转动动能

设物体占据空间区域 Ω,其体密度为 $\mu(x,y,z)$,则由微元法易知,它对固定轴 u 的转动惯量为

$$J = \iiint\limits_{\Omega} r^2(x,y,z)\mu(x,y,z)\mathrm{d}V,$$

其中 $r(x,y,z)$ 为 Ω 中任一点 (x,y,z) 到 u 轴的距离.

特别地,物体 Ω 对 x,y,z 轴的转动惯量分别为

$$\begin{cases} J_x = \iiint\limits_{\Omega} (y^2 + z^2)\mu(x,y,z)\mathrm{d}V, \\ J_y = \iiint\limits_{\Omega} (z^2 + x^2)\mu(x,y,z)\mathrm{d}V, \\ J_z = \iiint\limits_{\Omega} (x^2 + y^2)\mu(x,y,z)\mathrm{d}V. \end{cases} \tag{13}$$

类似可得物体 Ω 对三个坐标面的转动惯量分别为

$$\begin{cases} J_{xy} = \iiint\limits_{\Omega} z^2\mu(x,y,z)\mathrm{d}V, \\ J_{yz} = \iiint\limits_{\Omega} x^2\mu(x,y,z)\mathrm{d}V, \\ J_{zx} = \iiint\limits_{\Omega} y^2\mu(x,y,z)\mathrm{d}V. \end{cases} \tag{14}$$

物体 Ω 对原点 O 的转动惯量为

$$J_O = \iiint\limits_{\Omega} (x^2 + y^2 + z^2)\mu(x,y,z)\mathrm{d}V. \tag{15}$$

设空间物体转动时角速度为 ω,则物体 Ω 的转动动能为

$$K = \frac{1}{2}J\omega^2.$$

例 4 求均匀球体 $x^2+y^2+z^2\leqslant R^2$ 在第一卦限的部分对三个坐标面的转动惯量.

解 由于球体是均匀的,因此可设球体的体密度 $\mu=\mu_0$(常数). 由公式(14)得

$$J_{xy}= \iiint\limits_{\Omega} z^2 \cdot \mu_0\mathrm{d}V = \mu_0\iiint\limits_{\Omega'} (\rho^2\cos^2\varphi)\rho^2\sin\varphi\mathrm{d}\rho\mathrm{d}\theta\mathrm{d}\varphi$$

$$= \mu_0 \int_0^{\pi/2} \mathrm{d}\theta \int_0^{\pi/2} \cos^2\varphi \sin\varphi \mathrm{d}\varphi \int_0^R \rho^4 \mathrm{d}\rho = \frac{\pi R^5 \mu_0}{30}.$$

由于物体对于 xy 平面和对于 yz 平面以及对于 zx 平面的位置是类似的，因此可得

$$J_{yz} = J_{zx} = \frac{\pi R^5 \mu_0}{30}.$$

思考题 利用公式(13)证明：质量为 M、半径为 R 的均匀球体对其直径的转动惯量为 $J=\frac{2}{5}MR^2$.

（可将此处的作法与第一册第八章§3例7的作法相对照.）

6. 物体对质点的引力

设物体占据空间区域 Ω，其体密度为 $\mu(x,y,z)$. 区域 Ω 外有一质量为 m_0 的质点 $A(a,b,c)$，求物体 Ω 对质点 A 的引力 $\boldsymbol{F}$.

我们采用微元法.

如图 11-52 所示，任意分割区域 Ω，考虑有代表性的一小块，其体积元素为 $\mathrm{d}V$. 在 $\mathrm{d}V$ 内任取一点 $M(x,y,z)$，则小块 $\mathrm{d}V$ 的质量为 $\mathrm{d}m=\mu(x,y,z)\mathrm{d}V$. 小块 $\mathrm{d}V$ 对质点 A 的引力 $\mathrm{d}\boldsymbol{F}$ 可根据两质点间的引力来计算，即有

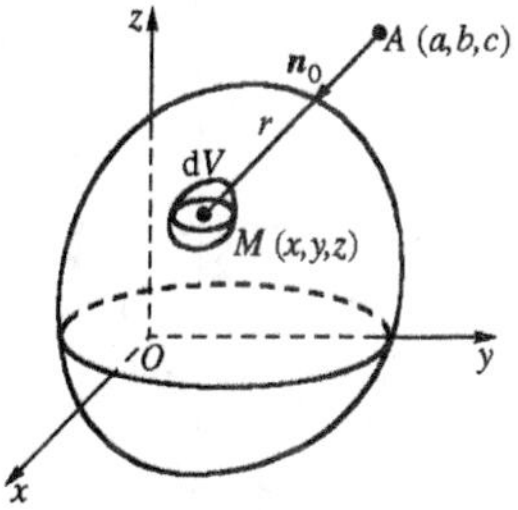

图 11-52

$$\mathrm{d}\boldsymbol{F} = G\frac{m_0 \mathrm{d}m}{r^2}\boldsymbol{n}_0 = Gm_0 \frac{\mu(x,y,z)\mathrm{d}V}{r^2}\boldsymbol{n}_0,$$

其中 $G>0$ 为引力常数，r 为点 A 到点 M 的距离，即

$$r = \sqrt{(x-a)^2 + (y-b)^2 + (z-c)^2}, \qquad (16)$$

$\boldsymbol{n}_0$ 为 $\overrightarrow{AM}$ 的单位向量，即

$$\boldsymbol{n}_0 = \frac{\overrightarrow{AM}}{|\overrightarrow{AM}|} = \frac{\overrightarrow{AM}}{r} = \left\{\frac{x-a}{r}, \frac{y-b}{r}, \frac{z-c}{r}\right\}.$$

因此 $\mathrm{d}\boldsymbol{F}$ 在三个坐标轴上的分量分别为

$$\mathrm{d}F_x = Gm_0 \frac{x-a}{r^3}\mu(x,y,z)\mathrm{d}V,$$

$$dF_y = Gm_0 \frac{y-b}{r^3}\mu(x,y,z)dV,$$

$$dF_z = Gm_0 \frac{z-c}{r^3}\mu(x,y,z)dV,$$

于是得到引力 $\boldsymbol{F}$ 在三个坐标轴上的分量分别为

$$\begin{cases} F_x = Gm_0 \iiint\limits_{\Omega} \frac{x-a}{r^3}\mu(x,y,z)dV, \\ F_y = Gm_0 \iiint\limits_{\Omega} \frac{y-b}{r^3}\mu(x,y,z)dV, \\ F_z = Gm_0 \iiint\limits_{\Omega} \frac{z-c}{r^3}\mu(x,y,z)dV, \end{cases} \tag{17}$$

其中 $r=|\overrightarrow{AM}|$ 由公式(16)表示.

特例 当质点 A 位于原点时,公式(17)化为

$$\begin{cases} F_x = Gm_0 \iiint\limits_{\Omega} \frac{x\cdot\mu(x,y,z)}{(x^2+y^2+z^2)^{3/2}}dV, \\ F_y = Gm_0 \iiint\limits_{\Omega} \frac{y\cdot\mu(x,y,z)}{(x^2+y^2+z^2)^{3/2}}dV, \\ F_z = Gm_0 \iiint\limits_{\Omega} \frac{z\cdot\mu(x,y,z)}{(x^2+y^2+z^2)^{3/2}}dV. \end{cases} \tag{18}$$

(见图 11-53)

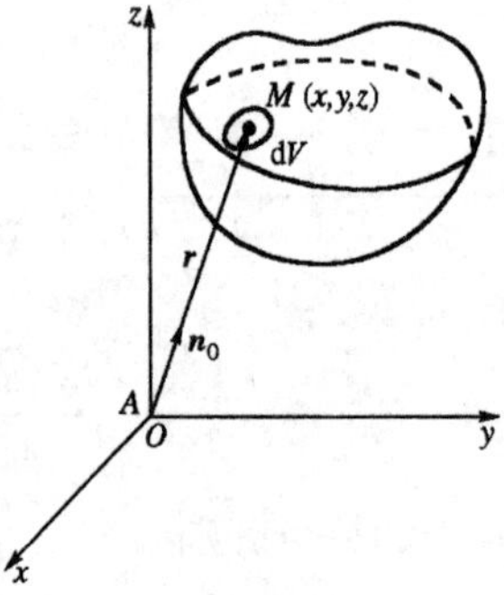

图 11-53

例 5 有一均匀圆柱壳 Ω，由 $x^2+y^2=a, x^2+y^2=b^2 (0<a<b)$ 及 $z=0, z=h(h>0)$ 围成，另有一质量为 m_0 的质点位于原点，求圆柱壳对此质点的引力 $\boldsymbol{F}$.

解 因为 Ω 的质量均匀，形状对称，质点的位置又在 Ω 的对称轴上，所以引力 $\boldsymbol{F}$ 的 x, y 分量均为 0，即 $F_x=F_y=0$，只需计算 F_z. 设 Ω 的体密度为常数 μ_0，则由公式(18)得到

$$F_z = Gm_0\mu_0 \iiint_{\Omega} \frac{z}{(x^2+y^2+z^2)^{3/2}} \mathrm{d}V \text{ (采用柱坐标系)}$$

$$= Gm_0\mu_0 \int_0^{2\pi} \mathrm{d}\theta \int_a^b r\mathrm{d}r \int_0^h \frac{z}{(r^2+z^2)^{3/2}} \mathrm{d}z$$

$$= -2\pi Gm_0\mu_0 (\sqrt{b^2+h^2} - \sqrt{a^2+h^2} - b + a),$$

于是引力为 $\boldsymbol{F}=\{0,0,F_z\}$，$F_z$ 由上式表示. 从 F_z 的表达式看出 $F_z>0$，表明引力 $\boldsymbol{F}$ 沿着 z 轴正方向.

习 题 11.4

1. 求下列曲面的面积：

(1) 球面 $x^2+y^2+z^2=2az$ 被锥面 $z=\sqrt{x^2+y^2}$ 所割 $(a>0)$；

(2) 旋转抛物面 $2z=x^2+y^2$ 被柱面 $x^2+y^2=1$ 所割；

(3) 曲面 $az=xy$ 被圆柱 $x^2+y^2=a^2$ 所割；

(4) 由三个圆柱面 $x^2+y^2=R^2, x^2+z^2=R^2, y^2+z^2=R^2$ 所围成的立体的表面；

(5) 曲面 $z=\arctan\dfrac{y}{x}$ 在第一卦限中被圆柱面 $x^2+y^2=1$ 所割.

2. 求占据空间区域 Ω: $x^2+y^2\leqslant 2z, z\leqslant 2$ 的密度均匀的物体对 z 轴的转动惯量.

3. 设有一密度均匀半径为 R 的半球物质体，求此物质体对底面上一直径之转动惯量.

4. 若某物体占据空间 $\Omega=\{(x,y,z)\,|\,R_1\leqslant\sqrt{x^2+y^2+z^2}\leqslant R_2, z\geqslant 0, R_1>R_2>0\}$，设此物体密度均匀. 证明该物体的质心坐标为 $(0,0,\bar{z})$；其中

$$\bar{z} = \frac{3}{8}\frac{R_1^4-R_2^4}{R_1^3-R_2^3}.$$

5. 求上半椭球 $\frac{x^2}{a^2}+\frac{y^2}{b^2}+\frac{z^2}{c^2}\leqslant 1\ (z\geqslant 0)$的质心.

6. 求高为 h,底半径为 a 的圆锥体对中心轴的转动惯量.

7. 求上题中圆锥的质心位置.

8. 设物体占据空间区域 V：$0\leqslant x\leqslant 1, 0\leqslant y\leqslant 1, 0\leqslant z\leqslant 1$,在点 $M(x,y,z)$处的密度为 $\mu=x+y+z$,求该物体的质量与质心.

9. 求球外一质点 A(质量为单位质量)对此球(均匀)的引力.

10. 设有一柱壳,由柱面 $x^2+y^2=4, x^2+y^2=9$ 和平面 $z=0, z=4$ 所围成,其体密度均匀为 μ,求它对位于原点处质量为 m 的质点之引力.

11. 有一占据平面区域 D 的薄板,置入水中,证明该薄板一侧面所受的水压力等于面积全部集中在质心的压力.

12. 有一物质球体,球心在原点,半径为 R;又有一定点为 $P_0\left(0,0,\frac{R}{2}\right)$.若球体上任一点的密度与由该点到定点 P_0 的距离的平方成正比(正比常数 $k>0$),求此物质球体质心的位置.

第十二章　曲线积分与曲面积分

在上一章中，我们把一元函数的定积分推广到了多元函数的重积分. 为了实践和理论的需要，我们还要把积分概念推广到曲线积分与曲面积分. 本章将介绍曲线积分、曲面积分的概念和计算，并建立几种积分之间的联系.

§1　第一型曲线积分

1.1　第一型曲线积分的概念和基本性质

例 1　假设有一条不均匀的物质曲线 L，在 L 上点 M 处的线密度为连续函数 $\mu(M)$，求 L 的质量 m.

解　如果曲线 L 上质量分布是均匀的，那么很容易求出 L 的质量，只需用线密度乘以弧长. 现在 L 是不均匀的曲线，因此求其质量又需用积分的办法来解决，即需要"分割，近似代替，求和，取极限".

将曲线 L 任意分成 n 个小弧段，设分点为 $A_0, A_1, \cdots, A_n$. 各小弧段的弧长记作 $\Delta s_i (i=1,2,\cdots,n)$（图 12-1），令 $\lambda=\max\limits_{i}\{\Delta s_i\}$.

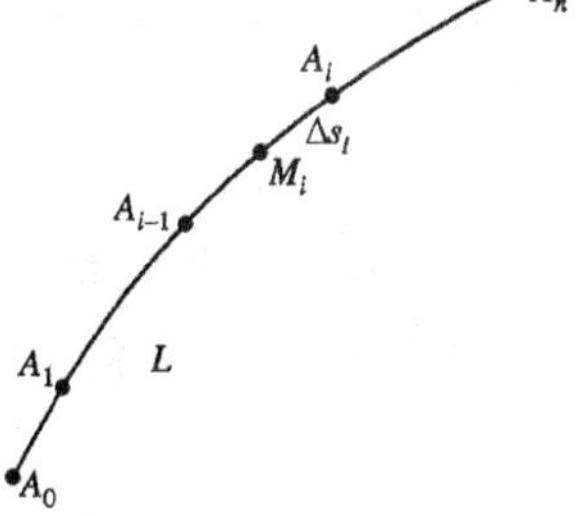

图　12-1

在小弧段 $\widehat{A_{i-1}A_i}$ 上任取一点 M_i，当分割充分细密时，我们可用曲线 L 在点 M_i 处的线密度 $\mu(M_i)$ 去近似代替这一小弧段上变化的线密度，于是小弧段 $\widehat{A_{i-1}A_i}$ 的质量 Δm_i 可近似表为

$$\Delta m_i \approx \mu(M_i)\Delta s_i \quad (i = 1,2,\cdots,n).$$

求和,得到

$$m = \sum_{i=1}^{n}\Delta m_i \approx \sum_{i=1}^{n}\mu(M_i)\Delta s_i.$$

令 $\lambda \to 0$,则得到曲线 L 的质量

$$m = \lim_{\lambda\to 0}\sum_{i=1}^{n}\mu(M_i)\Delta s_i.$$

求这种和式的极限还会在许多问题(如求质量分布不均匀的曲线弧的质心和转动惯量等等)中遇到,我们把它抽象出来,引进第一型曲线积分的概念.

定义 设函数 $f(M)$ 在分段光滑的曲线①L 上有定义.将 L 任意分成 n 个小弧段,设分点为 $A_0,A_1,\cdots,A_n$.记小弧段 $\widehat{A_{i-1}A_i}$ 的长度为 $\Delta s_i(i=1,2,\cdots,n)$,$\lambda=\max\limits_{i}\{\Delta s_i\}$.在小弧段 $\widehat{A_{i-1}A_i}$ 上任取一点 M_i,作和式 $\sum\limits_{i=1}^{n}f(M_i)\Delta s_i$.令 $\lambda\to 0$,若此和式的极限 I 存在(I 的值不依赖于曲线 L 的分法及点 M_i 的取法),则称此极限值为**函数 $f(M)$ 在曲线 L 上的第一型曲线积分**,记作

$$I = \lim_{\lambda\to 0}\sum_{i=1}^{n}f(M_i)\Delta s_i = \int_L f(M)\mathrm{d}s,$$

其中 $f(M)$ 称为**被积函数**,L 称为**积分曲线**,$\mathrm{d}s$ 称为**弧微分**.

易知,线密度为 $\mu(M)$ 的物质曲线 L 的质量为

$$m = \int_L \mu(M)\mathrm{d}s.$$

若例 1 中的物质曲线 L 是空间曲线,则由质心的定义容易写出 L 的质心 $(\bar{x},\bar{y},\bar{z})$ 的坐标

$$\bar{x} = \frac{1}{m}\int_L x\mu(M)\mathrm{d}s,$$

① 即由有限多条光滑曲线段组成的连续曲线.

$$\bar{y}=\frac{1}{m}\int_L y\mu(M)\mathrm{d}s,$$

$$\bar{z}=\frac{1}{m}\int_L z\mu(M)\mathrm{d}s,$$

其中 $m=\int_L \mu(M)\mathrm{d}s$ 为 L 的质量.

若第一型曲线积分 $\int_L f(M)\mathrm{d}s$ 存在,则称**函数 $f(M)$ 在曲线 L 上可积**.

与定积分类似,可以证明:若函数 $f(M)$ 在曲线 L 上可积,则必在 L 上有界.这是函数可积的必要条件.我们还可给出可积的充分条件(即可积性定理):

定理 1 若曲线 L 分段光滑,函数 $f(M)$ 在 L 上连续(或 $f(M)$ 在 L 上只有有限个间断点,并且有界),则 $f(M)$ 在 L 上可积.

证明从略.

由**第一型曲线积分的**定义容易证明以下**性质**:

性质 1 若函数 $f(M)$ 在曲线 L 上可积,则 $kf(M)$(k 为常数)在 L 上也可积,且

$$\int_L kf(M)\mathrm{d}s=k\int_L f(M)\mathrm{d}s.$$

性质 2 若函数 $f(M),g(M)$ 在曲线 L 上可积,则 $[f(M)\pm g(M)]$ 在 L 上也可积,且

$$\int_L [f(M)\pm g(M)]\mathrm{d}s=\int_L f(M)\mathrm{d}s\pm\int_L g(M)\mathrm{d}s.$$

性质 3 若曲线 L 由曲线 L_1 与曲线 L_2 连结而成,且 $f(M)$ 在 L,L_1,L_2 上可积,则

$$\int_L f(M)\mathrm{d}s=\int_{L_1} f(M)\mathrm{d}s+\int_{L_2} f(M)\mathrm{d}s.$$

性质 4(中值定理) 若函数 $f(M)$ 在曲线 L 上连续,则在 L 上至少存在一点 M_0,使得

$$\int_L f(M)\mathrm{d}s=f(M_0)S,\quad M_0\in L,$$

其中 S 为曲线 L 的弧长.

性质 5 第一型曲线积分的值与曲线的指向无关,即若曲线的两个端点为 A,B,则

$$\int_{\widehat{AB}} f(M)\mathrm{d}s = \int_{\widehat{BA}} f(M)\mathrm{d}s.$$

这是因为和式 $\sum\limits_{i=1}^{n} f(M_i)\Delta s_i$ 中的 Δs_i 为小段弧长,恒大于零,与曲线的指向无关.

1.2 第一型曲线积分的计算

为简单起见,我们主要讨论平面曲线的情形.

定理 2 设曲线 L 由参数方程

$$\begin{cases} x = x(t), \\ y = y(t) \end{cases} \quad (\alpha \leqslant t \leqslant \beta)$$

给出,$x(t)$,$y(t)$在区间$[\alpha,\beta]$上有连续的一阶导数(即 L 为光滑曲线),函数 $f(x,y)$在 L 上连续,则

$$\int_L f(x,y)\mathrm{d}s = \int_\alpha^\beta f[x(t),y(t)]\sqrt{[x'(t)]^2 + [y'(t)]^2}\mathrm{d}t. \quad (1)$$

在(1)式右端的定积分中,总是**下限小于上限**,即 $\alpha<\beta$.

证 设

$$\alpha = t_0 < t_1 < \cdots < t_n = \beta$$

为区间$[\alpha,\beta]$的一个分割,相应地,得到曲线 L 上的一个分割. 记对应于参数 t_{i-1}到 t_i 这一段曲线的弧长为 Δs_i,并记 $\Delta t_i = t_i - t_{i-1}$ (易知 $\Delta t_i>0$),于是由弧长公式知

$$\Delta s_i = \int_{t_{i-1}}^{t_i} \sqrt{[x'(t)]^2 + [y'(t)^2]}\mathrm{d}t,$$

由积分学中值定理得

$$\Delta s_i = \sqrt{[x'(t_i^*)]^2 + [y'(t_i^*)^2]}\Delta t_i.$$

其中 $t_i^* \in [t_{i-1},t_i]$. 记 $\mu=\max\limits_i\{\Delta t_i\}$,$\lambda=\max\limits_i\{\Delta s_i\}$,显然,当 $\mu\to 0$

时，有 $\lambda\to0$. 由前面 1.1 小节中所给出的可积性定理 1 知，此时函数 $f(x,y)$ 在曲线 L 上是可积的，因此有

$$\begin{aligned}\int_L f(x,y)\mathrm{d}s &= \lim_{\lambda\to0}\sum_{i=1}^n f[x(t_i^*),y(t_i^*)]\Delta s_i \\ &= \lim_{\mu\to0}\sum_{i=1}^n f[x(t_i^*),y(t_i^*)]\sqrt{[x'(t_i^*)]^2+[y'(t_i^*)]^2}\Delta t_i \\ &= \int_\alpha^\beta f[x(t),y(t)]\sqrt{[x'(t)]^2+[y'(t)]^2}\mathrm{d}t. \quad \blacksquare\end{aligned}$$

注 在此公式右端，恒有 $\alpha<\beta$. 只有这样，在上面的推导中，才可保证 $\Delta t_i>0$，从而小段弧长 $\Delta s_i>0$ $(i=1,2,\cdots,n)$.

特别地，当光滑曲线 L 由方程

$$y=y(x)\quad(a\leqslant x\leqslant b)$$

给出时，公式(1)化为

$$\int_L f(x,y)\mathrm{d}s=\int_a^b f[x,y(x)]\sqrt{1+[y'(x)]^2}\mathrm{d}x. \tag{2}$$

例 2 计算 $\int_L x\mathrm{d}s$，其中 L 是抛物线 $y=x^2$ 上自点 $(0,0)$ 至点 $(1,1)$ 的一段弧.

解 点从 $(0,0)$ 到 $(1,1)$，对应于 x 从 0 到 1，而 $y'=2x$，因此由公式(2)得

$$\int_L x\mathrm{d}s=\int_0^1 x\sqrt{1+(2x)^2}\mathrm{d}x=\frac{1}{12}(5\sqrt{5}-1).$$

例 3 设 L 是椭圆 $\dfrac{x^2}{a^2}+\dfrac{y^2}{b^2}=1$，计算 $\int_L|xy|\mathrm{d}s$.

解 曲线 L 关于 x 轴，y 轴都对称，且被积函数 $f(x,y)=|xy|$ 对 x 及 y 都是偶函数，因此，积分 $\int_L|xy|\mathrm{d}s$ 是 L 在第一象限那部分 L_1 的积分的 4 倍. L_1 的参数方程为

$$\begin{cases}x=a\cos t,\\ y=b\sin t\end{cases}\quad\left(0\leqslant t\leqslant\frac{\pi}{2}\right),$$

易知

$$\sqrt{[x'(t)]^2+[y'(t)]^2}=\sqrt{a^2\sin^2 t+b^2\cos^2 t},$$

于是由公式(1)得

$$\begin{aligned}\int_L |xy|\mathrm{d}s &= 4\int_L xy\mathrm{d}s\\ &= 4\int_0^{\pi/2} a\cos t\cdot b\sin t\sqrt{a^2\sin^2 t+b^2\cos^2 t}\mathrm{d}t\\ &= 2ab\int_0^{\pi/2}\sqrt{b^2+(a^2-b^2)\sin^2 t}\mathrm{d}(\sin^2 t)\\ &= \frac{4ab}{3}\frac{a^2+ab+b^2}{a+b}.\end{aligned}$$

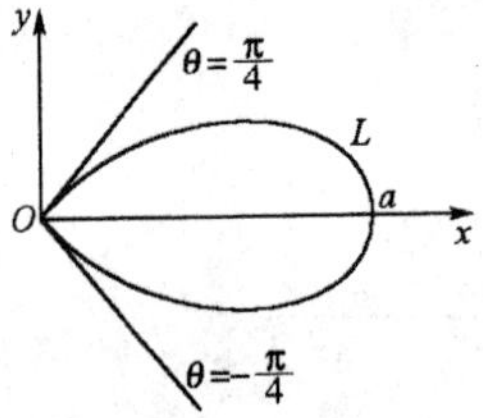

图 12-2

例 4 有一物质曲线弧 L,其形状为双纽线 $r^2=a^2\cos 2\theta\,(a>0)$的右半支(图 12-2),线密度 $\mu(x,y)=x+y$,求 L 的质量 M.

解 易知质量

$$M=\int_L \mu(x,y)\mathrm{d}s=\int_L (x+y)\mathrm{d}s.$$

选 θ 为参数,则 L 的参数方程为

$$\begin{cases}x=r(\theta)\cdot\cos\theta,\\ y=r(\theta)\cdot\sin\theta\end{cases}\quad\left(-\frac{\pi}{4}\leqslant\theta\leqslant\frac{\pi}{4}\right),$$

其中 $r(\theta)=a\sqrt{\cos 2\theta}$. 因此

$$\mathrm{d}s=\sqrt{r^2(\theta)+r'^2(\theta)}\mathrm{d}\theta=\frac{a}{\sqrt{\cos 2\theta}}\mathrm{d}\theta,$$

于是由公式(1)得

$$\begin{aligned}M &= \int_L (x+y)\mathrm{d}s\\ &= \int_{-\pi/4}^{\pi/4} r(\theta)\cdot(\cos\theta+\sin\theta)\frac{a}{\sqrt{\cos 2\theta}}\mathrm{d}\theta\\ &= 2a^2\int_0^{\pi/4}\cos\theta\mathrm{d}\theta=\sqrt{2}\,a^2.\end{aligned}$$

对于空间曲线 L:

$$x = x(t),\quad y = y(t),\quad z = z(t)\quad (\alpha \leqslant t \leqslant \beta),$$

有类似的计算公式：

$$\int_L f(x,y,z)\mathrm{d}s = \int_\alpha^\beta f[x(t),y(t),z(t)] \cdot \sqrt{[x'(t)]^2 + [y'(t)]^2 + [z'(t)]^2}\mathrm{d}t. \quad (3)$$

请读者给出公式(3)成立的条件，并证明公式(3).

例 5 计算$\int_L z\mathrm{d}s$，其中 L 为螺旋线

$$x = a\cos t,\quad y = a\sin t,\quad z = bt$$

在 $0 \leqslant t \leqslant 2\pi$ 上的一段.

解 将 x,y 和 z 对 t 求一阶导数，有

$$x'(t) = -a\sin t,\quad y'(t) = a\cos t,\quad z'(t) = b,$$

$$\sqrt{[x'(t)]^2 + [y'(t)]^2 + [z'(t)]^2} = \sqrt{a^2 + b^2},$$

于是由公式(3)得

$$\int_L z\mathrm{d}s = \int_0^{2\pi} bt\sqrt{a^2 + b^2}\mathrm{d}t = 2b\sqrt{a^2 + b^2}\pi^2.$$

习 题 12.1

1. 计算 $\int_L (x+y)\mathrm{d}s$，其中 L 为由(0,0)，(1,0)，(0,1)三点所连结的闭折线.

2. 计算 $\int_L y^2\mathrm{d}s$，其中 L 为摆线

$$x = a(t - \sin t),\quad y = a(1 - \cos t)\quad (0 \leqslant t \leqslant 2\pi).$$

3. 计算 $\int_L (x^2+y^2+z^2)\mathrm{d}s$，其中 L 为螺旋线

$$x = a\cos t,\quad y = a\sin t,\quad z = bt\quad (0 \leqslant t \leqslant 2\pi).$$

4. 求物质曲线 $x=at, y=\frac{a}{2}t^2, z=\frac{a}{3}t^3 (0\leqslant t\leqslant 1)$ 的质量，其线密度 $\rho=\sqrt{2y/a}$.

5. 计算 $\int_L y\mathrm{d}s$，其中 L 是抛物线 $y^2=4x$ 自点(0,0)到点(1,2)的一段.

6. 计算 $\int_L (x^2+y^2)\mathrm{d}s$，其中 L：$\begin{cases} x = a(\cos t + t\sin t), \\ y = a(\sin t - t\cos t) \end{cases} (0 \leqslant t \leqslant 2\pi)$.

7. 计算 $\int_L \sqrt{x^2+y^2}\mathrm{d}s$,其中 L 为圆周 $x^2+y^2=ax$.

8. 计算 $\int_L (x^{\frac{4}{3}}+y^{\frac{4}{3}})\mathrm{d}s$,其中 L 为内摆线 $x^{\frac{2}{3}}+y^{\frac{2}{3}}=a^{\frac{2}{3}}$的弧.

(提示:利用对称性化到第一象限内来考虑.)

9. 计算 $\int_L x^2\mathrm{d}s$,其中 L 为圆周:$x^2+y^2+z^2=a^2, x+y+z=0$.

10. 求半径为 R 的半圆形金属丝(设线密度为常数 μ)对位于圆心的质点(设质量为 m_0)的引力 $\boldsymbol{F}$.

§2 第二型曲线积分

2.1 第二型曲线积分的概念和基本性质

不同的物理问题,需要我们引进另一类型曲线积分的概念.下面先考察一个实例.

例 1 设一质点在变力 $\boldsymbol{F}(M)$的作用下,沿曲线 L 从点 A 运动到点 B(即**质点作曲线运动**),求变力 $\boldsymbol{F}(M)$对质点所做的功 W.

解 我们知道,若质点在常力 $\boldsymbol{F}$ 作用下有一直线位移 $\Delta\boldsymbol{r}$,则力 $\boldsymbol{F}$ 对质点所做的功为

$$\boldsymbol{F}\cdot\Delta\boldsymbol{r} = |\boldsymbol{F}||\Delta\boldsymbol{r}|\cos\langle\boldsymbol{F},\Delta\boldsymbol{r}\rangle.$$

对于变力 $\boldsymbol{F}(M)$和曲线位移的情况,可用“分割,近似代替,求和,取极限”的办法来讨论.

用分点

$$A = A_0, A_1, \cdots, A_n = B$$

将曲线 L 任意分成 n 个小段,记小弧段 $\overset{\frown}{A_{i-1}A_i}$的长度为 Δs_i,并记向量 $\overrightarrow{A_{i-1}A_i}=\Delta\boldsymbol{r}_i(i=1,2,\cdots,n)$(图 12-3).当分割充分细密时,可近似认为在小弧段上质点作直线运动,变力 $\boldsymbol{F}$ 也近似看作常力,因此,力 $\boldsymbol{F}(M)$在小弧段 $\overset{\frown}{A_{i-1}A_i}$ 上所做的功 ΔW_i 可近似表为

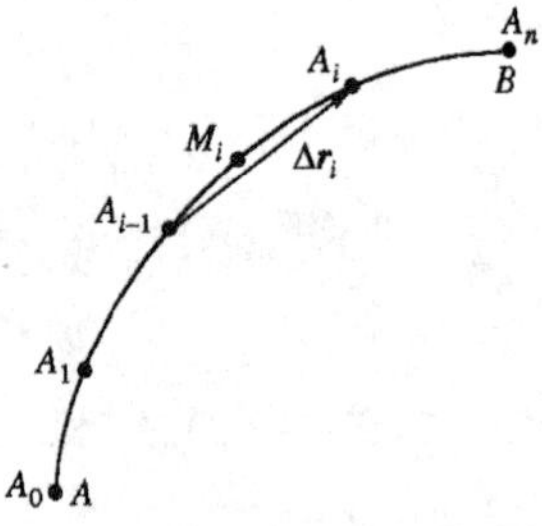

图 12-3

$$\Delta W_i \approx \boldsymbol{F}(M_i) \cdot \Delta \boldsymbol{r}_i \quad (i = 1,2,\cdots,n),$$

其中 M_i 为 $\widehat{A_{i-1}A_i}$ 上任一点. 求和,得

$$W = \sum_{i=1}^{n} \Delta W_i \approx \sum_{i=1}^{n} \boldsymbol{F}(M_i) \cdot \Delta \boldsymbol{r}_i.$$

当分割无限细密,即 $\lambda = \max\limits_i \{\Delta s_i\} \to 0$ 时,就得到

$$W = \lim_{\lambda \to 0} \sum_{t=1}^{n} \boldsymbol{F}(M_i) \cdot \Delta \boldsymbol{r}_i.$$

有很多实际问题都要求这种和式的极限,由此我们引进第二型曲线积分的定义.

定义 设 L 是一条从点 A 到点 B 的光滑曲线(或分段光滑曲线),向量函数 $\boldsymbol{F}(M)$①在 L 上有定义. 用分点

$$A = A_0, A_1, \cdots, A_n = B$$

将曲线 L 按照从 A 到 B 的方向任意分为 n 个小弧段,记弧段 $\widehat{A_{i-1}A_i}$ 的长度为 Δs_i,并记向量 $\overrightarrow{A_{i-1}A_i} = \Delta \boldsymbol{r}_i (i=1,2,\cdots,n)$. 在小弧段 $\widehat{A_{i-1}A_i}$上任取一点 M_i,作数量积

$$\boldsymbol{F}(M_i) \cdot \Delta \boldsymbol{r}_i \quad (i = 1,2,\cdots,n).$$

求和,得$\sum\limits_{i=1}^{n} \boldsymbol{F}(M_i) \cdot \Delta \boldsymbol{r}_i$. 令 $\lambda = \max\limits_i \{\Delta s_i\} \to 0$,若此和式的极限存在(它不依赖于曲线的分割及点 M_i 的取法),则称此极限值为**向量函数 $\boldsymbol{F}(M)$ 沿曲线 L 从点 A 到点 B 的第二型曲线积分**,记作

$$\lim_{\lambda \to 0} \sum_{i=1}^{n} \boldsymbol{F}(M_i) \cdot \Delta \boldsymbol{r}_i = \int_{\widehat{AB}} \boldsymbol{F}(M) \cdot \mathrm{d}\boldsymbol{r}. \tag{1}$$

有向曲线② $\widehat{AB}$ 称为**积分路径**.

由定义知,变力 $\boldsymbol{F}(M)$ 沿曲线 L 从点 A 到点 B 对质点所做的功为

---

① $\boldsymbol{F}(M)$是向量,其大小和方向都是点 M 的函数. 例如,若 M 是三维空间的点,其坐标为(x,y,z),则 $\boldsymbol{F}(M)$可用分量表示为

$$\begin{aligned}\boldsymbol{F}(M) &= \boldsymbol{F}(x,y,z) = P(x,y,z)\boldsymbol{i} + Q(x,y,z)\boldsymbol{j} + R(x,y,z)\boldsymbol{k} \\ &= \{P(x,y,z), Q(x,y,z), R(x,y,z)\}.\end{aligned}$$

② 指规定了方向的曲线,即规定了起点与终点的曲线.

$$W=\int_{\widehat{AB}}\boldsymbol{F}(M)\cdot\mathrm{d}\boldsymbol{r}.$$

定理 1 若曲线 $\widehat{AB}$ 分段光滑，向量函数 $\boldsymbol{F}(x,y,z)$ 的各个分量函数 $P(x,y,z),Q(x,y,z),R(x,y,z)$ 在 $\widehat{AB}$ 上连续（或在 $\widehat{AB}$ 上只有有限个间断点，并且有界），则 $\boldsymbol{F}(x,y,z)$ 沿曲线 $\widehat{AB}$ 从点 A 到点 B 的第二型曲线积分存在.

证明从略.

第二型曲线积分有以下**基本性质**：

设有向曲线 $\widehat{AB}$ 分段光滑，向量函数 $\boldsymbol{F}(M),\boldsymbol{G}(M)$ 的各分量函数在 $\widehat{AB}$ 上连续（或只有有限个间断点，并且有界），则

(1) $\int_{\widehat{AB}}k\boldsymbol{F}(M)\cdot\mathrm{d}\boldsymbol{r}=k\int_{\widehat{AB}}\boldsymbol{F}(M)\cdot\mathrm{d}\boldsymbol{r}$ （k 为常数）；

(2) $$\int_{\widehat{AB}}[\boldsymbol{F}(M)\pm\boldsymbol{G}(M)]\cdot\mathrm{d}\boldsymbol{r}=\int_{\widehat{AB}}\boldsymbol{F}(M)\cdot\mathrm{d}\boldsymbol{r}\pm\int_{\widehat{AB}}\boldsymbol{G}(M)\cdot\mathrm{d}\boldsymbol{r};$$

(3) 若曲线 $\widehat{AB}$ 由 $\widehat{AC}$ 及 $\widehat{CB}$ 组成，则

$$\int_{\widehat{AB}}\boldsymbol{F}(M)\cdot\mathrm{d}\boldsymbol{r}=\int_{\widehat{AC}}\boldsymbol{F}(M)\cdot\mathrm{d}\boldsymbol{r}+\int_{\widehat{CB}}\boldsymbol{F}(M)\cdot\mathrm{d}\boldsymbol{r},$$

这里假定上式右端两个积分都存在.

(4) 积分路径反向时，第二型曲线积分变号，即

$$\int_{\widehat{BA}}\boldsymbol{F}(M)\cdot\mathrm{d}\boldsymbol{r}=-\int_{\widehat{AB}}\boldsymbol{F}(M)\cdot\mathrm{d}\boldsymbol{r}.$$

这是因为

$$\begin{aligned}\int_{\widehat{BA}}\boldsymbol{F}(M)\cdot\mathrm{d}\boldsymbol{r}&=\lim_{\lambda\to0}\sum_{i=1}^{n}\boldsymbol{F}(M_i)\cdot\overrightarrow{A_iA_{i-1}}\\&=\lim_{\lambda\to0}\sum_{i=1}^{n}\boldsymbol{F}(M_i)\cdot(-\overrightarrow{A_{i-1}A_i})\\&=-\lim_{i\to0}\sum_{i=1}^{n}\boldsymbol{F}(M_i)\cdot\overrightarrow{A_{i-1}A_i}=-\int_{\widehat{AB}}\boldsymbol{F}(M)\cdot\mathrm{d}\boldsymbol{r}.\end{aligned}$$

从物理意义上看,若$\int_{\widehat{AB}} \boldsymbol{F}(M) \cdot \mathrm{d}\boldsymbol{r}$是质点沿曲线 L 从点 A 运动到点 B 时,变力 $\boldsymbol{F}(M)$对质点所做的功,则$\int_{\widehat{BA}} \boldsymbol{F}(M) \cdot \mathrm{d}\boldsymbol{r}$表示质点沿曲线 L 从点 B 运动到点 A 时,变力 $\boldsymbol{F}(M)$所做的功,它们正好差一个负号.

性质(4)是第二型曲线积分区别于第一型曲线积分的一个重要特征.

由性质(3)不难推出,当闭曲线的方向确定以后,该闭曲线上第二型曲线积分的值与起点的位置无关. 例如,对于图 12-4 中的闭曲线,我们有

$$\oint_{\widehat{ABCDA}} \boldsymbol{F}(M) \cdot \mathrm{d}\boldsymbol{r} = \oint_{\widehat{BCDAB}} \boldsymbol{F} \cdot \mathrm{d}\boldsymbol{r}.$$

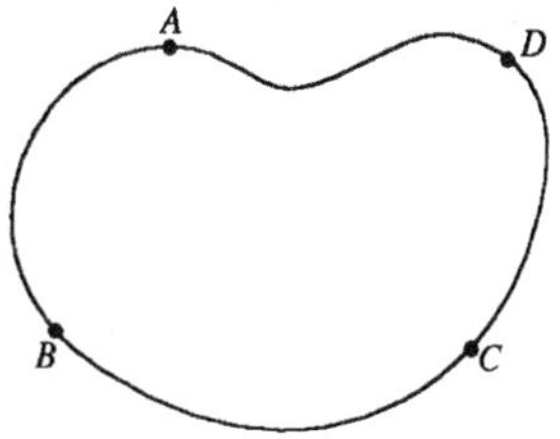

图 12-4

当闭曲线 L 的绕行方向确定后,按指定方向沿闭曲线 L 的第二型曲线积分有时记作

$$\oint_L \boldsymbol{F}(M) \cdot \mathrm{d}\boldsymbol{r}.$$

2.2 第二型曲线积分的坐标形式

表达式$\int_{\widehat{AB}} \boldsymbol{F}(M) \cdot \mathrm{d}\boldsymbol{r}$也称为第二型曲线积分的**向量形式**,它表达简明,物理意义清楚. 但是,这种形式不便于计算. 为了计算第二型曲线积分,我们给出它的坐标形式.

设向量函数 $\boldsymbol{F}(M)$在空间直角坐标系中的分量表达式为

$$\boldsymbol{F}(x,y,z) = \{P(x,y,z), Q(x,y,z), R(x,y,z)\},$$

并假设点 A_{i-1}, A_i, M_i 的坐标分别为

$$A_{i-1}(x_{i-1}, y_{i-1}, z_{i-1}), \quad A_i(x_i, y_i, z_i), \quad M_i(\xi_i, \eta_i, \zeta_i),$$

于是

$$\Delta \boldsymbol{r}_i = \overrightarrow{A_{i-1}A_i} = \{x_i - x_{i-1}, y_i - y_{i-1}, z_i - z_{i-1}\} \xlongequal{\text{记作}} \{\Delta x_i, \Delta y_i, \Delta z_i\},$$

积分和为

$$\sum_{i=1}^{n}\boldsymbol{F}(M_i)\cdot\Delta\boldsymbol{r}_i=\sum_{i=1}^{n}[P(\xi_i,\eta_i,\zeta_i)\Delta x_i + Q(\xi_i,\eta_i,\zeta_i)\Delta y_i + R(\xi_i,\eta_i,\zeta_i)\Delta z_i],$$

当上式左端在 $\lambda\to0$ 时的极限存在,而其右端的极限也存在时,我们把右端极限记作

$$\int_{\widehat{AB}}P(x,y,z)\mathrm{d}x+Q(x,y,z)\mathrm{d}y+R(x,y,z)\mathrm{d}z,$$

于是得到

$$\int_{\widehat{AB}}\boldsymbol{F}(x,y,z)\cdot\mathrm{d}\boldsymbol{r} = \int_{\widehat{AB}}P(x,y,z)\mathrm{d}x+Q(x,y,z)\mathrm{d}y+R(x,y,z)\mathrm{d}z. \quad (2)$$

(2)式右端称为第二型曲线积分的**坐标形式**.

单独的积分 $\int_{\widehat{AB}}P(x,y,z)\mathrm{d}x$ 也是第二型曲线积分,它相当于向量函数 $\boldsymbol{F}(x,y,z)$ 的 y 分量及 z 分量都是零的情形,即

$$\int_{\widehat{AB}}P(x,y,z)\mathrm{d}x=\lim_{\lambda\to0}\sum_{i=1}^{n}P(\xi_i,\eta_i,\zeta_i)\Delta x_i.$$

同理,积分 $\int_{\widehat{AB}}Q(x,y,z)\mathrm{d}y$, $\int_{\widehat{AB}}R(x,y,z)\mathrm{d}z$ 也都是第二型曲线积分.

对于平面情形,若向量函数为 $\boldsymbol{F}(x,y)=\{P(x,y),Q(x,y)\}$,则第二型曲线积分的坐标形式为

$$\int_{\widehat{AB}}P(x,y)\mathrm{d}x+Q(x,y)\mathrm{d}y.$$

2.3 第二型曲线积分的计算

定理 2 设

(1) 光滑曲线 $\widehat{AB}$ 的参数方程为

$$x=x(t),\quad y=y(t),\quad z=z(t)\quad(\alpha\leqslant t\leqslant\beta \text{ 或 } \beta\leqslant t\leqslant\alpha),$$

这里 α 可能小于 β,也可能大于 β;

(2) 当参数 t 单调(递增或递减)地从 α 变到 β 时,点 $M(x,y,z)$ 从点 A 沿曲线 $\overset{\frown}{AB}$ 变到点 B;

(3) 函数 $P(x,y,z)$, $Q(x,y,z)$, $R(x,y,z)$ 在 $\overset{\frown}{AB}$ 上连续,

则第二型曲线积分 $\int_{\overset{\frown}{AB}} P\mathrm{d}x+Q\mathrm{d}y+R\mathrm{d}z$①存在,且有如下计算公式

$$\int_{\overset{\frown}{AB}} P\mathrm{d}x + Q\mathrm{d}y + R\mathrm{d}z = \int_{\alpha}^{\beta} \{P[x(t),y(t),z(t)]x'(t) + Q[x(t),y(t),z(t)]y'(t) + R[x(t),y(t),z(t)]z'(t)\}\mathrm{d}t. \tag{3}$$

证 为确定起见,假设 $\alpha<\beta$. 并设区间 $[\alpha,\beta]$ 的任一分割为

$$\alpha = t_0 < t_1 < t_2 < \cdots < t_n = \beta,$$

参数 t_i 对应于曲线 $\overset{\frown}{AB}$ 上的分点 $A_i(x_i,y_i,z_i)$ $(i=1,2,\cdots,n)$. 令 $\mu=\max\limits_i\{\Delta t_i\}$, $\lambda=\max\limits_i\{\Delta s_i\}$, 其中 Δs_i 为 $\overset{\frown}{A_{i-1}A_i}$ 的弧长. 由于弧长函数

$$s(t) = \int_{\alpha}^{t} \sqrt{[x'(t)]^2 + [y'(t)]^2 + [z'(t)^2]}\mathrm{d}t$$

在区间 $[\alpha,\beta]$ 上连续,从而一致连续,因此当 $\mu\to 0$ 时,有 $\lambda\to 0$. 由微分学中值定理得

$$\Delta x_i = x_i - x_{i-1} = x(t_i) - x(t_{i-1}) = x'(\tau_i)\Delta t_i, \quad \tau_i \in (t_{i-1},t_i).$$

设参数 τ_i 对应于 $\overset{\frown}{AB}$ 上的点 M_i, 显然, $M_i\in \overset{\frown}{A_{i-1}A_i}$ $(i=1,2,\cdots,n)$. 由定理条件知,函数 $P[x(t),y(t),z(t)]x'(t)$ 在 $[\alpha,\beta]$ 上黎曼可积,且向量函数 $\{P(x,y,z),0,0\}$ 沿有向曲线 $\overset{\frown}{AB}$ 从点 A 到点 B 的第二型曲线积分存在,因此

$$\int_{\alpha}^{\beta} P[x(t),y(t),z(t)]x'(t)\mathrm{d}t$$

---

① $\int_{\overset{\frown}{AB}} P\mathrm{d}x+Q\mathrm{d}y+R\mathrm{d}z$ 是 $\int_{\overset{\frown}{AB}} P(x,y,z)\mathrm{d}x+Q(x,y,z)\mathrm{d}y+R(x,y,z)\mathrm{d}z$ 的简写形式.

$$= \lim_{\mu \to 0} \sum_{i=1}^{n} P[x(\tau_i), y(\tau_i), z(\tau_i)] x'(\tau_i) \Delta t_i$$

$$= \lim_{\lambda \to 0} \sum_{i=1}^{n} P(M_i) \Delta x_i = \int_{\widehat{AB}} P(x, y, z) \mathrm{d}x.$$

同理可证

$$\int_{\alpha}^{\beta} Q[x(t), y(t), z(t)] y'(t) \mathrm{d}t = \int_{\widehat{AB}} Q(x, y, z) \mathrm{d}y,$$

$$\int_{\alpha}^{\beta} R[x(t), y(t), z(t)] z'(t) \mathrm{d}t = \int_{\widehat{AB}} R(x, y, z) \mathrm{d}z.$$

此三式相加,即得公式(3).

在以上证明中,我们假定了 $\alpha<\beta$. 不难了解,若 $\alpha>\beta$,参数 t 从 α 单调下降地变到 β 时,对应于曲线 $\widehat{AB}$ 上的点从 A 变到 B,公式(3)仍然成立. ▌

上述公式(3)指出,在把第二型曲线积分 $\int_{\widehat{AB}} P(x,y,z)\mathrm{d}x + Q(x,y,z)\mathrm{d}y + R(x,y,z)\mathrm{d}z$ 化为定积分时,只需将其中的 x,y,z 分别换为 $x(t), y(t), z(t)$,将 $\mathrm{d}x, \mathrm{d}y, \mathrm{d}z$ 分别换为 $x'(t)\mathrm{d}t$, $y'(t)\mathrm{d}t$, $z'(t)\mathrm{d}t$,并让定积分的下限对应于曲线的起点,上限对应于曲线的终点即可. 在这里,**下限可能大于上限**.

例 2 设变力 $\boldsymbol{F}=\{y/3, -x, x+y+z\}$,求 $\int_L \boldsymbol{F} \cdot \mathrm{d}\boldsymbol{r}$,其中 L 是从点 $A(1,0,0)$ 到点 $B(3,3,4)$ 的直线.

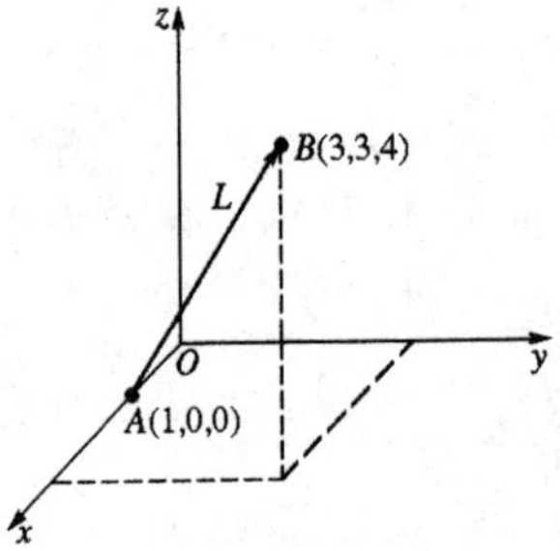

图 12-5

解 直线 $L=AB$ 如图 12-5 所示. 容易写出直线 L 的标准方程

$$\frac{x-1}{2} = \frac{y-0}{3} = \frac{z-0}{4}.$$

设比值为 t,于是得到 L 的参数方程

$$\begin{cases} x = 1 + 2t, \\ y = 3t, \\ z = 4t \end{cases} \qquad (0 \leqslant t \leqslant 1).$$

当参数 t 取值 0,1 时即分别对应于 L

的起点 A 及终点 B，于是由公式(3)得到

$$\int_L \boldsymbol{F}\cdot \mathrm{d}\boldsymbol{r}=\int_{AB}\frac{y}{3}\mathrm{d}x-x\mathrm{d}y+(x+y+z)\mathrm{d}z$$

$$=\int_0^1\Big[\frac{3t}{3}\times 2-(1+2t)\times 3$$

$$+(1+2t+3t+4t)\times 4\Big]\mathrm{d}t$$

$$=\int_0^1(1+32t)\mathrm{d}t=17.$$

例 3 计算曲线积分 $I=\oint_L xy\mathrm{d}x+yz\mathrm{d}y+zx\mathrm{d}z$，其中 L 为圆柱面 $x^2+y^2=1$ 与平面 $x+y+z=1$ 的交线，即

$$L:\begin{cases}x^2+y^2=1,\\ x+y+z=1,\end{cases}$$

方向如下规定：沿平面的法向量$\{1,1,1\}$往原点看时，L 为逆时针方向.

解 从 L 的方程考虑，可设 L 的参数方程为

$$\begin{cases}x=\cos t,\\ y=\sin t,\\ z=1-\cos t-\sin t,\end{cases}$$

其中 $0\leqslant t\leqslant 2\pi$，当 t 从 0 变到 2π 时，动点(x,y,z)正好沿 L 按规定方向移动一周.

将 $x'(t)=-\sin t,y'(t)=\cos t,z'(t)=\sin t-\cos t$ 代入公式(3)，得

$$I=\int_0^{2\pi}[\cos t\cdot\sin t\cdot(-\sin t)+\sin t\cdot(1-\cos t-\sin t)\cdot\cos t$$

$$+(1-\cos t-\sin t)\cdot\cos t\cdot(\sin t-\cos t)]\mathrm{d}t$$

$$=-\int_0^{2\pi}\cos^2 t\mathrm{d}t+0=-\int_0^{2\pi}\frac{1+\cos 2t}{2}\mathrm{d}t$$

$$=-\pi.$$

例 2，例 3 都是计算空间曲线积分，利用公式(3)，即可化为定

积分.这里的关键是设法找出积分路径 L 的参数方程.

下面讨论平面曲线积分的计算.

当 $\widehat{AB}$为平面曲线,其参数方程为 $x=x(t),y=y(t)$时,有相应的计算公式

$$\int_{\widehat{AB}} P(x,y)\mathrm{d}x + Q(x,y)\mathrm{d}y$$
$$= \int_{\alpha}^{\beta} \{P[x(t),y(t)]x'(t) + Q[x(t),y(t)]y'(t)\}\mathrm{d}t, \quad (4)$$

其中参数 α,β 分别对应于起点 A 及终点 $B(\alpha<\beta$ 或 $\alpha>\beta)$.

当平面曲线 $\widehat{AB}$由方程

$$y = y(x) \quad (a \leqslant x \leqslant b)(\text{或 } a \geqslant x \geqslant b)$$

给出时,有计算公式

$$\int_{\widehat{AB}} P(x,y)\mathrm{d}x + Q(x,y)\mathrm{d}y$$
$$= \int_{a}^{b} \{P[x,y(x)] + Q[x,y(x)]y'(x)\}\mathrm{d}x, \quad (5)$$

其中 a,b 分别对应于点 A 及点 B. 这时,相当于选 x 作为参数.

当平面曲线 $\widehat{AB}$由方程

$$x = x(y) \quad (c \leqslant y \leqslant d)(\text{或 } c \geqslant y \geqslant d)$$

给出时,有计算公式

$$\int_{\widehat{AB}} P(x,y)\mathrm{d}x + Q(x,y)\mathrm{d}y$$
$$= \int_{c}^{d} \{P[x(y),y]x'(y) + Q[x(y),y]\}\mathrm{d}y, \quad (6)$$

这里 c,d 分别对应于点 A 及点 B. 这时,相当于选 y 作为参数.

例 4 计算曲线积分 $I_L=\int_L (x^2+y^2)\mathrm{d}x+(x^2-y^2)\mathrm{d}y$,其中路径 L 为:(1) 圆弧 $\widehat{AB}$(半径为 1),(2) 折线 ACB(图 12-6).

解 (1) 圆弧 $\widehat{AB}$的参数方程为

$$x = \cos t, \quad y = \sin t, \quad t \in [0,\pi/2],$$

且当参数 t 取值 $\pi/2,0$ 时即分别对应于路径 L 的起点 A 及终点

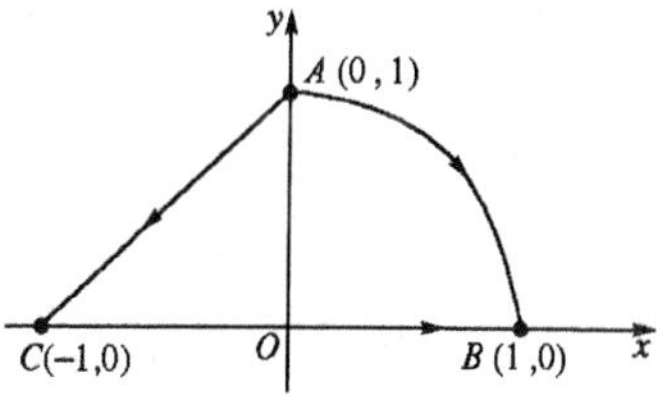

图 12-6

B,于是由公式(4)知

$$I_{\widehat{AB}}=\int_{\pi/2}^{0}[(\cos^2t+\sin^2t)(-\sin t)+(\cos^2t-\sin^2t)\cos t]\mathrm{d}t$$

$$=\int_{\pi/2}^{0}-\sin t\mathrm{d}t+\int_{0}^{\pi/2}(2\sin^2t-1)\mathrm{d}(\sin t)=1-\frac{1}{3}=\frac{2}{3}.$$

(2) $I_{ACB}=I_{AC}+I_{CB}$. 直线 AC 的方程为 $y=x+1$,有 $y'=1$,由公式(5)得

$$I_{AC}=\int_{0}^{-1}\{x^2+(x+1)^2+[x^2-(x+1)^2]\cdot 1\}\mathrm{d}x$$

$$=\int_{0}^{-1}2x^2\mathrm{d}x=-\frac{2}{3}.$$

直线 CB 的方程为 $y=0$,有 $\mathrm{d}y=0$,由公式(5)得

$$I_{CB}=\int_{-1}^{1}x^2\mathrm{d}x=\frac{2}{3}.$$

因此
$$I_{ACB}=-\frac{2}{3}+\frac{2}{3}=0.$$

我们看到,在此例中,曲线积分的值不但与积分路径的起点及终点有关,而且与路径本身有关:两条积分路径虽有相同的起点与终点,但曲线积分的值却不相等.

例 5 一质点在变力 $\boldsymbol{F}=2xy\boldsymbol{i}+x^2\boldsymbol{j}$ 的作用下,沿路径 L 从点 $A(0,0)$运动到点 $B(1,1)$,求力 $\boldsymbol{F}$ 对质点所做的功 W. 其中路径 L 是:(1) 抛物线 $y=x^2$;(2) 折线 AEB(图 12-7).

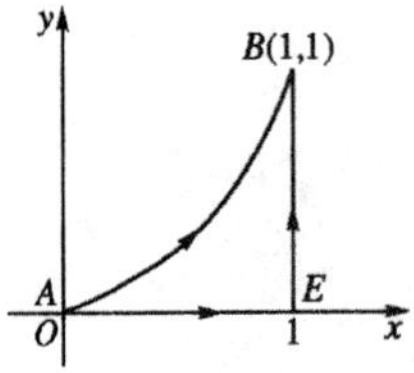

图 12-7

解 (1) $W=\int_{\widehat{AB}}2xy\mathrm{d}x+x^2\mathrm{d}y$

$$=\int_0^1(2x\cdot x^2+x^2\cdot 2x)\mathrm{d}x$$

$$=1.$$

(2) $W=\int_{AEB}2xy\mathrm{d}x+x^2\mathrm{d}y=\int_{AE}+\int_{EB}$

$$=0+\int_{EB}x^2\mathrm{d}y=\int_0^1 1^2\mathrm{d}y=1.$$

这里的曲线积分的值只依赖于积分路径的起点与终点，而与积分路径无关. 实际上，可以证明，在此例中，对于任何分段光滑曲线 $\widehat{AB}$，都有相同结果.

第二型曲线积分在什么条件下与路径无关，这是一个很重要的问题. 我们将在本章 § 3 的 3.2 小节中对于**平面**曲线积分的情形展开讨论，而在第十三章 § 5 中，再去讨论**空间**第二型曲线积分与路径无关的条件.

2.4 两类曲线积分的关系

两种类型的曲线积分有着本质的差别. 第一型曲线积分 $\int_L f(M)\mathrm{d}s$ 是数量函数 $f(M)$ 对弧长 s 的积分，第二型曲线积分 $\int_L P\mathrm{d}x+Q\mathrm{d}y+R\mathrm{d}z$ 则是向量函数 $\boldsymbol{F}=\{P,Q,R\}$ 的各分量函数对坐标的积分之和. 前一种与积分路径的方向无关，在化为定积分时，下限总是小于上限；后一种却与积分路径的方向有关（方向相反时，积分值变号），在化为定积分时，下限未必小于上限. 不过，两类曲线积分并不是彼此孤立的，它们有着密切的联系，在一定条件下可以互相转化.

设向量函数 $\boldsymbol{F}=\{P,Q,R\}$ 在有向光滑曲线 $L=\widehat{AB}$ 上连续. 记向量 $\mathrm{d}\boldsymbol{r}=\{\mathrm{d}x,\mathrm{d}y,\mathrm{d}z\}$，则由关系式

$$\int_{\widehat{AB}}\boldsymbol{F}\cdot\mathrm{d}\boldsymbol{r}=\int_{\widehat{AB}}P\mathrm{d}x+Q\mathrm{d}y+R\mathrm{d}z$$

看出，可以把上式左端积分的被积表达式 $\boldsymbol{F}\cdot \mathrm{d}\boldsymbol{r}$ 看成向量 $\boldsymbol{F}$ 与 $\mathrm{d}\boldsymbol{r}$ 的“点乘”. 由第十章§10中(1)式知，曲线 $L=\widehat{AB}$ 的切向量为 $\{x',y',z'\}$，从而 $\mathrm{d}\boldsymbol{r}=\{\mathrm{d}x,\mathrm{d}y,\mathrm{d}z\}$ 也是切向量. 我们规定 $\mathrm{d}\boldsymbol{r}$ 的方向与积分路径的方向一致. 由于

$$|\mathrm{d}\boldsymbol{r}| = \sqrt{(\mathrm{d}x)^2 + (\mathrm{d}y)^2 + (\mathrm{d}z)^2} = \mathrm{d}s,$$

因此，若记 $\boldsymbol{T}_0$ 为 L 的**单位切向量**，则

$$\mathrm{d}\boldsymbol{r} = |\mathrm{d}\boldsymbol{r}|\boldsymbol{T}_0 = \boldsymbol{T}_0\mathrm{d}s.$$

记 $\mathrm{d}\boldsymbol{r}$ 的方向余弦为 $\cos\alpha,\cos\beta,\cos\gamma$，则 $\boldsymbol{T}_0=\{\cos\alpha,\cos\beta,\cos\gamma\}$，从而第二型曲线积分化为

$$\begin{aligned}\int_{\widehat{AB}}\boldsymbol{F}\cdot\mathrm{d}\boldsymbol{r} &= \int_{\widehat{AB}}\boldsymbol{F}\cdot\boldsymbol{T}_0\mathrm{d}s\\ &= \int_{\widehat{AB}}\{P,Q,R\}\cdot\{\cos\alpha,\cos\beta,\cos\gamma\}\mathrm{d}s\\ &= \int_{\widehat{AB}}(P\cos\alpha + Q\cos\beta + R\cos\gamma)\mathrm{d}s,\end{aligned}$$

即

$$\int_{\widehat{AB}}P\mathrm{d}x + Q\mathrm{d}y + R\mathrm{d}z = \int_{\widehat{AB}}(P\cos\alpha + Q\cos\beta + R\cos\gamma)\mathrm{d}s. \tag{7}$$

当第二型曲线积分的路径 AB 改变方向时，方向余弦也变号，此时(7)式仍然成立. (7)式右端为数量函数 $(P\cos\alpha+Q\cos\beta+R\cos\gamma)$ 的第一型曲线积分. 因此(7)式就是两类曲线积分的转化公式.

由 $\boldsymbol{T}_0=\dfrac{\mathrm{d}\boldsymbol{r}}{|\mathrm{d}\boldsymbol{r}|}=\left\{\dfrac{\mathrm{d}x}{\mathrm{d}s},\dfrac{\mathrm{d}y}{\mathrm{d}s},\dfrac{\mathrm{d}z}{\mathrm{d}s}\right\}=\{\cos\alpha,\cos\beta,\cos\gamma\}$ 知

$$\cos\alpha = \frac{\mathrm{d}x}{\mathrm{d}s},\quad \cos\beta = \frac{\mathrm{d}y}{\mathrm{d}s},\quad \cos\gamma = \frac{\mathrm{d}z}{\mathrm{d}s},$$

或

$$\mathrm{d}x = \mathrm{d}s\cos\alpha,\quad \mathrm{d}y = \mathrm{d}s\cos\beta,\quad \mathrm{d}z = \mathrm{d}s\cos\gamma.$$

对于平面曲线积分，也有类似的转化公式

$$\int_{\widehat{AB}}P\mathrm{d}x + Q\mathrm{d}y = \int_{\widehat{AB}}(P\cos\alpha + Q\cos\beta)\mathrm{d}s,$$

其中 $\cos\alpha=\dfrac{\mathrm{d}x}{\mathrm{d}s},\cos\beta=\dfrac{\mathrm{d}y}{\mathrm{d}s}$ 是曲线 $\widehat{AB}$ 的切向量 $\mathrm{d}\boldsymbol{r}$ 的方向余弦.

习　题　12.2

1. 计算曲线积分 $\int_L (x^2-2xy)\mathrm{d}x+(y^2-2xy)\mathrm{d}y$，其中 L 为由点 $(-1,1)$ 沿曲线 $y=x^2$ 到点 $(1,1)$ 的路径.

2. 计算 $\int_L \boldsymbol{F}\cdot\mathrm{d}\boldsymbol{r}$，其中 $\boldsymbol{F}=\{x+y,x-y\}$，$L$ 为 $\frac{x^2}{a^2}+\frac{y^2}{b^2}=1$ 沿逆时针一周.

3. 计算 $\int_L \boldsymbol{F}\cdot\mathrm{d}\boldsymbol{r}$，其中 $\boldsymbol{F}=\{xe^y,y\}$，$L$ 为如图由点 $(0,0)$ 到点 $(1,1)$ 的四条不同的路径.

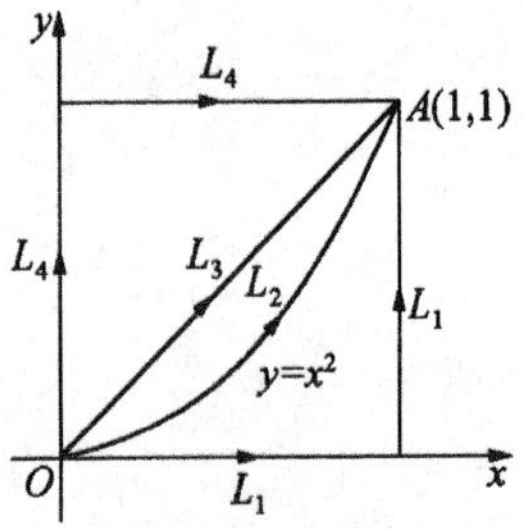

第 3 题图

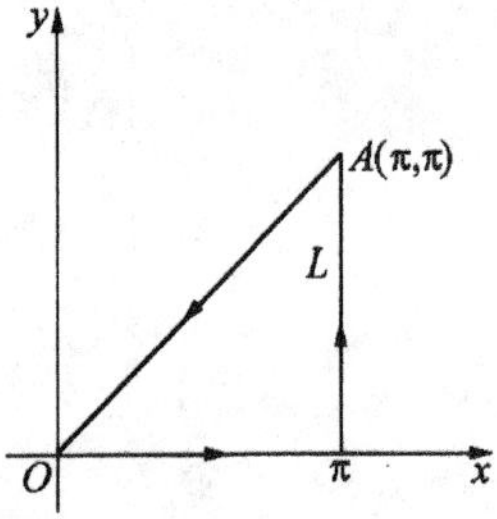

第 4 题图

4. 计算 $\int_L \cos y\mathrm{d}x+\cos x\mathrm{d}y$，其中 L 为如图的三角形.

5. 计算 $\int_L xy\mathrm{d}x+(y-x)\mathrm{d}y$，其中 L 是由点 $(0,0)$ 到点 $(1,1)$ 的下列四条不同路径：

(1) 直线 L_1：$y=x$；

(2) 抛物线 L_2：$y=x^2$；

(3) 抛物线 L_3：$x=y^2$；

(4) 立方抛物线 L_4：$y=x^3$.

6. 计算 $\int_L (x-y^2)\mathrm{d}x+2xy\mathrm{d}y$，其中 L 是(1)连接 $O(0,0)$，$A(1,1)$ 的直线段；(2) 连接 $O(0,0)$，$B(0,1)$，$A(1,1)$ 的折线段.

7. 计算 $\int_L (y^2+2xy)\mathrm{d}x+(2xy+x^2)\mathrm{d}y$，其中 L 同上题.

8. 计算 $\oint_L \frac{(x+y)\mathrm{d}x-(x-y)\mathrm{d}y}{x^2+y^2}$，其中 L 为圆周 $x^2+y^2=a^2$ 沿逆时针一周.

9. 计算 $\oint_{ABCDA}\frac{\mathrm{d}x+\mathrm{d}y}{|x|+|y|}$，其中 $ABCDA$ 为以 $A(1,0)$，$B(0,1)$，$C(-1,0)$，$D(0,-1)$为顶点的正方形闭路.

10. 计算 $\int_L\frac{x^2\mathrm{d}y-y^2\mathrm{d}x}{x^{5/3}+y^{5/3}}$，其中 L 是星形线 $x=a\cos^3t, y=a\sin^3t$ 在第一象限中自点 $A(a,0)$到 $B(0,a)$的一段.

11. 计算 $\int_L(y^2-z^2)\mathrm{d}x+2yz\mathrm{d}y-x^2\mathrm{d}z$，其中 L 为依参数 t 增加方向进行的曲线：$x=t, y=t^2, z=t^3(0\leqslant t\leqslant 1)$.

12. 计算 $\int_L y^2\mathrm{d}x+xy\mathrm{d}y+xz\mathrm{d}z$，其中 L 是(1) 自 $O(0,0,0)$到 $A(1,1,1)$的直线段；(2) 由 $O(0,0,0)$，$B(1,0,0)$，$C(1,1,0)$直到 $A(1,1,1)$的折线段.

13. 计算 $\int_L(y^2-z^2)\mathrm{d}x+(z^2-x^2)\mathrm{d}y+(x^2-y^2)\mathrm{d}z$，其中 L 为球面 $x^2+y^2+z^2=1$ 在第一卦限部分的边界线，方向由点 $A(1,0,0)$至 $B(0,1,0)$再至 $C(0,0,1)$.

14. 弹性力 $\boldsymbol{F}$ 的方向向着坐标原点，力的大小与质点到坐标原点的距离成正比. 设质点在力 $\boldsymbol{F}$ 作用下沿椭圆$\frac{x^2}{a^2}+\frac{y^2}{b^2}=1$ 依逆时针方向运动一周，求弹性力 $\boldsymbol{F}$ 作的功.

15. 计算 $\int_L\boldsymbol{F}\cdot\mathrm{d}\boldsymbol{r}$，其中 $\boldsymbol{F}=\{y-z,z-x,x-y\}$，$L$ 为圆周

$$\begin{cases}x^2+y^2+z^2=a^2,\\ y=x\tan\beta\end{cases}\quad 0<\beta<\frac{\pi}{2},$$

其方向为从 x 轴正向看去，这圆周是沿逆时针方向进行的.

16. 设 $P(x,y)$，$Q(x,y)$在光滑曲线 L 上连续，试证下面的估计式：

$$\left|\int_L P\mathrm{d}x+Q\mathrm{d}y\right|\leqslant lM,$$

其中 l 是积分路径 L 的长度，$M=\max\limits_L\sqrt{P^2+Q^2}$.

§3 格林(Green)公式

3.1 格林公式

平面闭曲线上的第二型曲线积分与闭曲线所围平面区域上的二重积分之间有着密切的联系，在一定的条件下，它们可以互相转化. 揭示这种联系的公式称为**格林公式**.

若区域 D 内的任何闭曲线所围的区域全部在 D 内，则称 D 为**单连通区域**. 图 12-8 中的区域都是单连通区域.

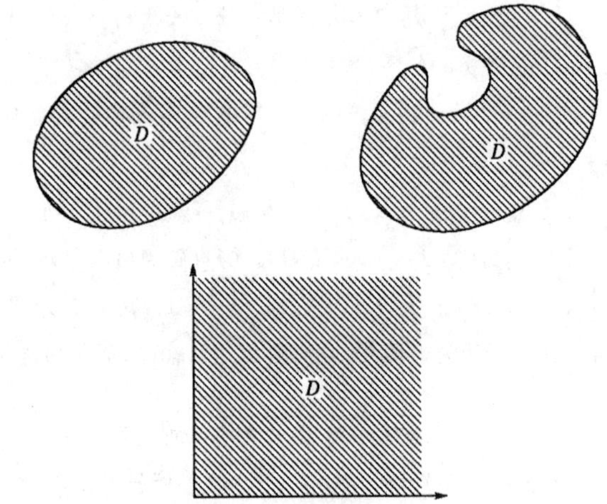

图　12-8

不符合上述条件的区域称为**复(多)连通区域**. 图 12-9 中的区

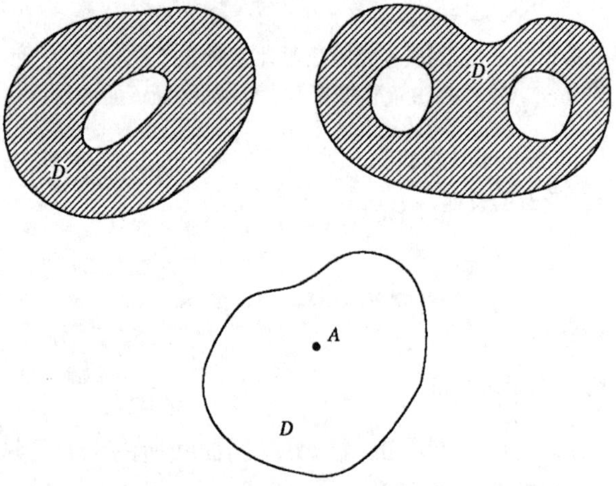

仅 A 点不在区域内

图　12-9

域都是复连通区域.

设有界闭区域 D 由一条或几条曲线围成,这些曲线构成 D 的边界. 边界的**正向**是这样规定的: 沿着这个方向前进时,区域 D 永远在其左边. 例如,图 12-9 中由两条曲线所围成的有界闭区域,其外边界的正向是逆时针方向,而内边界的正向则是顺时针方向.

定理 1(格林公式) 若 D 为有界闭区域(单连通或复连通),其边界 L 是分段光滑曲线,函数 $P(x,y)$,$Q(x,y)$在 D 上有连续的一阶偏导数,则有格林公式

$$\oint_{L^+} P\mathrm{d}x + Q\mathrm{d}y = \iint_D \left(\frac{\partial Q}{\partial x} - \frac{\partial P}{\partial y}\right)\mathrm{d}x\mathrm{d}y, \tag{1}$$

其中 L^+表示沿边界 L 的正方向.

证 先证明

$$\oint_{L^+} P\mathrm{d}x = -\iint_D \frac{\partial P}{\partial y}\mathrm{d}x\mathrm{d}y. \tag{2}$$

假定区域 D 的边界由曲线

$$y = y_1(x), \quad y = y_2(x)$$

及直线 $x=a$, $x=b$ 围成,其中 $y_1(x) \leqslant y_2(x)$ $(a \leqslant x \leqslant b)$(图 12-10).

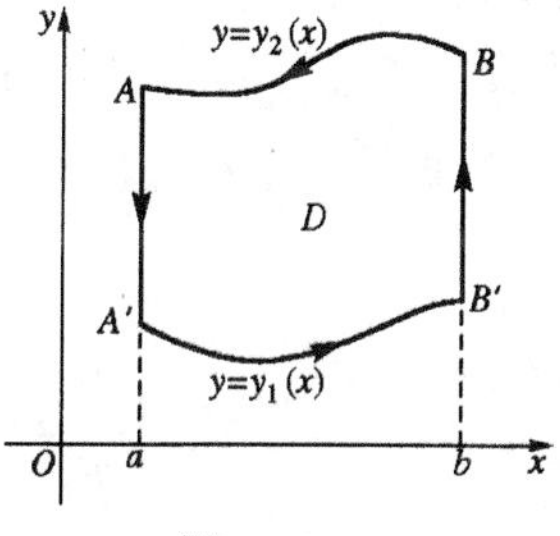

图 12-10

曲线积分

$$\oint_{L^+} P\mathrm{d}x = \int_{AA'} P\mathrm{d}x + \int_{\widehat{A'B'}} P\mathrm{d}x + \int_{B'B} P\mathrm{d}x + \int_{\widehat{BA}} P\mathrm{d}x,$$

注意到在线段 AA' 上，$x\equiv a$，在线段 $B'B$ 上，$x\equiv b$，因此都有 $\mathrm{d}x=0$，于是根据曲线积分的计算公式得到

$$
\begin{aligned}
\oint_{L^+} P\mathrm{d}x &= \int_{\widehat{A'B'}} P\mathrm{d}x + \int_{\widehat{BA}} P\mathrm{d}x \\
&= \int_a^b P[x, y_1(x)]\mathrm{d}x + \int_b^a P[x, y_2(x)]\mathrm{d}x \\
&= \int_a^b P[x, y_1(x)]\mathrm{d}x - \int_a^b P[x, y_2(x)]\mathrm{d}x. \qquad (3)
\end{aligned}
$$

又，由二重积分的计算公式得

$$
\begin{aligned}
\iint_D \frac{\partial P}{\partial y}\mathrm{d}x\mathrm{d}y &= \int_a^b \mathrm{d}x \int_{y_1(x)}^{y_2(x)} \frac{\partial P}{\partial y}\mathrm{d}y \\
&= \int_a^b P(x, y)\Big|_{y=y_1(x)}^{y=y_2(x)} \mathrm{d}x \\
&= \int_a^b P[x, y_2(x)]\mathrm{d}x - \int_a^b P[x, y_1(x)]\mathrm{d}x. \qquad (4)
\end{aligned}
$$

比较(3)式和(4)式，知(2)式成立.

若区域 D 的边界不是图 12-10 的形状，则可作一些辅助线把 D 分为若干个形如图 12-10 那样的区域(图 12-11). 在每一个小区域上，(2)式成立. 再把这些式子相加，其右端就是 $-\dfrac{\partial P}{\partial y}$ 在整个区域 D 上的二重积分，而左端是沿边界 L 正向的曲线积分与辅助线上的曲线积分之和，注意到在辅助线上的曲线积分要来回各一次，正好互相抵消，因此(2)式仍然成立.

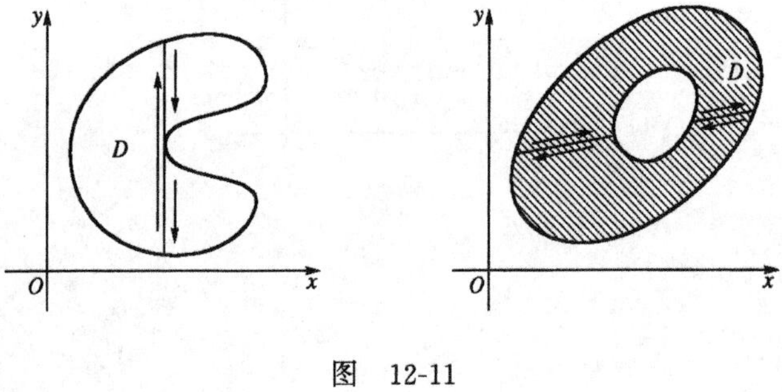

图　12-11

用同样的方法可以证明

$$\oint_{L^+} Q\mathrm{d}y = \iint_D \frac{\partial Q}{\partial x}\mathrm{d}x\mathrm{d}y.$$

把此式与(2)式相加,便得到格林公式(1). ▌

特别地,若 $P=-y, Q=x$,则由格林公式得

$$\oint_{L^+} -y\mathrm{d}x + x\mathrm{d}y = \iint_D 2\mathrm{d}x\mathrm{d}y = 2\iint_D \mathrm{d}x\mathrm{d}y = 2A,$$

A 是区域 D 的面积. 于是得到利用曲线积分计算平面区域面积的公式

$$A = \frac{1}{2}\oint_{L^+} -y\mathrm{d}x + x\mathrm{d}y,$$

其中 L^+ 为区域的正向.

例 1 计算曲线积分 $I=\oint_L (3x^2+4y)\mathrm{d}x-(x^2-y^2)\mathrm{d}y$,其中 L 是以 $A(1,0), B(0,-1), C(-1,0)$ 为顶点的三角形,沿顺时针方向(图 12-12).

解 已知 $P=3x^2+4y$, $Q=-x^2+y^2$, $\dfrac{\partial Q}{\partial x}-\dfrac{\partial P}{\partial y}=-2(x+2)$. 因为 L 取顺时针方向,所以根据格林公式(1),得到

$$-I = \iint_D \left(\frac{\partial Q}{\partial x} - \frac{\partial P}{\partial y}\right)\mathrm{d}x\mathrm{d}y,$$

即 $$I = -\iint_D -2(x+2)\mathrm{d}x\mathrm{d}y = 2\iint_D (x+2)\mathrm{d}x\mathrm{d}y.$$

容易写出线段 AB 的方程为 $x=y+1$, BC 的方程为 $x=-y-1$,于是得到

$$\begin{aligned} I &= 2\int_{-1}^{0}\mathrm{d}y\int_{-y-1}^{y+1}(x+2)\mathrm{d}x \\ &= \int_{-1}^{0}[(y+3)^2 - (-y+1)^2]\mathrm{d}y = 4. \end{aligned}$$

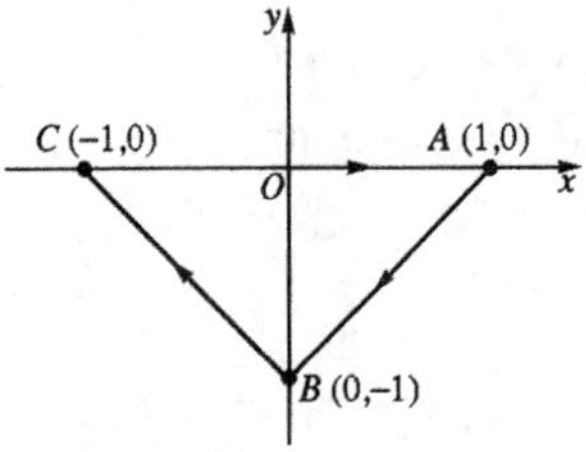

图 12-12

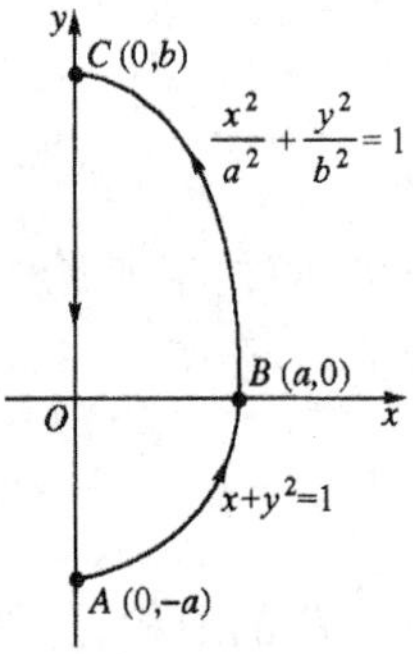

图 12-13

例 2 计算曲线积分

$$I=\int_{\widehat{ABC}}(x+xy^2+3)\mathrm{d}y-\left(x+y-\frac{y^3}{3}\right)\mathrm{d}x,$$

其中曲线 $\widehat{ABC}$ 由圆 $x^2+y^2=1$ 在第四象限的部分 $\widehat{AB}$ 与椭圆 $\frac{x^2}{a^2}+\frac{y^2}{b^2}=1$ 在第一象限的部分 $\widehat{BC}$ 连接而成($0<a<b$)，起点为 $A(0,-a)$，终点为 $C(0,b)$，如图 12-13 所示.

解 已知 $P=-\left(x+y-\frac{y^3}{3}\right)=-x-y+\frac{y^3}{3}$, $Q=x+xy^2+3$.

补一条直线段 CA，方向从点 C 到点 A，则得到分段光滑的封闭路径 $ABCA$，并取逆时针方向为路径的正向. 记 D 为该闭路所围区域，根据格林公式(1)，得到

$$\begin{aligned}\int_{CA}P\mathrm{d}x+Q\mathrm{d}y+\int_{\widehat{ABC}}P\mathrm{d}x+Q\mathrm{d}y&=\iint_D\left(\frac{\partial Q}{\partial x}-\frac{\partial P}{\partial y}\right)\mathrm{d}x\mathrm{d}y\\&=\iint_D[1+y^2-(-1+y^2)]\mathrm{d}x\mathrm{d}y\\&=\iint_D 2\mathrm{d}x\mathrm{d}y=2\cdot(\text{区域 }D\text{ 的面积})\\&=2\cdot\left(\frac{\pi a^2}{4}+\frac{\pi ab}{4}\right)=\frac{\pi a}{2}(a+b),\end{aligned}$$

于是所求积分为

$$
\begin{aligned}
I &= \int_{\widehat{ABC}} P\mathrm{d}x + Q\mathrm{d}y \\
&= \frac{\pi a}{2}(a+b) - \int_{CA}(x + xy^2 + 3)\mathrm{d}y - \left(x + y - \frac{y^3}{3}\right)\mathrm{d}x \\
&\xlongequal{\text{在 } CA \text{ 上}, x=0} \frac{\pi a}{2}(a+b) - \int_b^{-a} 3\mathrm{d}y \\
&= \frac{\pi a}{2}(a+b) + 3(a+b) \\
&= (a+b)\cdot\left(\frac{\pi a}{2} + 3\right).
\end{aligned}
$$

我们可以从例 1,例 2 得到某些启发：计算一个较复杂的曲线积分$\int_L P\mathrm{d}x+Q\mathrm{d}y$ 时，若 L 是封闭路径，则可利用格林公式将其化为二重积分试一试；当 L 不是封闭路径时，则可考虑补上一条直线段 L_1，使 $L+L_1$ 成为封闭的，再利用格林公式，问题便转化为计算一个二重积分和另一个较简单的曲线积分.

例 3 计算 $\oint_{L^+}\frac{y\mathrm{d}x-x\mathrm{d}y}{x^2+y^2}$，其中 L 是包围原点的任意封闭的分段光滑曲线，取正方向为逆时针方向.

解 此处 $P=\frac{y}{x^2+y^2}, Q=\frac{-x}{x^2+y^2}$，它们在原点(0,0)处不连续，因此不能用格林公式. 为了能用格林公式，需要把原点“挖掉”. 为此，以原点为圆心，$\varepsilon(>0)$为半径作一个小圆 C，使 C 整个在以 L 为边界的有界闭区域内(图 12-14). 于是在挖去这个小圆域之后的区域 D_1 上，可以应用格林公式. 这时，有

$$
\frac{\partial Q}{\partial x} - \frac{\partial P}{\partial y} = \frac{x^2-y^2}{(x^2+y^2)^2} - \frac{x^2-y^2}{(x^2+y^2)^2} = 0,
$$

因此

$$
\oint_{L^+}\frac{y\mathrm{d}x - x\mathrm{d}y}{x^2+y^2} + \oint_{C^+}\frac{y\mathrm{d}x - x\mathrm{d}y}{x^2+y^2} = \iint_{D_1} 0\mathrm{d}x\mathrm{d}y = 0,
$$

即

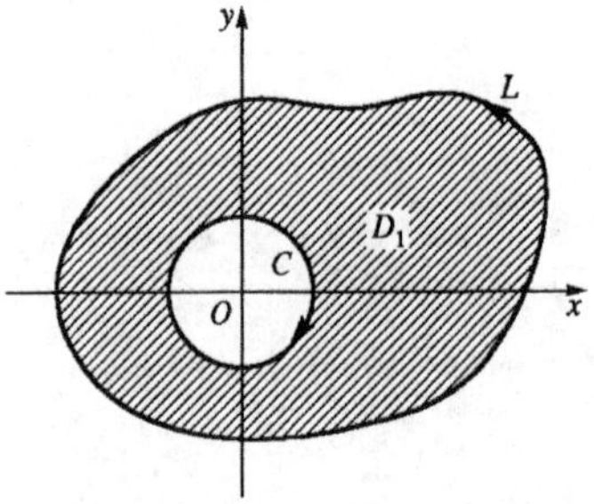

图　12-14

$$\oint_{L^+}\frac{y\mathrm{d}x-x\mathrm{d}y}{x^2+y^2}=-\oint_{C^+}\frac{y\mathrm{d}x-x\mathrm{d}y}{x^2+y^2}.$$

这里C^+是D_1的内边界的正向,即顺时针方向.为了计算这个曲线积分,我们写出C的参数方程

$$\begin{cases}x=\varepsilon\cos\theta,\\ y=\varepsilon\sin\theta\end{cases}\quad(0\leqslant\theta\leqslant 2\pi).$$

积分路径沿C顺时针一周,对应于参数θ从2π到0,因此由本章§2的2.3小节中公式(4)得

$$\begin{aligned}\int_{L^+}\frac{y\mathrm{d}x-x\mathrm{d}y}{x^2+y^2}&=-\int_{C^+}\frac{y\mathrm{d}x-x\mathrm{d}y}{x^2+y^2}\\&=-\int_{2\pi}^{0}\frac{\varepsilon\sin\theta(-\varepsilon\sin\theta)-\varepsilon\cos\theta(\varepsilon\cos\theta)}{\varepsilon^2}\mathrm{d}\theta\\&=\int_{2\pi}^{0}\mathrm{d}\theta=-2\pi.\end{aligned}$$

例 4　设分段光滑的封闭曲线L所围的平面区域为D,函数$u(x,y)$,$v(x,y)$在D上有连续的二阶偏导数,记

$$\Delta u=\frac{\partial^2 u}{\partial x^2}+\frac{\partial^2 u}{\partial y^2},\quad \nabla u=\mathrm{grad}u=\left\{\frac{\partial u}{\partial x},\frac{\partial u}{\partial y}\right\},$$

证明

$$\iint_D v\Delta u\mathrm{d}\sigma=\oint_L v\frac{\partial u}{\partial \boldsymbol{n}}\mathrm{d}s-\iint_D\left(\frac{\partial u}{\partial x}\frac{\partial v}{\partial x}+\frac{\partial u}{\partial y}\frac{\partial v}{\partial y}\right)\mathrm{d}\sigma,$$

即

$$\iint_D v\Delta u \mathrm{d}\sigma = \oint_L v\frac{\partial u}{\partial \boldsymbol{n}}\mathrm{d}s - \iint_D (\nabla u \cdot \nabla v)\mathrm{d}\sigma,$$

其中$\frac{\partial u}{\partial \boldsymbol{n}}$为 L 的外法线方向导数.

证 设 L 上的单位切向量 $\boldsymbol{T}_0$ 与 L 的正向一致,$\boldsymbol{T}_0$ 与正 x 轴的夹角为 α(图 12-15),则 L 的外法线单位向量 $\boldsymbol{n}_0$ 与正 x 轴的夹角为 $\alpha-\frac{\pi}{2}$,于是由第十章 § 6 中公式(2′)知,方向导数为

$$\begin{aligned}\frac{\partial u}{\partial \boldsymbol{n}} &= \frac{\partial u}{\partial x}\cos\left(\alpha-\frac{\pi}{2}\right)+\frac{\partial u}{\partial y}\sin\left(\alpha-\frac{\pi}{2}\right)\\ &= \frac{\partial u}{\partial x}\sin\alpha-\frac{\partial u}{\partial y}\cos\alpha,\end{aligned}$$

于是

$$\begin{aligned}\oint_L v\frac{\partial u}{\partial \boldsymbol{n}}\mathrm{d}s &= \oint_L\left(-v\frac{\partial u}{\partial y}\cos\alpha+v\frac{\partial u}{\partial x}\sin\alpha\right)\mathrm{d}s\\ &\xlongequal{\text{由 § 2 的 2.4 小节}} \oint_L -v\frac{\partial u}{\partial y}\mathrm{d}x+v\frac{\partial u}{\partial x}\mathrm{d}y\\ &\xlongequal{\text{由格林公式}} \iint_D (v_x u_x+vu_{x^2}+v_y u_y+vu_{y^2})\mathrm{d}\sigma\\ &= \iint_D (v_x u_x+v_y u_y)\mathrm{d}\sigma+\iint_D v\Delta u\mathrm{d}\sigma,\end{aligned}$$

移项即得结论. ▌

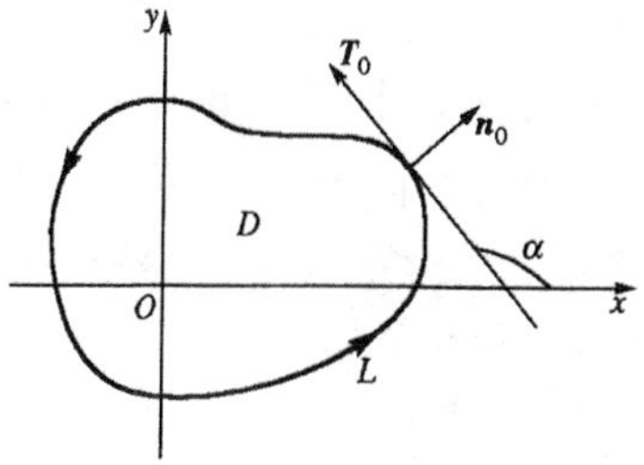

图 12-15

3.2 第二型平面曲线积分与路径无关的条件

在本章§2中我们看到,有的第二型曲线积分$\int_{\widehat{AB}} P\mathrm{d}x+Q\mathrm{d}y$的值不但依赖于起点$A$和终点$B$,而且与积分路径有关,但也有些曲线积分,其值与积分路径无关.于是提出一个问题:在什么条件下,曲线积分与路径无关呢?

在讨论这个问题之前,我们先介绍有势场与势函数的概念.

定义 假设向量函数$\boldsymbol{F}(M)$在平面区域D(或空间区域Ω)内有定义[①].若在D(或Ω)内存在一个数量函数$v(M)$,使得

$$\boldsymbol{F}(M)=-\operatorname{grad}v(M),$$

则称$\boldsymbol{F}(M)$为**有势场**,函数$v(M)$称为向量场$\boldsymbol{F}(M)$在D(或Ω)内的**势函数**(或**位函数**).

下面给出**平面**曲线积分与路径无关的条件.

定理2 设向量函数$\boldsymbol{F}(x,y)=\{P(x,y),Q(x,y)\}$的各分量在**单连通**区域$D$上有连续的一阶偏导数,则下面五个条件互相等价:

(1) 对D内的任一分段光滑的封闭曲线L,有

$$\oint_L P(x,y)\mathrm{d}x+Q(x,y)\mathrm{d}y=0;$$

(2) 对D内的任意分段光滑曲线$\widehat{AB}$,曲线积分

$$\int_{\widehat{AB}} P(x,y)\mathrm{d}x+Q(x,y)\mathrm{d}y$$

与积分路径无关,只与起点A及终点B有关;

(3) 微分式$P(x,y)\mathrm{d}x+Q(x,y)\mathrm{d}y$在区域$D$内是某一函数$u(x,y)$的全微分,即$\mathrm{d}u=P(x,y)\mathrm{d}x+Q(x,y)\mathrm{d}y$;

(4) 向量场$\boldsymbol{F}(x,y)$是有势场;

---

① 这时,我们也说在区域D(或Ω)内有一个向量场$\boldsymbol{F}(M)$.场的概念,我们将在第十三章中详细讨论.

(5) $\frac{\partial P}{\partial y}=\frac{\partial Q}{\partial x}$在 D 内处处成立.

证 (1)⇒(2)：设 $\overset{\frown}{ACB}$与 $\overset{\frown}{AEB}$为区域 D 内从点 A 到点 B 的任意两条分段光滑的路径(图 12-16)，则由(1)知

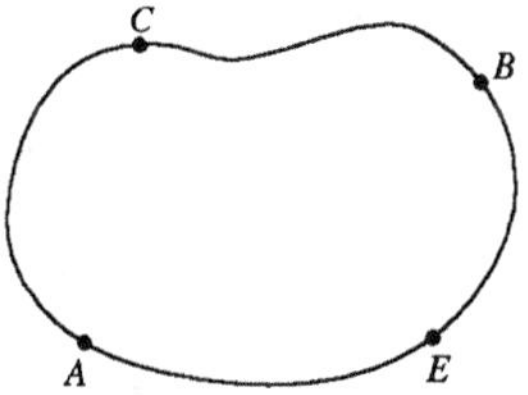

图 12-16

$$\int_{\overset{\frown}{AEBCA}} P\mathrm{d}x + Q\mathrm{d}y = 0, \qquad (5)$$

此式左端即

$$\int_{\overset{\frown}{AEB}} P\mathrm{d}x + Q\mathrm{d}y + \int_{\overset{\frown}{BCA}} P\mathrm{d}x + Q\mathrm{d}y$$

$$= \int_{\overset{\frown}{AEB}} P\mathrm{d}x + Q\mathrm{d}y - \int_{\overset{\frown}{ACB}} P\mathrm{d}x + Q\mathrm{d}y,$$

代入(5)式便得

$$\int_{\overset{\frown}{AEB}} P\mathrm{d}x + Q\mathrm{d}y = \int_{\overset{\frown}{ACB}} P\mathrm{d}x + Q\mathrm{d}y.$$

(2)⇒(3)：设点 $M_0(x_0,y_0)$为 D 内一固定点，$M(x,y)$为 D 内任一点. 由于曲线积分与路径无关，因此，积分

$$\int_{\overset{\frown}{M_0M}} P(x,y)\mathrm{d}x + Q(x,y)\mathrm{d}y$$

只依赖于终点 $M(x,y)$，即它是点 $M(x,y)$的函数，把它记作

$$u(x,y) = \int_{(x_0,y_0)}^{(x,y)} P(x,y)\mathrm{d}x + Q(x,y)\mathrm{d}y. \qquad (6)$$

可以证明

$$\frac{\partial u}{\partial x} = P(x,y), \quad \frac{\partial u}{\partial y} = Q(x,y).$$

事实上，在点 $M(x,y)$附近，取一点 $N(x+\Delta x,y)$，使直线段 MN 仍在 D 内(图 12-17). 显然有

$$u(x+\Delta x,y) = \int_{(x_0,y_0)}^{(x+\Delta x,y)} P(x,y)\mathrm{d}x + Q(x,y)\mathrm{d}y.$$

因为积分与路径无关，所以上式右端的积分可以选取路径 $\overset{\frown}{M_0MN}$(图 12-17 所示)，于是

$$
\begin{aligned}
&u(x+\Delta x, y)-u(x, y) \\
&\quad=\left(\int_{\widehat{M_0 M}} P \mathrm{d} x+Q \mathrm{d} y+\int_{M N} P \mathrm{d} x+Q \mathrm{d} y\right) \\
&\quad\quad-\int_{\widehat{M_0 M}} P \mathrm{d} x+Q \mathrm{d} y \\
&\quad=\int_{M N} P \mathrm{d} x+Q \mathrm{d} y=\int_{(x, y)}^{(x+\Delta x, y)} P \mathrm{d} x+Q \mathrm{d} y .
\end{aligned}
$$

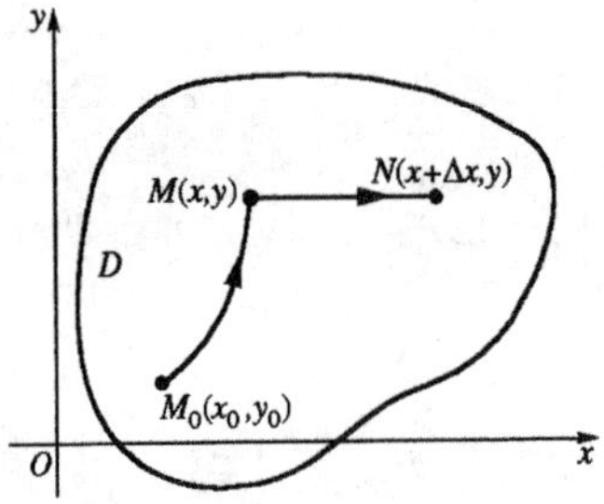

图 12-17

由于在直线 MN 上，$y\equiv$常数，$\mathrm{d}y=0$，因此

$$
u(x+\Delta x, y)-u(x, y)=\int_x^{x+\Delta x} P(x, y) \mathrm{d} x .
$$

由积分学中值定理得

$$
\int_x^{x+\Delta x} P(x, y) \mathrm{d} x=P(\xi, y) \Delta x,
$$

其中 ξ 在 x 与 $x+\Delta x$ 之间. 从而

$$
\frac{u(x+\Delta x, y)-u(x, y)}{\Delta x}=\frac{P(\xi, y) \Delta x}{\Delta x}=P(\xi, y) .
$$

令 $\Delta x\to 0$，则 $\xi\to x$，于是由 $P(x,y)$的连续性知

$$
\begin{aligned}
\frac{\partial u}{\partial x} &=\lim _{\Delta x \rightarrow 0} \frac{u(x+\Delta x, y)-u(x, y)}{\Delta x} \\
&=\lim _{\xi \rightarrow x} P(\xi, y)=P(x, y) .
\end{aligned}
$$

同理可证 $\dfrac{\partial u}{\partial y}=Q(x, y)$.

由 $P(x,y)$,$Q(x,y)$的连续性知,$\frac{\partial u}{\partial x}$,$\frac{\partial u}{\partial y}$在 D 内连续,因此函数 $u(x,y)$在 D 内可微,即全微分存在,且

$$\mathrm{d}u=\frac{\partial u}{\partial x}\mathrm{d}x+\frac{\partial u}{\partial y}\mathrm{d}y=P(x,y)\mathrm{d}x+Q(x,y)\mathrm{d}y.$$

(3)⇒(4):由于 $P\mathrm{d}x+Q\mathrm{d}y$ 是某个函数 $u(x,y)$的全微分,即

$$\mathrm{d}u=P\mathrm{d}x+Q\mathrm{d}y,$$

因此
$$P=\frac{\partial u}{\partial x},\quad Q=\frac{\partial u}{\partial y},$$

即
$$\boldsymbol{F}=\{P,Q\}=\left\{\frac{\partial u}{\partial x},\frac{\partial u}{\partial y}\right\}=\mathrm{grad}u.$$

令 $v(x,y)=-u(x,y)$,则

$$\boldsymbol{F}=\mathrm{grad}u=\mathrm{grad}(-v)=-\mathrm{grad}v.$$

即 $\boldsymbol{F}$ 为有势场.

(4)⇒(5):由于 $\boldsymbol{F}=\{P,Q\}=-\mathrm{grad}v$,因此

$$P=-\frac{\partial v}{\partial x},\quad Q=-\frac{\partial v}{\partial y},$$

从而
$$\frac{\partial P}{\partial y}=-\frac{\partial^2 v}{\partial x\partial y},\quad \frac{\partial Q}{\partial x}=-\frac{\partial^2 v}{\partial y\partial x}.$$

由条件知,$\frac{\partial P}{\partial y}$,$\frac{\partial Q}{\partial x}$连续,因此$\frac{\partial^2 v}{\partial x\partial y}$,$\frac{\partial^2 v}{\partial y\partial x}$也连续,从而它们相等,亦即

$$\frac{\partial P}{\partial y}=\frac{\partial Q}{\partial x}.$$

(5)⇒(1):设 L 为 D 内任一分段光滑的封闭曲线,则由格林公式得

$$\oint_{L^+}P\mathrm{d}x+Q\mathrm{d}y=\iint_{D_1}\left(\frac{\partial Q}{\partial x}-\frac{\partial P}{\partial y}\right)\mathrm{d}x\mathrm{d}y=0,$$

其中 D_1 为 L 所围区域.

这样,我们便证明了五个条件的等价性. ▌

思考题 用以上五个条件之一证明本章§2例5中的第二型曲线积分$\int_{\widehat{AB}}2xy\mathrm{d}x+x^2\mathrm{d}y$ 与路径无关,其中 $\widehat{AB}$是以 A 为起点,

以 B 为终点的任意分段光滑曲线.

当曲线积分与路径无关时,由(6)式定义的函数

$$u(x,y)=\int_{(x_0,y_0)}^{(x,y)}P\mathrm{d}x+Q\mathrm{d}y$$

称为表达式 $P\mathrm{d}x+Q\mathrm{d}y$ 的**原函数**. 利用原函数,可得到类似于微积分基本公式的如下公式:

$$\int_{\widehat{AB}}P\mathrm{d}x+Q\mathrm{d}y=u(B)-u(A)=u(M)\Big|_A^B. \tag{7}$$

事实上,我们有

$$\begin{aligned}\int_{\widehat{AB}}P\mathrm{d}x+Q\mathrm{d}y&=\int_A^{(x_0,y_0)}P\mathrm{d}x+Q\mathrm{d}y+\int_{(x_0,y_0)}^B P\mathrm{d}x+Q\mathrm{d}y\\&=-\int_{(x_0,y_0)}^A P\mathrm{d}x+Q\mathrm{d}y+\int_{(x_0,y_0)}^B P\mathrm{d}x+Q\mathrm{d}y\\&=-u(A)+u(B)=u(B)-u(A).\end{aligned}$$

公式(7)为某些曲线积分的计算提供了比较简便的方法:如果被积表达式 $P\mathrm{d}x+Q\mathrm{d}y$ 是某个函数 $u(x,y)$的全微分,即

$$P\mathrm{d}x+Q\mathrm{d}y=\mathrm{d}u,$$

那么函数 $u(x,y)$在积分路径终点与起点处的值的差,就是曲线积分的值. 这与牛顿-莱布尼兹公式很类似.

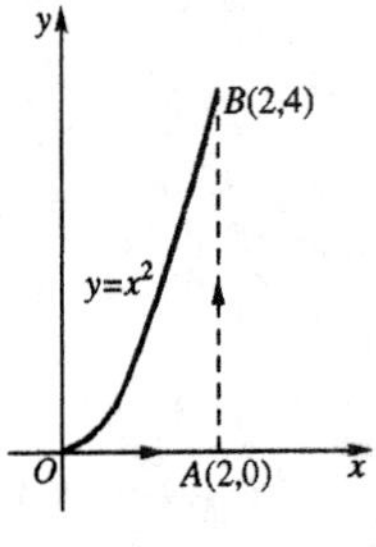

图 12-18

例 5 计算曲线积分

$$I=\int_L[(2x^2+6y)\mathrm{d}x+(6x-y)]\mathrm{d}y,$$

其中 L 为抛物线 $y=x^2$ 从点(0,0)到点 $B(2,4)$的一段弧.

解 方法一 由 $P=2x^2+6y, Q=6x-y$ 知,$\dfrac{\partial P}{\partial y}=6=\dfrac{\partial Q}{\partial x}$在全平面成立,因此曲线积分与路径无关. 为了计算方便,可取折线 OAB(图 12-18). 于是

$$I=\int_{OA}+\int_{AB}=\int_0^2 2x^2\mathrm{d}x+\int_0^4(12-y)\mathrm{d}y$$

$$=\frac{2}{3}x^3\Big|_0^2+\left(12y-\frac{y^2}{2}\right)\Big|_0^4=\frac{136}{3}.$$

方法二 因为 $\frac{\partial P}{\partial y}=\frac{\partial Q}{\partial x}$ 在全平面成立，所以被积表达式 $(2x^2+6y)\mathrm{d}x+(6x-y)\mathrm{d}y$ 是某个函数 $u(x,y)$ 的全微分. 在这里，不难由微分运算看出

$$\begin{aligned}&(2x^2+6y)\mathrm{d}x+(6x-y)\mathrm{d}y\\&\quad=2x^2\mathrm{d}x+(6y\mathrm{d}x+6x\mathrm{d}y)-y\mathrm{d}y\\&\quad=\mathrm{d}\left(\frac{2}{3}x^3\right)+\mathrm{d}(6xy)-\mathrm{d}\left(\frac{y^2}{2}\right)\\&\quad=\mathrm{d}\left(\frac{2}{3}x^3+6xy-\frac{y^2}{2}\right),\end{aligned}$$

即有
$$u(x,y)=\frac{2}{3}x^3+6xy-\frac{y^2}{2}.$$

于是由公式(7)得

$$\begin{aligned}I&=\int_{(0,0)}^{(2,4)}(2x^2+6y)\mathrm{d}x+(6x-y)\mathrm{d}y\\&=\int_{(0,0)}^{(2,4)}\mathrm{d}\left(\frac{2}{3}x^3+6xy-\frac{y^2}{2}\right)\\&=\left(\frac{2}{3}x^3+6xy-\frac{y^2}{2}\right)\Big|_{(0,0)}^{(2,4)}=\frac{136}{3}.\end{aligned}$$

当曲线积分与路径无关时，一般说来，被积表达式 $P\mathrm{d}x+Q\mathrm{d}y$ 的原函数并不易一眼看出，而需通过求曲线积分

$$u(x,y)=\int_{(x_0,y_0)}^{(x,y)}P\mathrm{d}x+Q\mathrm{d}y$$

来得到. 为了计算方便，通常都取折线路径(如图 12-19 中的 M_0AM 或 M_0BM)，于是有

$$\begin{aligned}u(x,y)&=\int_{(x_0,y_0)}^{(x,y)}P\mathrm{d}x+Q\mathrm{d}y\\&=\int_{x_0}^{x}P(x,y_0)\mathrm{d}x+\int_{y_0}^{y}Q(x,y)\mathrm{d}y\end{aligned}$$

$$\xlongequal{\text{或}} \int_{y_0}^{y} Q(x_0, y)\mathrm{d}y + \int_{x_0}^{x} P(x, y)\mathrm{d}x.$$

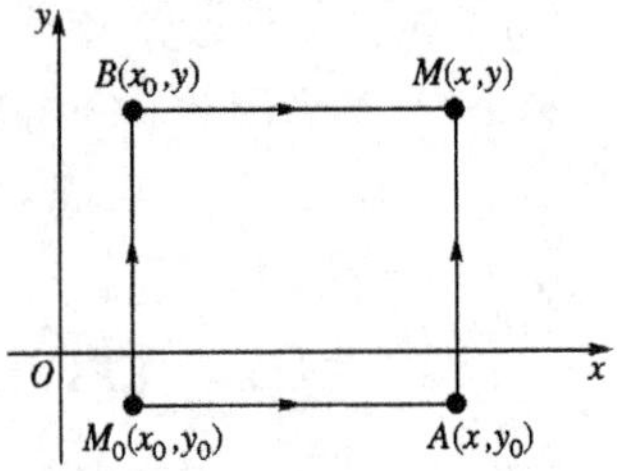

图 12-19

例 6 微分式 $\dfrac{2x(1-\mathrm{e}^y)}{(1+x^2)^2}\mathrm{d}x+\dfrac{\mathrm{e}^y}{1+x^2}\mathrm{d}y$ 是否为某个函数 $u(x,y)$的全微分？若是，则求原函数 $u(x,y)$.

解 令 $P(x,y)=\dfrac{2x(1-\mathrm{e}^y)}{(1+x^2)^2}$，$Q(x,y)=\dfrac{\mathrm{e}^y}{1+x^2}$，则 $\dfrac{\partial Q}{\partial x}=\dfrac{-2x\mathrm{e}^y}{(1+x^2)^2}=\dfrac{\partial P}{\partial y}$在全平面成立，于是我们由定理 2 知，存在原函数 $u(x,y)$，使得所给微分式确是 $u(x,y)$的全微分，即有

$$\mathrm{d}u(x,y)=\frac{2x(1-\mathrm{e}^y)}{(1+x^2)^2}\mathrm{d}x+\frac{\mathrm{e}^y}{1+x^2}\mathrm{d}y.$$

下面用三种方法来求原函数 $u(x,y)$.

方法一 已知

$$u(x,y)=\int_{(x_0,y_0)}^{(x,y)}\frac{2x(1-\mathrm{e}^y)}{(1+x^2)^2}\mathrm{d}x+\frac{\mathrm{e}^y}{1+x^2}\mathrm{d}y,$$

可选取积分路径为图 12-20 中的折线 OAM，于是

$$u(x,y)=\int_{OA}+\int_{AM}=0+\int_0^y\frac{\mathrm{e}^y}{1+x^2}\mathrm{d}y$$

$$=\frac{1}{1+x^2}\int_0^y\mathrm{e}^y\mathrm{d}y=\frac{\mathrm{e}^y-1}{1+x^2}.$$

方法二 “凑”全微分.

$$\mathrm{d}u(x,y)=\frac{2x(1-\mathrm{e}^y)}{(1+x^2)^2}\mathrm{d}x+\frac{\mathrm{e}^y}{1+x^2}\mathrm{d}y$$

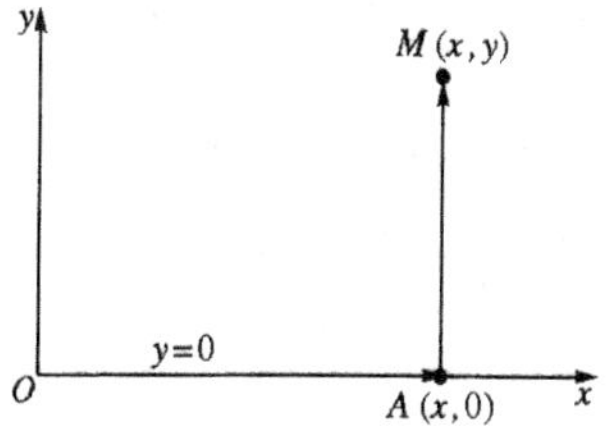

图 12-20

$$
\begin{aligned}
&= \frac{2x\mathrm{d}x}{(1+x^2)^2} - \frac{\mathrm{e}^y \cdot 2x\mathrm{d}x}{(1+x^2)^2} + \frac{\mathrm{d}(\mathrm{e}^y)}{1+x^2} \\
&= \frac{\mathrm{d}(1+x^2)}{(1+x^2)^2} + \frac{(1+x^2)\mathrm{d}(\mathrm{e}^y) - \mathrm{e}^y\mathrm{d}(1+x^2)}{(1+x^2)^2} \\
&= \mathrm{d}\left(-\frac{1}{1+x^2}\right) + \mathrm{d}\left(\frac{\mathrm{e}^y}{1+x^2}\right) \\
&= \mathrm{d}\left(\frac{\mathrm{e}^y - 1}{1+x^2}\right),
\end{aligned}
$$

因此 $u(x,y)=\frac{\mathrm{e}^y-1}{1+x^2}+C$,$C$ 为任意常数.

方法三 由全微分表达式

$$
\begin{aligned}
\mathrm{d}u(x,y) &= \frac{\partial u}{\partial x}\mathrm{d}x + \frac{\partial u}{\partial y}\mathrm{d}y \\
&= \frac{2x(1-\mathrm{e}^y)}{(1+x^2)^2}\mathrm{d}x + \frac{\mathrm{e}^y}{1+x^2}\mathrm{d}y
\end{aligned}
$$

知,有

$$
\frac{\partial u}{\partial x} = \frac{2x(1-\mathrm{e}^y)}{(1+x^2)^2}, \tag{8}
$$

$$
\frac{\partial u}{\partial y} = \frac{\mathrm{e}^y}{1+x^2}. \tag{9}
$$

在(8)式两边对 x 求不定积分,得到

$$
\begin{aligned}
u(x,y) &= (1-\mathrm{e}^y)\int \frac{2x\mathrm{d}x}{(1+x^2)^2} \\
&= (1-\mathrm{e}^y) \cdot \frac{-1}{1+x^2} + \varphi(y),
\end{aligned} \tag{10}
$$

其中 $\varphi(y)$ 是 y 的任意可微函数,待定. 由(10)式和(9)式知

$$\frac{\partial u}{\partial y} \xlongequal{(10)\text{式}} \frac{e^y}{1+x^2}+\varphi'(y) \xlongequal{(9)\text{式}} \frac{e^y}{1+x^2},$$

因此 $\varphi'(y)\equiv 0$,即 $\varphi(y)\equiv C$,代入(10)式,得到原函数

$$u(x,y)=\frac{e^y-1}{1+x^2}+C,$$

C 为任意常数.

习　题　12.3

1. 应用格林公式,计算下列曲线积分(L^+表示闭路的逆时针方向):

(1) $\int_{L^+}(x+y)dx-(x-y)dy$, L 是椭圆 $\frac{x^2}{a^2}+\frac{y^2}{b^2}=1$;

(2) $\int_{L^+}xy^2dy-x^2ydx$, L 是圆周 $x^2+y^2=a^2$;

(3) $\int_{L^+}(x+y^2)dx+(x^2-y^2)dy$, L 是$\triangle ABC$ 的边界,其中 $A(1,1)$, $B(3,2)$, $C(3,5)$;

(4) $\int_{L^+}e^x[(1-\cos y)dx-(y-\sin y)dy]$, L 为区域 $0\leqslant x\leqslant\pi$ 与 $0\leqslant y\leqslant\sin x$ 的边界;

(5) $\int_{L^+}(x^2+xy)dx+(x^2+y^2)dy$, L 为区域 $0\leqslant x\leqslant 1$ 与 $-1\leqslant y\leqslant 1$ 的边界.

2. 利用闭曲线 L 所围区域的面积公式:

$$S=\frac{1}{2}\int_{L^+}xdy-ydx,$$

计算下列曲线所围区域的面积.

(1) 椭圆: $x=a\cos t$, $y=b\sin t$ $(0\leqslant t\leqslant 2\pi)$;

(2) 星形线: $x=a\cos^3 t$, $y=b\sin^3 t$ $(0\leqslant t\leqslant 2\pi)$;

(3) 双扭线: $r=a\sqrt{\cos 2\theta}$.

3. 利用格林公式计算

$$\int_{\widehat{AMO}}(e^x\sin y-my)dx+(e^x\cos y-m)dy,$$

其中 $\widehat{AMO}$ 为由点 $A(a,0)$ 经 $M\left(\frac{a}{2},\frac{a}{2}\right)$ 至 $O(0,0)$ 的上半圆周 $x^2+y^2=ax$.

（提示：用线段 OA 连结路径 AMO 成封闭曲线.）

4. 设一变力为 $\boldsymbol{F}=\{x+y^2,2xy-8\}$，这变力确定了一个力场，证明质点在此场内移动时，场力所作的功与路径无关.

5. 设在上半平面 $y>0$ 中有一力场 $\boldsymbol{F}=-\frac{k}{r^3}\{x,y\}$，其中 k 为常数，$r=\sqrt{x^2+y^2}$. 证明在此力场中场力所作的功与所取路径无关.

6. 计算曲线积分 $\int_{\widehat{A_iA_{i+1}}}(x^4+4xy^3)\mathrm{d}x+(6x^2y^2-5y^4)\mathrm{d}y\ (i=1,2,3)$，其中 $A_1(-2,-1)$，$A_2(3,0)$，$A_3(0,3)$，$A_4(1,1)$，$\widehat{A_iA_{i+1}}$ 为任意的逐段光滑的曲线.

7. 设 D 是以逐段光滑曲线 l 为边界的平面有界闭区域，$u(x,y)$，$v(x,y)$在 D 上有连续的偏导数，则有关系式

$$\oint_{l^+}[u\cos(n,x)+v\cos(n,y)]\mathrm{d}s=\iint_D\left(\frac{\partial u}{\partial x}+\frac{\partial v}{\partial y}\right)\mathrm{d}\sigma,$$

其中 $\cos(n,x)$，$\cos(n,y)$为曲线 l 的外法向量的方向余弦. 此公式是格林公式的另一形式.

8. 曲线积分 $\int_L(x^2+2xy)\mathrm{d}x+(x^2+y^4)\mathrm{d}y$ 是否与路径无关？若与路径无关，求其原函数. 并计算由点 $O(0,0)$到 $B(1,1)$的曲线 L：$y=\sin\frac{\pi}{2}x$ 上的积分.

9. 设 l 为封闭曲线，$\boldsymbol{r}$ 为任一固定的方向，则有

$$\oint_{l^+}\cos\langle\boldsymbol{r},\boldsymbol{n}\rangle\mathrm{d}s=0,$$

其中 $\boldsymbol{n}$ 为 l 的外法线单位法向量.

（提示：设 $\boldsymbol{r}_0$ 为 $\boldsymbol{r}$ 的单位向量，则 $\boldsymbol{r}_0\cdot\boldsymbol{n}=\cos\langle\boldsymbol{r},\boldsymbol{n}\rangle$.）

10. 计算曲线积分

$$I=\oint_{l^+}[x\cos\langle\boldsymbol{n},\boldsymbol{i}\rangle+y\cos\langle\boldsymbol{n},\boldsymbol{j}\rangle]\mathrm{d}s,$$

其中 l 为封闭曲线，$\boldsymbol{n}$ 为它的外法线方向.

11. 设 $u(x,y)$，$v(x,y)$在有界闭区域 D 上有连续的二阶偏导数，l 为它的边界，证明

(1) $\iint_D\Delta u\mathrm{d}\sigma=\int_l\frac{\partial u}{\partial\boldsymbol{n}}\mathrm{d}s$，其中 $\frac{\partial u}{\partial\boldsymbol{n}}$ 为 l 的外法向的方向导数；

(2) $\iint\limits_D (u\Delta v - v\Delta u)\mathrm{d}\sigma = \int_{l^+}\left(u\frac{\partial v}{\partial \boldsymbol{n}} - v\frac{\partial u}{\partial \boldsymbol{n}}\right)\mathrm{d}s$；

(3) $\iint\limits_{x^2+y^2\leqslant r^2} \Delta u\mathrm{d}\sigma = \int_0^{2\pi}\frac{\partial u}{\partial r}r\mathrm{d}\theta$，其中$\{x^2+y^2\leqslant r^2\}\subset D$.

12. 设$u(x,y)$在有界闭区域D上调和，即$u\in C^2(D)$且在D上满足拉普拉斯方程$\frac{\partial^2 u}{\partial x^2}+\frac{\partial^2 u}{\partial y^2}=0$. 证明

(1) $\int_l u\frac{\partial u}{\partial \boldsymbol{n}}\mathrm{d}s = \iint\limits_D \left[\left(\frac{\partial u}{\partial x}\right)^2 + \left(\frac{\partial u}{\partial y}\right)^2\right]\mathrm{d}\sigma$，其中$l$为$D$的边界，$\boldsymbol{n}$为$l$的外法线方向；

(2) 若$u(x,y)$在l上取值为0，则u在D上恒为零.

§4 第一型曲面积分

曲面积分的积分区域是空间的一张曲面. 下面我们讨论的曲面都是光滑的或分片光滑的. **光滑曲面**是指，在曲面上每点M处都有切平面，并且当点M在曲面上连续变动时，切平面法向量的方向也连续变化. **分片光滑曲面**是指由有限多块光滑曲面组成的连续曲面.

4.1 第一型曲面积分的概念

例1 设有一分片光滑的物质曲面S，其上质量分布不均匀，在S上点M处的面密度为连续函数$\mu(M)$，求S的质量m.

解 将S任意分为n小块，各小块曲面及其面积都记作

$$\Delta S_1, \Delta S_2, \cdots, \Delta S_n.$$

在每一小块ΔS_i上任取一点M_i，则小块的质量Δm_i近似等于$\mu(M_i)\Delta S_i$，即

$$\Delta m_i \approx \mu(M_i)\Delta S_i \quad (i=1,2,\cdots,n).$$

求和，得

$$m = \sum_{i=1}^{n}\Delta m_i \approx \sum_{i=1}^{n}\mu(M_i)\Delta S_i.$$

令各 ΔS_i 的直径的最大者 $\lambda\to 0$,就得到

$$m = \lim_{\lambda\to 0}\sum_{i=1}^{n}\mu(M_i)\Delta S_i.$$

下面引进第一型曲面积分的概念.

定义 设函数 $f(M)=f(x,y,z)$ 在分片光滑的曲面 S 上有定义.将 S 任意分为 n 小块,小块及其面积都记作

$$\Delta S_1,\Delta S_2,\cdots,\Delta S_n.$$

在 ΔS_i 上任取一点 (ξ_i,η_i,ζ_i),作和式

$$\sum_{i=1}^{n} f(\xi_i,\eta_i,\zeta_i)\Delta S_i,$$

记 λ 为各 ΔS_i 的直径最大者.令 $\lambda\to 0$,若上述和式的极限存在,则称此极限值为**函数 $f(x,y,z)$ 在曲面 S 上的第一型曲面积分**,记作

$$\lim_{\lambda\to 0}\sum_{i=1}^{n} f(\xi_i,\eta_i,\zeta_i) = \iint_S f(x,y,z)\mathrm{d}S.$$

显然,物质曲面 S 的质量为面密度函数 $\mu(x,y,z)$ 在 S 上的第一型曲面积分,即

$$m = \iint_S \mu(x,y,z)\mathrm{d}S.$$

注 特别地,当 $\mu(x,y,z)\equiv 1$ 时,有

$$\iint_S 1\mathrm{d}S = \text{曲面 } S \text{ 的面积}.$$

可以证明,若函数 $f(x,y,z)$ 在曲面 S 上的第一型曲面积分存在,则 $f(x,y,z)$ 在 S 上有界.

定理 1 若 S 是分片光滑曲面,函数 $f(x,y,z)$ 在 S 上连续(或除有限条分段光滑曲线外,$f(x,y,z)$ 在 S 上连续,且在 S 上有界),则 $f(x,y,z)$ 在 S 上的第一型曲面积分存在.

证明从略.

第一型曲面积分具有类似于第一型曲线积分的一些性质,见第十二章 §1.此处不再叙述.

4.2 第一型曲面积分的计算

第一型曲面积分可以化为二重积分来计算.

定理 2 设分片光滑曲面 S 的方程为

$$z=z(x,y),\quad (x,y)\in D,$$

其中 D 为 S 在 xy 平面上的投影区域,函数 $f(x,y,z)$ 在 S 上连续,则有计算公式

$$\iint_S f(x,y,z)\mathrm{d}S=\iint_D f[x,y,z(x,y)]\sqrt{1+z_x^2+z_y^2}\mathrm{d}x\mathrm{d}y. \tag{1}$$

在这里,我们略去定理的详细证明,只对公式(1)给以解释. 在第十一章 §4(重积分的应用)中,在其 4.1 小节之 2,我们曾介绍过曲面 S 的面积元素

$$\mathrm{d}S=\sqrt{1+z_z^2+z_y^2}\mathrm{d}x\mathrm{d}y,$$

因此有

$$\iint_S f(x,y,z)\mathrm{d}S=\iint_D f[x,y,z(x,y)]\sqrt{1+z_x^2+z_y^2}\mathrm{d}x\mathrm{d}y.$$

当曲面 S 由参数方程

$$\begin{cases}x=x(u,v),\\ y=y(u,v),\quad (u,v)\in D'\\ z=z(u,v),\end{cases}$$

给出时,曲面的面积元素为

$$\mathrm{d}S=\sqrt{EG-F^2}\mathrm{d}u\mathrm{d}v,$$

其中

$$\begin{cases}E=x_u^2+y_u^2+z_u^2,\\ F=x_ux_v+y_uy_v+z_uz_v,\\ G=x_v^2+y_v^2+z_v^2,\end{cases}$$

因此有

$$\iint_S f(x,y,z)\mathrm{d}S$$

$$= \iint_{D'} f[x(u,v),y(u,v),z(u,v)]\sqrt{EG-F^2}\mathrm{d}u\mathrm{d}v. \quad (2)$$

例 2 计算曲面积分 $I=\iint_S (x+y+z)\mathrm{d}S$,其中 S 为上半球面 $z=\sqrt{R^2-x^2-y^2}$.

解 由积分的线性性质知

$$I = \iint_S x\mathrm{d}S + \iint_S y\mathrm{d}S + \iint_S z\mathrm{d}S.$$

上式右端第一项 $\iint_S x\mathrm{d}S=0$,这是因为函数 $f(x,y,z)=x$ 是 x 的奇函数,而曲面 S 关于 yz 平面(即 $x=0$)对称,因此,当我们采取某种关于 yz 平面对称的分割,并且在每一组对称于 yz 平面的小块上都取对称点作为中间点时,得到的积分和为

$$\sum_{i=1}^{n}(\xi_i\Delta S_i - \xi_i\Delta S_i) = 0,$$

从而 $\iint_S x\mathrm{d}S=0$. 同理有 $\iint_S y\mathrm{d}S=0$. 因此

$$I = \iint_S z\mathrm{d}S.$$

容易求得

$$\sqrt{1+z_x^2+z_y^2} = \frac{R}{\sqrt{R^2-x^2-y^2}}, \quad (3)$$

于是由公式(1)得到

$$I = \iint_S z\mathrm{d}S = \iint_D \sqrt{R^2-x^2-y^2}\,\frac{R}{\sqrt{R^2-x^2-y^2}}\mathrm{d}x\mathrm{d}y$$

$$= R\iint_D \mathrm{d}x\mathrm{d}y = \pi R^3.$$

思考题 若 S 为整个球面：$x^2+y^2+z^2=R^2$，问

$$\iint_S (x+y+z)\mathrm{d}S = ?$$

例 3 求面密度为 1，半径为 R 的物质球面对其一条直径的转动惯量.

解 取球心位于坐标原点，其一条直径(即旋转轴)为 z 轴，则转动惯量为

$$J=\iint_S (x^2+y^2)\mathrm{d}S,$$

其中 S 为球面 $x^2+y^2+z^2=R^2$. 为了利用公式(1)来计算，需将 S 分为上半球面

$$S_1: z=\sqrt{R^2-x^2-y^2}$$

及下半球面

$$S_2: z=-\sqrt{R^2-x^2-y^2},$$

积分也分为两部分

$$J=\iint_{S_1}(x^2+y^2)\mathrm{d}S+\iint_{S_2}(x^2+y^2)\mathrm{d}S.$$

经过类似于例 2 的分析知，这两个积分的值相等，即

$$J=2\iint_{S_1}(x^2+y^2)\mathrm{d}S,$$

S_1 在 xy 平面上的投影区域为 $D=\{(x,y)\mid x^2+y^2\leqslant R^2\}$，于是由公式(1)及(3)式得

$$\begin{aligned}J&=2\iint_D \frac{R(x^2+y^2)}{\sqrt{R^2-x^2-y^2}}\mathrm{d}x\mathrm{d}y\\&=2R\int_0^{2\pi}\mathrm{d}\theta\int_0^R \frac{r^3}{\sqrt{R^2-r^2}}\mathrm{d}r\\&\xlongequal{\text{设 } r=R\sin t} 4\pi R^4\int_0^{\pi/2}\sin^3 t\mathrm{d}t=\frac{8}{3}\pi R^4.\end{aligned}$$

例 4 计算 $I=\iint\limits_{S}(xy+yz+zx)\mathrm{d}S$，其中 S 为锥面 $y=\sqrt{z^2+x^2}$ 在柱体 $z^2+x^2\leqslant 2az(a>0)$ 内的那部分.

解 如图 12-21 所示，S 在 zx 平面上的投影区域为

$$D=\{(z,x)\mid z^2+x^2\leqslant 2az\}.$$

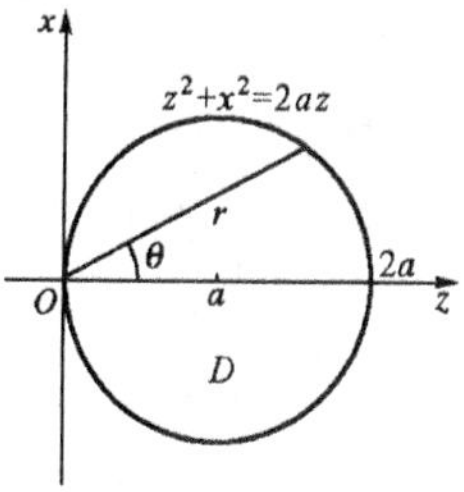

图 12-21

又，$\dfrac{\partial y}{\partial z}=\dfrac{z}{\sqrt{z^2+x^2}},\dfrac{\partial y}{\partial x}=\dfrac{x}{\sqrt{z^2+x^2}}$，因此面积元素为

$$\mathrm{d}S=\sqrt{1+\left(\frac{\partial y}{\partial z}\right)^2+\left(\frac{\partial y}{\partial x}\right)^2}\mathrm{d}z\mathrm{d}x$$

$$=\sqrt{2}\,\mathrm{d}z\mathrm{d}x,$$

根据与公式(1)类似的公式，得到

$$I=\iint\limits_{D}[(x+z)\sqrt{z^2+x^2}+zx]\sqrt{2}\,\mathrm{d}z\mathrm{d}x$$

$$=\sqrt{2}\iint\limits_{D}[(x+z)\sqrt{z^2+x^2}+zx]\mathrm{d}z\mathrm{d}x.$$

采用极坐标系：令

$$\begin{cases}z=r\cos\theta,\\ x=r\sin\theta,\end{cases}$$

得到

$$I=\sqrt{2}\int_{-\pi/2}^{\pi/2}\mathrm{d}\theta\int_0^{2a\cos\theta}[(r\sin\theta+r\cos\theta)\cdot r+r^2\cos\theta\cdot\sin\theta]r\mathrm{d}r$$

$$=\sqrt{2}\int_{-\pi/2}^{\pi/2}[(\sin\theta+\cos\theta)+\cos\theta\cdot\sin\theta]\cdot\frac{r^4}{4}\Bigg|_{r=0}^{r=2a\cos\theta}\mathrm{d}\theta$$

$$=4\sqrt{2}\,a^4\int_{-\pi/2}^{\pi/2}(\cos^4\theta\cdot\sin\theta+\cos^5\theta+\cos^5\theta\cdot\sin\theta)\mathrm{d}\theta$$

$$=4\sqrt{2}\,a^4\left[2\int_0^{\pi/2}\cos^5\theta\mathrm{d}\theta+0\right]$$

$$= 8\sqrt{2}a^4\left(\frac{4\cdot 2}{5\cdot 3}\cdot 1\right) = \frac{64}{15}\sqrt{2}a^4.$$

例 5 计算 $I=\iint\limits_S (x^2+y^2+z^2)\mathrm{d}S$，其中 S 为球面 $x^2+y^2+z^2=2Rz(R>0)$.

解 球面 S 的方程可写为 $x^2+y^2+(z-R)^2=R^2$. 若用参数方程来表示，则可选 φ 和 θ 做参数，得

$$\begin{cases} x = R\sin\varphi\cos\theta, \\ y = R\sin\varphi\sin\theta, \\ z = R + R\cos\varphi \end{cases} \quad (0\leqslant\varphi\leqslant\pi, 0\leqslant\theta<2\pi).$$

经计算知 $\sqrt{EG-F^2}=R^2\sin\varphi$，利用公式(2)，得到

$$I = \iint\limits_S 2Rz\mathrm{d}S$$

$$= \int_0^{2\pi}\mathrm{d}\theta\int_0^{\pi} 2R^2(1+\cos\varphi)R^2\sin\varphi\mathrm{d}\varphi = 8\pi R^4.$$

例 6 求 $I=\iint\limits_S \frac{\mathrm{d}S}{r^2}$，其中 S 为圆柱面 $x^2+y^2=R^2$ 界于 $z=0$ 及 $z=H$ 之间的部分，r 为 S 上的点到原点的距离.

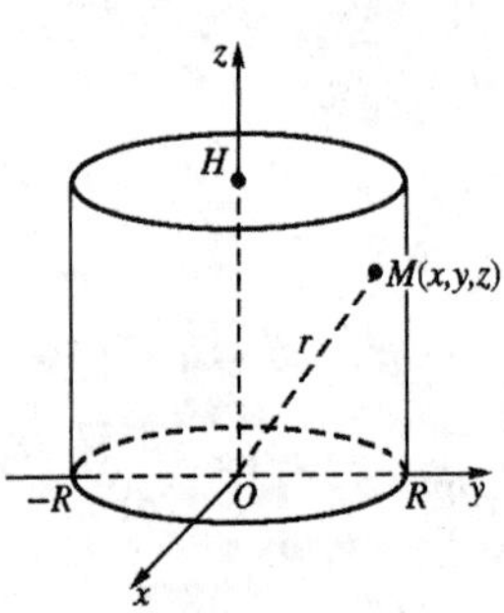

图 12-22

解 如图 12-22 所示. 若 $M(x,y,z)$ 为圆柱面上的点，则

$$r = \sqrt{x^2+y^2+z^2} = \sqrt{R^2+z^2},$$

于是
$$I = \iint\limits_S \frac{1}{R^2+z^2}\mathrm{d}S.$$

若要利用公式(1)，则需将曲面 S 向 yz 平面（或 zx 平面）投影，并将曲面 S 分为前半柱面和后半柱面（或左、右两个半柱面），分别计算在这两个半柱面上的积分. 这样做是比较麻烦的（见注）. 我们可利用参数方程来计算.

选 θ 和 z 作参数，则圆柱面的参数方程为

$$\begin{cases} x = R\cos\theta, \\ y = R\sin\theta, \quad (0 \leqslant \theta < 2\pi, 0 \leqslant z \leqslant H). \\ z = z \end{cases}$$

经计算知$\sqrt{EG-F^2}=R$，于是由公式(2)得

$$\begin{aligned} I &= \int_0^{2\pi} \mathrm{d}\theta \int_0^H \frac{1}{R^2+z^2} R \mathrm{d}z \\ &= 2\pi R \int_0^H \frac{1}{R^2+z^2} \mathrm{d}z \\ &= 2\pi R \cdot \frac{1}{R} \arctan \frac{z}{R} \Big|_{z=0}^{z=H} \\ &= 2\pi \arctan \frac{H}{R}. \end{aligned}$$

注 若将曲面 S 向 yz 平面投影，则投影区域 D 为一矩形区域：$\{-R \leqslant y \leqslant R, 0 \leqslant z \leqslant H\}$（见图 12-22）。计算积分时，应将 S 分为前半柱面 S_1：$x=\sqrt{R^2-y^2}$ 及后半柱面 S_2：$x=-\sqrt{R^2-y^2}$，再利用积分对于积分曲面的可加性，得到

$$I = \iint_{S_1} \frac{1}{R^2+z^2} \mathrm{d}S + \iint_{S_2} \frac{1}{R^2+z^2} \mathrm{d}S.$$

对于 S_1：$x=\sqrt{R^2-y^2}$，有$\frac{\partial x}{\partial y}=\frac{-y}{\sqrt{R^2-y^2}}$，$\frac{\partial x}{\partial z}=0$，及面积元素

$$\mathrm{d}S = \sqrt{1+\left(\frac{\partial x}{\partial y}\right)^2+\left(\frac{\partial x}{\partial z}\right)^2} \mathrm{d}y\mathrm{d}z = \frac{R}{\sqrt{R^2-y^2}} \mathrm{d}y\mathrm{d}z,$$

于是

$$\iint_{S_1} \frac{1}{R^2+z^2} \mathrm{d}S = \iint_D \frac{1}{R^2+z^2} \cdot \frac{R}{\sqrt{R^2-y^2}} \mathrm{d}y\mathrm{d}z.$$

类似可得

$$\iint_{S_2} \frac{1}{R^2+z^2} \mathrm{d}S = \iint_D \frac{1}{R^2+z^2} \cdot \frac{R}{\sqrt{R^2-y^2}} \mathrm{d}y\mathrm{d}z.$$

从而

$$
\begin{aligned}
I &= 2R\iint_D \frac{1}{(R^2+z^2)\sqrt{R^2-y^2}}\mathrm{d}y\mathrm{d}z \\
&= 2R\int_0^H \frac{1}{R^2+z^2}\mathrm{d}z\int_{-R}^{R}\frac{1}{\sqrt{R^2-y^2}}\mathrm{d}y \\
&= 4R\int_0^H \frac{1}{R^2+z^2}\mathrm{d}z\int_0^R\frac{1}{\sqrt{R^2-y^2}}\mathrm{d}y \\
&= 4R\cdot\frac{1}{R}\arctan\frac{z}{R}\Big|_0^H\cdot\arcsin\frac{y}{R}\Big|_0^R \\
&= 2\pi\arctan\frac{H}{R}.
\end{aligned}
$$

比较起来,此例用参数方程来计算更为简便.

习 题 12.4

1. 计算 $\iint\limits_S (x^2+y^2)\mathrm{d}S$, S 为由曲面 $z=\sqrt{x^2+y^2}$ 及 $z=1$ 所围成立体的整个边界.

2. 计算 $\iint\limits_S \frac{\mathrm{d}S}{(1+x+y)^2}$, S 为由平面 $x+y+z=1$ 及三个坐标平面所围成四面体的整个边界.

3. 求抛物面壳 $z=\frac{1}{2}(x^2+y^2)$ $(0\leqslant z\leqslant 1)$的质量,此壳的密度按规律 $\rho=z$ 而变动.

4. 计算 $\iint\limits_S (xy+yz+zx)\mathrm{d}S$, S 为圆锥面 $z=\sqrt{x^2+y^2}$ 被曲面 $x^2+y^2=2ax$ 所割下的部分.

5. 计算 $\iint\limits_S z\mathrm{d}S$, S 为螺旋面 $x=u\cos v, y=u\sin v, z=v$ $(0\leqslant u\leqslant a, 0\leqslant v\leqslant 2\pi)$.

6. 计算 $\iint\limits_S z^2\mathrm{d}S$, S 为圆锥表面 $x=\rho\cos\theta\sin\alpha, y=\rho\sin\theta\sin\alpha, z=\rho\cos\alpha$ $(0\leqslant\rho\leqslant a, 0\leqslant\theta\leqslant 2\pi)$的一部分,其中 α 为常数$(0<\alpha<\pi/2)$.

7. 求一段均匀圆柱面 S: $x^2+y^2=R^2$ 与 $0\leqslant z\leqslant h$ 对原点处单位质量的引力(面密度 $\mu=1$).

§ 5 第二型曲面积分

5.1 有向曲面的概念

第二型曲线积分与积分路径的方向有关，与此类似，第二型曲面积分与曲面的“侧”有关.

我们常见的曲面，大多是可以分出两侧的曲面，即**双侧曲面**. 例如，一般的纸张有正、反两面，篮球、排球也有里面和外面. 这类曲面就是常说的双侧曲面. 对于双侧曲面，可以在不同侧涂上不同的颜色而把它们区别开. 这两种颜色各在曲面的一侧，若不越过边界(如果有边界的话)，永远不会碰头.

然而，并非所有曲面都可以分出两侧. 例如牟比乌斯(Möbius)带就是这类曲面的一个例子. 把长方形纸条 $ABCD$ 先扭转一次，再粘合起来，使 A 点与 C 点重合，B 点与 D 点重合(图 12-23). 这样得到的曲面就分不出两侧，不越过边界就可用同一种颜色将它涂满. 这类曲面称为**单侧曲面**.

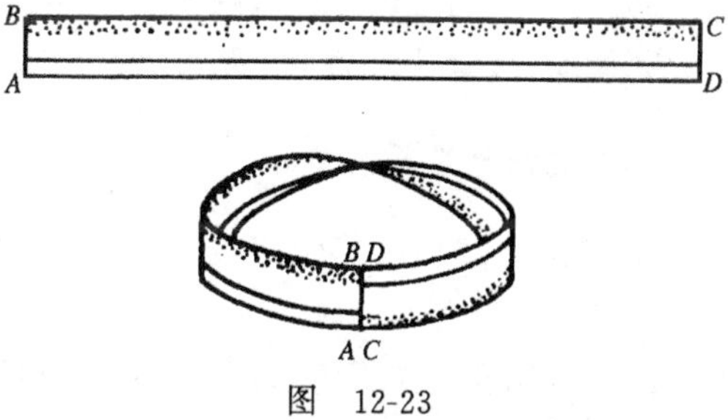

图 12-23

下面我们讨论的都是双侧曲面. 在数学上可以这样来描述它：

设 S 为一光滑曲面，M 为 S 上任意一点. 曲面 S 在点 M 处的法向量有两个指向，我们取定一个指向，记作 $\boldsymbol{n}$(图 12-24). 若动点从 M 点出发，在 S 上不越过边界而任意地连续变动，最后又回到

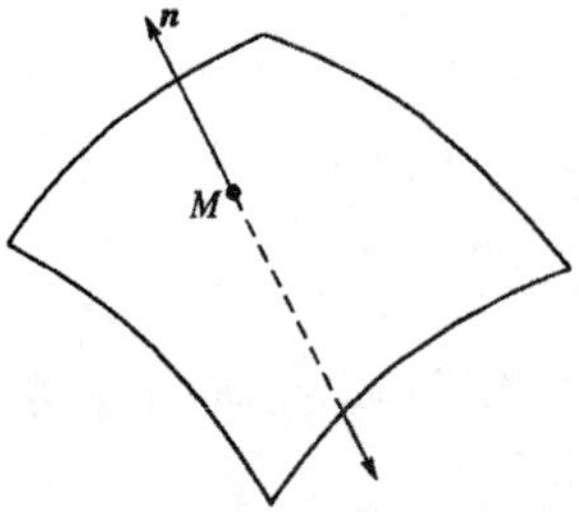

图 12-24

M 点时，法向量 $\boldsymbol{n}$ 的方向不改变，则称 S 为**双侧曲面**，否则称为**单侧曲面**．这就是说，对于双侧曲面 S，我们可用其法向量的指向来规定它的两侧．这两侧一般称为**正侧**和**负侧**，分别记作 S^+ 和 S^-．规定了正、负侧的双侧曲面称为**有向曲面**．

对于封闭曲面，通常规定其外侧（即外法线方向所指的一侧）为正侧，而规定内侧（即内法线方向所指的一侧）为负侧．

对于不封闭的曲面，通常这样规定其正、负侧：当曲面分为上、下两侧时，规定其上侧为正侧，下侧为负侧．也就是说，当曲面的方程由 $z=z(x,y)$ 给出时，规定其法向量与正 z 轴的夹角为锐角的一侧为正侧，因此，根据第十章 §10 的 10.2 小节，这一侧的法向量应是

$$\boldsymbol{n}=\{-z_x,-z_y,1\},$$

而负侧的法向量是 $\{z_x,z_y,-1\}$．

当曲面分为左、右两侧时，规定其右侧为正侧，左侧为负侧；当曲面分为前、后两侧时，规定其前侧为正侧，后侧为负侧．

5.2 第二型曲面积分的概念

例 1 设有一稳定流体①，以速度 $\boldsymbol{v}(M)$ 流过有向曲面 S（从负侧流向正侧），求流量 Q．

解 在物理学中，流量即体积流量，它是指单位时间内通过流体中某一截面的流体的体积．如果流速 $\boldsymbol{v}(M)$ 在每一点都相同（即 $\boldsymbol{v}(M)$ 是一个常向量），而且 S 为一平面，那么流量比较容易计算．从图 12-25 知，流量 Q 等于以 S 为底，以 $|\boldsymbol{v}(M)|$ 为斜高的柱体体

① 每一点的流速只与点的位置有关而不随时间改变的流体，称为**稳定流体**．

积，它又等于以 S 为底，以点 M 和 A 之间距离 $\overline{MA}$ 为高的正柱体体积，即高度乘以底面积：

$$Q = (\overline{MA})S.$$

其中 S 为底面的面积，$\overline{MA}$ 为向量 $\boldsymbol{v}(M)$ 在 S 的单位法向量 $\boldsymbol{n}_0(M)$ 上的投影. 由于数量积

$$\begin{aligned}\boldsymbol{v}(M)\cdot\boldsymbol{n}_0(M) &= |\boldsymbol{v}(M)||\boldsymbol{n}_0(M)|\cos\theta \\ &= |\boldsymbol{v}(M)|\cos\theta = \overline{MA},\end{aligned}$$

因此流量为

$$Q = \boldsymbol{v}(M)\cdot\boldsymbol{n}_0(M)S. \tag{1}$$

现在，流速 $\boldsymbol{v}(M)$ 不是常向量，S 也不是平面而是曲面（见图 12-26）. 为了求流量，我们可用积分的办法：把大范围的曲面问题化为小范围的平面问题，并在小范围内，把流速近似地看成常向量.

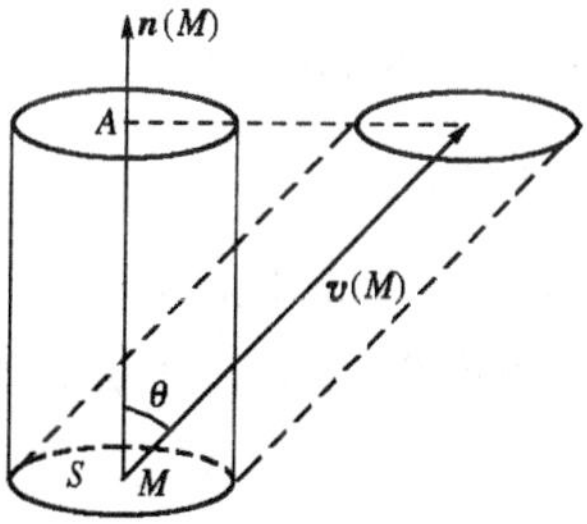

图 12-25

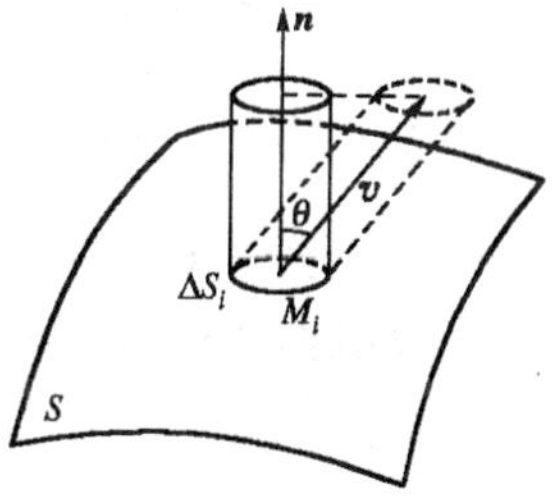

图 12-26

任意分割有向曲面 S 为 n 小块，小块及其面积都记作

$$\Delta S_1, \Delta S_2, \cdots, \Delta S_n.$$

在每一小块 ΔS_i 上，任取一点 M_i，设曲面 S 在点 M_i 处的单位法向量为 $\boldsymbol{n}_0(M_i)(i=1,2,\cdots,n)$. 当分割充分细密时，$\Delta S_i$ 可近似看作一小块平面，并可近似认为流速在 ΔS_i 上点点相同，都是 $\boldsymbol{v}(M_i)$. 这样，由(1)式便知，流体流过小块 ΔS_i 的流量 ΔQ_i 为

$$\Delta Q_i \approx \boldsymbol{v}(M_i)\cdot\boldsymbol{n}_0(M_i)\Delta S_i \quad (i = 1,2,\cdots,n),$$

于是总流量

$$Q=\sum_{i=1}^{n}\Delta Q_i\approx\sum_{i=1}^{n}\boldsymbol{v}(M_i)\cdot\boldsymbol{n}_0(M_i)\Delta S_i.$$

当各小块 ΔS_i 的最大直径 $\lambda\to 0$ 时,便得到

$$Q=\lim_{\lambda\to 0}\sum_{i=1}^{n}\boldsymbol{v}(M_i)\cdot\boldsymbol{n}_0(M_i)\Delta S_i.$$

除了流量以外,电场强度 $\boldsymbol{E}(M)$ 通过有向曲面 S 的电通量 Φ 也可表为同一类型的极限

$$\Phi=\lim_{\lambda\to 0}\sum_{i=1}^{n}\boldsymbol{E}(M_i)\cdot\boldsymbol{n}_0(M_i)\Delta S_i.$$

于是我们引进

定义 设有分片光滑的双侧曲面 S,取定其一侧,记这一侧的单位法向量为 $\boldsymbol{n}_0(M)=\boldsymbol{n}_0(x,y,z)$. $\boldsymbol{F}(M)=\boldsymbol{F}(x,y,z)$ 为定义在 S 上的向量函数. 任意分割 S 为 n 小块,小块及其面积都记作

$$\Delta S_1,\Delta S_2,\cdots,\Delta S_n.$$

在每一小块 ΔS_i 上,任取一点 $M_i(\xi_i,\eta_i,\zeta_i)$,作和式

$$\sum_{i=1}^{n}\boldsymbol{F}(M_i)\cdot\boldsymbol{n}_0(M_i)\Delta S_i=\sum_{i=1}^{n}\boldsymbol{F}(\xi_i,\eta_i,\zeta_i)\cdot\boldsymbol{n}_0(\xi_i,\eta_i,\zeta_i)\Delta S_i,$$

令各小块 ΔS_i 的直径之最大者 $\lambda\to 0$,若此和式有极限,则称此极限值为**向量函数 $\boldsymbol{F}(M)=\boldsymbol{F}(x,y,z)$ 在有向曲面 S 上沿指定一侧的第二型曲面积分**,记作

$$\lim_{\lambda\to 0}\sum_{i=1}^{n}\boldsymbol{F}(\xi_i,\eta_i,\zeta_i)\cdot\boldsymbol{n}_0(\xi_i,\eta_i,\zeta_i)\Delta S_i =\iint_S\boldsymbol{F}(x,y,z)\cdot\boldsymbol{n}_0(x,y,z)\mathrm{d}S.$$

简记作

$$\iint_S\boldsymbol{F}\cdot\boldsymbol{n}_0\mathrm{d}S\xlongequal{\text{或}}\iint_S\boldsymbol{F}\cdot\mathrm{d}\boldsymbol{S}.$$

易知例 1 中的流量 Q 为流速 $\boldsymbol{v}(M)$ 在曲面 S 上的第二型曲面积分,即

$$Q=\iint_S\boldsymbol{v}(M)\cdot\boldsymbol{n}_0(M)\mathrm{d}S.$$

电通量 Φ 为电场强度 $\boldsymbol{E}(M)$ 在 S 上的第二型曲面积分,即

$$\Phi = \iint\limits_{S} \boldsymbol{E}(M) \cdot \boldsymbol{n}_0(M)\mathrm{d}S.$$

当 S 为封闭曲面时,第二型曲面积分常记作

$$\oiint\limits_{S} \boldsymbol{F}(M) \cdot \boldsymbol{n}_0(M)\mathrm{d}S.$$

第二型曲面积分具有以下**简单性质**:

(1) 线性性质:

$$\iint\limits_{S} (k_1\boldsymbol{F}_1 \pm k_2\boldsymbol{F}_2) \cdot \boldsymbol{n}_0\mathrm{d}S = k_1\iint\limits_{S} \boldsymbol{F}_1 \cdot \boldsymbol{n}_0\mathrm{d}S \pm k_2\iint\limits_{S} \boldsymbol{F}_2 \cdot \boldsymbol{n}_0\mathrm{d}S,$$

其中 k_1,k_2 为常数.

(2) 可加性:若 S 由 S_1 和 S_2 组成,则

$$\iint\limits_{S} \boldsymbol{F} \cdot \boldsymbol{n}_0\mathrm{d}S = \iint\limits_{S_1}\boldsymbol{F} \cdot \boldsymbol{n}_0\mathrm{d}S + \iint\limits_{S_2}\boldsymbol{F} \cdot \boldsymbol{n}_0\mathrm{d}S.$$

(3) 有向性:

$$\iint\limits_{S^+} \boldsymbol{F} \cdot \boldsymbol{n}_0\mathrm{d}S = -\iint\limits_{S^-} \boldsymbol{F} \cdot \boldsymbol{n}_0\mathrm{d}S.$$

这是因为改变曲面的侧向时,法向量要改变方向,因此 $\boldsymbol{F} \cdot \boldsymbol{n}_0$ 要变号,从而积分值变号.

两类曲线积分可以互相转化,与此类似,两类曲面积分也有转化的公式.设

$$\boldsymbol{F}(x,y,z) = \{P(x,y,z),Q(x,y,z),R(x,y,z)\},$$
$$\boldsymbol{n}_0(x,y,z) = \{\cos\alpha,\cos\beta,\cos\gamma\}$$

(其中 $\boldsymbol{n}_0(x,y,z)$为有向曲面 S 在指定一侧的点(x,y,z)处的单位法向量,α,β,γ 为 $\boldsymbol{n}_0$ 的方向角,一般说来,它们都是 x,y,z 的函数),则

$$\boldsymbol{F} \cdot \boldsymbol{n}_0 = P\cos\alpha + Q\cos\beta + R\cos\gamma,$$

从而第二型曲面积分

$$\iint\limits_{S} \boldsymbol{F} \cdot \boldsymbol{n}_0\mathrm{d}S = \iint\limits_{S}(P\cos\alpha + Q\cos\beta + R\cos\gamma)\mathrm{d}S. \qquad (2)$$

(2)式右端是函数($P\cos\alpha+Q\cos\beta+R\cos\gamma$)在 S 上的第一型曲面积分. 因此公式(2)就是两类曲面积分的转化公式.

例 2 点电荷 q 在真空中产生一个静电场,场中任一点 M 处的电场强度为 $\boldsymbol{E}=\frac{1}{4\pi\varepsilon_0}\cdot\frac{q}{r^2}\boldsymbol{r}_0$,其中 r 是点 M 到点电荷 q 的距离,$\boldsymbol{r}_0$ 是从 q 指向 M 的单位向量,$\frac{1}{4\pi\varepsilon_0}=k$ 是比例常数. 设 S 是以 q 为中心,R 为半径的球面,求 $\boldsymbol{E}$ 通过 S^+ 的电通量.

解 通过 S^+ 的电通量为

$$\Phi=\iint\limits_{S^+}\boldsymbol{E}\cdot\boldsymbol{n}_0\mathrm{d}S.$$

因为 $\boldsymbol{E}$ 的方向与 $\boldsymbol{n}_0$ 一致,所以 $\boldsymbol{E}\cdot\boldsymbol{n}_0=|\boldsymbol{E}|=\frac{1}{4\pi\varepsilon_0}\frac{q}{r^2}$,从而由(2)式知

$$\Phi=\frac{1}{4\pi\varepsilon_0}\frac{q}{R^2}\iint\limits_{S}\mathrm{d}S=\frac{1}{4\pi\varepsilon_0}\frac{q}{R^2}4\pi R^2=\frac{q}{\varepsilon_0}.$$

这就是说,点电荷 q 在真空中产生的静电场,穿过以 q 为中心的任何球面的电通量(或说穿过球面的电力线的根数)都是 $\frac{q}{\varepsilon_0}$(图 12-27).

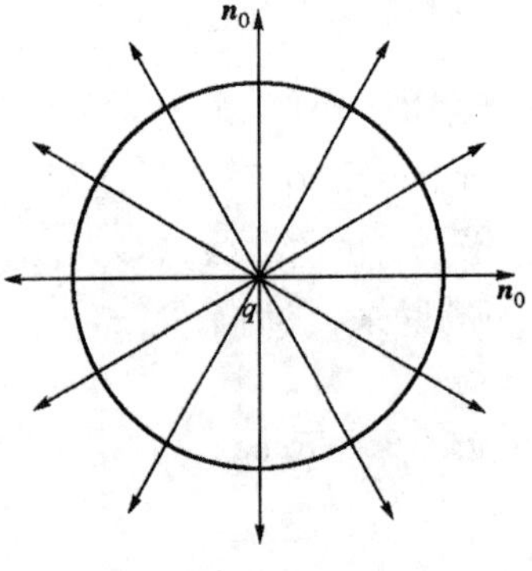

图 12-27

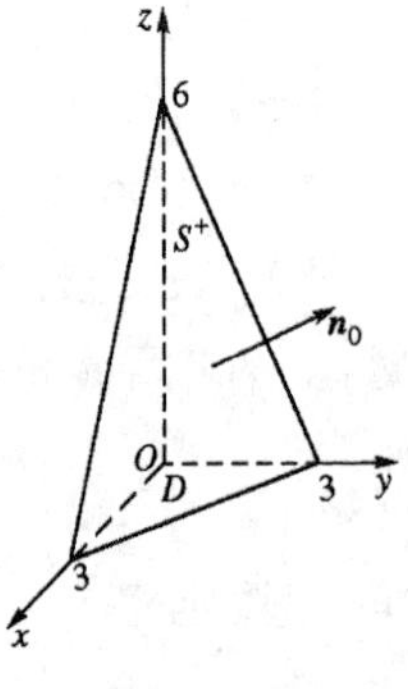

图 12-28

例 3 计算$\iint\limits_{S^+}(\boldsymbol{F}\cdot\boldsymbol{n}_0)\mathrm{d}S$，其中 $\boldsymbol{F}=\{xy,-x^2,x+z\}$，$S^+$是平面 $2x+2y+z=6$ 位于第一卦限的部分，其法向量为$\{2,2,1\}$，$\boldsymbol{n}_0$为 S^+的单位法向量.

解 由题设知

$$\boldsymbol{n}_0=\left\{\frac{2}{3},\frac{2}{3},\frac{1}{3}\right\},$$

$$\begin{aligned}\boldsymbol{F}\cdot\boldsymbol{n}_0&=\{xy,-x^2,x+z\}\cdot\left\{\frac{2}{3},\frac{2}{3},\frac{1}{3}\right\}\\&=\frac{1}{3}(2xy-2x^2+x+z)\\&=\frac{1}{3}(2xy-2x^2-x-2y+6).\end{aligned}$$

由(2)式得

$$\begin{aligned}\iint\limits_{S^+}\boldsymbol{F}\cdot\boldsymbol{n}_0\mathrm{d}S&=\iint\limits_{S^+}\frac{1}{3}(2xy-2x^2+x+z)\mathrm{d}S\\&=\iint\limits_{D}\frac{1}{3}(2xy-2x^2-x-2y+6)\sqrt{1+z_x^2+z_y^2}\mathrm{d}x\mathrm{d}y,\end{aligned}$$

其中 D 为平面 $2x+2y+z=6$ 在第一卦限的部分在 xy 平面上的投影区域(图 12-28)，$z=6-2x-2y$，$z_x=-2$，$z_y=-2$，$\sqrt{1+z_x^2+z_y^2}=3$，因此

$$\begin{aligned}\iint\limits_{S^+}\boldsymbol{F}\cdot\boldsymbol{n}_0\mathrm{d}S&=\int_0^3\mathrm{d}x\int_0^{3-x}(2xy-2x^2-x-2y+6)\mathrm{d}y\\&=27/4.\end{aligned}$$

以上两例，都是利用关系式(2)计算出来的. 当曲面 S 在指定一侧的单位法向量 $\boldsymbol{n}_0$ 容易写出时，原则上都可利用(2)式，将第二型曲面积分化为第一型曲面积分来计算. 但是，单位法向量有时不易写出，或者即使不难写出，却比较复杂，这时，我们就要利用其他公式来计算第二型曲面积分.

5.3 第二型曲面积分的计算

这里的办法是不必写出 $\boldsymbol{n}_0$ 而直接将第二型曲面积分化为二重积分,这就是下面的公式(3),或(3′),及(5)和(6).

设光滑的有向曲面 S 由方程

$$z=z(x,y),\quad (x,y)\in D_{xy}$$

给出,其中 D_{xy} 为 S 在 xy 平面上的投影区域,函数 $z(x,y)$ 在 D_{xy} 上有连续的一阶偏导数,则由

$$\begin{cases}\cos\alpha=\dfrac{\mp z_x}{\sqrt{1+z_x^2+z_y^2}},\\ \cos\beta=\dfrac{\mp z_y}{\sqrt{1+z_x^2+z_y^2}},\\ \cos\gamma=\dfrac{\pm 1}{\sqrt{1+z_x^2+z_y^2}},\end{cases}$$

和 $\mathrm{d}S=\sqrt{1+z_x^2+z_y^2}\,\mathrm{d}x\mathrm{d}y$ 以及公式(2)得到

$$\begin{aligned}\iint_S \boldsymbol{F}\cdot\boldsymbol{n}_0\mathrm{d}S&=\iint_S(P\cos\alpha+Q\cos\beta+R\cos\gamma)\mathrm{d}S\\&=\pm\iint_{D_{xy}}\{P[x,y,z(x,y)]\cdot(-z_x)\\&\quad+Q[x,y,z(x,y)]\cdot(-z_y)\\&\quad+R[x,y,z(x,y)]\cdot 1\}\mathrm{d}x\mathrm{d}y.\end{aligned}\tag{3}$$

若曲面取上侧,即正侧,则(3)式右端积分前取正号;若曲面取下侧,即负侧,则右端积分前取负号. 公式(3)就是化第二型曲面积分为二重积分的公式. 在利用公式(3)时,应把 P,Q,R 中的 z 都换成函数 $z(x,y)$.

第二型曲面积分往往用坐标形式来表示. 我们常用记号 $\mathrm{d}y\mathrm{d}z,\mathrm{d}z\mathrm{d}x,\mathrm{d}x\mathrm{d}y$ 分别表示面积微元 $\mathrm{d}S$ 在 yz 平面,zx 平面和 xy

平面上的**有向投影**，即

$$\mathrm{d}y\mathrm{d}z = \cos\alpha\mathrm{d}S,\quad \mathrm{d}z\mathrm{d}x = \cos\beta\mathrm{d}S,\quad \mathrm{d}x\mathrm{d}y = \cos\gamma\mathrm{d}S$$

（它们的值或正或负，其符号取决于方向角 α,β,γ 是锐角还是钝角），因此第二型曲面积分可表为

$$\iint_S \boldsymbol{F}\cdot\boldsymbol{n}_0\mathrm{d}S = \iint_S (P\cos\alpha + Q\cos\beta + R\cos\gamma)\mathrm{d}S$$

$$= \iint_S P\mathrm{d}y\mathrm{d}z + Q\mathrm{d}z\mathrm{d}x + R\mathrm{d}x\mathrm{d}y. \tag{4}$$

(4)式右端的积分称为第二型曲面积分的**坐标形式**.

于是公式(3)又可写为

$$\iint_S P\mathrm{d}y\mathrm{d}z + Q\mathrm{d}z\mathrm{d}x + R\mathrm{d}x\mathrm{d}y$$

$$= \pm\iint_{D_{xy}} \{P[x,y,z(x,y)]\cdot(-z_x) + Q[x,y,z(x,y)]\cdot(-z_y) + R[x,y,z(x,y)]\cdot 1\}\mathrm{d}x\mathrm{d}y, \tag{3'}$$

关于正负号，见上面说明.

单独的一项如 $\iint_S P\cos\alpha\mathrm{d}S = \iint_S P\mathrm{d}y\mathrm{d}z$ 等等，也是第二型曲面积分，它表示向量函数 $\boldsymbol{F}=\{P,0,0\}$ 只有一个分量不为零.

例 4 计算 $I=\iint_S \frac{xy^2z\mathrm{d}y\mathrm{d}z+(z-R)^2\mathrm{d}x\mathrm{d}y}{(x^2+y^2+z^2)^{3/2}}$，其中 S 为上半球面 $z=\sqrt{R^2-x^2-y^2}\,(R>0)$，取上侧.

解 在 S 上，有 $x^2+y^2+z^2=R^2$，因此

$$I = \frac{1}{R^3}\iint_S xy^2z\mathrm{d}y\mathrm{d}z + (z-R)^2\mathrm{d}x\mathrm{d}y.$$

S 在 xy 平面上的投影区域为 $D_{xy}=\{(x,y)\,|\,x^2+y^2\leqslant R^2\}$，因为 S 取上侧，所以公式(3′)右端的积分前应取正号，即有

$$I=\frac{1}{R^3}\iint\limits_{D_{xy}}[xy^2\sqrt{R^2-x^2-y^2}\cdot(-z_x)$$

$$+(\sqrt{R^2-x^2-y^2}-R)^2\cdot 1]\mathrm{d}x\mathrm{d}y$$

$$=\frac{1}{R^3}\iint\limits_{D_{xy}}\Big[xy^2\sqrt{R^2-x^2-y^2}\cdot\frac{x}{\sqrt{R^2-x^2-y^2}}$$

$$+R^2-x^2-y^2-2R\sqrt{R^2-x^2-y^2}+R^2\Big]\mathrm{d}x\mathrm{d}y$$

$$=\frac{1}{R^3}\iint\limits_{D_{xy}}[x^2y^2-(x^2+y^2)$$

$$-2R\sqrt{R^2-(x^2+y^2)}+2R^2]\mathrm{d}x\mathrm{d}y$$

$$\xlongequal{\text{极坐标}}\frac{1}{R^3}\int_0^{2\pi}\mathrm{d}\theta\int_0^R(r^4\cos^2\theta\cdot\sin^2\theta-r^2-2R\sqrt{R^2-r^2})r\mathrm{d}r$$

$$+\frac{1}{R^3}\cdot 2R^2\cdot(\pi R^2)$$

$$=\frac{1}{R^3}\int_0^{2\pi}\cos^2\theta\cdot\sin^2\theta\mathrm{d}\theta\int_0^R r^5\mathrm{d}r$$

$$-\frac{1}{R^3}\int_0^{2\pi}\mathrm{d}\theta\int_0^R(r^3+R\sqrt{R^2-r^2}\cdot 2r)\mathrm{d}r+2\pi R$$

$$=\frac{\pi}{24}R^3-\frac{11}{6}\pi R+2\pi R=\frac{\pi R}{24}(R^2+4).$$

若光滑有向曲面 S 由方程

$$x=x(y,z),\quad (y,z)\in D_{yz}$$

给出,其中 D_{yz}为 S 在 yz 平面上的投影区域,函数 $x(y,z)$在 D_{yz}上有连续的一阶偏导数,则与公式(3)类似,可将第二型曲面积分化为在 D_{yz}上的二重积分,即有公式

$$\iint\limits_S \boldsymbol{F}\cdot\boldsymbol{n}_0\mathrm{d}S=\iint\limits_S P\mathrm{d}y\mathrm{d}z+Q\mathrm{d}z\mathrm{d}x+R\mathrm{d}x\mathrm{d}y$$

$$=\pm\iint\limits_{D_{yz}}\{P[x(y,z),y,z]\cdot 1$$

$$+ Q[x(y,z),y,z]\cdot(-x_y)$$
$$+ R[x(y,z),y,z]\cdot(-x_z)\}\mathrm{d}y\mathrm{d}z. \tag{5}$$

若 S 取前侧，即正侧，则(5)式右端积分前取正号；若 S 取后侧，即负侧，则右端积分前取负号.

当曲面 S 由方程

$$y = y(z,x),\quad (z,x)\in D_{zx}$$

给出时，也有类似的计算公式：

$$\iint_S \boldsymbol{F}\cdot\boldsymbol{n}_0\mathrm{d}S = \iint_S P\mathrm{d}y\mathrm{d}z + Q\mathrm{d}z\mathrm{d}x + R\mathrm{d}x\mathrm{d}y$$
$$= \pm\iint_{D_{zx}}\{P[x,y(z,x),z]\cdot(-y_x)$$
$$+ Q[x,y(z,x),z]\cdot 1$$
$$+ R[x,y(z,x),z]\cdot(-y_z)\}\mathrm{d}z\mathrm{d}x, \tag{6}$$

若 S 取右侧，即正侧，则(6)式右端积分前取正号；若 S 取左侧，即负侧，则右端积分前取负号.

例 5 计算 $\iint_S x\mathrm{d}y\mathrm{d}z - y\mathrm{d}z\mathrm{d}x - 2z\mathrm{d}x\mathrm{d}y$，其中 S 为曲面 $z=x^2+y^2$ 的前半部介于 $z=0$ 及 $z=1$ 之间的部分，取后侧.

解 由 S 的方程 $x=\sqrt{z-y^2}$ 知

$$x_y = \frac{-y}{\sqrt{z-y^2}},\quad x_z = \frac{1}{2\sqrt{z-y^2}}.$$

又，S 在 yz 平面上的投影区域是

$$D_{yz}=\{(y,z)\,|\,x=0, z=y^2, 0\leqslant z\leqslant 1\},$$

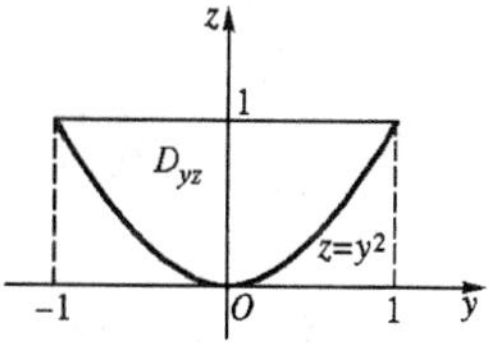

图 12-29

如图 12-29 所示. 由于 S 取后侧，因此公式(5)右端积分前应取负号，于是得到

$$\iint_S x\mathrm{d}y\mathrm{d}z - y\mathrm{d}z\mathrm{d}x - 2z\mathrm{d}x\mathrm{d}y$$
$$= -\iint_{D_{yz}}\Big[\sqrt{z-y^2}\cdot 1 - y\frac{y}{\sqrt{z-y^2}}$$

$$-2z\frac{-1}{2\sqrt{z-y^2}}\Big]\mathrm{d}y\mathrm{d}z$$

$$=-2\iint_{D_{yz}}\sqrt{z-y^2}\mathrm{d}y\mathrm{d}z$$

$$=-2\int_{-1}^{1}\mathrm{d}y\int_{y^2}^{1}\sqrt{z-y^2}\mathrm{d}z$$

$$=-\frac{8}{3}\int_0^1(1-y^2)^{3/2}\mathrm{d}y$$

$$\xlongequal{令 y=\sin t}-\frac{8}{3}\int_0^{\pi/2}\cos^4 t\mathrm{d}t$$

$$=-\frac{8}{3}\cdot\frac{3\cdot 1}{4\cdot 2}\cdot\frac{\pi}{2}=-\frac{\pi}{2}.$$

习 题 12.5

1. 设流体速度场 $\boldsymbol{v}=\{c,y,z\}$ (c 为常数),一半径为 R 的球面球心在原点,求流体从球面内部流出的流量.

2. 设流体速度场 $\boldsymbol{v}=(x+y+z)\boldsymbol{k}$,求单位时间内流过曲面 $x^2+y^2=z$ (其中 $0\leqslant z\leqslant h$)的流量,曲面 S 的法向量与 z 轴的夹角为钝角(如图).

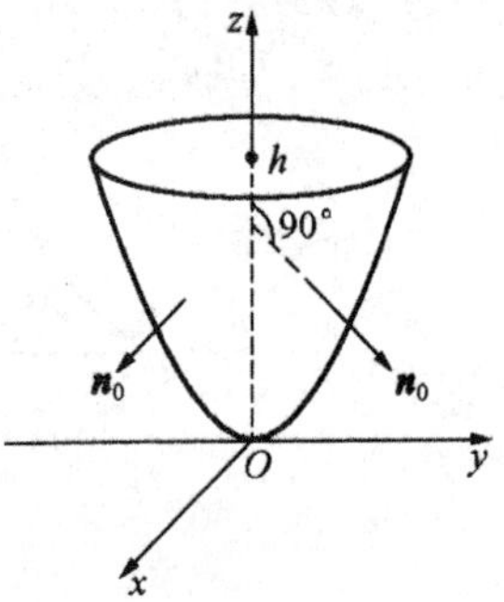

第 2 题图

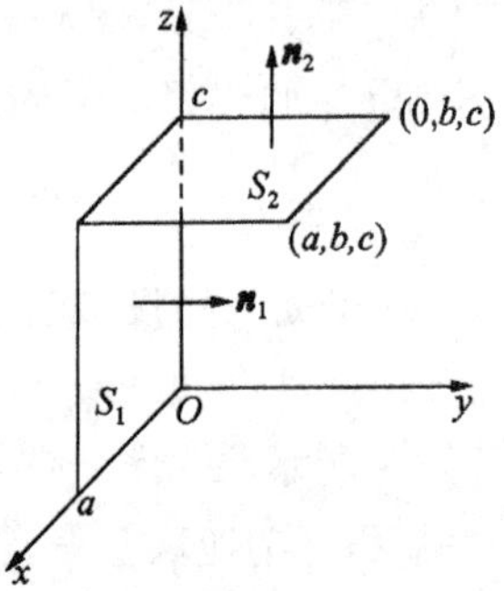

第 3 题图

3. 设向量场 $\boldsymbol{F}=\{x^2,y^2,xyz\}$,求 $\iint\limits_{S^+}(\boldsymbol{F}\cdot\boldsymbol{n}_0)\mathrm{d}S$,其中 S^+ 由 S_1 和 S_2 组成(如图),$\boldsymbol{n}_0$ 为 S^+ 侧的单位法向量.

4. 同第 3 题，但 $\boldsymbol{F}=\{f(x),g(y),h(z)\}$.

5. 计算 $I=\iint\limits_{S^-}x^2y^2z\mathrm{d}x\mathrm{d}y$，其中 S^- 为曲面 $z=\sqrt{x^2+y^2}$ $(x^2+y^2\leqslant R^2)$ 的下侧.

6. 计算 $I=\iint\limits_{S^+}x\mathrm{d}y\mathrm{d}z+y\mathrm{d}z\mathrm{d}x+z\mathrm{d}x\mathrm{d}y$，其中 S^+ 为球面 $x^2+y^2+z^2=R^2$ 的外侧.

7. 计算 $I=\iint\limits_{S^+}z\mathrm{d}x\mathrm{d}y$，其中 S^+ 为球面 $x^2+y^2+z^2=R^2$ 的外侧.

8. 计算 $\iint\limits_{S^+}\frac{\mathrm{e}^z}{\sqrt{x^2+y^2}}\mathrm{d}x\mathrm{d}y$，其中 S^+ 为由锥面 $z=\sqrt{x^2+y^2}$ 及平面 $z=1$，$z=2$ 所围立体的整个边界之外侧.

9. 计算 $\iint\limits_{S^+}\frac{\mathrm{d}y\mathrm{d}z}{x}+\frac{\mathrm{d}x\mathrm{d}z}{y}+\frac{\mathrm{d}x\mathrm{d}y}{z}$，$S$ 为椭球面 $\frac{x^2}{a^2}+\frac{y^2}{b^2}+\frac{z^2}{c^2}=1$ 的外侧.

10. 计算 $\iint\limits_{S^+}z\mathrm{d}x\mathrm{d}y+x\mathrm{d}y\mathrm{d}z+y\mathrm{d}z\mathrm{d}x$，$S$ 为柱面 $x^2+y^2=1$ 被平面 $z=0$ 及 $z=3$ 所截部分的外侧.

11. 计算 $\iint\limits_{S^+}(y-z)\mathrm{d}y\mathrm{d}z-(z-x)\mathrm{d}z\mathrm{d}x+(x-y)\mathrm{d}x\mathrm{d}y$，其中 S^+ 是圆锥曲面 $x^2+y^2=z^2(0\leqslant z\leqslant h)$ 的外表面.

12. 同第 11 题，但 S 是 $x^2+y^2+z^2=2Rx$ 的上半球面被柱面 $x^2+y^2=2rx$ $(R>r>0)$ 所截下部分的上侧.

（提示：化到第一型曲面积分，并利用对称性化简.）

13. 计算 $\iint\limits_{S^+}y\mathrm{d}y\mathrm{d}z+z\mathrm{d}z\mathrm{d}x+x\mathrm{d}x\mathrm{d}y$，其中 S^+ 为螺旋面 $x=u\cos v$，$y=u\sin v$，$z=cv$ $(a\leqslant u\leqslant b,0\leqslant v\leqslant 2\pi)$ 的上侧.

§6 高斯(Gauss)公式

格林公式反映了平面闭曲线上的曲线积分与所围区域上二重积分的关系. 同样，空间曲面上的曲面积分与所围区域上的三重积分也有内在的联系，在一定条件下，它们可以互相转化，转化的公式称为**高斯公式**.

定理 设 Ω 为空间有界闭区域,其边界面 S 是分片光滑曲面,曲面的正侧记作 S^+,向量函数 $\boldsymbol{F}(x,y,z)=\{P(x,y,z),Q(x,y,z),R(x,y,z)\}$ 的各分量在 Ω 及 S 上有连续的一阶偏导数,则有高斯公式

$$\oiint_{S^+} \boldsymbol{F}\cdot\boldsymbol{n}_0\mathrm{d}S=\iiint_{\Omega}\left(\frac{\partial P}{\partial x}+\frac{\partial Q}{\partial y}+\frac{\partial R}{\partial z}\right)\mathrm{d}V, \tag{1}$$

或写为

$$\begin{aligned}&\oiint_{S^+}(P\cos\alpha+Q\cos\beta+R\cos\gamma)\mathrm{d}S\\&=\oiint_{S^+}P\mathrm{d}y\mathrm{d}z+Q\mathrm{d}z\mathrm{d}x+R\mathrm{d}x\mathrm{d}y\\&=\iiint_{\Omega}\left(\frac{\partial P}{\partial x}+\frac{\partial Q}{\partial y}+\frac{\partial R}{\partial z}\right)\mathrm{d}V,\end{aligned}\tag{2}$$

其中 $\boldsymbol{n}_0=\{\cos\alpha,\cos\beta,\cos\gamma\}$ 是 S^+ 在点 (x,y,z) 处的单位法向量.

证 先证明(2)式两端的第三项

$$\oiint_{S^+}R\cos\gamma\mathrm{d}S=\oiint_{S^+}R\mathrm{d}x\mathrm{d}y=\iiint_{\Omega}\frac{\partial R}{\partial z}\mathrm{d}V. \tag{3}$$

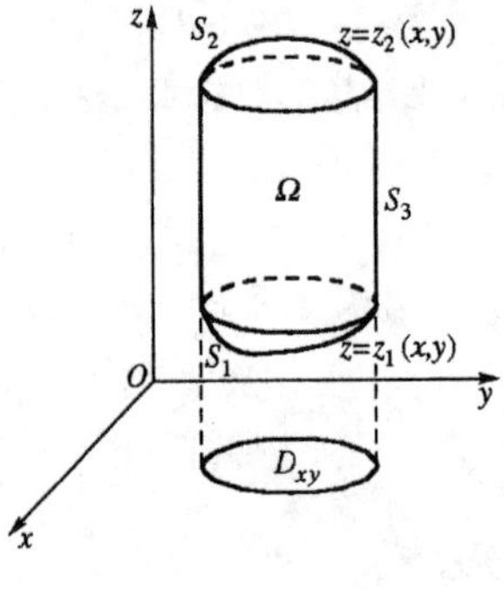

图 12-30

假设空间区域 Ω 是由曲面 S_1: $z=z_1(x,y)$,曲面 S_2: $z=z_2(x,y)$ 以及母线平行于 z 轴的柱面 S_3 所围成的(图 12-30),并设 Ω 在 xy 平面上的投影区域为 D_{xy},则由三重积分的计算公式得

$$\iiint_{\Omega}\frac{\partial R}{\partial z}\mathrm{d}V=\iint_{D_{xy}}\mathrm{d}x\mathrm{d}y\int_{z_1(x,y)}^{z_2(x,y)}\frac{\partial R}{\partial z}\mathrm{d}z$$

$$= \iint_{D_{xy}} R[x,y,z_2(x,y)]\mathrm{d}x\mathrm{d}y$$

$$- \iint_{D_{xy}} R[x,y,z_1(x,y)]\mathrm{d}x\mathrm{d}y.$$

另外,由曲面积分的可加性知

$$\oiint_{S^+} R\cos\gamma\mathrm{d}S = \oiint_{S^+} R\mathrm{d}x\mathrm{d}y$$

$$= \iint_{S_1} R\mathrm{d}x\mathrm{d}y + \iint_{S_2} R\mathrm{d}x\mathrm{d}y + \iint_{S_3} R\mathrm{d}x\mathrm{d}y.$$

因为 S^+ 是曲面 S 的外侧,所以在 S_1 上,方向角 γ 为钝角;在 S_2 上,γ 为锐角;在 S_3 上,γ 为直角,因此

$$\iint_{S_3} R\mathrm{d}x\mathrm{d}y = \iint_{S_3} R\cos\gamma\mathrm{d}S = \iint_{S_3} 0\mathrm{d}S = 0.$$

又由第二型曲面积分的计算公式得

$$\iint_{S_1} R\mathrm{d}x\mathrm{d}y = - \iint_{D_{xy}} R[x,y,z_1(x,y)]\mathrm{d}x\mathrm{d}y,$$

$$\iint_{S_2} R\mathrm{d}x\mathrm{d}y = \iint_{D_{zy}} R[x,y,z_2(x,y)]\mathrm{d}x\mathrm{d}y,$$

于是得到

$$\oiint_{S^+} R\cos\gamma\mathrm{d}S = \oiint_{S^+} R\mathrm{d}x\mathrm{d}y = \iint_{S_2} R\mathrm{d}x\mathrm{d}y + \iint_{S_1} R\mathrm{d}x\mathrm{d}y$$

$$= \iint_{D_{xy}} R[x,y,z_2(x,y)]\mathrm{d}x\mathrm{d}y - \iint_{D_{xy}} R[x,y,z_1(x,y)]\mathrm{d}x\mathrm{d}y$$

$$= \iiint_{\Omega} \frac{\partial R}{\partial z}\mathrm{d}V.$$

即(3)式成立.

对于一般的区域 Ω,可用一些辅助曲面把它分成若干个如图

12-30 所示的区域，在每一个部分区域上，(3)式成立，然后将这些式子相加，注意到在辅助曲面上的积分要正反两侧各积分一次，正好互相抵消，因此(3)式仍然成立.

同理可证

$$\oiint_{S^+} P\cos\alpha \mathrm{d}S = \oiint_{S^+} P\mathrm{d}y\mathrm{d}z = \iiint_{\Omega} \frac{\partial P}{\partial x}\mathrm{d}V, \tag{4}$$

$$\oiint_{S^+} Q\cos\beta \mathrm{d}S = \oiint_{S^+} Q\mathrm{d}z\mathrm{d}x = \iiint_{\Omega} \frac{\partial Q}{\partial y}\mathrm{d}V. \tag{5}$$

将(3),(4),(5)三式相加，即得高斯公式(2). ▌

特别地，若 $P=x, Q=y, R=z$，则$\frac{\partial P}{\partial x}+\frac{\partial Q}{\partial y}+\frac{\partial R}{\partial z}=3$，于是由高斯公式得到空间立体 Ω 的体积

$$V = \iiint_{\Omega} 1\mathrm{d}V = \frac{1}{3}\iiint_{\Omega}\left(\frac{\partial x}{\partial x}+\frac{\partial y}{\partial y}+\frac{\partial z}{\partial z}\right)\mathrm{d}V$$

$$= \frac{1}{3}\oiint_{S^+} x\mathrm{d}y\mathrm{d}z + y\mathrm{d}z\mathrm{d}x + z\mathrm{d}x\mathrm{d}y,$$

其中 S^+ 为区域 Ω 的边界面的外侧.

例 1 设 $\boldsymbol{F}=\{x^3-yz, -2x^2y, z\}$，求$\oiint_{S^+}\boldsymbol{F}\cdot\boldsymbol{n}_0\mathrm{d}S$，其中 S 是由 $x=0, x=a, y=0, y=a, z=0, z=a(a>0)$ 所围成的正方体表面，取外侧.

解 由 $P=x^3-yz, Q=-2x^2y, R=z$ 知

$$\frac{\partial P}{\partial x}+\frac{\partial Q}{\partial y}+\frac{\partial R}{\partial z} = 3x^2-2x^2+1 = x^2+1,$$

于是由高斯公式(1)得

$$\oiint_{S^+}\boldsymbol{F}\cdot\boldsymbol{n}_0\mathrm{d}S = \iiint_{\Omega}(x^2+1)\mathrm{d}V$$

$$= \int_0^a \mathrm{d}x\int_0^a \mathrm{d}y\int_0^a (x^2+1)\mathrm{d}z = a^3\left(\frac{a^2}{3}+1\right).$$

思考题 如果 S 不是封闭曲面，而是由五块平面 $x=0, x=a$, $y=0, y=a$ 及 $z=0(a>0)$ 所组成的，在每一块上，选取与例 1 相同的侧，那么，怎样利用高斯公式计算曲面积分 $\iint\limits_S \boldsymbol{F}\cdot\boldsymbol{n}_0\mathrm{d}S$?

例 2 试利用高斯公式计算

$$I=\iint\limits_S \frac{xy^2z\mathrm{d}y\mathrm{d}z+(z-R)^2\mathrm{d}x\mathrm{d}y}{(x^2+y^2+z^2)^{3/2}},$$

其中 S 为上半球面 $z=\sqrt{R^2-x^2-y^2}\ (R>0)$，取上侧.

解 这正是本章 §5 例 4. 可将积分写为

$$I=\frac{1}{R^3}\iint\limits_S xy^2z\mathrm{d}y\mathrm{d}z+(z-R)^2\mathrm{d}x\mathrm{d}y$$

$$\xlongequal{\text{记为}}\frac{1}{R^3}\iint\limits_S P\mathrm{d}y\mathrm{d}z+Q\mathrm{d}x\mathrm{d}y.$$

因上半球面 S 不封闭，为利用高斯公式，可在 xy 平面上补一个圆：

$$S_1:\begin{cases}x^2+y^2\leqslant R^2,\\ z=0,\end{cases}$$

取下侧，记作 S_1^-. 并记 S 的上侧为 S^+，则$(S^++S_1^-)$组成一封闭曲面，并取外侧，即正侧. 记$(S^++S_1^-)$所围成的空间区域为 Ω，则由高斯公式得

$$\begin{aligned}&\frac{1}{R^3}\oiint\limits_{S^++S_1^-}P\mathrm{d}y\mathrm{d}z+Q\mathrm{d}x\mathrm{d}y\\&=\frac{1}{R^3}\iiint\limits_\Omega\left[\frac{\partial}{\partial x}(xy^2z)+0+\frac{\partial}{\partial z}(z-R)^2\right]\mathrm{d}v\\&=\frac{1}{R^3}\left[\iiint\limits_\Omega(y^2z+2z)\mathrm{d}v-2R\iiint\limits_\Omega 1\mathrm{d}v\right]\\&=\frac{1}{R^3}\iiint\limits_\Omega(y^2z+2z)\mathrm{d}v-\frac{4}{3}\pi R\\&\xlongequal{\text{球坐标}}\frac{1}{R^3}\left[\int_0^{2\pi}\sin^2\theta\mathrm{d}\theta\int_0^{\pi/2}\sin^3\varphi\cdot\cos\varphi\mathrm{d}\varphi\int_0^R\rho^5\mathrm{d}\rho\right.\end{aligned}$$

$$+ 2\int_0^{2\pi} d\theta \int_0^{\pi/2} \sin\varphi \cdot \cos\varphi d\varphi \int_0^R \rho^3 d\rho \Big] - \frac{4}{3}\pi R$$

$$= \frac{\pi}{24}R^3 - \frac{5}{6}\pi R,$$

又由可加性知 $\oiint\limits_{S^+ + S_1^-} = \iint\limits_{S^+} + \iint\limits_{S_1^-}$，代入上式，便得到所求积分

$$I = \frac{1}{R^3}\iint\limits_{S^+} = \frac{1}{R^3}\iiint\limits_{\Omega} - \frac{1}{R^3}\iint\limits_{S_1^-},$$

只需再求出积分 $\iint\limits_{S_1^-} P dydz + Q dxdy$.

在 S_1^- 上，$z=0$，又因为 S_1 取下侧，即负侧，所以在利用§5的计算公式(3′)时，其右端二重积分前应取负号，记 S_1 在 xy 平面上的投影区域为 D_{xy}，则有

$$\frac{1}{R^3}\iint\limits_{S_1^-} = -\frac{1}{R^3}\iint\limits_{D_{xy}}[0 + (0 - R)^2] dxdy = -\pi R,$$

因此

$$I = \frac{1}{R^3}\iiint\limits_{\Omega} - \frac{1}{R^3}\iint\limits_{S_1^-} = \frac{\pi}{24}R^3 - \frac{5}{6}\pi R - (-\pi R)$$

$$= \frac{\pi R}{24}(R^2 + 4).$$

注 一般说来，曲面积分的计算是比较复杂的. 例1指出，对于封闭曲面，利用高斯公式可将曲面积分化为三重积分，后者的计算有时比较简单. 例2又告诉我们，当曲面不封闭时，可补上一块曲面，使补上之后的曲面成为封闭的. 再利用高斯公式，便可将一个较复杂的曲面积分，化为一个三重积分和一个较简单的曲面积分.

例3 求 $I = \oiint\limits_{S^+} x^2 dydz + y^2 dzdx + z^2 dxdy$，其中 S^+ 是球面

$(x-a)^2+(y-b)^2+(z-c)^2=R^2$ 的外侧.

解 设该球面所围的闭区域为 Ω,则由高斯公式得

$$I = 2\iiint_{\Omega}(x+y+z)\mathrm{d}V.$$

为了计算这个三重积分,可作平移变换

$$\begin{cases} u = x - a, \\ v = y - b, \\ w = z - c, \end{cases} \quad \text{即} \quad \begin{cases} x = u + a, \\ y = v + b, \\ z = w + c. \end{cases}$$

此变换把 uvw 空间的球形区域

$$\Omega':u^2+v^2+w^2 \leqslant R^2$$

变为 xyz 空间的球形区域

$$\Omega:(x-a)^2+(y-b)^2+(z-c)^2 \leqslant R^2,$$

雅可比行列式为

$$J = \frac{\partial(x,y,z)}{\partial(u,v,w)} = \begin{vmatrix} 1 & 0 & 0 \\ 0 & 1 & 0 \\ 0 & 0 & 1 \end{vmatrix} = 1,$$

J 在 Ω' 上处处不为零,因此由换元公式得

$$\begin{aligned} I &= 2\iiint_{\Omega}(x+y+z)\mathrm{d}V \\ &= 2\iiint_{\Omega'}(u+v+w+a+b+c)\cdot 1\mathrm{d}u\mathrm{d}v\mathrm{d}w \\ &= 2\iiint_{\Omega'}(u+v+w)\mathrm{d}u\mathrm{d}v\mathrm{d}w + 2\iiint_{\Omega'}(a+b+c)\mathrm{d}u\mathrm{d}v\mathrm{d}w \\ &= 2\iiint_{\Omega'}(u+v+w)\mathrm{d}u\mathrm{d}v\mathrm{d}w + 2(a+b+c)\cdot\frac{4}{3}\pi R^3 \\ &= 2\iiint_{\Omega'}(u+v+w)\mathrm{d}u\mathrm{d}v\mathrm{d}w + \frac{8}{3}\pi R^3(a+b+c). \end{aligned}$$

由区域 Ω' 的对称性及被积函数的奇、偶性知

$$\iiint_{\Omega'} u\,\mathrm{d}u\mathrm{d}v\mathrm{d}w = \iiint_{\Omega'} v\,\mathrm{d}u\mathrm{d}v\mathrm{d}w = \iiint_{\Omega'} w\,\mathrm{d}u\mathrm{d}v\mathrm{d}w = 0,$$

因此
$$I=\frac{8}{3}\pi R^3(a+b+c).$$

注 计算此三重积分 $I=2\iiint_{\Omega}(x+y+z)\mathrm{d}V$ 还有一个比较巧的计算方法：不妨把球体 $(x-a)^2+(y-b)^2+(z-c)^2\leqslant R^2$ 看成为一个均匀的物质立体，因此，其质心应在点 (a,b,c) 处. 又由质心公式知

$$a=\frac{M_x}{m}=\frac{\iiint_{\Omega} x\mathrm{d}V}{\frac{4}{3}\pi R^3},\quad b=\frac{M_y}{m}=\frac{\iiint_{\Omega} y\mathrm{d}V}{\frac{4}{3}\pi R^3},\quad c=\frac{M_z}{m}=\frac{\iiint_{\Omega} z\mathrm{d}V}{\frac{4}{3}\pi R^3},$$

于是
$$\iiint_{\Omega}(x+y+z)\mathrm{d}V=\frac{4}{3}\pi R^3(a+b+c),$$

即
$$I=2\iiint_{\Omega}(x+y+z)\mathrm{d}V=\frac{8}{3}\pi R^3(a+b+c).$$

例 4 计算 $I=\iint_{S^+} x^3\mathrm{d}y\mathrm{d}z+y^3\mathrm{d}z\mathrm{d}x+z^3\mathrm{d}x\mathrm{d}y$，其中 S^+ 为椭球面 $\frac{x^2}{a^2}+\frac{y^2}{b^2}+\frac{z^2}{c^2}=1$ 的外侧.

解 设椭球面所围的区域为 Ω，则由高斯公式得

$$\begin{aligned}I&=\iiint_{\Omega}3(x^2+y^2+z^2)\mathrm{d}V\\&=3\left(\iiint_{\Omega}x^2\mathrm{d}V+\iiint_{\Omega}y^2\mathrm{d}V+\iiint_{\Omega}z^2\mathrm{d}V\right).\end{aligned}$$

作广义球坐标变换

$$\begin{cases}x=a\rho\sin\varphi\cos\theta,\\y=b\rho\sin\varphi\sin\theta,\\z=c\rho\cos\varphi\end{cases}$$

$$(0\leqslant\varphi\leqslant\pi,0\leqslant\theta<2\pi,0\leqslant\rho\leqslant1),$$

雅可比行列式为

$$J = abc\rho^2\sin\varphi,$$

于是

$$\iiint_{\Omega} x^2 \mathrm{d}V = \int_0^{2\pi}\mathrm{d}\theta\int_0^{\pi}\mathrm{d}\varphi\int_0^1 a^2\rho^2\sin^2\varphi\cos^2\theta\cdot abc\rho^2\sin\varphi\mathrm{d}\rho\mathrm{d}\theta\mathrm{d}\varphi$$

$$= a^3bc\int_0^{2\pi}\cos^2\theta\mathrm{d}\theta\int_0^{\pi}\sin^3\varphi\mathrm{d}\varphi\int_0^1\rho^4\mathrm{d}\rho = \frac{4}{15}\pi a^3bc.$$

类似可得

$$\iiint_{\Omega} y^2\mathrm{d}V = \frac{4}{15}\pi ab^3c,\quad \iiint_{\Omega} z^2\mathrm{d}V = \frac{4}{15}\pi abc^3.$$

因此

$$I = 3\left(\frac{4}{15}\pi a^3bc + \frac{4}{15}\pi ab^3c + \frac{4}{15}\pi abc^3\right)$$

$$= \frac{4}{5}\pi abc(a^2+b^2+c^2).$$

例 5 设函数 $u(x,y,z)$ 和 $v(x,y,z)$ 在包含闭区域 Ω 的区域上具有一阶及二阶连续偏导数，证明

$$\iiint_{\Omega} u\left(\frac{\partial^2 v}{\partial x^2}+\frac{\partial^2 v}{\partial y^2}+\frac{\partial^2 v}{\partial z^2}\right)\mathrm{d}V$$

$$= \oiint_S u\frac{\partial v}{\partial n}\mathrm{d}S - \iiint_{\Omega}\left(\frac{\partial u}{\partial x}\cdot\frac{\partial v}{\partial x}+\frac{\partial u}{\partial y}\cdot\frac{\partial v}{\partial y}+\frac{\partial u}{\partial z}\cdot\frac{\partial v}{\partial z}\right)\mathrm{d}V, \tag{6}$$

其中 S 为区域 Ω 的整个外边界面，$\frac{\partial v}{\partial n}$为函数 $v(x,y,z)$沿 S 外法线方向的方向导数.

证 在高斯公式

$$\iiint_{\Omega}\left(\frac{\partial P}{\partial x}+\frac{\partial Q}{\partial y}+\frac{\partial R}{\partial z}\right)\mathrm{d}V = \oiint_S(P\cos\alpha+Q\cos\beta+R\cos\gamma)\mathrm{d}S$$

中，令 $P=u\frac{\partial v}{\partial x}$，$Q=u\frac{\partial v}{\partial y}$，$R=u\frac{\partial v}{\partial z}$，得到

$$\iiint_{\Omega}\left[u\left(\frac{\partial^2 v}{\partial x^2}+\frac{\partial^2 v}{\partial y^2}+\frac{\partial^2 v}{\partial z^2}\right)+\frac{\partial u}{\partial x}\frac{\partial v}{\partial x}+\frac{\partial u}{\partial y}\frac{\partial v}{\partial y}+\frac{\partial u}{\partial z}\cdot\frac{\partial v}{\partial z}\right]\mathrm{d}V$$

$$=\oiint_{S}u\left(\frac{\partial v}{\partial x}\cos\alpha+\frac{\partial v}{\partial y}\cos\beta+\frac{\partial v}{\partial z}\cos\gamma\right)\mathrm{d}S.$$

把上式左端分成两个积分，将其中一个移至等式右端，注意到

$$\frac{\partial v}{\partial x}\cos\alpha+\frac{\partial v}{\partial y}\cos\beta+\frac{\partial v}{\partial z}\cos\gamma=\frac{\partial v}{\partial n},$$

便得(6)式. ▌

若利用拉普拉斯算子"Δ"来表示，则 $\Delta v=\frac{\partial^2 v}{\partial x^2}+\frac{\partial^2 v}{\partial y^2}+\frac{\partial^2 v}{\partial z^2}$，于是(6)式可写为

$$\iiint_{\Omega}u\Delta v\mathrm{d}V=\oiint_{S}u\frac{\partial v}{\partial n}\mathrm{d}S-\iiint_{\Omega}\mathrm{grad}u\cdot\mathrm{grad}v\,\mathrm{d}V.$$

例 6 证明电学中的高斯定理：在点电荷 q 所产生的静电场中，电场强度 $\boldsymbol{E}$ 通过**任何**包含 q 在内的光滑**封闭曲面** S_1 的电通量都等于 $\frac{q}{\varepsilon_0}$.

证 由§5 例 2 知，电场强度为 $\boldsymbol{E}=\frac{q}{4\pi\varepsilon_0 r^2}\boldsymbol{r}_0$，$\boldsymbol{E}$ 通过以 q 为中心的任何**球面** S 的电通量为

$$\Phi=\oiint_{S^+}\boldsymbol{E}\cdot\boldsymbol{n}_0\mathrm{d}S=\frac{q}{\varepsilon_0}.$$

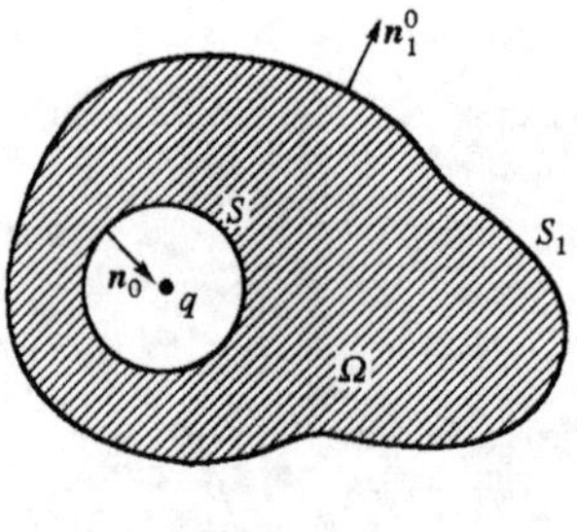

图 12-31

现在这里的曲面 S_1 不一定是球面. 为了证明电学中的高斯定理，我们在 S_1 的内部，以 q 为球心任意作一个小球面 S(图 12-31). 考虑由 S_1 及 S 所围成的空间区域 Ω(图中带斜线部分)，在 Ω 上，可以应用高斯公式. 由于 Ω 的边界面应取正侧，因此在 S_1 上，应取外侧；在 S 上，应取内侧. 于

是由高斯公式知

$$\iiint\limits_{\Omega}\left(\frac{\partial P}{\partial x}+\frac{\partial Q}{\partial y}+\frac{\partial R}{\partial z}\right)\mathrm{d}V=\oiint\limits_{S_1^+}\boldsymbol{E}\cdot\boldsymbol{n}_1^0\mathrm{d}S+\oiint\limits_{S^-}\boldsymbol{E}\cdot\boldsymbol{n}_0\mathrm{d}S, \quad (7)$$

其中 $\boldsymbol{n}_1^0$ 为 S_1^+ 的单位法向量,$\boldsymbol{n}_0$ 为 S^-的单位法向量, P,Q,R 为电场强度 $\boldsymbol{E}=\frac{q}{4\pi\varepsilon_0 r^2}\boldsymbol{r}_0=\frac{q}{4\pi\varepsilon_0 r^3}\boldsymbol{r}$ 的三个分量,即 $P=\frac{q}{4\pi\varepsilon_0 r^3}x,Q=\frac{q}{4\pi\varepsilon_0 r^3}y,R=\frac{q}{4\pi\varepsilon_0 r^3}z,r=\sqrt{x^2+y^2+z^2}$,于是

$$\begin{cases}\dfrac{\partial P}{\partial x}=\dfrac{q}{4\pi\varepsilon_0}\cdot\dfrac{r^2-3x^2}{r^5},\\[2mm]\dfrac{\partial Q}{\partial y}=\dfrac{q}{4\pi\varepsilon_0}\cdot\dfrac{r^2-3y^2}{r^5},\\[2mm]\dfrac{\partial R}{\partial z}=\dfrac{q}{4\pi\varepsilon_0}\cdot\dfrac{r^2-3z^2}{r^5},\end{cases}$$

$$\frac{\partial P}{\partial x}+\frac{\partial Q}{\partial y}+\frac{\partial R}{\partial z}=0.$$

代入(7)式,得

$$\oiint\limits_{S_1^+}\boldsymbol{E}\cdot\boldsymbol{n}_1^0\mathrm{d}S=-\oiint\limits_{S^-}\boldsymbol{E}\cdot\boldsymbol{n}_0\mathrm{d}S=\oiint\limits_{S^+}\boldsymbol{E}\cdot\boldsymbol{n}_0\mathrm{d}S=\frac{q}{\varepsilon_0}. \quad \blacksquare$$

§7 斯托克斯(Stokes)公式

格林公式和高斯公式都是区域(平面区域或空间区域)上的积分与区域边界上的积分之间的联系公式.同样的事实反映在空间曲面上,就是曲面上的曲面积分与曲面边界上的曲线积分之间的联系公式——斯托克斯公式.

定理 设 S 为分片光滑的双侧曲面,其边界为分段光滑曲线 L,取定 S 的一侧,将这一侧的单位法向量记作 $\boldsymbol{n}_0$.若向量函数 $\boldsymbol{F}=\{P(x,y,z),Q(x,y,z),R(x,y,z)\}$的三个分量在包围曲面 S 的空间区域内有连续的一阶偏导数,则有斯托克斯公式

$$\oint_L P\mathrm{d}x + Q\mathrm{d}y + R\mathrm{d}z = \iint_S \Big[\Big(\frac{\partial R}{\partial y} - \frac{\partial Q}{\partial z}\Big)\cos\alpha + \Big(\frac{\partial P}{\partial z} - \frac{\partial R}{\partial x}\Big)\cos\beta + \Big(\frac{\partial Q}{\partial x} - \frac{\partial P}{\partial y}\Big)\cos\gamma\Big]\mathrm{d}S$$

$$\xlongequal{\text{或}} \iint_S \Big(\frac{\partial R}{\partial y} - \frac{\partial Q}{\partial z}\Big)\mathrm{d}y\mathrm{d}z + \Big(\frac{\partial P}{\partial z} - \frac{\partial R}{\partial x}\Big)\mathrm{d}z\mathrm{d}x + \Big(\frac{\partial Q}{\partial x} - \frac{\partial P}{\partial y}\Big)\mathrm{d}x\mathrm{d}y, \qquad (1)$$

其中 $\boldsymbol{n}_0 = \{\cos\alpha, \cos\beta, \cos\gamma\}$，且(1)式左端的积分路径 L 的方向与 $\boldsymbol{n}_0$ 组成右手系(即：若将右手第二、三、四、五指头并拢，并沿着 L 的方向握住时，则大拇指伸直所指的方向即为 $\boldsymbol{n}_0$ 的方向).

为了便于记忆，斯托克斯公式(1)又可写为

$$\oint_L P\mathrm{d}x + Q\mathrm{d}y + R\mathrm{d}z = \iint_S \begin{vmatrix} \cos\alpha & \cos\beta & \cos\gamma \\ \dfrac{\partial}{\partial x} & \dfrac{\partial}{\partial y} & \dfrac{\partial}{\partial z} \\ P & Q & R \end{vmatrix} \mathrm{d}S$$

$$\xlongequal{\text{或}} \iint_S \begin{vmatrix} \mathrm{d}y\mathrm{d}z & \mathrm{d}z\mathrm{d}x & \mathrm{d}x\mathrm{d}y \\ \dfrac{\partial}{\partial x} & \dfrac{\partial}{\partial y} & \dfrac{\partial}{\partial z} \\ P & Q & R \end{vmatrix}, \qquad (2)$$

上式右端行列式按第一行展开，其中$\dfrac{\partial}{\partial x}$与 R“相乘”表示$\dfrac{\partial R}{\partial x}$，等等.

证 先证明

$$\oint_L P\mathrm{d}x = \iint_S \Big(\frac{\partial P}{\partial z}\cos\beta - \frac{\partial P}{\partial y}\cos\gamma\Big)\mathrm{d}S. \qquad (3)$$

设曲面 S 的方程为

$$z = f(x, y), \quad (x, y) \in D_{xy}.$$

为了确定起见，不妨取 S 为上侧(取下侧同样可证). D_{xy}为 S 在 xy 平面上的投影区域，其边界 C 是 S 的边界 L 在 xy 平面上的投影曲线. 设 C 的方向与 L 的方向一致(图 12-32). 为了证明(3)式，我

们设法将(3)式两端的积分都化为 D_{xy} 上的二重积分.

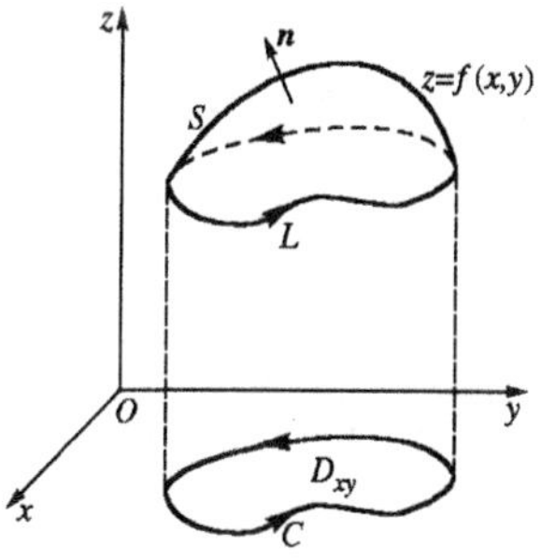

图 12-32

由曲线积分的定义知,(3)式左端

$$\oint_L P(x,y,z)\mathrm{d}x = \oint_C P[x,y,f(x,y)]\mathrm{d}x$$

(这是因为函数 $P[x,y,f(x,y)]$在 C 上的点(x,y)处的值等于函数 $P(x,y,z)$在 L 上对应点$(x,y,f(x,y))$处的值,并且 L 与 C 上对应的小的有向线段在 x 轴上的投影也相等),于是由格林公式得

$$\begin{aligned}\oint_L P(x,y,z)\mathrm{d}x &= \oint_C P[x,y,f(x,y)]\mathrm{d}x \\ &= -\iint_{D_{xy}}\left\{\frac{\partial}{\partial y}P[x,y,f(x,y)]\right\}\mathrm{d}x\mathrm{d}y \\ &= -\iint_{D_{xy}}\left(\frac{\partial P}{\partial y}+\frac{\partial P}{\partial z}\cdot\frac{\partial z}{\partial y}\right)\mathrm{d}x\mathrm{d}y \\ &= -\iint_{D_{xy}}\left(\frac{\partial P}{\partial y}+\frac{\partial P}{\partial z}f_y\right)\mathrm{d}x\mathrm{d}y. \qquad (4)\end{aligned}$$

再看(3)式右端的曲面积分.为了把它也化为 D_{xy}平面上的二重积分,可先将 $\cos\beta$ 用 $\cos\gamma$ 来表达.我们知道,曲面 S 的法向量为$\{\pm f_x,\pm f_y,\mp 1\}$,它与单位法向量 $\boldsymbol{n}_0=\{\cos\alpha,\cos\beta,\cos\gamma\}$共线,因此有

$$\frac{\cos\alpha}{f_x}=\frac{\cos\beta}{f_y}=\frac{\cos\gamma}{-1},$$

从而 $$\cos\beta=-f_y\cos\gamma,$$

于是(3)式右端

$$\begin{aligned}
&\iint_S\left(\frac{\partial P}{\partial z}\cos\beta-\frac{\partial P}{\partial y}\cos\gamma\right)\mathrm{d}S\\
&=-\iint_S\left[\frac{\partial P}{\partial z}(-f_y\cos\gamma)-\frac{\partial P}{\partial y}\cos\gamma\right]\mathrm{d}S\\
&=-\iint_S\left(\frac{\partial P}{\partial z}f_y+\frac{\partial P}{\partial y}\right)\cos\gamma\mathrm{d}S\\
&=-\iint_{D_{xy}}\left(\frac{\partial P}{\partial z}f_y+\frac{\partial P}{\partial y}\right)\mathrm{d}x\mathrm{d}y. \qquad (5)
\end{aligned}$$

比较(4),(5)两式,便知(3)式成立.

对于一般的曲面,可用一些辅助线把它分为若干块,使(3)式对每一块都成立,然后相加,注意到在辅助线上的曲线积分要在正反向的两个方向上各计算一次,正好互相抵消,因此(3)式对于一般曲面也成立.

同理可证

$$\oint_L Q\mathrm{d}y=\iint_S\left(\frac{\partial Q}{\partial x}\cos\gamma-\frac{\partial Q}{\partial z}\cos\alpha\right)\mathrm{d}S, \qquad (6)$$

$$\oint_L R\mathrm{d}z=\iint_S\left(\frac{\partial R}{\partial y}\cos\alpha-\frac{\partial R}{\partial x}\cos\beta\right)\mathrm{d}S. \qquad (7)$$

将(3),(6),(7)三式相加,便得到斯托克斯公式(1). ▌

例 1 利用斯托克斯公式计算曲线积分

$$I=\oint_L(by^2z-x)\mathrm{d}x+(3x-ayz^2)\mathrm{d}y+(x+y+z)\mathrm{d}z,$$

其中 L 为圆柱面 $x^2+y^2=a^2$ 与平面 $\frac{x}{a}+\frac{z}{b}=1$ $(a>0,b>0)$的交线,从 x 轴正向往原点看时,L 为逆时针方向(图 12-33).

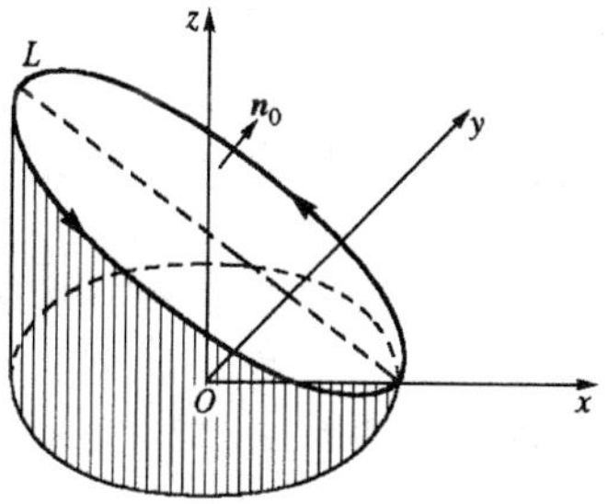

图 12-33

解 设 S 是以 L 为边界的有向曲面，位于平面

$$\frac{x}{a}+\frac{z}{b}=1$$

上. 由题设知，S 应取上侧，因此 S 的单位法向量为

$$\begin{aligned}\boldsymbol{n}_0&=\{\cos\alpha,\cos\beta,\cos\gamma\}\\&=\left\{\frac{-z_x}{\sqrt{1+z_x^2+z_y^2}},\frac{-z_y}{\sqrt{1+z_x^2+z_y^2}},\frac{1}{\sqrt{1+z_x^2+z_y^2}}\right\}\\&=\left\{\frac{b}{\sqrt{a^2+b^2}},0,\frac{a}{\sqrt{a^2+b^2}}\right\}.\end{aligned}$$

又，$P=by^2z-x$，$Q=3x-ayz^2$，$R=x+y+z$，于是由斯托克斯公式(2)得

$$\begin{aligned}I&=\iint\limits_S\begin{vmatrix}\frac{b}{\sqrt{a^2+b^2}} & 0 & \frac{a}{\sqrt{a^2+b^2}}\\ \frac{\partial}{\partial x} & \frac{\partial}{\partial y} & \frac{\partial}{\partial z}\\ by^2z-x & 3x-ayz^2 & x+y+z\end{vmatrix}\mathrm{d}S\\&=\iint\limits_S\left[(1+2ayz)\frac{b}{\sqrt{a^2+b^2}}+(3-2byz)\frac{a}{\sqrt{a^2+b^2}}\right]\mathrm{d}S\\&=\frac{3a+b}{\sqrt{a^2+b^2}}\iint\limits_S 1\mathrm{d}S\end{aligned}$$

$$\overset{\text{注}}{=\!=} \frac{3a+b}{\sqrt{a^2+b^2}} \cdot \pi a \cdot \sqrt{a^2+b^2} = a(3a+b)\pi.$$

注 由 S 的方程 $z=-\dfrac{bx}{a}+b$ 知，$z_x=-\dfrac{b}{a}$，$z_y=0$，因此 $\sqrt{1+z_x^2+z_y^2}=\dfrac{1}{a}\sqrt{a^2+b^2}$. 又，$S$ 在 xy 平面上的投影是圆域 D_{xy}：$\begin{cases}x^2+y^2\leqslant a^2,\\ z=0,\end{cases}$ 于是得到 S 的面积

$$\begin{aligned}\iint_S 1\mathrm{d}S &= \iint_{D_{xy}} \sqrt{1+z_x^2+z_y^2}\mathrm{d}x\mathrm{d}y \\ &= \iint_{D_{xy}} \frac{1}{a}\sqrt{a^2+y^2}\mathrm{d}x\mathrm{d}y = \frac{1}{a}\sqrt{a^2+b^2}\cdot \pi a^2 \\ &= \pi a\cdot\sqrt{a^2+b^2}.\end{aligned}$$

此面积亦可这样求(参看第十一章 § 4 中公式(2))：

$$\begin{aligned}\iint_S 1\mathrm{d}S &= (\pi a^2)\cdot\frac{1}{\cos\gamma} = \pi a^2\cdot\frac{\sqrt{a^2+b^2}}{a} \\ &= \pi a\cdot\sqrt{a^2+b^2}.\end{aligned}$$

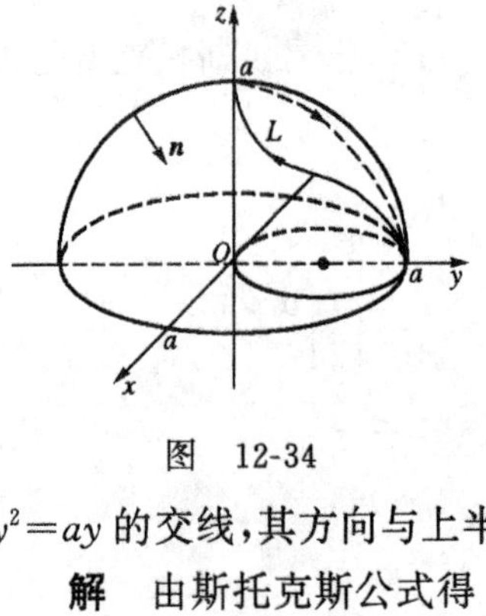

图 12-34

思考题 试利用斯托克斯公式计算本章 § 2 例 3 中的空间曲线积分 $\oint_L xy\mathrm{d}x+yz\mathrm{d}y+zx\mathrm{d}z$，其中 L 及其方向见 § 2 例 3 所述.

例 2 利用斯托克斯公式计算 $\oint_L z^2\mathrm{d}x+xy\mathrm{d}y+yz\mathrm{d}z$，其中 L 为上半球面 $z=\sqrt{a^2-x^2-y^2}$ 与柱面 $x^2+y^2=ay$ 的交线，其方向与上半球面的下侧组成右手系(图 12-34).

解 由斯托克斯公式得

$$\oint_L z^2\mathrm{d}x+xy\mathrm{d}y+yz\mathrm{d}z$$

$$= \iint\limits_S \begin{vmatrix} dydz & dzdx & dxdy \\ \dfrac{\partial}{\partial x} & \dfrac{\partial}{\partial y} & \dfrac{\partial}{\partial z} \\ z^2 & xy & yz \end{vmatrix}$$

$$= \iint\limits_S z dydz + 2z dzdx + y dxdy,$$

其中 S 为上半球面被柱面截下的部分，取下侧. 为了计算这个曲面积分，我们利用本章§5 公式(3′). S 在 xy 平面上的投影区域 D_{xy}是圆心在 y 轴上的点$\left(0,\dfrac{a}{2},0\right)$处、半径为$\dfrac{a}{2}$的圆(图 12-34)，圆周方程为 $r = a\sin\theta$ ($0 \leqslant \theta \leqslant \pi$). 由上半球面方程 $z = \sqrt{a^2-x^2-y^2}$知

$$z_x = \frac{-x}{\sqrt{a^2-x^2-y^2}}, \quad z_y = \frac{-y}{\sqrt{a^2-x^2-y^2}}.$$

因为上半球面取下侧，所以在利用§5 的公式(3′)将曲面积分化为二重积分时，积分前应取负号，于是得到

$$\oint_L z^2 dx + xy dy + yz dz$$

$$= \iint\limits_S z dydz + 2z dzdx + y dxdy$$

$$= -\iint\limits_{D_{xy}} \Bigg[\sqrt{a^2-x^2-y^2} \cdot \frac{-(-x)}{\sqrt{a^2-x^2-y^2}}$$

$$+ 2\sqrt{a^2-x^2-y^2} \cdot \frac{-(-y)}{\sqrt{a^2-x^2-y^2}} + y \cdot 1\Bigg] dxdy$$

$$= -\iint\limits_{D_{xy}} (x+3y) dxdy$$

$$= -\int_0^{\pi} d\theta \int_0^{a\sin\theta} (r\cos\theta + 3r\sin\theta) r dr$$

$$= -\int_0^{\pi} (\cos\theta + 3\sin\theta) \frac{r^3}{3}\Bigg|_{r=0}^{r=a\sin\theta} d\theta$$

$$=-a^3\left(\int_0^{\pi}\frac{1}{3}\cos\theta\cdot\sin^3\theta\mathrm{d}\theta+\int_0^{\pi}\sin^4\theta\mathrm{d}\theta\right)$$

$$=-a^3\left(0+2\int_0^{\pi/2}\sin^4\theta\mathrm{d}\theta\right)$$

$$=-2a^3\frac{3\cdot 1}{4\cdot 2}\cdot\frac{\pi}{2}=-\frac{3}{8}\pi a^3.$$

习 题 12.6

1. 用高斯公式计算下列曲面积分：

(1) $\iint\limits_{S^+}(x-y)\mathrm{d}x\mathrm{d}y+(y-z)x\mathrm{d}y\mathrm{d}z$，其中 S^+ 是由柱面 $x^2+y^2=1$ 与平面 $z=0,z=3$ 所围立体边界的外侧；

(2) $\iint\limits_{S}(\boldsymbol{A}\cdot\boldsymbol{n}_0)\mathrm{d}S$，其中 $\boldsymbol{A}=\{x^2,y^2,z^2\}$，$S^+$ 是锥面 $x^2+y^2=z^2$ 在 $0\leqslant z\leqslant h$ 部分的外侧，$\boldsymbol{n}_0$ 为 S^+ 侧的单位法向量；

(3) $\iint\limits_{S^-}xy^2\mathrm{d}y\mathrm{d}z+yz^2\mathrm{d}z\mathrm{d}x+zx^2\mathrm{d}x\mathrm{d}y$，$S^+$ 为椭球面 $\frac{x^2}{a^2}+\frac{y^2}{b^2}+\frac{z^2}{c^2}=1$ 的外侧.

2. 设 $\boldsymbol{a}$ 是常向量，S^+ 为任意的逐块光滑闭曲面的外侧，$\boldsymbol{n}_0$ 为 S^+ 侧的单位法向量，证明

$$\iint\limits_{S^+}(\boldsymbol{a}\cdot\boldsymbol{n}_0)\mathrm{d}S=0.$$

3. 计算 $\iint\limits_{S}\cos\langle\boldsymbol{r},\boldsymbol{n}_0\rangle\mathrm{d}S$，其中 $\boldsymbol{r}=\{x,y,z\}$，$\boldsymbol{n}_0$ 为球面 $x^2+y^2+z^2=R^2$ 外侧单位法向量.

4. 计算 $\iint\limits_{S^+}\frac{\cos\langle\boldsymbol{r},\boldsymbol{n}_0\rangle}{|\boldsymbol{r}|^2}\mathrm{d}S$，其中 $\boldsymbol{r}=\{x,y,z\}$，$\boldsymbol{n}_0$ 为闭曲面 S 外侧单位法向量，闭曲面 S 为下面三种情形：

(1) S：$x^2+y^2+z^2=R^2$；

(2) S：$\frac{x^2}{a^2}+\frac{y^2}{b^2}+\frac{z^2}{c^2}=1$；

(3) S：不包含原点的闭曲面.

5. 设 u 是三维调和函数，即满足

$$\frac{\partial^2 u}{\partial x^2}+\frac{\partial^2 u}{\partial y^2}+\frac{\partial^2 u}{\partial z^2}=0,$$

且 u 有二阶连续的偏导数. 证明

(1) $\iint\limits_S u\frac{\partial u}{\partial \boldsymbol{n}}\mathrm{d}S=\iiint\limits_V(u_x^2+u_y^2+u_z^2)\mathrm{d}V$,其中$\frac{\partial u}{\partial \boldsymbol{n}}$为 S 的外法向方向导数.

(2) 若 $u=u(x,y,z)$在边界面 S 上恒为零,则 u 在区域 V 上恒为零 (S 为 V 的边界面).

6. 利用斯托克斯公式计算

$$\oint_L z\mathrm{d}x+x\mathrm{d}y+y\mathrm{d}z,$$

其中 L 为以 $A_1(1,0,0)$,$A_2(0,1,0)$,$A_3(0,0,1)$为顶点的三角形的边界,方向为 $A_1A_2A_3A_1$(如右图).

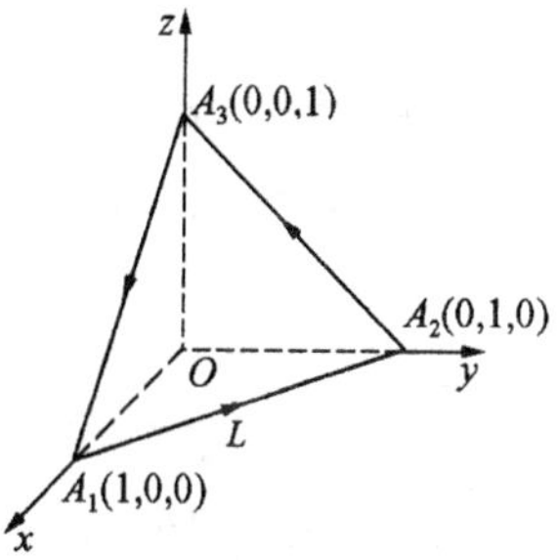

第 6 题图

7. 用斯托克斯公式计算下列积分:

(1) $\int_{C^+}y\mathrm{d}x+z\mathrm{d}y+x\mathrm{d}z$,其中 C^+ 为圆周

$$\begin{cases}x^2+y^2+z^2=R^2,\\ x+y+z=0,\end{cases}$$

若从 x 轴正向看去,它是依逆时针方向进行.

(2) $\int_{L^+}(y^2+z^2)\mathrm{d}x+(x^2+z^2)\mathrm{d}y+(x^2+y^2)\mathrm{d}z$,其中曲线 L 为球面 $z=\sqrt{2Rx-x^2-y^2}$与柱面 $x^2+y^2=2rx$ $(0<r<R,z>0)$的交线,且 L^+ 与球面上侧成右手系.

(3) $\int_{L^+}(y^2-z^2)\mathrm{d}x+(z^2-x^2)\mathrm{d}y+(x^2-y^2)\mathrm{d}z$,其中 L 是用平面 $x+y+z=\frac{3}{2}R$ 切立方体 $0\leqslant x\leqslant R,0\leqslant y\leqslant R,0\leqslant z\leqslant R$ 表面所得的切痕,且从 x 轴正向看去, L^+依逆时针方向进行.

(4) 应用斯托克斯公式计算

$$I=\oint_{\Gamma^+}(y-z)\mathrm{d}x+(z-x)\mathrm{d}y+(x-y)\mathrm{d}z,$$

Γ^+为椭圆 $x^2+y^2=a^2,\frac{x}{a}+\frac{z}{b}=1$ $(a>0,b>0)$,若从 x 轴正向看去,这椭圆是取逆时针方向.

第十三章 场论初步

§1 场的概念

在现实空间中，有着各种各样的物理现象. 例如，力作用在运动着的质点上要做功，空气中因各点气压的不同而形成气流，水流因各点的速度不同而形成漩涡. 这些物理现象都是由于物理量的某种分布而产生的. 某一种物理量在空间和时间上的分布，就称为某一种物理场，简称为**场**. 比如温度场，湿度场，质量场，气压场，电势场，流速场，电场，磁场，引力场，等等. 这些物理量中，有的是标量，有的是矢量. 用标量表示的物理量的分布称为**数量场**，用矢量表示的物理量的分布称为**向量场**. 例如，温度场是数量场，引力场是向量场. 在数学上，数量场 u 常用点 M 及时间 t 的数量函数来表示，即

$$u = u(M,t);$$

向量场 $\boldsymbol{F}$ 则用点 M 及时间 t 的向量函数来表示，即

$$\boldsymbol{F} = \boldsymbol{F}(M,t).$$

当我们采用直角坐标系 $Oxyz$ 时，点 M 可用坐标 (x,y,z) 表示，因而数量场及向量场可分别表示为 x,y,z,t 的四元函数

$$u = u(x,y,z,t),$$

$$\boldsymbol{F} = \boldsymbol{F}(x,y,z,t).$$

有时也把向量场 $\boldsymbol{F}$ 用分量的形式表示出来，如

$$\begin{aligned}\boldsymbol{F} &= P(x,y,z,t)\boldsymbol{i} + Q(x,y,z,t)\boldsymbol{j} + R(x,y,z,t)\boldsymbol{k}\\ &= \{P(x,y,z,t),Q(x,y,z,t),R(x,y,z,t)\}.\end{aligned}$$

因此，给定一个向量场，相当于给定三个(四元的)数量函数.

随着时间而变化的物理场，称为**不定常场**，或**不稳定场**. 不随

时间变化的物理场，称为**定常场**，或**稳定场**，**恒稳场**. 一般的场都是不定常场，但它在一个时刻的瞬时状态可以看成一个定常场. 本章主要讨论定常场.

定常场与时间 t 无关，因而数量场和向量场可分别表示为

$$u = f(x,y,z),$$

及
$$\boldsymbol{F}=\{P(x,y,z),Q(x,y,z),R(x,y,z)\}.$$

§2 数量场的等值面和向量场的向量线

2.1 数量场的等值面

数量场的直观表示是等值面(或等值线).

设有数量场 $u=u(x,y,z)$. 我们把使数量场取相同数值的点 (x,y,z) 所组成的曲面称为**等值面**. 例如，温度场的等值面是等温面，气压场的等值面是等压面，电势场的等值面是等势面，等等. 等值面可用方程

$$u(x,y,z) = C \quad (C\text{ 为常数})$$

表示. 常数 C 不同，等值面就不同. 任意两个不同的等值面彼此不会相交. 事实上，若两个不同等值面

$$u(x,y,z) = C_1$$

与
$$u(x,y,z)=C_2 \quad (C_1\neq C_2)$$

有交点 (x_0,y_0,z_0)，则由

$$u(x_0,y_0,z_0) = C_1,$$

及
$$u(x_0,y_0,z_0)=C_2$$

推出 $C_1=C_2$，矛盾.

对于平面数量场 $z=z(x,y)$，类似地，有等值线的概念. 我们在第十章§1，曾用二元函数的语言介绍过等值线的概念. 现在用"场"的语言来说，就是：使平面数量场取相同数值的点 (x,y) 所组成的曲线

$$z(x,y)=C \quad (C\text{ 为常数})$$

称为**等值线**,它们是平面曲线. 当 z 表示高度时,等值线就是等高线. 在地图上,常用等高线来表示地形的高度(图 13-1).

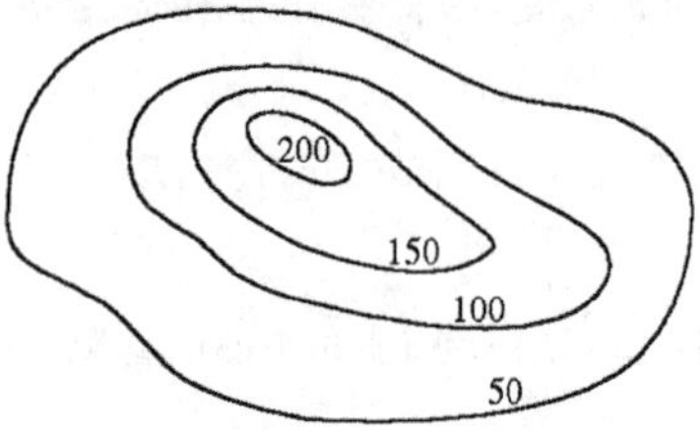

图 13-1

我们在第十章还介绍过函数 $u=u(x,y,z)$ 的梯度

$$\mathrm{grad}u=\left\{\frac{\partial u}{\partial x},\frac{\partial u}{\partial y},\frac{\partial u}{\partial z}\right\}.$$

函数 u 的梯度有时也称为**数量场** $u=u(x,y,z)$ **的梯度**. 因为梯度是向量,所以数量场的梯度又形成一个向量场,称为**梯度场**.

由第十章知,曲面 $F(x,y,z)=0$ 的法向量为 $\{F_x,F_y,F_z\}$,因此,等值面 $u(x,y,z)=C$(或 $u(x,y,z)-C=0$)的法向量为

$$\left\{\frac{\partial u}{\partial x},\frac{\partial u}{\partial y},\frac{\partial u}{\partial z}\right\}.$$

这恰好是梯度 $\mathrm{grad}u$. 于是得知,数量场 $u=u(x,y,z)$ 的梯度 $\mathrm{grad}u$ 垂直于等值面. 这是梯度的一个重要性质(见下页注). 利用这个性质,有时我们也将梯度写为

$$\mathrm{grad}u=\frac{\partial u}{\partial n}\boldsymbol{n}_0,$$

其中 $\boldsymbol{n}_0$ 为等值面 $u(x,y,z)=C$ 的单位法向量,由梯度的定义知,这里的 $\boldsymbol{n}_0$ 应指向函数增加的方向.

前面我们曾介绍过哈密尔顿算子"∇",它是一个微分运算符号,同时又可当作向量看待,即

$$\nabla=\left\{\frac{\partial}{\partial x},\frac{\partial}{\partial y},\frac{\partial}{\partial z}\right\},$$

因此梯度可用算子 ∇ 表示为

$$\mathrm{grad}u = \nabla u.$$

为了今后使用方便，我们进一步规定：若

$$\boldsymbol{A}(x,y,z) = \{A_1(x,y,z), A_2(x,y,z), A_3(x,y,z)\}$$

为向量场，则

$$\nabla \cdot \boldsymbol{A} = \left\{\frac{\partial}{\partial x}, \frac{\partial}{\partial y}, \frac{\partial}{\partial z}\right\} \cdot \{A_1, A_2, A_3\} = \frac{\partial A_1}{\partial x} + \frac{\partial A_2}{\partial y} + \frac{\partial A_3}{\partial z},$$

$$\nabla \times \boldsymbol{A} = \begin{vmatrix} \boldsymbol{i} & \boldsymbol{j} & \boldsymbol{k} \\ \frac{\partial}{\partial x} & \frac{\partial}{\partial y} & \frac{\partial}{\partial z} \\ A_1 & A_2 & A_3 \end{vmatrix}$$

$$= \left(\frac{\partial A_3}{\partial y} - \frac{\partial A_2}{\partial z}\right)\boldsymbol{i} - \left(\frac{\partial A_3}{\partial x} - \frac{\partial A_1}{\partial z}\right)\boldsymbol{j} + \left(\frac{\partial A_2}{\partial x} - \frac{\partial A_1}{\partial y}\right)\boldsymbol{k}.$$

应当指出，哈密尔顿算子 ∇ 的运算规则与向量的运算规则既有一致的地方，也有不一致的地方. 例如

$$\nabla \times \boldsymbol{A} \cdot \boldsymbol{B} \neq \begin{vmatrix} \frac{\partial}{\partial x} & \frac{\partial}{\partial y} & \frac{\partial}{\partial z} \\ A_1 & A_2 & A_3 \\ B_1 & B_2 & B_3 \end{vmatrix}$$

而是

$$\nabla \times \boldsymbol{A} \cdot \boldsymbol{B} = \begin{vmatrix} B_1 & B_2 & B_3 \\ \frac{\partial}{\partial x} & \frac{\partial}{\partial y} & \frac{\partial}{\partial z} \\ A_1 & A_2 & A_3 \end{vmatrix}$$

注 对于平面数量场 $z=f(x,y)$，我们曾在第十章 §7 的例 1 证明过同样的结论：梯度 $\mathrm{grad}f=\left\{\frac{\partial f}{\partial x}, \frac{\partial f}{\partial y}\right\}$ 垂直于等值线 $f(x,y)=C$.

2.2 向量场的向量线

我们通常用向量线来直观地表示向量场.

设有向量场

$$\boldsymbol{F} = \{P(x,y,z),Q(x,y,z),R(x,y,z)\},$$

若有一曲线 L,其上各点处的切线恰与向量场在该点处的向量 $\boldsymbol{F}$ 重合,则称此曲线为该向量场的**向量线**. 例如,静电场中的电力线,磁场中的磁力线,流速场中的流线等等,都是向量线. 画出向量线,就可大致看出向量场的情况(图 13-2).

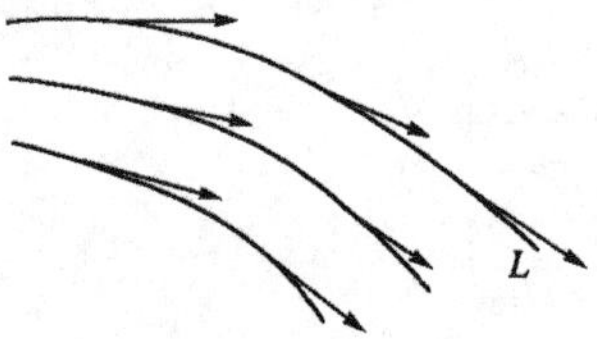

图 13-2

设向量线 L 上任一点 $M(x,y,z)$ 的向径为 $\boldsymbol{r}=\{x,y,z\}$,则 $\mathrm{d}\boldsymbol{r}=\{\mathrm{d}x,\mathrm{d}y,\mathrm{d}z\}$ 为曲线 L 在点 M 处的切向量. 由向量线的定义知,$\{\mathrm{d}x,\mathrm{d}y,\mathrm{d}z\}$应与向量 $\boldsymbol{F}=\{P,Q,R\}$共线,因此有

$$\frac{\mathrm{d}x}{P} = \frac{\mathrm{d}y}{Q} = \frac{\mathrm{d}z}{R}. \tag{1}$$

这就是向量线所满足的方程组. 解此方程组,便得到向量线族.

例 设点电荷 q 位于坐标原点,则它所产生的电场强度为

$$\boldsymbol{E} = \frac{1}{4\pi\varepsilon_0}\cdot\frac{q}{r^2}\boldsymbol{r}_0 = \frac{q}{4\pi\varepsilon_0 r^3}\{x,y,z\}.$$

由(1)式得方程组

$$\frac{\mathrm{d}x}{\frac{qx}{4\pi\varepsilon_0 r^3}} = \frac{\mathrm{d}y}{\frac{qy}{4\pi\varepsilon_0 r^3}} = \frac{\mathrm{d}z}{\frac{qz}{4\pi\varepsilon_0 r^3}},$$

即

$$\frac{\mathrm{d}x}{x}=\frac{\mathrm{d}y}{y}=\frac{\mathrm{d}z}{z}.$$

对上式求不定积分得

$$\ln|x| - \ln|C_1| = \ln|y| - \ln|C_2| = \ln|z| - \ln|C_3|$$

(其中 C_1,C_2,C_3 为任意常数),整理,得

$$\frac{x}{C_1}=\frac{y}{C_2}=\frac{z}{C_3}.$$

由直线的标准方程知,这是通过原点(0,0,0),以任意向量(C_1,C_2,C_3)为方向向量的直线族,称为**电力线**(族)(图 13-3).

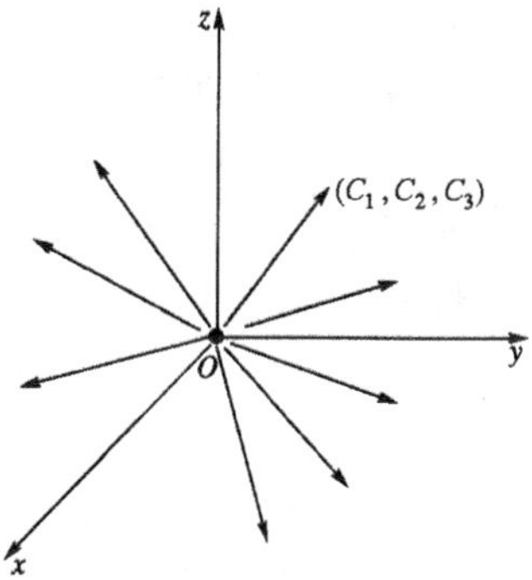

图 13-3

§3 向量场的通量与散度

3.1 通量

设有稳定流体,其速度形成一流速场 $\boldsymbol{v}(M)$. 由上一章知,流速场 $\boldsymbol{v}$ 通过有向曲面 S 的流量为第二型曲面积分

$$Q=\iint_S \boldsymbol{v}\cdot\boldsymbol{n}_0 \mathrm{d}S,$$

其中 $\boldsymbol{n}_0$ 为曲面 S 在指定一侧的单位法向量. 因为

$$\boldsymbol{v}\cdot\boldsymbol{n}_0=|\boldsymbol{v}||\boldsymbol{n}_0|\cos\langle\boldsymbol{v},\boldsymbol{n}_0\rangle=|\boldsymbol{v}|\cos\langle\boldsymbol{v},\boldsymbol{n}_0\rangle=v_n$$

为 $\boldsymbol{v}$ 在 $\boldsymbol{n}_0$ 上的投影,所以流量也可写为

$$Q=\iint_S v_n \mathrm{d}S.$$

有时我们引进**面积元素向量**

$$\mathrm{d}\boldsymbol{S}=\boldsymbol{n}_0\mathrm{d}S,$$

这是一个向量,其方向为 $\boldsymbol{n}_0$ 的方向,其大小为面积元素 $\mathrm{d}S$. 于是流量又可表为向量形式

$$Q=\iint_S \boldsymbol{v}\cdot\mathrm{d}\boldsymbol{S}.$$

流量也称为通量. 对于一般向量场 $\boldsymbol{F}(M)$,可类似地定义通量.

定义 1 设有向量场 $\boldsymbol{F}(M)$,S 为分片光滑的有向曲面,取定一侧,$\boldsymbol{n}_0$ 为这一侧的单位法向量,则 $\boldsymbol{F}(M)$ 在 S 上沿指定一侧的第二型曲面积分

$$\iint_S \boldsymbol{F}\cdot\boldsymbol{n}_0\mathrm{d}S=\iint_S F_n\mathrm{d}S=\iint_S \boldsymbol{F}\cdot\mathrm{d}\boldsymbol{S}$$

称为向量场 $\boldsymbol{F}(M)$ 穿过有向曲面 S 在指定一侧的**通量**.

若 S 为封闭曲面,$\boldsymbol{n}_0(M)$ 为曲面外侧的单位法向量,则向量场 $\boldsymbol{F}(M)$ 穿过曲面 S 的通量为

$$\oiint_S \boldsymbol{F}\cdot\boldsymbol{n}_0\mathrm{d}S. \tag{1}$$

因为 $\boldsymbol{F}\cdot\boldsymbol{n}_0\mathrm{d}S=|\boldsymbol{F}|\cos\langle\boldsymbol{F},\boldsymbol{n}_0\rangle\mathrm{d}S$ 有正,有负,所以(1)式表示从内部穿出 S 的通量与从外部穿入 S 的通量之差.

在实际问题中,通量为正、为负或为零,都有一定的物理意义. 例如,对于流速场 $\boldsymbol{v}$ 来说,流量

$$Q=\oiint_S \boldsymbol{v}\cdot\boldsymbol{n}_0\mathrm{d}S$$

是流出曲面 S 的流体量与流入 $\boldsymbol{S}$ 的流体量之差,因此

(1) 当 $Q>0$,则表示流出 S 的量多,流入 S 的量少. 这表明在 S 内部有产生流体的“源”,它不断散发出流体.

(2) 当 $Q<0$,则表示流出 S 的量少,流入 S 的量多. 这表明在 S 内部有漏掉流体的“洞”,它不断吸收流体.

(3) 当 $Q=0$,则表示流出 S 的量与流入 S 的量相等. 这时,S

内可能既没有“源”，又没有“洞”，也可能既有“源”，也有“洞”，但流出与流入的量达到平衡. 因此我们说，流量 $Q=\oint\!\!\!\oint_S \boldsymbol{v}\cdot\boldsymbol{n}_0\mathrm{d}S$ 就是流速场 $\boldsymbol{v}(M)$ 在 S 所包围的空间区域 Ω 内的总发散量.

3.2 散度

有时除了要考虑区域 Ω 内的总发散量外，还要考虑 Ω 内某点 M_0 是“源”还是“洞”，以及它散发或吸收流体的强弱程度. 为了讨论这个问题，我们先考虑流速场 $\boldsymbol{v}(M)$ 在点 M_0 处的平均发散量，即单位体积中所散发出的流量

$$\frac{\oint\!\!\!\oint_S \boldsymbol{v}(M)\cdot\boldsymbol{n}_0(M)\mathrm{d}S}{V}, \tag{2}$$

其中 V 是包含点 M_0 在内的区域 Ω 的体积(图 13-4). 显然，Ω 越小，平均发散量(2)式越接近于点 M_0 处的发散量. 当 Ω 收缩到点 M_0 时，(2)式的极限就刻画了点 M_0 处的发散强度，我们称它为散度. 对于一般向量场 $\boldsymbol{F}(M)$，有如下定义：

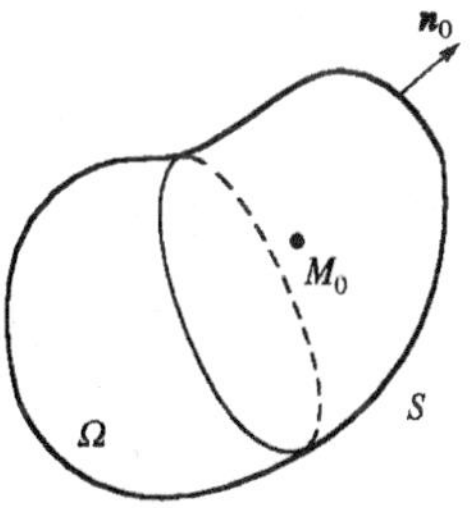

图 13-4

定义 2 设有向量场 $\boldsymbol{F}(M)$，M_0 为场内某一点. 在场内任意作一个包含点 M_0 的分片光滑封闭曲面 S，记 S 所包围的区域为 Ω，Ω 的体积为 V，$\boldsymbol{n}_0$ 为 S 的单位外法向量，当 Ω 收缩到点 M_0 时，若极限

$$\lim_{\Omega\to M}\frac{\oint\!\!\!\oint_S \boldsymbol{F}\cdot\boldsymbol{n}_0\mathrm{d}S}{V}$$

存在，则称此极限值为向量场 $\boldsymbol{F}(M)$ 在点 M_0 处的**散度**，记作

$$\mathrm{div}\boldsymbol{F}\big|_{M_0}=\lim_{\Omega\to M_0}\frac{\oint\!\!\!\oint_S \boldsymbol{F}\cdot\boldsymbol{n}_0\mathrm{d}S}{V}. \tag{3}$$

散度 $\mathrm{div}\boldsymbol{F}|_{M_0}$是一个标量，是通量对体积的变化率. 易知，当 $\mathrm{div}\boldsymbol{F}|_{M_0}>0$，则表示点 M_0 是散发通量的“源”；当 $\mathrm{div}\boldsymbol{F}|_{M_0}<0$，则表示点 M_0 是吸收通量的“洞”；当 $\mathrm{div}\boldsymbol{F}|_{M_0}=0$，则表示点 M_0 既非“源”亦非“洞”.

若向量场 $\boldsymbol{F}(M)$在每一点 M 处的散度 $\mathrm{div}\boldsymbol{F}(M)$都存在，则散度构成一个新的数量场，称为**散度场**. 当 $\mathrm{div}\boldsymbol{F}(M)\equiv 0$ 时，则称 $\boldsymbol{F}(M)$为**无源场**(或无散场).

散度的定义(3)式显然与坐标系无关，但极限式(3)不便于计算. 下面给出在直角坐标系下的散度计算公式.

定理 若向量场 $\boldsymbol{F}=\{P(x,y,z),Q(x,y,z),R(x,y,z)\}$的三个分量在区域 Ω 内有一阶连续偏导数，则在 Ω 内任一点 $M(x,y,z)$处，散度 $\mathrm{div}\boldsymbol{F}$ 存在，且有计算公式

$$\mathrm{div}\boldsymbol{F}=\frac{\partial P}{\partial x}+\frac{\partial Q}{\partial y}+\frac{\partial R}{\partial z}. \tag{4}$$

证 在 Ω 内任取一个包含点 M 的小区域 Ω_1，其边界面为 S_1 (图 13-5). 由高斯公式及三重积分的中值定理得到

$$\begin{aligned}\oint\!\!\!\oint_{S_1}\boldsymbol{F}\cdot\boldsymbol{n}_0\mathrm{d}S&=\iiint_{\Omega_1}\left(\frac{\partial P}{\partial x}+\frac{\partial Q}{\partial y}+\frac{\partial R}{\partial z}\right)\mathrm{d}V\\&=\left(\frac{\partial P}{\partial x}+\frac{\partial Q}{\partial y}+\frac{\partial R}{\partial z}\right)\bigg|_{M^*}\cdot V_1,\end{aligned}$$

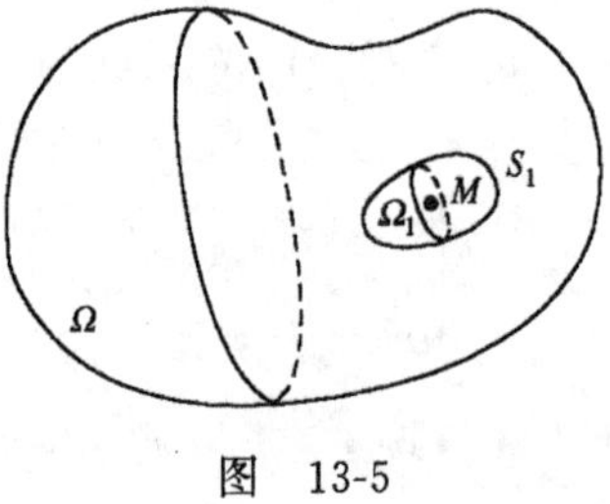

图 13-5

其中 M^* 为区域 Ω_1 内某一点，V_1 为 Ω_1 的体积. 在上式两边同除以 V_1，并让 Ω_1 收缩到点 M，则 $M^*\to M$，于是

$$\operatorname{div}\boldsymbol{F}|_M=\lim_{\Omega_1\to M}\frac{\displaystyle\oiint_{S_1}\boldsymbol{F}\cdot\boldsymbol{n}_0\mathrm{d}S}{V_1}$$

$$=\lim_{M^*\to M}\left(\frac{\partial P}{\partial x}+\frac{\partial Q}{\partial y}+\frac{\partial R}{\partial z}\right)\bigg|_{M^*}$$

$$=\left(\frac{\partial P}{\partial x}+\frac{\partial Q}{\partial y}+\frac{\partial R}{\partial z}\right)\bigg|_{M}. \quad ▮$$

由散度的计算公式(4)知，高斯公式可以表为

$$\oiint_S\boldsymbol{F}\cdot\boldsymbol{n}_0\mathrm{d}S=\iiint_\Omega\operatorname{div}\boldsymbol{F}\mathrm{d}V. \tag{5}$$

此式有明确的物理意义. 对于流速场 $\boldsymbol{v}(M)$来说，$\operatorname{div}\boldsymbol{v}(M)$是每一点 M 散发流体的强度，它在区域 Ω 上的积分

$$\iiint_\Omega\operatorname{div}\boldsymbol{v}\mathrm{d}V$$

是区域 Ω 内散发流体的总和，(5)式表明，它等于从边界面 S 流出去的流量

$$\oiint_S\boldsymbol{v}\cdot\boldsymbol{n}_0\mathrm{d}S.$$

这正反映了物质不灭定律.

例 位于坐标原点的点电荷 q 所产生的电场强度为

$$\boldsymbol{E}=\frac{1}{4\pi\varepsilon_0}\cdot\frac{q}{r^3}\boldsymbol{r},$$

其中 $\boldsymbol{r}=\{x,y,z\}$. 求场强 $\boldsymbol{E}$ 在点 $M(x,y,z)$处的散度.

解 $\boldsymbol{E}=\frac{q}{4\pi\varepsilon_0}\cdot\frac{1}{r^3}\{x,y,z\}$. 记

$$E_1=\frac{q}{4\pi\varepsilon_0}\cdot\frac{x}{r^3},\quad E_2=\frac{q}{4\pi\varepsilon_0}\cdot\frac{y}{r^3},\quad E_3=\frac{q}{4\pi\varepsilon_0}\cdot\frac{z}{r^3},$$

则

$$\frac{\partial E_1}{\partial x}=\frac{q}{4\pi\varepsilon_0}\cdot\frac{r^2-3x^2}{r^5},$$

$$\frac{\partial E_2}{\partial y} = \frac{q}{4\pi\varepsilon_0} \cdot \frac{r^2 - 3y^2}{r^5},$$

$$\frac{\partial E_3}{\partial z} = \frac{q}{4\pi\varepsilon_0} \cdot \frac{r^2 - 3z^2}{r^5},$$

于是由(4)式得

$$\begin{aligned} \mathrm{div}\boldsymbol{E} &= \frac{\partial E_1}{\partial x} + \frac{\partial E_2}{\partial y} + \frac{\partial E_3}{\partial z} \\ &= \frac{q}{4\pi\varepsilon_0} \cdot \frac{3r^2 - 3(x^2 + y^2 + z^2)}{r^5} = 0. \end{aligned}$$

由此可见，除原点($r=0$)外，场中任何点处的散度为零. 因此，电场强度 $\boldsymbol{E}$ 除原点外是无源场，这表明除原点外，空间其他点处无电力线散发出来.

顺便指出，无源场又称为**管量场**. 这是因为，如果在向量场 $\boldsymbol{F}(M)$ 中任作一个向量管(由向量线所围成的管状曲面)，那么可以证明，向量场 $\boldsymbol{F}(M)$ 穿过向量管的任何两个截面的通量都相等.

事实上，设 S_1，S_2 为向量管的任意两个截面，S_3 为向量管介于 S_1 与 S_2 之间的那部分侧面(图13-6)，于是 S_1，S_2 与 S_3 组成一个封闭曲面，记作 S，并记 S 所围成的区域为 Ω，则由高斯公式(5)知

$$\oiint_{S^+} \boldsymbol{F} \cdot \boldsymbol{n}_0 \mathrm{d}S = \iiint_{\Omega} \mathrm{div}\boldsymbol{F}(M) \mathrm{d}v = 0,$$

这里 S^+ 为曲面 S 的外侧，亦即有

$$\iint_{S_1^-} \boldsymbol{F} \cdot \boldsymbol{n}_0 \mathrm{d}S + \iint_{S_3^+} \boldsymbol{F} \cdot \boldsymbol{n}_0 \mathrm{d}S + \iint_{S_2^+} \boldsymbol{F} \cdot \boldsymbol{n}_0 \mathrm{d}S = 0,$$

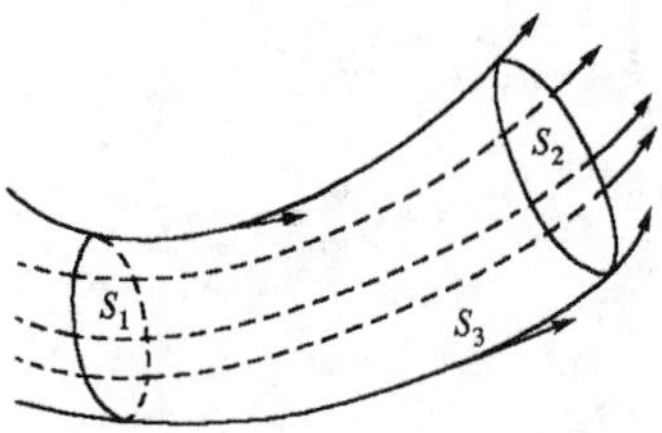

图　13-6

其中 S_1^- 为图13-6中 S_1 的左侧，S_3^+ 为 S_3 的外侧，S_2^+ 为 S_2 的右侧，上式中的 $\boldsymbol{n}_0$ 为曲面在所论之侧的单位法向量. 对于由向量线所围成的曲面 S_3 来说，已知 $\boldsymbol{F}(M)$ 与向量线共线，亦即 $\boldsymbol{F}(M)$ 与 S_3 的单位法向量 $\boldsymbol{n}_0$ 垂直，因而 $\iint\limits_{S_3^+}\boldsymbol{F}(M)\cdot\boldsymbol{n}_0\mathrm{d}S=0$，于是有

$$\iint\limits_{S_1^-}\boldsymbol{F}(M)\cdot\boldsymbol{n}_0\mathrm{d}S+\iint\limits_{S_2^+}\boldsymbol{F}(M)\cdot\boldsymbol{n}_0\mathrm{d}S=0,$$

即

$$\iint\limits_{S_2^+}\boldsymbol{F}(M)\cdot\boldsymbol{n}_0\mathrm{d}S=-\iint\limits_{S_1^-}\boldsymbol{F}(M)\cdot\boldsymbol{n}_0\mathrm{d}S=\iint\limits_{S_1^+}\boldsymbol{F}(M)\cdot\boldsymbol{n}_0\mathrm{d}S.$$

此式表明，向量场 $\boldsymbol{F}(M)$ 穿过向量管的任何两个截面的通量相等.

散度运算有下列**基本公式**：

(1) $\mathrm{div}(k\boldsymbol{A})=k\mathrm{div}\boldsymbol{A}$（$k$ 为常数，$\boldsymbol{A}$ 为向量场），即

$$\nabla\cdot(k\boldsymbol{A})=k\,\nabla\cdot\boldsymbol{A},$$

(2) $\mathrm{div}(\boldsymbol{A}+\boldsymbol{B})=\mathrm{div}\boldsymbol{A}+\mathrm{div}\boldsymbol{B}$（$\boldsymbol{A},\boldsymbol{B}$ 为向量场），即

$$\nabla\cdot(\boldsymbol{A}+\boldsymbol{B})=\nabla\cdot\boldsymbol{A}+\nabla\cdot\boldsymbol{B},$$

(3) $\mathrm{div}(\varphi\boldsymbol{A})=\varphi\mathrm{div}\boldsymbol{A}+\boldsymbol{A}\cdot\mathrm{grad}\varphi$（$\varphi$ 为数量场，$\boldsymbol{A}$ 为向量场），即

$$\nabla\cdot(\varphi\boldsymbol{A})=\varphi\nabla\cdot\boldsymbol{A}+\boldsymbol{A}\cdot\nabla\varphi.$$

证 设 $\boldsymbol{A}=\{A_1(x,y,z),A_2(x,y,z),A_3(x,y,z)\}$，则

$$\begin{aligned}\nabla\cdot(\varphi\boldsymbol{A})&=\frac{\partial}{\partial x}(\varphi A_1)+\frac{\partial}{\partial y}(\varphi A_2)+\frac{\partial}{\partial z}(\varphi A_3)\\&=\varphi\left(\frac{\partial A_1}{\partial x}+\frac{\partial A_2}{\partial y}+\frac{\partial A_3}{\partial z}\right)\\&\quad+\left(A_1\frac{\partial\varphi}{\partial x}+A_2\frac{\partial\varphi}{\partial y}+A_3\frac{\partial\varphi}{\partial z}\right)\\&=\varphi\nabla\cdot\boldsymbol{A}+\boldsymbol{A}\cdot\nabla\varphi.\end{aligned}$$ ▌

(4) $\mathrm{div}\,\mathrm{grad}\,\varphi=\dfrac{\partial^2\varphi}{\partial x^2}+\dfrac{\partial^2\varphi}{\partial y^2}+\dfrac{\partial^2\varphi}{\partial z^2}\overset{\text{记作}}{=\!=\!=}\Delta\varphi$，即

$$\nabla\cdot\nabla\varphi=\Delta\varphi.$$

有时也将上式左端记作$\nabla^2\varphi$. 因此$\nabla^2=\Delta$. Δ是拉普拉斯算子，我们已在第十章§3 中例 8 后面介绍过.

现给出高斯公式的其他形式.

若函数$\varphi(x,y,z)$及$\psi(x,y,z)$在空间区域Ω上有连续的一阶、二阶偏导数，S为Ω的边界面，分片光滑，其外侧的单位法向量为$\boldsymbol{n}_0$，则有下列三种形式的高斯公式：

(1) **高斯第一公式**：

$$\oint\!\!\!\!\oint_S \varphi\frac{\partial\psi}{\partial n}\mathrm{d}S=\iiint_\Omega \varphi\nabla^2\psi\mathrm{d}V+\iiint_\Omega \nabla\varphi\cdot\nabla\psi\mathrm{d}V,$$

或
$$\oint\!\!\!\!\oint_S \varphi\nabla\psi\cdot\boldsymbol{n}_0\mathrm{d}S=\iiint_\Omega \varphi\Delta\psi\mathrm{d}V+\iiint_\Omega \nabla\varphi\cdot\nabla\psi\mathrm{d}V.$$

(2) **高斯第二公式**：

$$\oint\!\!\!\!\oint_S \left(\psi\frac{\partial\varphi}{\partial n}-\varphi\frac{\partial\psi}{\partial n}\right)\mathrm{d}S=\iiint_\Omega (\psi\nabla^2\varphi-\varphi\nabla^2\psi)\mathrm{d}V,$$

或
$$\oint\!\!\!\!\oint_S (\psi\nabla\varphi-\varphi\nabla\psi)\cdot\boldsymbol{n}_0\mathrm{d}S=\iiint_\Omega (\psi\Delta\varphi-\varphi\Delta\psi)\mathrm{d}V.$$

(3) **高斯第三公式**：

$$\oint\!\!\!\!\oint_S \varphi\frac{\partial\varphi}{\partial n}\mathrm{d}S=\iiint_\Omega \varphi\nabla^2\varphi\mathrm{d}V+\iiint_\Omega (\nabla\varphi)^2\mathrm{d}V,$$

或
$$\oint\!\!\!\!\oint_S \varphi\nabla\varphi\cdot\boldsymbol{n}_0\mathrm{d}S=\iiint_\Omega \varphi\Delta\varphi\mathrm{d}V+\iiint_\Omega (\nabla\varphi)^2\mathrm{d}V.$$

此式右端的$(\nabla\varphi)^2$作如下理解：

$$\begin{aligned}(\nabla\varphi)^2&=(\nabla\varphi)\cdot(\nabla\varphi)\\&=\left\{\frac{\partial\varphi}{\partial x},\frac{\partial\varphi}{\partial y},\frac{\partial\varphi}{\partial z}\right\}\cdot\left\{\frac{\partial\varphi}{\partial x},\frac{\partial\varphi}{\partial y},\frac{\partial\varphi}{\partial z}\right\}\\&=\left(\frac{\partial\varphi}{\partial x}\right)^2+\left(\frac{\partial\varphi}{\partial y}\right)^2+\left(\frac{\partial\varphi}{\partial z}\right)^2.\end{aligned}$$

证 (1) 令$\boldsymbol{F}=\varphi\nabla\psi$，则由高斯公式的向量形式(5)得到

$$\oint\!\!\!\!\oint_S (\varphi\nabla\psi)\cdot\boldsymbol{n}_0\mathrm{d}S=\iiint_\Omega \mathrm{div}(\varphi\nabla\psi)\mathrm{d}V. \tag{6}$$

由散度的性质(3),(4)知

$$\begin{aligned}\operatorname{div}(\varphi\nabla\psi) &= \varphi\operatorname{div}(\nabla\psi) + \nabla\psi\cdot\nabla\varphi \\ &= \varphi\nabla^2\psi + \nabla\psi\cdot\nabla\varphi,\end{aligned}$$

代入(6)式,即得高斯第一公式.

(2) 在高斯第一公式中,将 φ,ψ 互换,然后两式相减,即得高斯第二公式.

(3) 在高斯第一公式中,令 $\varphi=\psi$,即为高斯第三公式. ▌

§4 向量场的环量与旋度

4.1 环量

定义 1 向量场 $\boldsymbol{F}$ 沿有向闭曲线 L 的第二型曲线积分

$$\oint_L \boldsymbol{F}\cdot \mathrm{d}\boldsymbol{r}$$

称为向量场 $\boldsymbol{F}$ 沿曲线 L 的**环量**.

显然,改变 L 的环行方向时,环量要变号.

环量是描述向量场 $\boldsymbol{F}$ 在曲线 L 所围的区域内有无旋转(或旋涡)性质的一个量.我们以 $\boldsymbol{F}$ 作为流速场 $\boldsymbol{v}$ 为例,来说明这一点.

设 $\boldsymbol{v}$ 为一条河面上的水流速度.对于不同的点 M,一般说来,$\boldsymbol{v}(M)$也不相同.比如,靠近河岸,水流速度较慢,在河的中间,水流速度较快.因此,若将一个半径为 R 的小轮子平放在河面上,则轮子因为边缘受到水的冲击就会产生旋转(图 13-7).我们来求轮子边缘所受作用力的力矩总和(它使轮子转动).

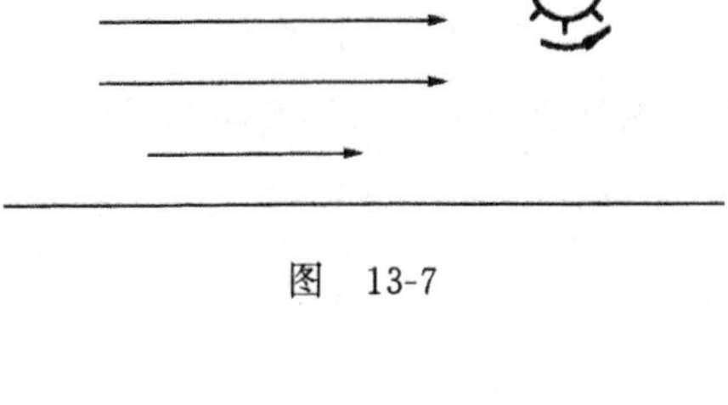

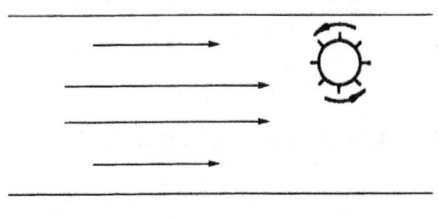

图 13-7

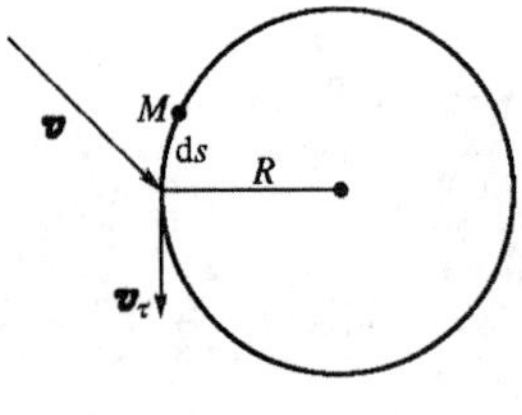

图 13-8

考虑轮子边缘上的点 M 处的一小段弧 $\mathrm{d}s$(图 13-8). 为了简单起见,假定轮子刚放入水中时,速度为零. 由于 $\mathrm{d}s$ 很小,因此可以假定在很短时间内作用在 $\mathrm{d}s$ 上的流速处处相等,都是 $\boldsymbol{v}(M)$. 假设小段 $\mathrm{d}s$ 上所受的切向力为 f,记 $\boldsymbol{v}(M)$ 的切向分量为 v_τ(垂直分量对于轮子的旋转不起作用).

根据动量定理(即动量的变化等于冲量),得到

$$(\rho \mathrm{d}s)(v_\tau - 0) = f\mathrm{d}t,$$

其中 ρ 为轮子边缘的线密度,可设为常数,$\mathrm{d}t$ 为所考虑的时间间隔. 从而作用在 $\mathrm{d}s$ 上的力矩为

$$fR = \frac{R\rho}{\mathrm{d}t} v_\tau \mathrm{d}s,$$

作用在整个轮子边缘的总力矩为

$$\oint_L \frac{R\rho}{\mathrm{d}t} v_\tau \mathrm{d}s = \frac{R\rho}{\mathrm{d}t} \oint_L v_\tau \mathrm{d}s.$$

其中 $\frac{R\rho}{\mathrm{d}t}$ 为常数,因而积分 $\oint_L v_\tau \mathrm{d}s$ 决定了轮子的旋转. 然而 $\oint_L v_\tau \mathrm{d}s$ 就是 $\boldsymbol{v}$ 沿 L 的第二型曲线积分

$$\oint_L \boldsymbol{v} \cdot \mathrm{d}\boldsymbol{r},$$

事实上,$\boldsymbol{v}$ 的切向分量

$$v_\tau = \boldsymbol{v} \cdot (\mathrm{d}\boldsymbol{r}\text{ 的单位向量}) = \boldsymbol{v} \cdot \frac{\mathrm{d}\boldsymbol{r}}{\mathrm{d}s},$$

因此 $$v_\tau \mathrm{d}s = \boldsymbol{v} \cdot \mathrm{d}\boldsymbol{r},$$

从而 $$\oint_L v_\tau \mathrm{d}s = \oint_L \boldsymbol{v} \cdot \mathrm{d}\boldsymbol{r}.$$

其中 L 为轮子边缘所在曲线,积分方向与 $\mathrm{d}\boldsymbol{r}$ 一致. 这说明环量 $\oint_L \boldsymbol{v} \cdot \mathrm{d}\boldsymbol{r}$ 描述了向量场 $\boldsymbol{v}$ 的旋转性质. 当环量 $\oint_L \boldsymbol{v} \cdot \mathrm{d}\boldsymbol{r} \neq 0$时,表

明在 L 所包围的区域内确有旋涡.

4.2 旋度

上面引进的环量 $\oint_L \boldsymbol{F}\cdot \mathrm{d}\boldsymbol{r}$ 所描述的是向量场 $\boldsymbol{F}$ 在曲线 L 所包围的区域内所有旋涡的总体性质. 为了研究向量场 $\boldsymbol{F}$ 在每一点的旋转情况,下面讨论方向旋量与旋度.

1. 向量场的环量面密度(或方向旋量)

设向量场 $\boldsymbol{F}$ 定义在区域 Ω 内,M 为 Ω 内一点. 为了研究 $\boldsymbol{F}$ 在点 M 处的旋转情况,我们在点 M 处任意取定一个单位向量 $\boldsymbol{n}_0$,又在区域 Ω 内任意取一块经过点 M 的光滑曲面 S(其面积也记作 S),并使 S 在点 M 处的单位法向量正好是向量 $\boldsymbol{n}_0$. 设 S 的边界为分段光滑曲线 L,并规定 L 的环行方向与 $\boldsymbol{n}_0$ 组成右手系①.

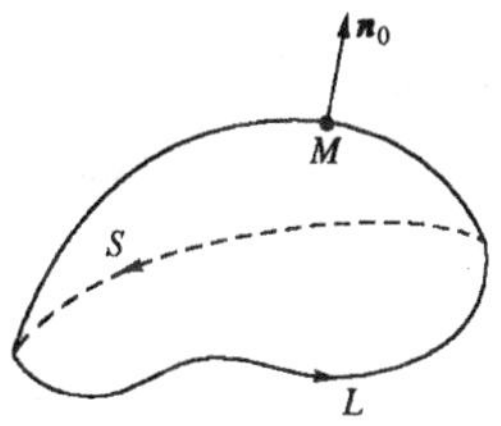

图 13-9

易知,向量场 $\boldsymbol{F}$ 沿曲线 L 的环量与曲面面积 S 之比(即环量对面积的平均变化率)

$$\frac{\oint_L \boldsymbol{F}\cdot \mathrm{d}\boldsymbol{r}}{S} \tag{1}$$

表示向量场 $\boldsymbol{F}$ 在单位面积上"平均"旋转的情况,曲面越小,它越接近于点 M 处的旋转情况. 当曲面 S 收缩到点 M(始终保持点 M 处的法向量为 $\boldsymbol{n}_0$)时,若(1)式的极限

$$\lim_{S\to M}\frac{\oint_L \boldsymbol{F}\cdot \mathrm{d}\boldsymbol{r}}{S} \tag{2}$$

存在,则称此极限值为向量场 $\boldsymbol{F}$ 在点 M 处沿方向 $\boldsymbol{n}_0$ 的**环量面密度**(或**方向旋量**). 它刻画了 $\boldsymbol{F}$ 在点 M 处沿方向 $\boldsymbol{n}_0$ 的旋转情况.

---

① 见第十二章§7 斯托克斯公式(1)处的说明(如图 13-9).

2. 在直角坐标系下,环量面密度的计算公式

定理 若向量场 $\boldsymbol{F}=\{P(x,y,z),Q(x,y,z),R(x,y,z)\}$ 的三个分量在区域 Ω 内有一阶连续偏导数,则在 Ω 内任一点 $M(x,y,z)$ 处,环量面密度存在,且有

$$\lim_{S\to M}\frac{\oint_L \boldsymbol{F}\cdot\mathrm{d}\boldsymbol{r}}{S}=\left(\frac{\partial R}{\partial y}-\frac{\partial Q}{\partial z}\right)\cos\alpha+\left(\frac{\partial P}{\partial z}-\frac{\partial R}{\partial x}\right)\cos\beta+\left(\frac{\partial Q}{\partial x}-\frac{\partial P}{\partial y}\right)\cos\gamma, \tag{3}$$

其中单位向量 $\boldsymbol{n}_0=\{\cos\alpha,\cos\beta,\cos\gamma\}$ 为过点 M 的任一确定方向,S 为过点 M 的光滑曲面,它在点 M 处以 $\boldsymbol{n}_0$ 为单位法向量,L 为 S 的边界曲线,分段光滑,其环行方向与 $\boldsymbol{n}_0$ 组成右手系. 曲面 S 的面积也记作 S.

证 由斯托克斯公式及第一型曲面积分的中值定理得

$$\oint_L \boldsymbol{F}\cdot\mathrm{d}\boldsymbol{r}=\iint_S\begin{vmatrix}\cos\alpha & \cos\beta & \cos\gamma\\ \dfrac{\partial}{\partial x} & \dfrac{\partial}{\partial y} & \dfrac{\partial}{\partial z}\\ P & Q & R\end{vmatrix}\mathrm{d}S=\begin{vmatrix}\cos\alpha & \cos\beta & \cos\gamma\\ \dfrac{\partial}{\partial x} & \dfrac{\partial}{\partial y} & \dfrac{\partial}{\partial z}\\ P & Q & R\end{vmatrix}_{M^*}\cdot S,$$

其中 S 为曲面 S 的面积,M^* 为曲面 S 上某一点.

在上式两边同除以面积 S,并让曲面 $S\to M$,则由条件知

$$\lim_{S\to M}\frac{\oint_L \boldsymbol{F}\cdot\mathrm{d}\boldsymbol{r}}{S}=\lim_{M^*\to M}\begin{vmatrix}\cos\alpha & \cos\beta & \cos\gamma\\ \dfrac{\partial}{\partial x} & \dfrac{\partial}{\partial y} & \dfrac{\partial}{\partial z}\\ P & Q & R\end{vmatrix}_{M^*}=\begin{vmatrix}\cos\alpha & \cos\beta & \cos\gamma\\ \dfrac{\partial}{\partial x} & \dfrac{\partial}{\partial y} & \dfrac{\partial}{\partial z}\\ P & Q & R\end{vmatrix}$$

此式即(3)式. ▌

3. 向量场的旋度

从(3)式看出,方向旋量(或环量面密度)是一个与方向 $\boldsymbol{n}_0=\{\cos\alpha,\cos\beta,\cos\gamma\}$ 有关的量,$\boldsymbol{n}_0$ 不同,方向旋量的值也不同. 那么,在点 M 处,向量场 $\boldsymbol{F}$ 沿什么方向的方向旋量最大呢?

为了回答这个问题,与前面引出梯度时的讨论类似,我们把方向旋量表达式(3)改写一下,即将(3)式右端改写为两个向量的点乘,一个向量是 $\boldsymbol{n}_0$,另一个向量记作

$$\boldsymbol{h}=\left\{\frac{\partial R}{\partial y}-\frac{\partial Q}{\partial z},\frac{\partial P}{\partial z}-\frac{\partial R}{\partial x},\frac{\partial Q}{\partial x}-\frac{\partial P}{\partial y}\right\}$$

(显然,向量 $\boldsymbol{h}$ 与方向 $\boldsymbol{n}_0$ 无关,只与 $\boldsymbol{F}$ 及点 M 有关),于是方向旋量可写为

$$\lim_{S\to M}\frac{\oint_L \boldsymbol{F}\cdot\mathrm{d}\boldsymbol{r}}{S}=\boldsymbol{h}\cdot\boldsymbol{n}_0=|\boldsymbol{h}|\cos\langle\boldsymbol{h},\boldsymbol{n}_0\rangle. \tag{4}$$

从(4)式看出,当 $\cos\langle\boldsymbol{h},\boldsymbol{n}_0\rangle=1$ 时,即方向 $\boldsymbol{n}_0$ 恰好是向量 $\boldsymbol{h}$ 的方向时,方向旋量最大,并且这个最大值就是向量 $\boldsymbol{h}$ 的模. 于是我们有

定义 2 设有向量场 $\boldsymbol{F}=\{P(x,y,z),Q(x,y,z),R(x,y,z)\}$,它在点 $M(x,y,z)$ 处的**旋度**是一个向量,此向量的方向是使方向旋量取最大值的方向,此向量的模正是该最大方向旋量的值.

旋度记作 $\mathrm{rot}\boldsymbol{F}$,它在直角坐标系下的表达式为

$$\mathrm{rot}\boldsymbol{F}=\begin{vmatrix}\boldsymbol{i} & \boldsymbol{j} & \boldsymbol{k}\\ \dfrac{\partial}{\partial x} & \dfrac{\partial}{\partial y} & \dfrac{\partial}{\partial z}\\ P & Q & R\end{vmatrix}.$$

于是方向旋量(3)式可以写为

$$\lim_{S\to M}\frac{\oint_L \boldsymbol{F}\cdot\mathrm{d}\boldsymbol{r}}{S}=(\mathrm{rot}\boldsymbol{F})\cdot\boldsymbol{n}_0=(\mathrm{rot}\boldsymbol{F})_{\boldsymbol{n}_0}.$$

$(\mathrm{rot}\boldsymbol{F})_{\boldsymbol{n}_0}$ 表示旋度 $\mathrm{rot}\boldsymbol{F}$ 在 $\boldsymbol{n}_0$ 方向的投影. 此式与方向导数的如下

表达式相仿：

$$\frac{\partial u}{\partial \boldsymbol{l}} = (\mathrm{grad}u)\cdot \boldsymbol{l}_0 = \mathrm{grad}u \text{ 在 } \boldsymbol{l}_0 \text{ 方向的投影}.$$

利用旋度，可将斯托克斯公式写为

$$\oint_L \boldsymbol{F}\cdot \mathrm{d}\boldsymbol{r} = \iint_S (\mathrm{rot}\boldsymbol{F})\cdot \boldsymbol{n}_0 \mathrm{d}S$$

$$\xlongequal{\text{或}} \iint_S (\nabla\times \boldsymbol{F})\cdot \boldsymbol{n}_0 \mathrm{d}S,$$

其中 $\mathrm{rot}\boldsymbol{F}=\nabla\times\boldsymbol{F}$.

在一定条件下，给定一个向量场，总伴随着另一个向量场 $\mathrm{rot}\boldsymbol{F}$. 当 $\mathrm{rot}\boldsymbol{F}\equiv\mathbf{0}$ 时，称 $\boldsymbol{F}$ 为**无旋场**.

例 1 设 $\boldsymbol{F}=\boldsymbol{r}=\{x,y,z\}$，求 $\mathrm{rot}\boldsymbol{r}$.

解 $\mathrm{rot}\boldsymbol{r}=\begin{vmatrix} \boldsymbol{i} & \boldsymbol{j} & \boldsymbol{k} \\ \dfrac{\partial}{\partial x} & \dfrac{\partial}{\partial y} & \dfrac{\partial}{\partial z} \\ x & y & z \end{vmatrix}=\{0,0,0\}$，即 $\mathrm{rot}\boldsymbol{r}\equiv\mathbf{0}$. 因此向量场 $\boldsymbol{r}$ 是无旋场.

例 2 求由点电荷 q 所产生的电场强度 $\boldsymbol{E}=\dfrac{q}{4\pi\varepsilon_0 r^3}\boldsymbol{r}$ 的旋度.

解 记 $\dfrac{q}{4\pi\varepsilon_0}=k$，则 $\boldsymbol{E}=k\left\{\dfrac{x}{r^3},\dfrac{y}{r^3},\dfrac{z}{r^3}\right\}$，于是

$$\mathrm{rot}\boldsymbol{E}=\begin{vmatrix} \boldsymbol{i} & \boldsymbol{j} & \boldsymbol{k} \\ \dfrac{\partial}{\partial x} & \dfrac{\partial}{\partial y} & \dfrac{\partial}{\partial z} \\ k\dfrac{x}{r^3} & k\dfrac{y}{r^3} & k\dfrac{z}{r^3} \end{vmatrix}=\mathbf{0}.$$

事实上，$\boldsymbol{i}$ 的系数为

$$k\left[\frac{\partial}{\partial y}\left(\frac{z}{r^3}\right)-\frac{\partial}{\partial z}\left(\frac{y}{r^3}\right)\right]=k\left[-\frac{3yz}{r^5}-\left(-\frac{3yz}{r^5}\right)\right]=0.$$

同样地，$\boldsymbol{j},\boldsymbol{k}$ 的系数也都是 0. 因此，除原点 $(r=0)$ 外，静电场 $\boldsymbol{E}$ 是无旋场.

例 3 设一刚体以匀角速度 $\boldsymbol{\omega}=\{0,0,\omega\}$ 绕 z 轴旋转(图 13-10). 刚体上每一点都具有线速度,于是构成一个线速度场 $\boldsymbol{v}$. 求线速度场 $\boldsymbol{v}$ 的旋度.

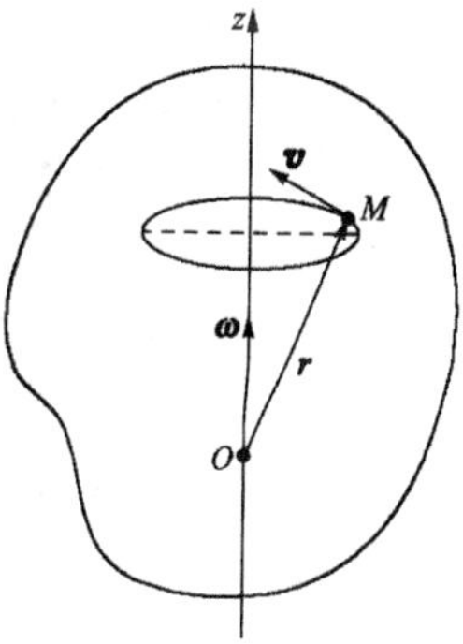

图 13-10

解 设刚体上点 $M(x,y,z)$ 处的向径为

$$\boldsymbol{r}=\{x,y,z\},$$

由运动学知,M 点的线速度为

$$\boldsymbol{v}=\boldsymbol{\omega}\times\boldsymbol{r}=\begin{vmatrix}\boldsymbol{i} & \boldsymbol{j} & \boldsymbol{k}\\ 0 & 0 & \omega\\ x & y & z\end{vmatrix}$$

$$=\{-\omega y,\omega x,0\},$$

于是

$$\mathrm{rot}\boldsymbol{v}=\begin{vmatrix}\boldsymbol{i} & \boldsymbol{j} & \boldsymbol{k}\\ \dfrac{\partial}{\partial x} & \dfrac{\partial}{\partial y} & \dfrac{\partial}{\partial z}\\ -\omega y & \omega x & 0\end{vmatrix}=\{0,0,2\omega\}=2\boldsymbol{\omega}.$$

即 $\mathrm{rot}\boldsymbol{v}$ 是角速度 $\boldsymbol{\omega}$ 的两倍. 这就是说,在刚体绕固定轴旋转的线速度场中,任一点处的旋度,除去一个常数因子外,正好等于刚体旋转的角速度."旋度"的名称即由此得来.

旋度运算有下列**基本公式**:

(1) $\mathrm{rot}(k\boldsymbol{A})=k\,\mathrm{rot}\boldsymbol{A}$ (k 为常数,$\boldsymbol{A}$ 为向量场),即

$$\nabla\times(k\boldsymbol{A})=k\,\nabla\times\boldsymbol{A}.$$

(2) $\mathrm{rot}(\boldsymbol{A}+\boldsymbol{B})=\mathrm{rot}\boldsymbol{A}+\mathrm{rot}\boldsymbol{B}$ ($\boldsymbol{A},\boldsymbol{B}$ 为向量场),即

$$\nabla\times(\boldsymbol{A}+\boldsymbol{B})=\nabla\times\boldsymbol{A}+\nabla\times\boldsymbol{B}.$$

(3) $\mathrm{rot}(u\boldsymbol{A})=u\,\mathrm{rot}\boldsymbol{A}+(\mathrm{grad}u)\times\boldsymbol{A}$ (u 为数量场),即

$$\nabla\times(u\boldsymbol{A})=u\,\nabla\times\boldsymbol{A}+\nabla u\times\boldsymbol{A}.$$

(4) $\mathrm{div}(\boldsymbol{A}\times\boldsymbol{B})=\boldsymbol{B}\cdot\mathrm{rot}\boldsymbol{A}-\boldsymbol{A}\cdot\mathrm{rot}\boldsymbol{B}$,即

$$\nabla\cdot(\boldsymbol{A}\times\boldsymbol{B})=\boldsymbol{B}\cdot(\nabla\times\boldsymbol{A})-\boldsymbol{A}\cdot(\nabla\times\boldsymbol{B}).$$

(5) $\mathrm{rot}(\mathrm{grad}u)=\mathbf{0}$,即 $\nabla\times(\nabla u)=\mathbf{0}$.

(6) $\mathrm{div}(\mathrm{rot}\boldsymbol{A})=0$,即 $\nabla\cdot(\nabla\times\boldsymbol{A})=0$.

公式(5)表明**梯度场是无旋场**,公式(6)表明**旋度场是无源场**.

例 4 求 $\mathrm{rot}[(\boldsymbol{C}\cdot\boldsymbol{r})\boldsymbol{r}]$,其中 $\boldsymbol{C}=\{c_1,c_2,c_3\}$ 为常向量,$\boldsymbol{r}=\{x,y,z\}$.

解 运用旋度运算基本公式(3),有

$$\mathrm{rot}[(\boldsymbol{C}\cdot\boldsymbol{r})\boldsymbol{r}]=(\boldsymbol{C}\cdot\boldsymbol{r})\mathrm{rot}\boldsymbol{r}+[\mathrm{grad}(\boldsymbol{C}\cdot\boldsymbol{r})]\times\boldsymbol{r}.$$

由例 1 知,$\mathrm{rot}\boldsymbol{r}=\mathbf{0}$,又 $\mathrm{grad}(\boldsymbol{C}\cdot\boldsymbol{r})=\boldsymbol{C}$,因此

$$\mathrm{rot}[(\boldsymbol{C}\cdot\boldsymbol{r})\boldsymbol{r}]=\boldsymbol{C}\times\boldsymbol{r}.$$

§5 保 守 场

在物理学中,存在着一种十分重要的特殊的向量场,我们称它为**保守场**.在这种向量场中,第二型曲线积分与积分路径无关,而只依赖于路径的起点和终点.关于平面保守场的一些特征,前面已经讨论过了.对于空间保守场,我们有类似的概念和结论.

定义 若向量场 $\boldsymbol{F}$ 在空间区域 Ω 内,沿任意曲线 $\overset{\frown}{AB}$ 的积分 $\int_{\overset{\frown}{AB}}\boldsymbol{F}\cdot\mathrm{d}\boldsymbol{r}$ 只与 A,B 两点的位置有关,而与从 A 到 B 的路径无关,则称 $\boldsymbol{F}$ 在 Ω 内是**保守场**.

定理 若 Ω 是一个线单连通区域①,$\boldsymbol{F}=\{P(x,y,z),Q(x,y,z),R(x,y,z)\}$的三个分量在 Ω 内有一阶连续偏导数,则下列四个条件等价:

(1) $\boldsymbol{F}$ 在 Ω 内是保守场;

(2) $\boldsymbol{F}$ 在 Ω 内是有势场,即存在势函数 $v(x,y,z)$,使得

$$\boldsymbol{F}=-\,\mathrm{grad}v;$$

---

① 若对区域内任何闭曲线 L,都可作出一个以 L 为边界且全部位于该区域的曲面 S,则称此区域为**线单连通区域**,否则称为线复连通区域.例如空心球体就是线单连通区域,而像汽车轮胎那样的环面体就是线复连通区域.

(3) $\boldsymbol{F}$ 在 Ω 内是无旋场，即 $\mathrm{rot}\boldsymbol{F}\equiv\mathbf{0}$；

(4) $\boldsymbol{F}$ 在 Ω 内沿任意分段光滑的闭路 L 的环量为 0，即

$$\oint_L \boldsymbol{F}\cdot\mathrm{d}\boldsymbol{r}=0.$$

证 我们仍采用循环证法.

(1)⇒(2)：设 $M_0(x_0,y_0,z_0),M(x,y,z)\in\Omega$，与平面的情形类似，容易证明函数

$$v(x,y,z)=-\int_{M_0}^{M}\boldsymbol{F}\cdot\mathrm{d}\boldsymbol{r}$$

就是向量场 $\boldsymbol{F}$ 的势函数.

(2)⇒(3)：设向量场 $\boldsymbol{F}$ 为有势场，即存在势函数 $v(x,y,z)$，使得 $\boldsymbol{F}=-\mathrm{grad}v=-\left\{\frac{\partial v}{\partial x},\frac{\partial v}{\partial y},\frac{\partial v}{\partial z}\right\}$，于是

$$P=-v_x,\quad Q=-v_y,\quad R=-v_z,$$

从而
$$\frac{\partial P}{\partial y}=-v_{xy}=-v_{yx}=\frac{\partial Q}{\partial x}.$$

同理
$$\frac{\partial P}{\partial z}=\frac{\partial R}{\partial x},\quad \frac{\partial R}{\partial y}=\frac{\partial Q}{\partial z},$$

即
$$\mathrm{rot}\boldsymbol{F}=\mathbf{0}.$$

(3)⇒(4)：由斯托克斯公式立即可得该结论.

(4)⇒(1)：显然. ▌

例如，静电场 $\boldsymbol{E}=\frac{q}{4\pi\varepsilon_0}\frac{\boldsymbol{r}}{r^3}$ 和重力场 $\boldsymbol{F}=\{0,0,-mg\}$ 都是无旋场，因此都是保守场.

例 1 证明 $\boldsymbol{F}=2xyz^2\boldsymbol{i}+(x^2z^2+z\cos yz)\boldsymbol{j}+(2x^2yz+y\cos yz)\boldsymbol{k}$ 为有势场，并求其势函数.

解 记 $P=2xyz^2,Q=x^2z^2+z\cos yz,R=2x^2yz+y\cos yz$，容易算出

$$\mathrm{rot}\boldsymbol{F}=\begin{vmatrix}\boldsymbol{i} & \boldsymbol{j} & \boldsymbol{k}\\ \frac{\partial}{\partial x} & \frac{\partial}{\partial y} & \frac{\partial}{\partial z}\\ P & Q & R\end{vmatrix}=\mathbf{0},$$

于是由上面的定理知，$\boldsymbol{F}$ 为有势场.

为了求得势函数

$$v(x,y,z)=-\int_{M_0}^{M}\boldsymbol{F}\cdot \mathrm{d}\boldsymbol{r},$$

可取 M_0 为原点 O，并将积分路径取为逐段与坐标轴平行的折线 $OABM$，其中 A,B,M 为 $A(x,0,0)$，$B(x,y,0)$，$M(x,y,z)$（图 13-11）. 于是

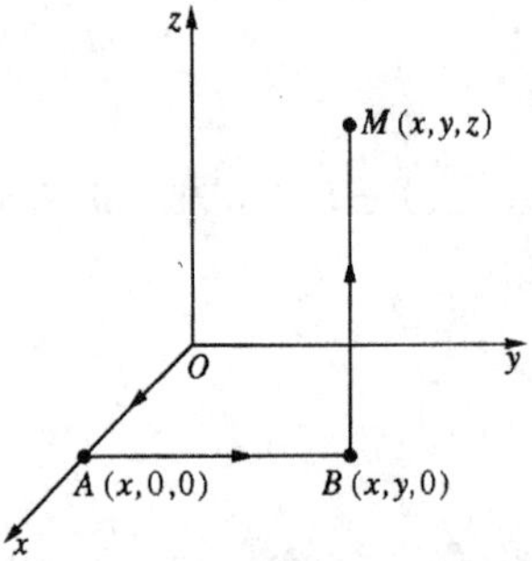

图　13-11

$$v(x,y,z)=-\left[\int_0^x 0\mathrm{d}x+\int_0^y 0\mathrm{d}y+\int_0^z(2x^2yz+y\cos yz)\mathrm{d}z\right]$$

$$=-(x^2yz^2+\sin yz).$$

注　由 $\boldsymbol{F}=-\mathrm{grad}v=\mathrm{grad}(-v)$ 得

$$P=-v_x,\quad Q=-v_y,\quad R=-v_z,$$

且由条件知 v_x,v_y,v_z 为连续函数，因此 $v(x,y,z)$ 可微，且

$$P\mathrm{d}x+Q\mathrm{d}y+R\mathrm{d}z=\mathrm{d}(-v).$$

即 $P\mathrm{d}x+Q\mathrm{d}y+R\mathrm{d}z$ 是某个函数的全微分. 于是也可用凑全微分的方法来求势函数. 在例 1 中，微分式

$$\begin{aligned}
&P\mathrm{d}x+Q\mathrm{d}y+R\mathrm{d}z\\
&\quad=2xyz^2\mathrm{d}x+(x^2z^2+z\cos yz)\mathrm{d}y\\
&\qquad+(2x^2yz+y\cos yz)\mathrm{d}z\\
&\quad=(2xyz^2\mathrm{d}x+x^2z^2\mathrm{d}y+2x^2yz\mathrm{d}z)\\
&\qquad+(z\cos yz\mathrm{d}y+y\cos yz\mathrm{d}z)\\
&\quad=[yz^2\mathrm{d}(x^2)+x^2z^2\mathrm{d}y+x^2y\mathrm{d}(z^2)]\\
&\qquad+(z\mathrm{d}y+y\mathrm{d}z)\cos yz\\
&\quad=\mathrm{d}(x^2yz^2)+\cos yz\mathrm{d}(yz)\\
&\quad=\mathrm{d}(x^2yz^2)+\mathrm{d}(\sin yz)\\
&\quad=\mathrm{d}(x^2yz^2+\sin yz),
\end{aligned}$$

因此 $\boldsymbol{F}$ 的势函数为

$$v=-(x^2yz^2+\sin yz).$$

习　题　13.1

1. 计算下列向量场在指定点的散度：

(1) $\boldsymbol{A}=\{4x,-2xy,z^2\}$，$(1,1,3)$；

(2) $\boldsymbol{A}=\{x^3,y^3,z^3\}$，$(1,0,-1)$；

(3) $\boldsymbol{A}=xyz\{x,y,z\}$，$(2,1,-2)$.

2. 设向量 $\boldsymbol{a}=3\boldsymbol{i}+20\boldsymbol{j}-15\boldsymbol{k}$，对下列数量场 φ 分别求出 $\mathrm{grad}\varphi$ 及 $\mathrm{div}(\varphi\boldsymbol{a})$.

(1) $\varphi=(x^2+y^2+z^2)^{-1/2}$；　(2) $\varphi=x^2+y^2+z^2$；

(3) $\varphi=\ln(x^2+y^2+z^2)$.

3. 设 $U=xyz$，给定点 $P_1(0,0,0)$，$P_2(1,1,1)$ 及 $P_3(2,1,1)$，在此三点处，求 $\nabla\cdot\nabla U(M)$ 与 $\nabla\times\nabla U(M)$.

4. 设 $\boldsymbol{r}=\{x,y,z\}$，$r=|\boldsymbol{r}|$，$\boldsymbol{C}$ 为常向量，计算

(1) $\mathrm{div}\boldsymbol{r}$；　(2) $\mathrm{div}\dfrac{\boldsymbol{r}}{r}$；

(3) $\mathrm{div}[f(r)\boldsymbol{C}]$；　(4) $\mathrm{div}[\mathrm{grad}f(r)]$；

(5) $\mathrm{div}[f(r)\boldsymbol{r}]$.

5. 设 u,v 为空间的数量场，求

(1) $\mathrm{div}(u\,\mathrm{grad}u)$；　(2) $\mathrm{div}(u\,\mathrm{grad}v)$.

6. 求向量场 $\boldsymbol{a}=\{-y,x,c\}$（$c$ 为常数）沿下列曲线的环量：

(1) 圆周 $x^2+y^2=R^2,z=0$；从 z 轴正向看沿圆周的方向为逆时针；

(2) 圆周 $(x-2)^2+y^2=R^2,z=0$；从 z 轴正向看沿圆周的方向为逆时针.

7. 求向量场 $\boldsymbol{a}=\{xyz,xyz,xyz\}$ 在点 $M(1,3,2)$ 处的旋度以及在这点沿方向 $\boldsymbol{n}=\boldsymbol{i}+2\boldsymbol{j}+2\boldsymbol{k}$ 的环量面密度.

8. 求向量场的旋度：

(1) $\boldsymbol{a}=\{y^2,z^2,x^2\}$；　(2) $\boldsymbol{a}=\{P(x),Q(y),R(z)\}$；

(3) $\boldsymbol{a}=\{yz,zx,xy\}$.

9. 已知 $\boldsymbol{a}=\{3y,2z^2,xy\}$，$\boldsymbol{b}=\{x^2,0,-4\}$，求 $\mathrm{rot}(\boldsymbol{a}\times\boldsymbol{b})$.

10. 设数量场 $u(x,y,z)$ 及向量场 $\boldsymbol{a}$ 的各分量都有二阶连续偏微商，证明

(1) $\mathrm{rot}(\mathrm{grad}u)=\boldsymbol{0}$；　(2) $\mathrm{div}(\mathrm{rot}\boldsymbol{a})=0$；

(3) $\mathrm{rot}(u\boldsymbol{a})=u\mathrm{rot}\boldsymbol{a}+\nabla u\times\boldsymbol{a}$.

11. 设 $\boldsymbol{r}=\{x,y,z\}$，$r=|\boldsymbol{r}|=\sqrt{x^2+y^2+z^2}$，求

(1) $\mathrm{rot}[f(r)\boldsymbol{r}]$；　　　　(2) $\mathrm{rot}[f(r)\boldsymbol{C}]$，$\boldsymbol{C}$ 为常数量.

12. 证明平面向量场 $\boldsymbol{F}=\dfrac{y\boldsymbol{i}-x\boldsymbol{j}}{x^2}$ 在右半平面区域内是保守场，并求从点 $(2,1)$ 到点 $(1,2)$ 的曲线积分.

13. 下列向量场是否是有势场？

(1) $\boldsymbol{a}=\{xy+y^2,x^2y\}$；

(2) $\boldsymbol{a}=\{x^2-y^2+x,-2xy-y\}$；

(3) $\boldsymbol{a}=\{2x+y,4y+x+2z,2y-z\}$.

14. 证明下列向量场为有势场，并求其势函数：

(1) $\boldsymbol{a}=\{y\cos xy,x\cos xy,\sin z\}$；

(2) $\boldsymbol{a}=\{yz(2x+y+z),xz(x+2y+z),xy(x+y+2z)\}$.

15. 证明向量场 $\boldsymbol{a}$ 在区域 D 内是保守场的充要条件是：$\boldsymbol{a}$ 在 D 内是有势场.

16. 设有无穷长导线与 Oz 轴一致，通有电流 I 后，在导线周围便产生磁场，它在点 $M(x,y,z)$ 处的磁场强度为

$$\boldsymbol{H}=\frac{J}{2\pi r^2}\{-y,x,0\},$$

其中 $r=\sqrt{x^2+y^2}$，求 $\mathrm{div}\boldsymbol{H}$.

*§6　向量分析介绍

6.1　向量函数的极限与连续性

定义　设一元向量函数 $\boldsymbol{A}(t)$ 在 t_0 的邻域内有定义，$\boldsymbol{B}$ 为常向量. 若对任给的正数 ε，存在 $\delta>0$，当 $|t-t_0|<\delta$ 时，恒有

$$|\boldsymbol{A}(t)-\boldsymbol{B}|<\varepsilon,$$

则称 $\boldsymbol{A}(t)$ 在 t_0 处的极限为 $\boldsymbol{B}$，记作

$$\lim_{t\to t_0}\boldsymbol{A}(t)=\boldsymbol{B}.$$

特别地，若 $\lim\limits_{t\to t_0}\boldsymbol{A}(t)=\boldsymbol{A}(t_0)$，则称向量函数 $\boldsymbol{A}(t)$ 在 t_0 处连续.

设 $\boldsymbol{A}(t)=A_1(t)\boldsymbol{i}+A_2(t)\boldsymbol{j}+A_3(t)\boldsymbol{k}$，$\boldsymbol{B}=B_1\boldsymbol{i}+B_2\boldsymbol{j}+B_3\boldsymbol{k}$，显然，我们有：$\lim\limits_{t\to t_0}\boldsymbol{A}(t)=\boldsymbol{B}$ 的充分必要条件是

$$\lim_{t\to t_0}A_i(t)=B_i \quad (i=1,2,3).$$

向量函数的极限有下列**运算法则**：

若数量函数 $f(t)$ 与向量函数 $\boldsymbol{A}(t)$，$\boldsymbol{B}(t)$ 在 t_0 处都有极限，则

(1) $\lim\limits_{t\to t_0}f(t)\boldsymbol{A}(t)=\lim\limits_{t\to t_0}f(t)\lim\limits_{t\to t_0}\boldsymbol{A}(t)$；

(2) $\lim\limits_{t\to t_0}[\boldsymbol{A}(t)+\boldsymbol{B}(t)]=\lim\limits_{t\to t_0}\boldsymbol{A}(t)+\lim\limits_{t\to t_0}\boldsymbol{B}(t)$；

(3) $\lim\limits_{t\to t_0}[\boldsymbol{A}(t)\cdot\boldsymbol{B}(t)]=\lim\limits_{t\to t_0}\boldsymbol{A}(t)\cdot\lim\limits_{t\to t_0}\boldsymbol{B}(t)$；

(4) $\lim\limits_{t\to t_0}[\boldsymbol{A}(t)\times\boldsymbol{B}(t)]=\lim\limits_{t\to t_0}\boldsymbol{A}(t)\times\lim\limits_{t\to t_0}\boldsymbol{B}(t)$.

类似地，我们有多元向量函数 $\boldsymbol{A}(x,y,z)$ 的极限、连续的概念及其运算法则.

6.2　向量函数的导数与微分

向量函数 $\boldsymbol{A}(t)$ 的导数定义为

$$\frac{\mathrm{d}\boldsymbol{A}}{\mathrm{d}t}=\boldsymbol{A}'=\lim_{\Delta t\to 0}\frac{\boldsymbol{A}(t+\Delta t)-\boldsymbol{A}(t)}{\Delta t}.$$

设 $\boldsymbol{A}(t)=A_1(t)\boldsymbol{i}+A_2(t)\boldsymbol{j}+A_3(t)\boldsymbol{k}$，显然，我们有：导数 $\boldsymbol{A}'(t)$ 存在的充要条件是 $A_i'(t)(i=1,2,3)$ 都存在，且

$$\boldsymbol{A}'(t)=A_1'(t)\boldsymbol{i}+A_2'(t)\boldsymbol{j}+A_3'(t)\boldsymbol{k}.$$

类似地，我们有高阶导数$\left(如\dfrac{\mathrm{d}^2\boldsymbol{A}}{\mathrm{d}t^2},\dfrac{\mathrm{d}^3\boldsymbol{A}}{\mathrm{d}t^3}等\right)$和多元向量函数 $\boldsymbol{A}(x,y,z)$ 的偏导数、高阶偏导数的概念.

向量函数的偏导数(包括导数)有下列**运算规律**：

设 $f(x,y,z)$ 为数量函数，$\boldsymbol{A}(x,y,z)$，$\boldsymbol{B}(x,y,z)$ 为向量函数，则

(1) $\dfrac{\partial}{\partial x}[f\boldsymbol{A}]=f\dfrac{\partial \boldsymbol{A}}{\partial x}+\dfrac{\partial f}{\partial x}\boldsymbol{A}$；

(2) $\dfrac{\partial}{\partial y}[\boldsymbol{A}\cdot\boldsymbol{B}]=\boldsymbol{A}\cdot\dfrac{\partial}{\partial y}\boldsymbol{B}+\dfrac{\partial \boldsymbol{A}}{\partial y}\cdot\boldsymbol{B}$；

(3) $\frac{\partial}{\partial z}[\boldsymbol{A}\times\boldsymbol{B}]=\boldsymbol{A}\times\frac{\partial \boldsymbol{B}}{\partial z}+\frac{\partial \boldsymbol{A}}{\partial z}\times\boldsymbol{B}$；

(4) 若 $x=x(t),y=y(t),z=z(t)$，则有

$$\frac{\mathrm{d}\boldsymbol{A}}{\mathrm{d}t}=\frac{\partial \boldsymbol{A}}{\partial x}\frac{\mathrm{d}x}{\mathrm{d}t}+\frac{\partial \boldsymbol{A}}{\partial y}\frac{\mathrm{d}y}{\mathrm{d}t}+\frac{\partial \boldsymbol{A}}{\partial z}\frac{\mathrm{d}z}{\mathrm{d}t}.$$

向量函数 $\boldsymbol{A}(t)$ 的微分定义为

$$\mathrm{d}\boldsymbol{A}(t)=\boldsymbol{A}'(t)\mathrm{d}t.$$

若 $\boldsymbol{A}(t)=A_1(t)\boldsymbol{i}+A_2(t)\boldsymbol{j}+A_3(t)\boldsymbol{k}$，则显然有

$$\mathrm{d}\boldsymbol{A}(t)=\mathrm{d}A_1(t)\boldsymbol{i}+\mathrm{d}A_2(t)\boldsymbol{j}+\mathrm{d}A_3(t)\boldsymbol{k}.$$

若 $\boldsymbol{A}(x,y,z)$ 是多元向量函数，则 $\boldsymbol{A}$ 的微分为

$$\mathrm{d}\boldsymbol{A}=\frac{\partial \boldsymbol{A}}{\partial x}\mathrm{d}x+\frac{\partial \boldsymbol{A}}{\partial y}\mathrm{d}y+\frac{\partial \boldsymbol{A}}{\partial z}\mathrm{d}z.$$

6.3 向量函数导数的几何意义与物理意义

(1) 设向量函数 $\boldsymbol{r}(t)=\{x(t),y(t),z(t)\}$ 是空间直角坐标系 $Oxyz$ 中的点 $M(x,y,z)$ 处的向量函数，且 $\boldsymbol{r}(t)$ 在区间 $[t_1,t_2]$ 上连续，则 $\boldsymbol{r}(t)$ 的终点在坐标系 $Oxyz$ 中描画出一条连续曲线 L（图 13-12），设其参数方程为

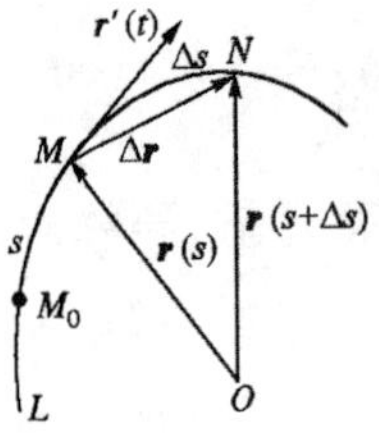

图 13-12

$$x=x(t),\quad y=y(t),\quad z=z(t).$$

若向量函数 $\boldsymbol{r}(t)$ 可导，则显然

$$\boldsymbol{r}'(t)=x'(t)\boldsymbol{i}+y'(t)\boldsymbol{j}+z'(t)\boldsymbol{k}$$

是曲线 L 在点 M 处的切向量，其方向指向 t 增加的一方（图 13-12）.

(2) 若参数是以曲线上某定点 M_0 为起点的弧长 s，则 $\frac{\mathrm{d}\boldsymbol{r}}{\mathrm{d}s}$ 是该曲线在点 M 处的单位切向量. 事实上，由

$$\boldsymbol{r}'(t)=x'(t)\boldsymbol{i}+y'(t)\boldsymbol{j}+z'(t)\boldsymbol{k}$$

得
$$\mathrm{d}\boldsymbol{r}=\mathrm{d}x\boldsymbol{i}+\mathrm{d}y\boldsymbol{j}+\mathrm{d}z\boldsymbol{k},$$

而
$$(\mathrm{d}s)^2=(\mathrm{d}x)^2+(\mathrm{d}y)^2+(\mathrm{d}z)^2,$$

因此 $(\mathrm{d}\boldsymbol{r})^2=(\mathrm{d}s)^2$，或

$$\left|\frac{\mathrm{d}\boldsymbol{r}}{\mathrm{d}s}\right| = 1,$$

即 $\frac{\mathrm{d}\boldsymbol{r}}{\mathrm{d}s}$ 为曲线的单位切向量.

再看图 13-12,向量 $\Delta\boldsymbol{r}$ 的模 $|\Delta\boldsymbol{r}|$ 正是弦 $\overline{MN}$ 的长度,而 $|\Delta s|$ 是弧 $\overset{\frown}{MN}$ 的长度,于是从

$$1 = \left|\frac{\mathrm{d}\boldsymbol{r}}{\mathrm{d}s}\right| = \lim_{\Delta s\to 0}\frac{|\boldsymbol{r}(s+\Delta s)-\boldsymbol{r}(s)|}{|\Delta s|} = \lim_{\Delta s\to 0}\frac{|\Delta\boldsymbol{r}|}{|\Delta s|}$$

得知,弦长与相应的弧长之比的极限为 1. 这个结论,我们在第一册第八章 § 2 中,对于平面曲线的情形已经证明过.

(3) 当 $\boldsymbol{r}=\boldsymbol{r}(t)$ 是质点的运动方程,t 代表时间,则 $\boldsymbol{v}=\boldsymbol{r}'(t)$ 就是质点在时刻 t 的速度.

6.4 正交曲线坐标

设坐标变换

$$\begin{cases} x = x(u_1,u_2,u_3), \\ y = y(u_1,u_2,u_3), \\ z = z(u_1,u_2,u_3) \end{cases} \tag{1}$$

中的各函数在 u_1,u_2,u_3 的变化域 Ω' 上有连续的偏导数,且变换(1)有单值的逆变换

$$\begin{cases} u_1 = u_1(x,y,z), \\ u_2 = u_2(x,y,z), \\ u_3 = u_3(x,y,z), \end{cases} \tag{2}$$

并设 x,y,z 的变化域为区域 Ω,这样,公式(1)与(2)就在区域 Ω 中的 $M(x,y,z)$ 与 Ω' 中的点 (u_1,u_2,u_3) 之间建立了一一对应关系. 于是,对 Ω 中任一点 $M(x,y,z)$,由公式(2)可惟一确定三个数 u_1,u_2,u_3. 我们称 (u_1,u_2,u_3) 为点 M 的**曲线坐标**.

变换(1)可用向量形式写为

$$\begin{aligned}\boldsymbol{r}(u_1,u_2,u_3) &= x\boldsymbol{i} + y\boldsymbol{j} + z\boldsymbol{k} \\ &= x(u_1,u_2,u_3)\boldsymbol{i} + y(u_1,u_2,u_3)\boldsymbol{j}\end{aligned}$$

$$+ z(u_1,u_2,u_3)\boldsymbol{k}. \tag{3}$$

若 $u_1=c_1$(c_1 为常数),让 u_2,u_3 变化,则曲面 $\boldsymbol{r}=\boldsymbol{r}(c_1,u_2,u_3)$ 称为曲线坐标系的**坐标曲面**.类似地有坐标曲面:

$$\boldsymbol{r}=\boldsymbol{r}(u_1,c_2,u_3),\quad \boldsymbol{r}=\boldsymbol{r}(u_1,u_2,c_3)\quad (c_2,c_3\text{ 为常数}).$$

两坐标曲面的交线

$$\begin{cases}\boldsymbol{r}=\boldsymbol{r}(u_1,c_2,u_3),\\ \boldsymbol{r}=\boldsymbol{r}(u_1,u_2,c_3)\end{cases}$$

即

$$\boldsymbol{r}=\boldsymbol{r}(u_1,c_2,c_3)$$

称为 u_1 的**坐标曲线**,类似地有 u_2 和 u_3 的坐标曲线.

过 Ω 中任一点 $M(x,y,z)$,在三族坐标曲面中各有一个且只有一个坐标曲面经过点 M,因而在三族坐标曲线中也各有一条坐标曲线经过点 M.

由(3)式得

$$\mathrm{d}\boldsymbol{r}=\frac{\partial \boldsymbol{r}}{\partial u_1}\mathrm{d}u_1+\frac{\partial \boldsymbol{r}}{\partial u_2}\mathrm{d}u_2+\frac{\partial \boldsymbol{r}}{\partial u_3}\mathrm{d}u_3. \tag{4}$$

我们知道,点 $M(u_1,u_2,u_3)$ 处的向量 $\frac{\partial \boldsymbol{r}}{\partial u_1}$ 是 u_1 坐标曲线的切向量,如果 $\boldsymbol{e}_1$ 是它的单位向量,那么

$$\frac{\partial \boldsymbol{r}}{\partial u_1}=h_1\boldsymbol{e}_1,$$

其中 $h_1=\left|\frac{\partial \boldsymbol{r}}{\partial u_1}\right|$.类似地,有

$$\frac{\partial \boldsymbol{r}}{\partial u_2}=h_2\boldsymbol{e}_2,\quad \frac{\partial \boldsymbol{r}}{\partial u_3}=h_3\boldsymbol{e}_3,$$

其中 $h_2=\left|\frac{\partial \boldsymbol{r}}{\partial u_2}\right|$,$h_3=\left|\frac{\partial \boldsymbol{r}}{\partial u_3}\right|$.于是(4)式可写为

$$\mathrm{d}\boldsymbol{r}=h_1\mathrm{d}u_1\boldsymbol{e}_1+h_2\mathrm{d}u_2\boldsymbol{e}_2+h_3\mathrm{d}u_3\boldsymbol{e}_3. \tag{5}$$

量 h_1,h_2,h_3 称为**尺度因子**,它们是点 M 的函数.

下面,我们要写出在曲线坐标系下,任一点 M 处的体积元素 $\mathrm{d}V$,它是由坐标曲面所构成的曲面平行六面体,如图 13-13 所示.

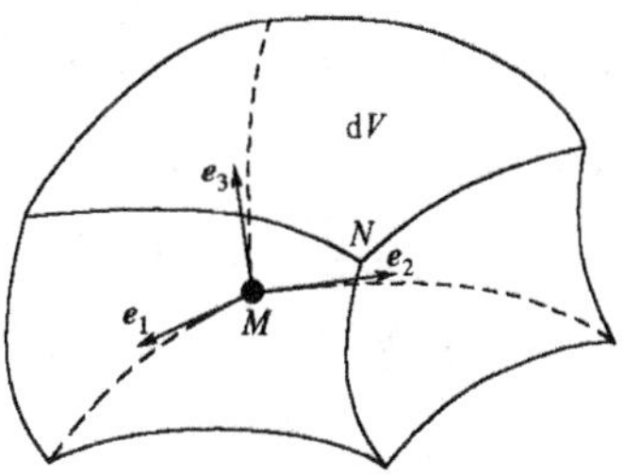

图 13-13

微小体积 dV 近似等于一个平行六面体的体积，这个平行六面体以点 M 为其一个顶点，以组成 $\mathrm{d}\boldsymbol{r}$ 的三个向量 $h_1\mathrm{d}u_1\boldsymbol{e}_1, h_2\mathrm{d}u_2\boldsymbol{e}_2$ 与 $h_3\mathrm{d}u_3\boldsymbol{e}_3$，亦即 $\frac{\partial \boldsymbol{r}}{\partial u_1}\mathrm{d}u_1$ 和 $\frac{\partial \boldsymbol{r}}{\partial u_2}\mathrm{d}u_2$ 以及 $\frac{\partial \boldsymbol{r}}{\partial u_3}\mathrm{d}u_3$ 为其三条棱，因此，由第九章 § 2 的 2.11 小节知，体积元素 dV 等于这三个向量混合积的绝对值，即

$$\begin{aligned}\mathrm{d}V &= \left|\frac{\partial \boldsymbol{r}}{\partial u_1}\mathrm{d}u_1 \cdot \left(\frac{\partial \boldsymbol{r}}{\partial u_2}\mathrm{d}u_2 \times \frac{\partial \boldsymbol{r}}{\partial u_3}\mathrm{d}u_3\right)\right| \\ &= \left|\frac{\partial \boldsymbol{r}}{\partial u_1} \cdot \left(\frac{\partial \boldsymbol{r}}{\partial u_2} \times \frac{\partial \boldsymbol{r}}{\partial u_3}\right)\right| \mathrm{d}u_1\mathrm{d}u_2\mathrm{d}u_3 \\ &= \left|\frac{\partial(x,y,z)}{\partial(u_1,u_2,u_3)}\right| \mathrm{d}u_1\mathrm{d}u_2\mathrm{d}u_3, \end{aligned} \tag{6}$$

其中 $\frac{\partial(x,y,z)}{\partial(u_1,u_2,u_3)}$ 正是变换(1)的雅可比行列式（见下面注）.

若任一点 M 处的 $\boldsymbol{e}_1, \boldsymbol{e}_2, \boldsymbol{e}_3$ 都互相垂直，则称此曲线坐标系为**正交**的. 我们假定 $\boldsymbol{e}_3 = \boldsymbol{e}_1 \times \boldsymbol{e}_2$，即 u_1, u_2, u_3 坐标曲线构成右手系.

在正交曲线坐标系下，体积元素 dV 的表达式为

$$\mathrm{d}V = (h_1\mathrm{d}u_1)(h_2\mathrm{d}u_2)(h_3\mathrm{d}u_3) = (h_1h_2h_3)\mathrm{d}u_1\mathrm{d}u_2\mathrm{d}u_3.$$

注 读者不妨将公式(6)与第十一章 § 3 的 3.3 小节——三重积分的变量替换相对照. 不难理解，这两处所讲的内容是一致的（所给出的体积元素 dV 的表达式是相同的），只不过所使用的语言不同. 前面是用三重积分变量替换的语言叙述的，而这里，则使用了向量和曲线坐标的语言.

6.5 正交曲线坐标中的梯度、散度、旋度和拉普拉斯算子

若 $\Phi(u_1,u_2,u_3)$和 $\boldsymbol{A}(u_1,u_2,u_3)=A_1\boldsymbol{e}_1+A_2\boldsymbol{e}_2+A_3\boldsymbol{e}_3$ 分别是正交曲线坐标 u_1,u_2,u_3 的数量函数和向量函数,则在直角坐标系中的梯度、散度、旋度和拉普拉斯算子分别表示为(证明从略):

(1) $\nabla\Phi=\mathrm{grad}\Phi=\dfrac{1}{h_1}\dfrac{\partial\Phi}{\partial u_1}\boldsymbol{e}_1+\dfrac{1}{h_2}\dfrac{\partial\Phi}{\partial u_2}\boldsymbol{e}_2+\dfrac{1}{h_3}\dfrac{\partial\Phi}{\partial u_3}\boldsymbol{e}_3$;

(2) $$\nabla\cdot\boldsymbol{A}=\mathrm{div}\boldsymbol{A}=\frac{1}{h_1h_2h_3}\left[\frac{\partial}{\partial u_1}(h_2h_3A_1)+\frac{\partial}{\partial u_2}(h_3h_1A_2)+\frac{\partial}{\partial u_3}(h_1h_2A_3)\right];$$

(3) $$\nabla\times\boldsymbol{A}=\mathrm{rot}\boldsymbol{A}=\frac{1}{h_1h_2h_3}\begin{vmatrix}h_1\boldsymbol{e}_1 & h_2\boldsymbol{e}_2 & h_3\boldsymbol{e}_3\\ \dfrac{\partial}{\partial u_1} & \dfrac{\partial}{\partial u_2} & \dfrac{\partial}{\partial u_3}\\ h_1A_1 & h_2A_2 & h_3A_3\end{vmatrix};$$

(4) $$\Delta\Phi=\nabla^2\Phi=\frac{1}{h_1h_2h_3}\left[\frac{\partial}{\partial u_1}\left(\frac{h_2h_3}{h_1}\frac{\partial\Phi}{\partial u_1}\right)+\frac{\partial}{\partial u_2}\left(\frac{h_3h_1}{h_2}\frac{\partial\Phi}{\partial u_2}\right)+\frac{\partial}{\partial u_3}\left(\frac{h_1h_2}{h_3}\frac{\partial\Phi}{\partial u_3}\right)\right].$$

若用(x,y,z)代替(u_1,u_2,u_3),这时 $\boldsymbol{e}_1,\boldsymbol{e}_2,\boldsymbol{e}_3$ 用 $\boldsymbol{i},\boldsymbol{j},\boldsymbol{k}$ 代替,且 $h_1=h_2=h_3=1$,则上面的结论可简化成常见的直角坐标系中的表示式.

6.6 球坐标系中的梯度、散度、旋度和拉普拉斯算子

设球坐标变换为

$$\begin{cases}x=\rho\sin\varphi\cos\theta,\\ y=\rho\sin\varphi\sin\theta,\\ z=\rho\cos\varphi,\end{cases}$$

其向量形式为

$$\boldsymbol{r}=\rho\sin\varphi\cos\theta\boldsymbol{i}+\rho\sin\varphi\sin\theta\boldsymbol{j}+\rho\cos\varphi\boldsymbol{k}.$$

则

$$\frac{\partial \boldsymbol{r}}{\partial \rho} = \sin\varphi\cos\theta\boldsymbol{i} + \sin\varphi\sin\theta\boldsymbol{j} + \cos\varphi\boldsymbol{k};$$

$$\frac{\partial \boldsymbol{r}}{\partial \varphi} = \rho\cos\varphi\cos\theta\boldsymbol{i} + \rho\cos\varphi\sin\theta\boldsymbol{j} - \rho\sin\varphi\boldsymbol{k};$$

$$\frac{\partial \boldsymbol{r}}{\partial \theta} = -\rho\sin\varphi\sin\theta\boldsymbol{i} + \rho\sin\varphi\cos\theta\boldsymbol{j},$$

从而 $h_1=\left|\frac{\partial \boldsymbol{r}}{\partial \rho}\right|=1, h_2=\left|\frac{\partial \boldsymbol{r}}{\partial \varphi}\right|=\rho, h_3=\left|\frac{\partial \boldsymbol{r}}{\partial \theta}\right|=\rho\sin\varphi$. 于是在球坐标系中的梯度、散度、旋度和拉普拉斯算子分别表示为

$$\nabla\Phi = \frac{\partial\Phi}{\partial\rho}\boldsymbol{\rho}_0 + \frac{1}{\rho}\frac{\partial\Phi}{\partial\varphi}\boldsymbol{\varphi}_0 + \frac{1}{\rho\sin\varphi}\frac{\partial\Phi}{\partial\theta}\boldsymbol{\theta}_0;$$

$$\nabla\cdot\boldsymbol{A} = \frac{1}{\rho^2\sin\varphi}\left[\frac{\partial}{\partial\rho}(\rho^2\sin\varphi A_1) + \frac{\partial}{\partial\varphi}(\rho\sin\varphi A_2) + \frac{\partial}{\partial\theta}(\rho A_3)\right];$$

$$\nabla\times\boldsymbol{A} = \frac{1}{\rho^2\sin\varphi}\begin{vmatrix} \boldsymbol{\rho}_0 & \rho\,\boldsymbol{\varphi}_0 & \rho\sin\varphi\,\boldsymbol{\theta}_0 \\ \frac{\partial}{\partial\rho} & \frac{\partial}{\partial\varphi} & \frac{\partial}{\partial\theta} \\ A_1 & \rho A_2 & \rho\sin\varphi A_3 \end{vmatrix};$$

$$\Delta\Phi = \frac{1}{\rho^2\sin\varphi}\left[\frac{\partial}{\partial\rho}\left(\rho^2\sin\varphi\frac{\partial\Phi}{\partial\rho}\right) + \frac{\partial}{\partial\varphi}\left(\sin\varphi\frac{\partial\Phi}{\partial\varphi}\right) + \frac{\partial}{\partial\theta}\left(\frac{1}{\sin\varphi}\frac{\partial\Phi}{\partial\varphi}\right)\right],$$

其中 $\Phi(\rho,\varphi,\theta)$ 和 $\boldsymbol{A}(\rho,\varphi,\theta)=A_1\boldsymbol{\rho}_0+A_2\boldsymbol{\rho}_0+A_3\boldsymbol{\theta}_0$ 同 6.5 小节所设.

思考题 导出在柱坐标系中的梯度、散度、旋度和拉普拉斯算子的公式.

习题答案与提示

习 题 9.1

1. $A(x,0,0)$, $B(0,y,0)$, $C(0,0,z)$;
$A'(x,y,0)$, $B'(0,y,z)$, $C'(x,0,z)$.

2. 设点 $P(x,y,z)$在 xy,yz,zx 平面的垂足分别为 M_1,M_2,M_3,在 x,y,z 轴上的垂足分别是 N_1,N_2,N_3,则它们的坐标为 $M_1(x,y,0)$,$M_2(0,y,z)$,$M_3(x,0,z)$;$N_1(x,0,0)$,$N_2(0,y,0)$,$N_3(0,0,z)$. 点 P 与它们的距离为

$$\overline{PM_1}=|z|,\quad \overline{PM_2}=|x|,\quad \overline{PM_3}=|y|,\quad \overline{PN_1}=\sqrt{y^2+z^2},$$
$$\overline{PN_2}=\sqrt{x^2+z^2},\quad \overline{PN_3}=\sqrt{x^2+y^2}.$$

3. 设 $P(x,y,z)$点对 xy,yz,zx 坐标平面的对称点分别为 M_1,M_2,M_3,则其坐标为 $M_1(x,y,-z)$,$M_2(-x,y,z)$,$M_3(x,-y,z)$.

4. 设 $P(x,y,z)$点对 x,y,z 轴的对称点分别为 N_1,N_2,N_3,则其坐标为 $N_1(x,-y,-z)$,$N_2(-x,y,-z)$,$N_3(-x,-y,z)$.

7. 轨迹方程:$|y|=|x|$.　　**8.** 轨迹方程:$x^2+y^2=a^2z^2$.

习 题 9.2

1. $\overrightarrow{AB}=\{1,3,0\}$, $\overrightarrow{BA}=\{-1,-3,0\}$, $\overrightarrow{BC}=\{-5,0,0\}$, $\overrightarrow{AC}=\{-4,3,0\}$, $\overline{AB}=\sqrt{10}$, $\overline{BC}=5$, $\overline{AC}=5$.

2. $\overrightarrow{AC}=\boldsymbol{a}+\boldsymbol{b}$, $\overrightarrow{BD}=\boldsymbol{b}-\boldsymbol{a}$, $\overrightarrow{MA}=-(\boldsymbol{a}+\boldsymbol{b})/2$.

3. $\boldsymbol{a}+\boldsymbol{b}+\boldsymbol{c}=\{12,-7,0\}$, $\boldsymbol{a}-\boldsymbol{b}+\boldsymbol{c}=\{4,-3,-4\}$, $\boldsymbol{a}/3-\boldsymbol{b}/2=\{-4/3,1/3,-2/3\}$.

4. $0,0,-1$ 或 $1/\sqrt{2},1/\sqrt{2},0$.　**5.** 它与 z 轴平行,与 xy 平面垂直.

6. 满足 $\lambda=2\mu$ 的 λ 与 μ 都适合条件.　**7.** $\{a_1+b_1,a_2+b_2,a_3+b_3\}/2$.

8. 力 $\boldsymbol{F}=\{-3,2,-2\}$.

15. (1) -8;　(2) -80;　(3) -1;　(4) $-4/9\sqrt{5}$;

(5) $-8/\sqrt{30}$;　(6) $-8/3\sqrt{6}$.

16. $|\boldsymbol{A}|=\sqrt{30}$, $\cos\langle \boldsymbol{A},\boldsymbol{a}\rangle=\sqrt{30}/6$. **17.** $2\sqrt{19}$.

18. $\dfrac{1}{\sqrt{c_1^2+c_2^2+c_3^2}}\sum_{i=1}^{3}(a_i+b_i)c_i$. **19.** $\sqrt{17+6\sqrt{3}}$.

20. $\pm 3/5$. **23.** (1) $\{4,-5,3\}$; (2) $\{-3,0,-1\}$.

24. (1) 2; (2) $\{0,-1,-1\}$; (3) $\{2,1,21\}$.

28. $\{-\pi b/6,-\sqrt{3}\pi b/6,0\}$.

习 题 9.3

1. $2x-y-z-2=0$. **2.** $2y+z+3=0$.

3. $24x+25y-4z-59=0$. **4.** $x+y+z=3$.

5. $17x-28y-9z=0$,

$$\begin{vmatrix} x-x_1 & y-y_1 & z-z_1 \\ x_2-x_1 & y_2-y_1 & z_2-z_1 \\ A & B & C \end{vmatrix}=0.$$

6. 方程为：

(1) $By+Cz+D=0$; (2) $By+Cz=0$;

(3) $Cz+D=0$; (4) $By+D=0$.

7. (1) 为两平面 $x-y=0$ 与 $x+y=0$;

(2) 为两平面 $z=1$ 与 $z=2$; (3) 为两平面 $x+z=0$ 与 $x+y=0$.

8. 两平面方程为 $y=x$ 与 $y=-x$. **9.** 直线方程为 $x=y=z$.

12. $\dfrac{x-2}{0}=\dfrac{y+1}{0}=\dfrac{z-3}{1}$. **13.** $x-2=y-4=z+4$.

14. $7x+4y+2z-17=0$.

15. 交线方程分别为

$$\begin{cases}5x-7y-3=0,\\ z=0;\end{cases}\quad \begin{cases}-7y+2z-3=0,\\ x=0;\end{cases}\quad \begin{cases}5x+2z-3=0,\\ y=0.\end{cases}$$

16. $\dfrac{x}{-2}=\dfrac{y-2}{3}=\dfrac{z-4}{1}$. **17.** $\dfrac{x}{1}=\dfrac{y-5}{-3}=\dfrac{z-4}{-5}$.

19. $4x-3y-18z-18=0$. **20.** $2\sqrt{3/7}$.

22. $\dfrac{x-3}{2}=\dfrac{y}{3}=\dfrac{z+1}{-1}$. **23.** $\left(\dfrac{9}{7},-\dfrac{13}{7},\dfrac{17}{7}\right)$.

24. $(-3,8,-2)$. **25.** (1) $\arccos\dfrac{2}{15}$; (2) $\dfrac{\pi}{2}$.

26. (1) $\arccos\dfrac{7}{\sqrt{69}}$； (2) $\arccos\dfrac{20}{\sqrt{870}}$.

27. 设与 xy,yz,zx 平面的夹角分别为 $\theta_1,\theta_2,\theta_3$；设与 x,y,z 轴的夹角分别为 $\alpha_1,\alpha_2,\alpha_3$，则

$$\theta_1=\arcsin\frac{|c|}{\sqrt{a^2+b^2+c^2}},\quad \theta_2=\arcsin\frac{|a|}{\sqrt{a^2+b^2+c^2}},$$

$$\theta_3=\arcsin\frac{|b|}{\sqrt{a^2+b^2+c^2}};\quad \alpha_1=\arccos\frac{|a|}{\sqrt{a^2+b^2+c^2}},$$

$$\alpha_2=\arccos\frac{|b|}{\sqrt{a^2+b^2+c^2}},\quad \alpha_3=\arccos\frac{|c|}{\sqrt{a^2+b^2+c^2}}.$$

28. $46x-50y+122z+375=0$ 与 $4x-50y-22z+675=0$.

29. $7x-y+z-18=0$. **31.** $\dfrac{x-2}{2}=\dfrac{y-1}{-1}=\dfrac{z-3}{4}$.

32. 直线在平面上，夹角为 0. **34.** $4x+3y-6z+18=0$.

35. 3. **36.** $\sqrt{6/7}$. **37.** $5\sqrt{2}$.

习 题 9.4

1. $25x^2+20y^2+13z^2-12xy-16xz-24yz+10x+44y-38z=28$.

2. $\begin{cases} x=\dfrac{1}{2p}t^2+lu, \\ y=t+mu, \\ z=nu, \end{cases}$ $t\in(-\infty,+\infty)$, $u\in(-\infty,+\infty)$.

3. $\begin{cases} x=x_0+\left(\dfrac{1}{2p}t^2-x_0\right)u, \\ y=y_0+(t-y_0)u, \\ z=z_0-z_0u, \end{cases}$ $t\in(-\infty,+\infty)$, $u\in(-\infty,+\infty)$.

4. $\begin{cases} x=4-4t, \\ y=(5\cos\theta)t, \\ z=-3+(3\sin\theta+3)t, \end{cases}$ $t\in(-\infty,+\infty)$, $\theta\in[0,2\pi)$.

5. 锥面方程为 $f(kx/z,ky/z)=0$ 且当 $z=0$ 时 $x=0,y=0$.

7. (1) $x^2+z^2=y^4$； (2) $\dfrac{x^2+z^2}{a^2}-\dfrac{y^2}{b^2}=0$.

9. $\sqrt{y^2+z^2}=a\operatorname{ch}\dfrac{x}{a}$. **10.** $x^2+y^2=z^{2/3}+z^{4/3}$.

11. (1) 球心为 $(6,-2,3)$，半径为 7；

(2) 球心为(1,−2,3),半径为 6.

12. $y+1=0$.

13. $\dfrac{x_0^2}{a^2}+\dfrac{y_0^2}{b^2}+\dfrac{z_0^2}{c^2}<1$.

14. $(1,1,-2)$, $\sqrt{5/2}$, $\sqrt{5/3}$, $\sqrt{5/2}$.

15. $5z^2+(x-2y)^2=19/4$.

16. $x^2+y^2+(z-4)^2=21$.

17. (1) $\begin{cases} y=0, \\ \dfrac{x^2}{a^2}-\dfrac{z^2}{c^2}=1, \end{cases}$ $\begin{cases} x=0, \\ \dfrac{y^2}{b^2}-\dfrac{z^2}{c^2}=1; \end{cases}$

(2) $\begin{cases} y=0, \\ \dfrac{x^2}{a^2}-\dfrac{z^2}{c^2}=-1, \end{cases}$ $\begin{cases} x=0, \\ \dfrac{y^2}{b^2}-\dfrac{z^2}{c^2}=-1. \end{cases}$

18. (1) 椭球面; (2) 单叶双曲面; (3) 双叶双曲面;

(4) 双叶双曲面; (5) 单叶双曲面; (6) 双曲柱面;

(7) 旋转抛物面; (8) 双曲柱面.

19. (1) 无交点; (2) 直线在曲面上.

20. $a=1$, $b=1/2$.

22. (1) 它是两个平面: $z=3$ 与 $z=1$;

(2) 它是长方体$\{(x,y,z)\,|\,|x|\leqslant a,|y|\leqslant b,|z|\leqslant c\}$的表面;

(3) 椭圆锥面$(x-1)^2+2(y-2)^2=(z-3)^2$;

(4) 双曲抛物面.

23. (1) 抛物柱面 $z^2=x+y$; (2) 正圆锥面 $x^2=y^2+z^2$;

(3) 单叶双曲面 $x^2+4y^2-16z^2=16$.

习 题 9.5

1. (1) $\begin{cases} x=a+R\sin\varphi\cos\theta, \\ y=b+R\sin\varphi\sin\theta, \\ z=c+R\cos\varphi, \end{cases}$ $\begin{array}{l} \varphi\in[0,\pi], \\ \theta\in[0,2\pi); \end{array}$

(2) $\begin{cases} x=\sin\varphi\cos\theta, \\ y=2\sin\varphi\sin\theta, \\ z=3\cos\varphi, \end{cases}$ $\begin{array}{l} \varphi\in[0,\pi], \\ \theta\in[0,2\pi); \end{array}$

(3) $\begin{cases} x=a\sqrt{1+\dfrac{z^2}{c^2}}\cos\theta, \\ y=b\sqrt{1+\dfrac{z^2}{c^2}}\sin\theta, \\ z=z, \end{cases}$ $\begin{array}{l} \theta\in[0,2\pi), \\ z\in(-\infty,+\infty); \end{array}$

(4) $\begin{cases} x=a\sqrt{\dfrac{z^2}{c^2}-1}\cos\theta, \\ y=b\sqrt{\dfrac{z^2}{c^2}-1}\sin\theta, \\ z=z, \end{cases}$ $\theta\in[0,2\pi)$, $|z|\in[c,+\infty)\quad(c>0)$;

(5) $\begin{cases} x=a(\lambda+\mu), \\ y=b(\lambda-\mu), \\ z=4\lambda\mu, \end{cases}$ $\lambda\in(-\infty,+\infty)$, $\mu\in(-\infty,+\infty)$;

(6) $\begin{cases} x=ar\cos\theta, \\ y=br\sin\theta, \\ z=r^2, \end{cases}$ $\theta\in[0,2\pi)$, $r\in[0,+\infty)$.

2. $\dfrac{x^2}{a^2}-\dfrac{y^2}{b^2}=2z$.

3. (1) 两直线 $\begin{cases} z=0, \\ x=a \end{cases}$ 与 $\begin{cases} z=0, \\ y=b; \end{cases}$ (2) z 轴；

(3) 代表(0,0,1)一点； (4) 代表直线 $\begin{cases} z=1, \\ x=0. \end{cases}$

4. $y/x=z$.

5. (1) 它在平面 $x-y+z-1=0$ 上； (2) 它在平面 $x+y=1$ 上.

6. (1) 双曲线,其方程为 $\begin{cases} \dfrac{z^2}{4}-\dfrac{y^2}{25}=\dfrac{5}{9}, \\ x=2. \end{cases}$

(2) 椭圆,其方程为 $\begin{cases} \dfrac{x^2}{9}+\dfrac{z^2}{4}=1, \\ y=0. \end{cases}$

(3) 双曲线,其方程为 $\begin{cases} \dfrac{x^2}{9}-\dfrac{y^2}{25}=\dfrac{3}{4}, \\ z=1. \end{cases}$

7. (1) $\begin{cases} x=b\cos\theta, \\ y=b\sin\theta, \\ z^2=a^2-b^2, \end{cases}$ $\theta\in[0,2\pi)$;

(2) $\begin{cases} x=z^2/4+6, \\ y=4, \\ z=z, \end{cases}$ $z\in(-\infty,+\infty)$;

(3) $\begin{cases} x=\cos\theta, \\ y=\sin\theta, \\ z=1-\sin\theta-\cos\theta, \end{cases}$ $\theta\in[0,2\pi)$.

8. (1) $\begin{cases} 5x^2-3y^2=1, \\ z=0, \end{cases}$ 且 $|x|\leqslant 1, |y|\leqslant 1$.　(2) $\begin{cases} x^2+y^2=4, \\ z=0, \end{cases}$ 且 $|y|\geqslant 1$.

(3) $\begin{cases} (x-12)^2+20y^2=260, \\ z=0. \end{cases}$　(4) $\begin{cases} x=0, \\ y=\pm b, \\ z=0, \end{cases}$ 为两个点.

习　题　10.1

1. (1) $z=x+y$;　(2) $z=|x|$;　(3) $u=\sqrt{x^2+y^2+z^2}$.

2. (1) 区域;　(2) 闭区域;　(3) 区域;　(4) 区域;

(5) 闭区域;　(6) 区域;　(7) 区域;　(8) 两个区域的并.

3. (1) 是;　(2) 是;　(3) 是.

4. (1) $\{x\geqslant 0, y\geqslant 0\}$;　(2) $\{x\geqslant 0, y\geqslant 0\}$;

(3) $\{x+y<0\}$;　(4) $\{1\leqslant x^2+y^2\leqslant 4\}$;

(5) $\{|y|\leqslant|x|$, 但 $x\neq 0\}$;　(6) $|z|>\sqrt{x^2+y^2}$.

习　题　10.2

1. (1) 2;　(2) a;　(3) 0;　(4) 1;　(5) 0;　(6) 0;　(7) 1.

3. (1) ln2;　(2) 1;　(3) 10/3.

4. (1) 连续;　(2) 连续;　(3) 连续;　(4) 连续.

习　题　10.3

1. (1) $z_x=4x^3-8xy^2$, $z_y=4y^3-8x^2y$;

(2) $z_x=y+\dfrac{1}{y}$, $z_y=x-\dfrac{x}{y^2}$;

(3) $z_x=\sin(x+y)+x\cos(x+y)$, $z_y=x\cos(x+y)$;

(4) $z_x=\dfrac{y}{x^2+y^2}$, $z_y=\dfrac{-x}{x^2+y^2}$;

(5) $u_x=\dfrac{z}{y}\left(\dfrac{x}{y}\right)^{z-1}$, $u_y=-\dfrac{z}{y}\left(\dfrac{x}{y}\right)^{z}$, $u_z=\left(\dfrac{x}{y}\right)^{z}\ln\dfrac{x}{y}$;

(6) $u_x=z^{xy}y\ln z$, $u_y=z^{xy}x\ln z$, $u_z=xyz^{xy-1}$;

(7) $u_x=\frac{2x}{y\cos^2\frac{x^2}{y^2}}$, $u_y=\frac{-x^2}{y^2\cos^2\frac{x^2}{y}}$.

2. (1) $z_x(x,1)=1$, $z_y(1,y)=\arcsin\frac{1}{\sqrt{y}}+\frac{1-y}{2y\sqrt{y-1}}$;

(2) $z_x(1,0)=0$, $z_y(0,1)=0$;

(3) $z_x(0,0)=1$, $z_y(1,1)=0$; (4) 1, -1.

5. ρ.

7. $f_x(0,0)=f_y(0,0)=0$,当$(x,y)\neq(0,0)$时,

$$f_x(x,y)=y^3/(x^2+y^2)^{3/2},\quad f_y=x^3/(x^2+y^2)^{3/2}.$$

12. $u_{x^2}=\frac{-2x}{(1+x^2)^2}$, $u_{y^2}=\frac{-2y}{(1+y^2)^2}$, $u_{xy}=u_{yx}=0$. **13.** 0.

14. $u_{x^3}=-12x\sin(x^2+y^2)-8x^3\cos(x^2+y^2)$,

$u_{y^3}=-12y\sin(x^2+y^2)-8y^3\cos(x^2+y^2)$.

15. $m!\,n!$.

习 题 10.4

1. (1) $mx^{m-1}y^n\mathrm{d}x+nx^my^{n-1}\mathrm{d}y$; (2) $(y\mathrm{d}x-x\mathrm{d}y)/y^2$;

(3) $(x\mathrm{d}x+y\mathrm{d}y)/\sqrt{x^2+y^2}$;

(4) $[(x^2+y^2)\mathrm{d}z-2xz\mathrm{d}x-2yz\mathrm{d}y]/(x^2+y^2)^2$;

(5) $-(x\mathrm{d}x+y\mathrm{d}y)/(x^2+y^2)^{3/2}$;

(6) $-(x\mathrm{d}x+y\mathrm{d}y+z\mathrm{d}z)/\sqrt{R^2-x^2-y^2-z^2}$.

2. (1) 在点(0,0)处为 0,在点(1,1)处为$-4(\mathrm{d}x+\mathrm{d}y)$;

(2) 在点(0,0)处为 0,在点$(\pi/4,\pi/4)$处为 $\mathrm{d}x$;

(3) 在点(0,1,2)处为$(\mathrm{d}x+2\mathrm{d}y+12\mathrm{d}z)/9$.

3. (1) 0.1; (2) 0.

6. (1) 108.972; (2) 2.95; (3) 0.97; (4) 0.005.

7. 3.25π, 13%. **8.** 34557.6 g.

9. (1) $\delta h=\tan\theta\cdot\delta x+\frac{x}{\cos^2\theta}\cdot\delta\theta$; (2) $\frac{28}{3}\sqrt{3}$; (3) $\frac{\pi}{4}$.

习 题 10.5

1. $u_x=2xf'(x^2+y^2+z^2)$, $u_{x^2}=4x^2f''(x^2+y^2+z^2)+2f'(x^2+y^2+z^2)$

$u_{xy}=4xyf''(x^2+y^2+z^2)$.

2. $z_y=\left(-\dfrac{x}{y^2}\right)f_2'\left(x,\dfrac{x}{y}\right)$, $z_x=f_1'\left(x,\dfrac{x}{y}\right)+\dfrac{1}{y}f_2'\left(x,\dfrac{x}{y}\right)$,

$z_{xy}=-\dfrac{x}{y^2}f_{12}''\left(x,\dfrac{x}{y}\right)-\dfrac{x}{y^3}f_{22}''\left(x,\dfrac{x}{y}\right)-\dfrac{1}{y^2}f_2'\left(x,\dfrac{x}{y}\right)$.

3. $3f_{11}''(u,v)+2(x+y+z)f_{12}''(u,v)+2(x+y+z)f_{21}''(u,v)$

$+6f_2'(u,v)+4(x^2+y^2+z^2)f_{22}''(u,v)$.

4. $u_{ss}=f_{11}''e^{2s}\cos^2t+f_{12}''e^{2s}\sin t\cos t+f_1'e^s\cos t+f_2'e^s\sin t$

$+f_{21}''e^{2s}\sin t\cos t+f_{22}''e^{2s}\sin^2t$,

$u_{tt}=-e^s[f_1'\cos t+f_2'\sin t]+e^{2s}[f_{11}''\sin^2t-f_{12}''\sin 2t+f_{22}''\cos^2t]$.

5. $z_x=f_1'+f_2'$, $z_{xy}=f_{11}''-f_{12}''+f_{21}''-f_{22}''$.

6. $\dfrac{-10xy}{(2x-y)^2}$. 9. nz. 10. $\dfrac{\lambda}{2}(x^2+y^2)+c$,其中 λ,c 为任意常数.

11. $c(x/y)^\lambda$,其中 c,λ 为任意常数.

13. (1) 2 次; (2) 0 次; (3) 0 次; (4) 0 次.

15. (1) $f'(t)(dx+dy)$; (2) $\dfrac{1}{\sqrt{x^2+y^2}}f'(t)(xdx+ydy)$.

18. (1) $z_x=2\cos(2x+y)$, $z_y=\cos(2x+y)$;

(2) $u_{x^3}=\dfrac{2a^3}{(ax+by+cz)^3}$, $u_{xy^2}=\dfrac{2ab^2}{(ax+by+cz)^3}$;

(3) $u_{xyz}=6e^{x+2y+3z}$, $u_{x^3}=e^{x+2y+3z}$.

19. (1) $6(dx)^3+6(dy)^3+18dx(dy)^2-18(dx)^2dy$;

(2) $6dxdydz$; (3) $\dfrac{-9!}{(x+y+z)^{10}}(dx+dy+dz)^{10}$;

(4) $\sum\limits_{k=0}^{n}C_n^kf^{(k)}(x)g^{(n-k)}(y)(dx)^k(dy)^{n-k}$.

20. $f(y-x,z-x)$,其中 f 是任意的可微函数.

21. $f(xy)$,其中 f 是任意的可微函数.

22. $\varphi(ax+3ay)+f(cx+3cy)$,其中 φ,f 是任意的可微函数.

23. $\dfrac{c_1}{\sqrt{x^2+y^2+z^2}}+c_2$,其中 c_1,c_2 是任意常数.

24. $f(x+t)+g(x-t)$,其中 f,g 是任意的可微函数.

25. $au_{s^2}+2bu_{st}+cu_{t^2}-au_s-cu_t=0$.

26. $\dfrac{1}{\sqrt{x^2+y^2+z^2}}[\varphi(\sqrt{x^2+y^2+z^2}+t)+\psi(\sqrt{x^2+y^2+z^2}-t)]$,其中 φ,ψ 是任意的可微函数.

习 题 10.6

1. $\frac{\partial z}{\partial l}=y\cos\alpha+x\cos\beta$, $\mathrm{grad}z=\{y,x\}$,最大的方向微商为$\sqrt{x^2+y^2}$,最小的方向微商为$-\sqrt{x^2+y^2}$.

2. $\sqrt{3}$.　　3. $\frac{1}{(x_0-a)^2+(y_0-b)^2}\{y_0-b,-(x_0-a)\}$.

4. 为零向量.

5. $4[-1+x_0(x_0-2y_0)+x_0^2y_0^2]\{y_0-x_0,-x_0y_0^2,x_0-x_0^2y_0\}$.

6. 最大方向$\sqrt{2}$,最小方向$-\sqrt{2}$.

7. $\mathrm{grad}r=\frac{1}{r}\{x,y,z\}$, $\mathrm{grad}\,\frac{1}{r}=-\frac{1}{r^3}\{x,y,z\}$.

10. (1) 曲面 $z^2=xy$ 上；(2) 平面 $x=y$ 上；(3) 直线 $x=y=z$ 上.

11. $\arccos(-8/9)$.　　12. 11/7.

习 题 10.7

1. (1) $\frac{\partial z}{\partial x}=-\frac{x^{n-1}}{z^{n-1}}$, $\frac{\partial z}{\partial y}=-\frac{y^{n-1}}{z^{n-1}}$；(2) $\frac{\partial z}{\partial x}=\frac{\partial z}{\partial y}=-1$；

(3) $\frac{\partial z}{\partial x}=\frac{z}{x+z}$, $\frac{\partial z}{\partial y}=\frac{z^2}{y(x+z)}$；(4) $\frac{\partial z}{\partial x}=\frac{z\ln z}{z\ln y-x}$, $\frac{\partial z}{\partial y}=\frac{z^2}{xy-zy\ln y}$.

2. $z_x=\frac{yz}{z^2-xy}$, $z_y=\frac{xz}{z^2-xy}$, $z_{x^2}=\frac{-2xy^3z}{(z^2-xy)^3}$.　　3. $\mathrm{e}^z\,\frac{1}{(1-\mathrm{e}^z)^3}$.

4. $z_y=-\frac{yz}{x^2-y^2}$, $z_{y^2}=-\frac{x^2z}{(x^2-y^2)^2}$.

5. $z_x=-\frac{F_1'+F_2'+F_3'}{F_3'}$, $z_y=-\frac{F_2'+F_3'}{F_3'}$.

6. (1) $\frac{-zf_1'\mathrm{d}x+f_2'\mathrm{d}y}{xf_1'+f_2'-1}$；　(2) $\frac{(f_3'-f_1')\mathrm{d}x+(f_1'-f_2')\mathrm{d}y}{f_3'-f_2'}$；

(3) $\frac{(f_1'+f_2'+f_3')\mathrm{d}x+(f_2'+f_3')\mathrm{d}y}{-f_3'}$.

7. $u_x=-\frac{xu+yv}{x^2+y^2}$, $v_x=\frac{yu-xv}{x^2+y^2}$, $u_y=\frac{xv-yu}{x^2+y^2}$, $v_y=-\frac{xu+yv}{x^2+y^2}$.

8. $z_x=-3uv$, $z_y=\frac{3}{2}(u+v)$.　　9. $z_x=-\frac{x}{z}$.　　13. 0, −1.

14. $\frac{\partial u}{\partial x}=-\frac{xu+yv}{x^2+y^2}$, $\frac{\partial v}{\partial x}=\frac{yu-xv}{x^2+y^2}$, $\frac{\partial u}{\partial y}=\frac{xv-yu}{x^2+y^2}$, $\frac{\partial v}{\partial y}=-\frac{xu+yv}{x^2+y^2}$.

15. $\mathrm{d}u=\dfrac{(\sin v+x\cos v)\mathrm{d}x-(\sin u-x\cos v)\mathrm{d}y}{x\cos v+y\cos u}$,

$\mathrm{d}v=\dfrac{-(\sin v-y\cos u)\mathrm{d}x+(\sin u+y\cos u)\mathrm{d}y}{x\cos v+y\cos u}$.

16. $\dfrac{\mathrm{d}y}{\mathrm{d}x}=2\left(t+\dfrac{1}{t}\right)$，$\dfrac{\mathrm{d}z}{\mathrm{d}t}=3\left(t^2+\dfrac{1}{t^2}+1\right)$，$\dfrac{\mathrm{d}^2y}{\mathrm{d}x^2}=2$，$\dfrac{\mathrm{d}^2z}{\mathrm{d}x^2}=6\left(t+\dfrac{1}{t}\right)$.

习　题　10.8

1. $f=-4-3(x-1)-6(y-1)+2(x-1)^2-(x-1)(y-1)-(y-1)^2$.

2. (1) $f=1+x-y-xy+y^2+o(\rho^2)$，$\rho\to0$，其中 $\rho=\sqrt{x^2+y^2}$；

(2) $f=1+x+xy+o(\rho^2)$，$\rho\to0$；

(3) $f=1+\dfrac{1}{2}(y^2-x^2)+o(\rho^2)$，$\rho\to0$；

(4) $f=1-\dfrac{1}{2}x^2-\dfrac{1}{2}y^2+o(\rho^2)$，$\rho\to0$.

3. (1) $\ln(1+x+y)=x+y-\dfrac{1}{2}(x^2+2xy+y^2)\dfrac{1}{(1+\theta x+\theta y)^2}$

$(0<\theta<1)$.

(2) $\sin(x^2+y^2+2x+2y)=2x+2y+2x^2\cos t-4x^2(\theta x+1)^2\sin t$

$-8xy(\theta x+1)(\theta y+1)\sin t+2y^2\cos t-4y^2(\theta y+1)^2\sin t$，

其中 $t=(\theta x)^2+(\theta y)^2+2\theta x+2\theta y$，$0<\theta<1$.

5. $z=1+2(x-1)-(y-1)-8(x-1)^3+10(x-1)(y-1)$

$-3(y-1)^2+o(\rho^2)$，$\rho\to0$.

习　题　10.9

1. (1) 无极值；　　(2) 在点$(1,1)$处取极小值-1；

(3) 在点$\left(\dfrac{\pi}{3},\dfrac{\pi}{6}\right)$处取极大值$\dfrac{3}{2}\sqrt{3}$；

(4) 在点$(1,1)$，$(-1,-1)$处都取极小值-2；

(5) 在点$(0,0)$处取极小值 0.

2. (1) 方程决定两个函数

$$z_1=2+\sqrt{4^2-(x-1)^2-(y-1)^2}$$

与

$$z_2=2-\sqrt{4^2-(x-1)^2-(y-1)^2}.$$

z_1的最大值为 6，最小值为 2. z_2的最大值为 2，最小值为-2.

(2) 当 $x=y=-(3+\sqrt{6})$时，z 取极小值$-(4+2\sqrt{6})$；

当 $x=y=-(3-\sqrt{6})$时，z 取极大值 $2\sqrt{6}-4$.

3. (1) 设

$$M_1=\left(\frac{-b}{\sqrt{a^2+b^2}},\frac{-a}{\sqrt{a^2+b^2}}\right),\quad M_2=\left(\frac{b}{\sqrt{a^2+b^2}},\frac{a}{\sqrt{a^2+b^2}}\right).$$

数在点 M_1 处取最小值 $-\frac{1}{ab}\sqrt{a^2+b^2}$，在点 M_2 处取最大值 $\frac{1}{ab}\sqrt{a^2+b^2}$；

(2) 取最小值 $a^2b^2/\sqrt{a^2+b^2}$；

(3) 取最大值 $1+1/\sqrt{2}$，取最小值 $1-1/\sqrt{2}$；

(4) 取最大值 $1/3\sqrt{6}$，取最小值 $-1/3\sqrt{6}$.

4. 最小值为 $\frac{18}{5}$.

5. 当 $x=\frac{2}{3}a,\theta=\frac{\pi}{3}$ 时容积最大.

6. 三边分别为 $\frac{1}{2}p,\frac{3}{4}p,\frac{3}{4}p$，绕边长为 $\frac{1}{2}p$ 的边旋转，可使体积最大.

7. $\frac{7}{8}\sqrt{2}$.

8. 距离 $d=\frac{|Ax_0+By_0+Cz_0+D|}{\sqrt{A^2+B^2+C^2}}$.

9. 近点为$(9,1/8,3/8)$，远点为$(-9,-1/8,-3/8)$.

10. $q_j=\frac{C}{E}(a_1\sqrt{i_1}+a_2\sqrt{i_2}+a_3\sqrt{i_3})\sqrt{i_j}$，$j=1,2,3$.

11. c/n，其中 c 为常数.

习 题 10.10

1. (1) $\dfrac{x-\frac{\sqrt{2}}{2}a\cos\beta}{-\cos\beta}=\dfrac{y-\frac{\sqrt{2}}{2}a\sin\beta}{-\sin\beta}=\dfrac{z-\frac{\sqrt{2}}{2}a}{1}$,

$x\cos\beta+y\sin\beta-z=0$;

(2) $\frac{x-1}{1}=\frac{y-1}{1}=\frac{z-1}{2}$, $x+y+2z-4=0$;

(3) $\frac{x-1}{1}=\frac{y+2}{0}=\frac{z-1}{-1}$, $x-z=0$;

(4) $\dfrac{x-\frac{3}{4}a}{\sqrt{3}a}=\dfrac{y-\frac{\sqrt{3}}{4}b}{-b}=\dfrac{z-\frac{1}{4}c}{-\sqrt{3}c}$,

$$\sqrt{3}a\left(x-\frac{3}{4}a\right)-b\left(y-\frac{\sqrt{3}}{4}b\right)+\sqrt{3}c\left(z-\frac{1}{4}c\right)=0.$$

2. $(-1,1,-1)$与$(-1/3,1/9,-1/27)$.

4. $x+2y-4=0$ 与 $\frac{x-2}{1}=\frac{y-1}{2}=\frac{z}{0}$.

6. $x+4y+6z=21$ 与 $x+4y+6z=-21$.

8. $\beta=\arccos\frac{8}{\sqrt{77}}$.

习 题 11.1

2. $V=\iint\limits_D\sqrt{R^2-x^2-y^2}\,dx\,dy$，$D$：$x^2+y^2\leqslant R^2$.

3. $Q=\iint\limits_D\sigma(x,y)\,dx\,dy$.

4. $I=\iint\limits_D(x^2+y^2)\mu(x,y)\,d\sigma$； $E=\frac{1}{2}\omega^2\iint\limits_D(x^2+y^2)\mu(x,y)\,d\sigma=\frac{1}{2}\omega^2 I$.

习 题 11.2

1. $\int_0^1 dy\int_0^2 f\,dx=\int_0^2 dx\int_0^1 f\,dy$.

2. $\int_0^1 dy\int_y^1 f\,dx=\int_0^1 dx\int_0^x f\,dy$.

3. $\int_0^a dy\int_y^{y+2a} f\,dx=\int_0^a dx\int_0^x f\,dy+\int_a^{2a} dx\int_0^a f\,dy+\int_{2a}^{3a} dx\int_{x-2a}^1 f\,dy$.

4. $\int_0^1 dy\int_{y-1}^{1-y} f\,dx=\int_{-1}^0 dx\int_0^{1+x} f\,dy+\int_0^1 dx\int_0^{1-x} f\,dy$.

5. $\int_{-2}^1 dx\int_{x^2}^{2-x} f\,dy$. **6.** $\int_{-\sqrt{2}}^{\sqrt{2}} dx\int_{x^2}^{4-x^2} f\,dy$.

7. $\int_0^1 dx\int_{\frac{1}{2}x}^{2x} f\,dy+\int_1^2 dx\int_{\frac{1}{2}x}^{\frac{2}{x}} f\,dy$. **8.** $\frac{1}{2}e^4-2e$.

9. $\frac{1}{21}p^5$. **10.** $(e-1)^2$. **11.** $\pi-2$. **12.** 0.

13. 0. **14.** $\frac{32}{45}$. **15.** $\frac{4}{3}$. **16.** $\frac{2}{3}\pi-\frac{7}{8}\sqrt{3}$.

17. $\int_0^a dy\int_y^a f\,dx$. **18.** $\int_0^1 dy\int_{\sqrt{y}}^{\sqrt[3]{y}} f\,dx$.

19. $\int_{-a}^0 dx\int_{-x}^a f\,dy+\int_0^{\sqrt{a}} dx\int_{x^2}^a f\,dy$.

20. $\int_{-\frac{1}{4}}^{0}\mathrm{d}y\int_{-\sqrt{y+\frac{1}{4}}-\frac{1}{2}}^{\sqrt{y+\frac{1}{4}}-\frac{1}{2}}f\mathrm{d}x+\int_{0}^{2}\mathrm{d}y\int_{y-1}^{\sqrt{y+\frac{1}{4}}-\frac{1}{2}}f\mathrm{d}x.$

21. $\int_{0}^{2\pi}\mathrm{d}\theta\int_{a}^{b}f(r\cos\theta,r\sin\theta)\cdot r\mathrm{d}r.$

22. $\int_{0}^{2\pi}\mathrm{d}\theta\int_{0}^{R}f(r\cos\theta,r\sin\theta)r\mathrm{d}r.$

23. $\int_{-\frac{\pi}{2}}^{\frac{\pi}{2}}\mathrm{d}\theta\int_{0}^{a\cos\theta}f(r\cos\theta,r\sin\theta)r\mathrm{d}r.$

24. $\int_{0}^{\pi}\mathrm{d}\theta\int_{0}^{b\sin\theta}f(r\cos\theta,r\sin\theta)r\mathrm{d}r.$

25. $\int_{\frac{\pi}{4}}^{\arctan 2}\mathrm{d}\theta\int_{4\cos\theta}^{8\cos\theta}f(r\cos\theta,r\sin\theta)r\mathrm{d}r.$

26. $\int_{0}^{\frac{\pi}{4}}\mathrm{d}\theta\int_{0}^{a\sin\theta}f(r\cos\theta,r\sin\theta)r\mathrm{d}r+\int_{\frac{\pi}{4}}^{\frac{\pi}{2}}\mathrm{d}\theta\int_{0}^{a\cos\theta}f(r\cos\theta,r\sin\theta)r\mathrm{d}r.$

27. $\pi(\cos\pi^2-\cos4\pi^2).$

28. $\frac{2}{3}\pi R^3.$

29. $\frac{2}{3}R^3\left(\frac{\pi}{2}-\frac{2}{3}\right).$

31. $\frac{3}{2}a^2\pi.$

32. $\frac{1}{2}\int_{-\frac{\pi}{2}}^{\frac{\pi}{2}}\cos^2\theta f(\tan\theta)\mathrm{d}\theta.$

33. $\frac{1}{3}(b^3-a^3)\left(\frac{1}{\sqrt{1+\alpha^2}}-\frac{1}{\sqrt{1+\beta^2}}\right).$

34. $R^2\pi^2.$

35. $\pi/6a.$

36. $25/96.$

37. $149/144.$

38. $\frac{\pi}{2}.$

39. $\frac{\sqrt{2}}{2}\pi.$

40. $\int_{0}^{1}\mathrm{d}u\int_{0}^{+\infty}f\left[\frac{u}{1+v},\frac{uv}{1+v}\right]\frac{u}{(1+v)^2}\mathrm{d}v.$

41. $\frac{1}{3}(b-a)(q-p).$

习　题　11.3

1. $\frac{3}{4}-\ln2.$

2. $\frac{1}{180}.$

3. $\frac{1}{364}.$

4. $\frac{1}{48}.$

5. $\frac{1}{384}\pi^4-\frac{1}{8}\pi^2+1.$

6. $\frac{4}{15}\pi a^5(l+m+n).$

7. $\frac{2}{3}ma^3.$

8. $2\pi abc\left(\frac{2}{3}\sqrt{2}-\frac{7}{12}\right).$

9. $16a^3\left(1-\frac{\sqrt{2}}{2}\right).$

10. $\frac{1}{6}\pi h^4.$

11. $\frac{16}{3}\pi.$

12. $\frac{8}{15}\pi a^5.$

13. $\frac{2}{3}\pi[(a^2+h^2)^{\frac{3}{2}}-h^3-a^3].$

14. $\frac{7}{12}\pi.$

15. $\frac{2}{15}a^5\left(\pi-\frac{16}{15}\right)$.　　**16.** $\frac{32}{15}\pi$.

17. $\frac{1}{48}$.　**18.** $\frac{1}{5}\pi R^5(2-\sqrt{2})$.　**19.** $\frac{\pi}{48}R^6$.　**20.** $\frac{\pi}{10}$.

21. $\frac{4}{15}(b^4-a^4)\pi$.　**22.** $\frac{4}{3}\pi a^2$.　**23.** $4\pi\left(\frac{1}{a}-\frac{1}{b}\right)$.　**24.** $\frac{7}{6}\pi a^4$.

25. $\frac{1}{4}\pi^2$.　**26.** $\frac{1}{4}\pi^2 abc$.　**27.** $\frac{4}{3}R^3(a+b+c)$.

28. $\frac{15}{64}\pi a^3$.　**29.** $\frac{15}{64}\pi a^3$.　**30.** $\frac{V_{上}}{V_{下}}=\frac{27}{37}$.

习　题　11.4

1. (1) $2\pi a^2$;　(2) $\frac{2}{3}\pi(2\sqrt{2}-1)$;　(3) $\frac{2}{3}\pi a^2(2\sqrt{2}-1)$;

(4) $24R^2(2-\sqrt{2})$;　(5) $\frac{\pi}{4}[\sqrt{2}+\ln(1+\sqrt{2})]$.

2. $\frac{16}{3}\pi\rho$.　**3.** $\frac{4}{15}\pi R^5\rho$.　**5.** $\left(0,0,\frac{3}{8}c\right)$.　**6.** $\frac{1}{10}\pi hR^4$.

7. 在中心轴距顶点$\frac{3}{4}h$处.　**8.** $m=\frac{3}{2}$,质心为$\left(\frac{5}{9},\frac{5}{9},\frac{5}{9}\right)$.

9. $\frac{4}{3}\pi k\mu\frac{R^3}{l^2}$,其中$k$为引力常数,$\mu$为球的体密度,$R$为球半径,$l$为$A$到球心的距离($l>R$).

10. $4\pi k\mu m(\sqrt{5}-2)$.　**12.** $\left\{0,0,-\frac{4}{17}R\right)$.

习　题　12.1

1. $1+\sqrt{2}$.　**2.** $\frac{256}{15}a^3$.　**3.** $\pi\sqrt{a^2+b^2}\left(2a^2+\frac{8}{3}b^2\pi^2\right)$.

4. $\frac{a}{8}(3\sqrt{3}-1)+\frac{3}{16}a\ln\frac{3+2\sqrt{3}}{3}$.　**5.** $\frac{4}{3}(2\sqrt{2}-1)$.

6. $2a^3\pi^2(1+2\pi^2)$.　**7.** $2a^2$.　**8.** $4a^{7/3}$.　**9.** $2\pi a^3/3$.

习　题　12.2

1. $-14/15$.　**2.** 0.

3. (1) 1;　(2) $\frac{1}{2}\mathrm{e}$;　(3) $\frac{3}{2}$;　(4) $\frac{1}{2}+\frac{1}{2}\mathrm{e}$.

4. 0.

5. (1) 1/3;　(2) 1/12;　(3) 17/30;　(4) $-1/20$.

6. (1) 5/6；　(2) $-1/2$.　**7.** (1) 2；　(2) 2.

8. -2π.　**9.** 0.　**10.** $3\pi a^{4/3}/16$.　**11.** 1/35.

12. (1) 1；　(2) 1.

13. $-8/3$.　**14.** 0.　**15.** $2a^2\pi(\cos\beta-\sin\beta)$.

习　题　12.3

1. (1) $-2\pi ab$；　(2) $\frac{1}{2}\pi a^4$；　(3) -2；　(4) $\frac{1}{5}(1-e^{\pi})$；　(5) 1.

2. (1) πab；　(2) $3\pi ab/8$；　(3) a^2.

3. $\pi ma^2/8$.

6. (1) 62；　(2) $-291\frac{3}{5}$；　(3) $244\frac{1}{5}$.

8. $u(x,y)=\frac{1}{3}x^3+x^2y+\frac{1}{5}y^5$, $\frac{23}{15}$.

10. $2S$,其中 S 为 l 所围的面积.

习　题　12.4

1. $\frac{1}{2}(1+\sqrt{2})\pi$.　**2.** $(\sqrt{3}-1)\ln 2+\frac{1}{2}(3-\sqrt{3})$.

3. $\frac{2}{15}(6\sqrt{3}+1)\pi$.　**4.** $\frac{64}{15}\sqrt{2}a^4$.

5. $\pi^2[a\sqrt{1+a^2}+\ln(a+\sqrt{1+a^2})]$.

6. $\frac{1}{2}\pi a^4\cos^2\alpha\sin\alpha$.　**7.** $2\pi kR\left[\frac{1}{R}-\frac{1}{\sqrt{R^2+h^2}}\right]$.

习　题　12.5

1. $\frac{8}{3}\pi R^3$.　**2.** $-\frac{\pi}{2}h^2$.　**3.** $\frac{1}{4}a^2b^2c$.

4. $acg(0)+abh(c)$.　**5.** $-\pi R^7/28$.　**6.** $4\pi R^3$.

7. $\frac{4}{3}\pi R^3$.　**8.** $2\pi e^2$.　**9.** $4\pi abc\left(\frac{1}{a^2}+\frac{1}{b^2}+\frac{1}{c^2}\right)$.

10. 9π.　**11.** 0.　**12.** πr^2R.　**13.** $\frac{1}{2}\pi c(b^2-a^2)$.

习　题　12.6

1. (1) $-\frac{9}{2}\pi$；　(2) $\frac{1}{2}\pi h^4$；　(3) $\frac{4}{15}\pi abc(a^2+b^2+c^2)$.

3. $4\pi R^2$. **4.** (1) 4π; (2) 4π; (3) 0.

6. 3/2.

7. (1) $-\sqrt{3}\,\pi R^2$; (2) $2R\pi r^2$; (3) $-9R^3/2$; (4) $-2(a+b)\pi a$.

习　题　13.1

1. (1) 8; (2) 6; (3) −24.

2. (1) $\mathrm{grad}\varphi=-\frac{1}{\boldsymbol{r}^3}\{x,y,z\}$,

$\mathrm{div}(\varphi\boldsymbol{a})=\frac{1}{\boldsymbol{r}^3}(-3x-20y+15z)$,其中 $\boldsymbol{r}=\sqrt{x^2+y^2+z^2}$.

(2) $\mathrm{grad}\varphi=\{2x,2y,2z\}$, $\mathrm{div}(\varphi\boldsymbol{a})=6x+40y-30z$.

(3) $\mathrm{grad}\varphi=\frac{2}{\boldsymbol{r}^2}\{x,y,z\}$, $\mathrm{div}(\varphi\boldsymbol{a})=\frac{2}{\boldsymbol{r}^2}(3x+20y-15z)$,

其中 $\boldsymbol{r}=\sqrt{x^2+y^2+z^2}$.

3. 均为 0.

4. (1) 3; (2) $\frac{2}{r}$; (3) $\frac{1}{r}f'(r)\boldsymbol{r}\cdot\boldsymbol{C}$;

(4) $\frac{2}{r}f'(r)+f''(r)$; (5) $rf'(r)+3f(r)$.

5. (1) $\nabla u\cdot\nabla u+u\Delta u$; (2) $\nabla u\cdot\nabla v+u\Delta v$.

6. (1) $2\pi R^2$; (2) $2\pi R^2$.

7. $\{-1,-3,4\}$, $1/\sqrt{3}$.

8. (1) $-2\{z,x,y\}$; (2) $\mathbf{0}$; (3) $\mathbf{0}$.

9. $\{0,4xz^2-16z,3x^2y\}$.

11. (1) $\mathbf{0}$; (2) $\frac{1}{r}f'(r)\boldsymbol{r}\times\boldsymbol{C}$.

12. −3/2.

13. (1) 不是; (2) 是; (3) 是.

14. (1) $\sin xy-\cos z$; (2) $xyz(x+y+z)$.

16. 0.